Markus Treichler
Ratgeber Psychotherapie

Markus Treichler

Ratgeber Psychotherapie

Wege zur Bewältigung von Krisen und Krankheiten

Psychiatrie: Psychosen · Neurosen
Phobien · Dcpressionen
Psychosomatik: Bulimie · Asthma
Herzinfarkt · Herzphobie · Rheuma
Psychotherapie: Über das Unbewußte
Psychotherapeutische Beziehung
Selbsterziehung

Seehamer Verlag

Zum Autor
Markus Treichler, geb. 1947 in Stuttgart, Waldorfschüler; verheiratet, 1 Sohn. Studium in Theaterwissenschaft, Philosophie, Psychologie und Medizin. Nach dem Staatsexamen Facharztausbildung und ärztliche Tätigkeit in Kinderpsychiatrie, Innere Medizin, Psychiatrie, Alterspsychiatrie, Neurologie, Psychosomatik und Psychotherapie in verschiedenen Kliniken. Seit dem Studium im Sinne einer anthroposophisch-geisteswissenschaftlichen Erweiterung der Medizin und Psychologie engagiert.

Lizenzausgabe 1997 für
Seehamer Verlag GmbH, Weyarn

Umschlaggestaltung: Bine Cordes, Weyarn
Printed in Austria
ISBN 3-932131-15-0

Inhalt

IV. Psychotherapie aus Anthroposophie

Anhang

Vorwort

Ein Buch über Psychotherapie ersetzt keine Therapie. Es kann im besten Fall so etwas sein wie ein sehr ausführlicher Brief auf viele Fragen, die nicht alle beantwortet werden können.

Ein Buch kann in Form eines stummen, aber beredten Gespräches zwischen Autor und Leser, wie in einem wirklichen Gespräch auch, Anregungen vermitteln und darauf hoffen, verstanden zu werden. Wenn es Anregungen oder Einsichten vermitteln kann, so ist es schon ein Schritt in eine therapeutische Richtung.

Das vorliegende Buch ist aus meiner therapeutischen Arbeit entstanden. Dabei steht es in seinen Aussagen auf drei Säulen:

1. auf meiner beruflichen Erfahrung als Arzt und Therapeut im Umgang mit Menschen in Krisen wie auch mit körperlichen und seelischen Krankheiten;
2. auf all dem, was ich in Studium, in Aus- und Weiterbildung, in Theorie und Praxis gelernt und zum Teil wieder vergessen habe;
3. auf den Gedanken und Gesprächen über fachliche und sachliche, über persönliche und patientenbezogene Fragen und Probleme, die ganz aus der Anthroposophie befruchtet und getragen sind.

Auf dieser Grundlage will das Buch seinen Beitrag leisten zu einer – natürlich subjektiven – Auswahl aus dem übervollen bunten Strauß psychischer Aspekte und Fragen zu Gesundheit, Krankheit und Therapie.

Das Buch gliedert sich in vier Teile: Der erste Teil enthält die theoretischen, anthroposophischen Grundlagen zum Verständnis von Gesundheit, Krankheit und Therapie. Im zweiten Teil findet der Leser dann eine Auswahl spezieller Krankheitsbilder aus dem Bereich der Psychosomatik, im dritten Teil aus der Psychiatrie.

Im vierten Teil schließlich werden Themen aus dem Bereich der Psychotherapie angesprochen. Dabei wird mehrfach auf das im ersten Teil Dargestellte zurückgegriffen.

Die menschliche Seele ist kein Abstraktum und kein Abglanz physischer Vorgänge; sie ist ein eigenständiger, überphysischer Teil unseres Wesens. Sie hat Anteil an Leib und Geist. Ihre Wirklichkeit, ihr Wesen drückt sich am reinsten in bildhafter, künstlerischer Sprache aus; in künstlerisch-kreativem Geschehen, in dramatischen Gestaltungen und Inszenierungen. Immer schon haben Dichter lange vor den Psychologen seelische Phänomene erkannt, verstanden und beschrieben. In Mythen und Märchen, in Dramen, Romanen und Gedichten kann alles über die menschliche Seele erfahren werden. Dichter sind bessere Psychologen als wir. Und was in ihren verdichteten Aussagen, besonders in Gedichten, über seelische Nöte und Gewinne, über seelische Fähigkeiten und Unfähigkeiten, über seelische Entwicklung und Gefährdung gesagt und geschrieben ist, ist den Psychologen und den Psychologien immer um 100 Jahre voraus. Das ist ein Grund, warum ich gerne in diesem Buch Gedichte zitiere. Sie sagen mehr, und sie sagen dieses Mehr auch noch schöner und besser, als es in wissenschaftlicher oder in Alltagssprache möglich ist. Außerdem bringt ein Gedicht eine ganz andere Saite in uns zum Klingen, als es unsere normale Sprache vermag.

Und wenn wir das künstlerische Element in uns selber anregen und wirksam werden lassen, so liegt darin schon (für viele Menschen) ein therapeutisches Element. Auch hierzu mögen die zitierten Gedichte anregen: eine andere Qualität unseres Lebens zu pflegen.

Ein Buch ersetzt keine Therapie. Aber wenn ein Buch Anregungen und Anstöße geben kann zum Wahrnehmen, zum Denken, Fühlen und Handeln, so kann es eine Hilfestellung sein fürs Leben, für die Entwicklung. Und was ist Therapie anderes, als Anregungen zu geben und Anstöße zu setzen für die Entwicklung, deren Ziel jeder selbst fühlen und bestimmen soll?

Freilich soll eine gute Therapie auch noch die Fähigkeiten in Gang setzen, die zu einer Überwindung von Krise und Krankheit nötig sind. Dieses kann ein Buch sicher nicht erfüllen. Dieser anspruchvollste therapeutische Schritt bleibt der echten menschlichen Begegnung und Arbeit in der Therapie vorbehalten.

Trotzdem kann ein Buch durchaus auch eine therapeutische Hilfe sein. Sollte dies dem vorliegenden Werk gelingen, so hat es seinen Sinn erfüllt – und ich bin dankbar.

Wenn ein Buch geschrieben worden ist, so hat der Schreiber immer auch einigen anderen Menschen zu danken, die ihm das Schreiben ermöglicht haben, die ihn dabei unterstüzt und die mitgeholfen haben.

Ich möchte in erster Linie meinen Patienten danken, von denen ich gelernt habe. Dann sei meinen Kollegen, Frau Michaele Quetz und Herrn Johannes Reiner, für anregende Gespräche und die kritische Durchsicht meines Manuskriptes herzlich gedankt. Ein großer Dank gebührt meiner Sekretärin, Frau Else Bradley, die mit viel Mühe und Arbeit dieses Manuskript zu meiner ganzen Zufriedenheit unermüdlich getippt hat. Und schließlich gehört ein ganz besonders herzlicher Dank meiner Frau und meinem Sohn, die geduldig und liebevoll mich und mein nächtelanges Schreiben mitgetragen und unterstützt haben. Ohne ihre »Mitarbeit« hätte ich dieses Buch nicht schreiben können.

Sommer 1993 *Markus Treichler*

I. Menschenkundliche Grundlagen

Der Mensch ist ein Seil,
geknüpft zwischen Tier und Übermensch –
ein Seil über einem Abgrunde.
Ein gefährliches Hinüber,
ein gefährliches Auf-dem-Wege,
ein gefährliches Zurückblicken,
ein gefährliches Schaudern
und Stehenbleiben…

FRIEDRICH NIETZSCHE

Was ist der Mensch?

Gedanken zur seelischen Krise der Gegenwart

Friedrich Nietzsches vorausgestellte Worte charakterisieren deutlich ein spannungsreiches Befinden: Der Mensch ist ein »Seil«, gespannt über einen Abgrund. Diesseits und jenseits des Abgrundes ist das Seil befestigt, verankert, so daß es eine Spannung gibt. Kennt der Mensch seine Verankerungen? Diesseits ist es die physische Welt, die Natur, jenseits des Abgundes ist es die überphysische, geistige, göttliche Welt. Aus dieser extremen Verankerung des Seils zwischen der triebhaften Naturseite (Tier) und der überphysischen Geistseite (Übermensch) ergibt sich die zeitweilig schier unerträgliche Spannung des gegenwärtigen Menschen. Unter ihm tut sich ein Abgrund auf: Er ist ein Bild für die Gefahr, in seelische Verirrungen, Verführungen und Verfehlungen zu geraten, seinen Halt – der gleich dem Halt eines Seiltänzers nur im inneren Gleichgewicht besteht – zu verlieren, keinen Boden mehr unter den Füßen zu spüren und abgrundtief abzustürzen.

Was könnte das Ziel sein? Im Bild des Seiles ausgedrückt, hieße das: die Verbindung zu halten, unter der Spannung nicht zu reißen, nicht aufzugeben, sondern auszuhalten.

Nur der Mensch vermag sich in dieser Spannung zu orientieren, er kann schaudernd zurück- und ahnungsvoll vorausblicken und sich so aus Einsicht und Erkenntnis eine Orientierung schaffen. Diese Möglichkeit, sich ein Ziel zu setzen und sein Handeln nach eigenem Wissen und Wollen selbst zu bestimmen und zu gestalten, liegt in der Freiheit des Menschen.

In einer der großartigsten ungehaltenen Reden der Menschheit, die der italienische Humanist, Pico della Mirandola, der »Novalis der Renaissance«, 1486 verfaßt hatte und vor den Stadtherren von Florenz halten wollte, läßt er Gott zum Menschen sprechen:

»Wir haben dir keinen bestimmten Wohnsitz, noch ein eigenes Gesicht, noch irgendeine besondere Gabe verliehen, o, Adam, damit du jeden beliebigen Wohnsitz, jedes beliebige Gesicht und alle Gaben, die du dir sicher wünschst, auch nach deinem Willen und nach deiner eigenen Meinung haben und besitzen mögest. Den übrigen Wesen ist ihre Natur durch die von uns vorgeschriebenen Gesetze bestimmt und wird dadurch in Schranken gehalten. Du bist durch keinerlei unüberwindliche Schranken gehemmt, sondern du sollst nach deinem eigenen freien Willen, in dessen Hand ich dein Geschick gelegt habe, sogar jene Natur dir selbst vorherbestimmen. Ich habe dich in die Mitte der Welt gesetzt, damit du von dort bequem um dich schaust, was es alles in dieser Welt gibt. Wir haben dich weder als einen Himmlischen noch als einen Irdischen, weder als einen Sterblichen noch als einen Unsterblichen geschaffen, damit du als dein eigener, vollkommen frei und ehrenhalber schaltender Bildhauer und Dichter dir selbst die Form bestimmst, in der Du zu leben wünschst. Es steht dir frei, in die Unterwelt des Tiers zu entarten. Es steht dir ebenso frei, in die höhere Welt des Göttlichen dich durch den Entschluß deines eigenen Geistes zu erheben.«[1]

Konnte vor einem halben Jahrtausend die seelische Situation des Menschen angesichts der neuentdeckten Freiheit noch so klar, positiv und hoffnungsvoll gesehen werden, wie Pico della Mirandola es als einer der ersten tat, so hat sich in den 400 Jahren bis zu Nietzsche so manche Hoffnung enttäuscht und betrogen gesehen.

Konnte der Renaissance-Humanist noch die Freiheit verherrlichen, so mußte der Philosoph des ausgehenden 19. Jahrhunderts die Gefahr beschwören, den Abgrund nennen, an dem die Menschheit damals stand.

Wo stehen wir heute?

In unserem jetzt zu Ende gehenden 20. Jahrhundert hat sich die allgemeine seelische wie die weltweite ökologische Situation von Menschen und Erde dramatisch zugespitzt. Verantwortlich dafür zu sein scheint mir die in unserem Jahrhundert besonders zutage tretende Diskrepanz zwischen Erkennen, Empfinden und Handeln.

Seelische Risikofaktoren in unserer Zeit

Unsere Zivilisation ist geprägt und bestimmt von dem Primat der Rationalität und deren Folgen, die sich in Abstraktion, Reduktion, Entvitalisierung, Technisierung und Monotonisierung von Menschen und Welt zeigen.

Rationalität ist die menschliche Verstandestätigkeit, ist Nachdenken und Vorstellen, Wissen und Erklären. Es ist eine *Art menschlichen Erlebens und Verhaltens,* die entscheidend unsere Zeit bestimmt und als Zivilisationsprinzip wieder auf den Menschen zurückwirkt und ihn und seine Seele prägt. Sie fördert rationales und rationelles Verhalten, läßt das Fühlen verkümmern und das Wollen und Handeln nur in rational-gefühlskalter Weise zu. Alles andere wird gehemmt. In diesem Sinne sieht Norbert Elias im Prozeß der Zivilisation eine »allmähliche Veränderung des inneren Menschen: seines Empfindens und Verhaltens in einer ganz bestimmten Richtung«.[2]

Unter dieser Einseitigkeit leiden Menschen und Natur insofern, als unter solch hypertropher Kopflastigkeit andere Qualitäten verkümmern. »Die Natur- und Umweltkrisen sind nur der sichtbare Ausdruck einer Krise der sozialen Gemeinschaft und des menschlichen (Selbst)Bewußtseins. Unser gestörtes Denken und Fühlen hat die Zerstörungen in der Umwelt und die grotesken Gefahren- und Risikenballung in unseren technischen Strukturen hervorgebracht.«[3]

Als Symptome von Kopflastigkeit erkennen wir Sachlichkeit und Nüchternheit, Konzentrations- und Abstraktionsvermögen, Zusammenfassungsvermögen und Egozentrizität (Egoismus), Ehrgeiz, Gewinnstreben und eine Tendenz, sich abzuschließen, abzuschotten, zu isolieren; dabei stehen »Vereinnahmen« und »Behalten« im Vordergrund. Rationalität ist in letzter Konsequenz menschenfeindlich und Leben zerstörend.

> »Nehmen, ohne zu begreifen – das ist die Tat der Barbaren. Begreifen, nur um zu nehmen – das ist die Rationalisierung der Barbarei, der Geist unserer Zivilisation.«[4]

Im individuellen Seelischen erleben wir den trockenen, kühlen Verstandesmenschen wißbegierig, informationssüchtig, medienhungrig, ehrgeizig, egoistisch, alles auf das rational Berechenbare reduzierend. Dabei ist er oft versteckt selbstunsicher, asthenisch-neurasthenisch, pessimistisch, autistisch, weltfremd und selbstfremd. Im zwischenmenschlichen Beziehungsleben dominieren Gefühlskälte und Berechnung, aus Unsicherheit wird Unnahbarkeit. Im wirtschaftlich-sozialen Bereich führt Rationalisierung, wie allgemein bekannt, zu dem absolut irrationalen Phänomen der Arbeitslosigkeit und damit zusammenhängend zu Leid und Not der Menschen.

Als psychologische Folgen eines solchen einseitigen Zivilisationsprinzips entwickelt sich eine Verarmung des Gefühlslebens bis zur Gefühlskälte. Alles Emotionale, Spontane, Unberechenbare wird auf Kosten von Phantasie und Kreativität verdrängt oder unterdrückt, Zärtlichkeit wird nicht zugelassen. Viele Menschen haben heute Angst vor Liebe, Freundschaft und Nähe. Das gewaltige Aggressionspotential in unserer Zivilisation ist Produkt eines an Gefühlen verarmten Willenslebens, dessen verantwortungslose Maxime die unreflektierte Machbarkeit ist. Machen oder Nichtmachen, Handeln oder Unterlassen ist oft gar nicht eine Frage des Könnens oder Nicht-Könnens, sondern vielmehr eine Frage des selbständigen Urteils, der Entscheidung, des Sich-entschließen-Könnens nach reiflichem Abwägen, des Prioritäten-Setzens, der individuellen Handlungs- und Lebensoptionen, der Fähigkeit, zwischen Wesentlichem und Unwesentlichem in einer konkreten Situation entscheiden zu können. Im positiven Sinn, wenn diese Fähigkeiten vorhanden sind, sprechen wir von Überzeugtheit, Sicherheit und Souveränität, die ein Mensch ausstrahlt, von Enthusiasmus und Begeisterung im Tun.

Natürlich lassen sich Herz und Hand, Gefühl und Handlung (Wille) nicht folgenlos von Hirn und Verstand unterdrücken. Gefühl und Wille wehren sich. Sie fordern ihre Rechte ein und versuchen sich auszuleben. Ein von Bild-, Druck- und Ton-Medien ins Bodenlose angeregtes und beständig neu geschürtes Gefühlsleben, das sich vorzugsweise und fast ausnahmslos nur auf Surrogate, auf billigen Ersatz menschlicher Wirklichkeit richtet, läuft gleichsam ins Leere. Teilnahmslosigkeit und Gefühlskälte, »Trägheit des Herzens« den wirklichen Nöten und Leiden der Menschen außerhalb der Medienwelten gegenüber – oder haltlose Gefühlsduselei, Sentimentalität und Wahn, sexuelle Enthemmung und religiöser, politischer oder anderer Fanatismus entstehen als Gegenbilder.

Entschlußlosigkeit, Willensschwäche und Handlungsunfähigkeit aus mangelnder Kraft und Überzeugung sind ein Symptom der Schwäche. Sie werden oft überspielt und versteckt hinter gefühllosem Aktionismus, blindem Tatendrang und hemmungslosem Machbarkeitswahn. Aggressivität und Gewalt, Suchtverhalten und Zwangssymptome, Phobien und manche Depressionen sind so allgemein psychologische Antworten auf unsere heutige Zivilisation. Ganze Industriezweige dienen der »organisierten Freizeitgestaltung« und fördern damit noch die Unterdrückung von Phantasie und selbstschöpferischem Tun. »Wir haben, was einst selbstverständliche Einheit war (Arbeit und Vergnügen), weit, allzu weit auseinandergelegt. Der Prozeß der Rationalisierung läßt sich auch als Prozeß der Bornierung und emotionalen Verarmung beschreiben.«[5]

Das muß tiefgreifende Wirkungen haben: »Daß wir die Daseinssphären von Arbeit und Spiel, von zweckgeleitetem und zweckfreiem Tun so hermetisch auseinanderlegen, ›hat schwere Folgen. Der Mensch, der nach getaner Arbeit frei ist, zu tun, was er will, ist nicht derselbe wie der, der Freude in seiner Arbeit erlebt‹«.[6] Läßt er sich in der Freizeit dann auch noch »fremdbestimmen«, indem er sich den Zwängen der Freizeitindustrie oder den Medien unterwirft, dann wird deutlich, warum die Trennung von Denken, Fühlen und Wollen als ein Zivilisationsproblem unseres Jahrhunderts angesehen werden muß. So wird blind genossen und die kränkende Wirkung dieser Zwänge nicht erkannt. Diese Trennung und Verselbständigung unserer Seelenfähigkeiten kann aber Bild und Aufforderung dafür sein, sich die geistige Führungsqualität des Ich über die Seelenfähigkeiten Denken, Fühlen und Wollen bewußt zu machen. Unser Ich selbst ist geistiger Natur, und die zivilisationsbedingte Trennung von Denken, Fühlen und Wollen ist irdisches Abbild eines geistigen Vorgangs, der sich im nachtodlichen Leben unter der gestaltenden Kraft des Ich vollzieht.[7] Individuelle und globale Krisen, persönliche und gesellschaftliche Krankheiten können als unbewußte Versuche bezeichnet werden, diese Trennungsphänomene zu durchschauen. Die gegenwärtig in solcher Vielfalt auftretenden seelischen Probleme lassen sich auf folgenden Nenner bringen: Aus der Isolierung von Denken, Fühlen und Wollen, die, sich verselbständigend, hypertrophieren oder atrophieren können, entwickeln sich menschliche Karikaturen,

> die nicht wissen, ob und was sie fühlen …,
> die nicht fühlen, was sie wollen und tun …,
> die nicht tun, was sie wissen …

Denn sie wissen, fühlen und wollen nicht, was in ihrer Seele lebt. Das nenne ich das *seelische Dilemma* der Gegenwart. Wie ist es zu überwinden?

Unsere Chance, Individualpathologie, Sozialpathologie und die globale ökologische Krise zu heilen, liegt in der Erkenntnis von der gestaltenden Kraft des selbstbewußten Menschengeistes.

Diese gestalterische Kraft, die den Menschen mit seiner Individualität vertraut macht, hat sich gerade in diesem Jahrhundert und in ganz unterschiedlicher Gestalt unter anderem in Philosophie, Dichtung und Prosa Ausdruck verschafft. Ein Gedanke in sprachlich knapper Form von Václav Havel, dem bekannten Schriftsteller und Politiker, faßt dies zusammen:

> Hoffnung ist nicht Optimismus,
> nicht die Überzeugung,
> daß etwas gut ausgeht,
> sondern die Gewißheit,
> daß etwas einen Sinn hat –
> ohne Rücksicht darauf,
> wie es ausgeht.
>
> VÁCLAV HAVEL

Gesundsein und Krankwerden

Wir werden krank, weil es einen Gegenspieler zu unserer Gesundheit, zu unserer Vitalität, zu unserer Regenerationskraft gibt. Dieser Gegenspieler liegt überall auf der Lauer, in jeder Wahrnehmung und in jedem Gedanken, in unseren Gefühlen wie in unseren Entschlüssen; in jeder Frage wie in jeder Antwort; in unserer Spontaneität wie in unserer Wachheit. Nur im Schlaf haben wir ihn selten zu fürchten. Diesen allgegenwärtigen Widersacher einer ebenso friedlichen wie unbewußten Gesundheit haben wir ständig in uns. Wir fühlen und wissen und verwirklichen uns durch ihn: Es ist unser inneres Leben, unser Erleben, unser Bewußtsein. Alle unsere Fähigkeiten und Möglichkeiten, uns im Wachzustand zu erleben und zu verhalten, sind damit verbunden.

Das Erleben steht dem Leben entgegen: das bloße, vegetative unbewußte Leben wird gehemmt, aufgehalten, gesteigert und erhöht zu jenem inneren, bewußten oder unterbewußten Leben, das unser Erleben ist.

Wenn zum vegetativen Leben Atmen, Wachsen, Verdauen und Fortpflanzen gehören, so stehen dem Lebensprozeß der Atmung als inneres Erleben gegenüber: z. B. ein Wohlgefühl, Luft-Hunger, Atemnot, Beklemmung, Angst, ein angenehmes oder unangenehmes Geruchserlebnis, von der Stimulation triebhafter Bedürfnisse der Lust bis zu Abneigung und Ekel.

Dem Wachsen als unbewußtem Lebensprozeß steht als seelisches Erleben gegenüber das Gefühl von Kraft, Stärke oder Schwäche, von sich Steigern oder Verlieren, Abnehmen, von Entwicklung in positiver oder kritischer Richtung.

Dem Lebensprozeß von Stoffwechsel oder Verdauen entsprechen im seelischen Erleben Hunger, Appetit, Widerwillen bis zum Erbrechen; Freude, Genuß, Völlerei, Völlegefühl, Unbehagen, Widerwille, Ekel.

Dem unbewußten Lebensprozeß von Regeneration und insbesondere Fortpflanzung begegnet das seelische Erleben mit Wohlgefühl, Lust, sexuellem Bedürfnis, dem Wunsch nach Zärtlichkeit, Liebe, Leidenschaft und Erfüllung; Begierde, Triebhaftigkeit, Promiskuität, Perversion, Schmerzen, Hemmungen, Befürchtungen und Ängsten. Mehr aus der bewußten Distanz gehören hierzu auch Prostitution, Empfängnisverhütung, Familienplanung, Überlegungen zum Schwangerschaftsabbruch, Selbstbestimmung der Frau über ihren Bauch; Gewissensentscheidungen, Gewissensbisse, Schuldgefühle.

Diese wenigen und natürlich unvollständigen Beispiele sollen deutlich machen, in welchem Sinn und mit welcher Entschiedenheit der innere Mensch mit seinem bewußten oder unterbewußten seelischen Erleben dem unbewußten, schlafenden, vegetativen Leben dicht an dicht entgegensteht, das seinerseits ein Erleben anregt, hervorruft, reizt und fordert und durch diese Steigerung und Erhöhung zum bewußten Erleben in der Seele führt. Das Leben selbst aber wird in seinem unbekümmerten, rein vegetativen Gang durch das Bewußtsein aufgehalten und gehemmt. An der Atmung ist das am unmittelbarsten, für jedermann am leichtesten zu beobachten: gleichmäßig und tief atmen wir, wenn wir »bewußtlos« schlafend im Bett liegen. Schon unregelmäßiger und variabler ist unsere Atmung im Wachen. Lenken wir jedoch unsere Aufmerksamkeit auf unsere Atmung – z. B. mit der Frage: »Wie atme ich gerade?« – ist der Atemrhythmus sogleich unterbrochen und gestört; er kann sich durch Ablenkung des Bewußtseins oder durch willentliche Rhythmisierung der Atmung wieder erholen. Fixiert sich eine unangenehme Vorstellung oder Erinnerung, eine Abneigung oder eine Angst auf die Atmung, so kann der normale Atmungsprozeß tiefgreifend und krankhaft gestört werden (z. B. bei Atemnotsyndrom, Hyperventilation, Panikattacken, Asthma bronchiale).

Die Seele ist also der Widersacher des Lebens. Die Chance oder die Gefahr, erkranken zu können, ist offenbar der Preis, den wir für die Fülle und den Reichtum unseres seelischen Erlebens und Bewußtseins zu bezahlen haben. Denn soviel sollte durch die genannten Beispiele auch deutlich geworden sein: daß den einfachen, unbewußt vegetativen Lebensprozessen jeweils eine Fülle von reichhaltigen, differenzierten, komplizierten und gegensätzlichen seelischen Erlebnisprozessen gegenübersteht. Wir haben durch dieses vielfältige Seelenleben die schönsten, mannigfaltigsten und anspruchvollsten Möglichkeiten, uns zu entwickeln, unser Leben zu steigern. Aus dieser Polarität von Leben und Erleben wird erst Entwicklung möglich und können Krankheitsprozesse als Metamorphosen, Modifikationen und Variationen von Bewußtsein (Erlebnis, Gefühl, Gedanke) entstehen.

Die Seele ist die Widersacherin des Lebens, sie nimmt ihre Kraft und ihre Fähigkeiten aus der Polarität zum Leben und stellt selbst eine Steigerung zu den Qualitäten des Lebens dar. Sie kann ein Grund für Krankheiten werden, wenn sich Seelisches nicht in freier Eigenständigkeit psychisch ausdrückt, sondern sich in Leib und Leben physisch eingräbt und abdrückt. Krankheiten sind Bilder eines sich wechselseitig störenden Verhältnisses von Leib/Leben und Seele.

LEIBLICHES	Polarität	SEELISCHES
	——— und ———→	
LEBEN	Steigerung	ERLEBEN
vegetativ		psychisch
unbewußt		bewußt (wach oder unterbewußt)
einfach		differenziert
eindeutig		widersprüchlich gegensätzlich reichhaltig

LEIBLICHES	Polarität	SEELISCHES
	——— und ———→	
LEBEN	Steigerung	ERLEBEN
geradlinig		wandlungsfähig kompliziert
	wechselseitige Beeinflussung: Hemmung des Psychischen	
	⇄	
Wahrnehmung, Empfindung, Bewußtsein »an falscher Stelle«, nämlich im Leib, in Organen, als Funktionsstörung, als Schmerz	Kränkung des Leiblichen	»organische« Wahrnehmungs- oder Bewußtseinsinhalte; Bewußtseinsstörungen im weitesten Sinn

Psychosomatische Aspekte zu einzelnen Lebensprozessen:

ATMUNG

PHYSIOLOGISCH	PSYCHOLOGISCH
Ein- und Ausatmen Luft (O_2) Aufnahme; Versorgung der Organe mit Luft (O_2), Abatmung von Kohlendioxyd (Co_2) Harmonisierung oder Störung der Organfunktion, Unter- oder Überfunktionen; z. B. Atemnotsyndrom, Hyperventilationssyndrom, Panikattacken, Husten, Niesen, Emphysem, Asthma bronchiale	angenehm, unangenehm, beengend, befreiend, bedrängend, erfrischend, ängstlich, erleichtert, Wohlgefühl, Beklemmung, Lufthunger, Atemnot, Geruchsempfindung, sympathisch, antipathisch, Stimulation von Bedürfnissen und Gefühlen, Lust, Unlust, Appetit, Abneigung, Ekel, Übelkeit

STOFFWECHSEL

PHYSIOLOGISCH

Verdauung
Aufnahme
Wärmung
Absonderung
Ausscheidung
fließende Bewegung
Stoffumwandlung

Anregung oder Hemmung, Steigerung oder Unterdrückung von Stoffwechselprozessen, lokal oder generalisiert; z. B. Auflösung, Bewegung, Wärmung (Fieber), – Ablagerung, Verhärtung, Vertrocknung

Entzündung – Sklerose
Bewegung – Lähmung

PSYCHOLOGISCH

Appetit – Appetitlosigkeit
Hunger
Sättigungsgefühl
Völlegefühl
Befriedigung
Genügsamkeit
Abneigung
Ablehnung
Widerwille
Verweigerung
Unbehagen
Ekel, Übelkeit
Angst
Freude
Genuß
Gefräßigkeit
Intimität
Völlerei
Trieb
Zwang
Askese
Freiheit
Selbstbestimmung

WACHSEN

PHYSIOLOGISCH

Größerwerden an Masse, Größe, Gewicht und Stärke

Entwicklung
Differenzierung
Funktionstüchtigkeit

PSYCHOLOGISCH

Gefühl von Kraft, Stärke, Schwäche, Mangel; Zunehmen, Abnehmen, Schwinden, Gewinnen, Steigern, Verlieren

Anpassen
Leisten
Weiterkommen

WACHSEN

PHYSIOLOGISCH	PSYCHOLOGISCH
	Entwickeln Differenzieren Gewinnen Bewältigen Verlieren Versagen
Anregung, Hemmung oder Entgleisung (Entartung) von Wachstum: lokal oder generalisiert. Atrophie, Hypotrophie, Hypertrophie, Wucherung. Gestaltbildung, Gestalterhaltung, Gestaltverlust, Gestaltzerstörung	

FORTPFLANZUNG

Sexualität

PHYSIOLOGISCH	PSYCHOLOGISCH
Reifung Geschlechtsspezifische Entwicklung und Organfunktion	Bedürfnis Absicht, Trieb Notwendigkeit
Drüsensekretion Ei- bzw. Samenbildung	Wunsch, Sehnsucht Zärtlichkeit, Liebe
Befruchtung, Entwicklung eines neuen Lebewesens	Freiheit Begierde
Hemmung, Störung oder Anregung der Sexualität, der Zeugungsfähigkeit, der »Fruchtbarkeit«	Leidenschaft Befriedigung Erfüllung Verzicht Angst Hemmung Schmerz Erkenntnis Einsicht

Diese Auflistung sich wechselseitig beeinflussender psychologischer und physiologischer Qualitäten soll die engen Verhältnisse und gegenseitigen Beeinflussungen von Leben und Erleben, von Leib und Seele verdeutlichen.

In dem Schritt vom Leben zur Seele offenbart sich eine Polarität und eine Steigerung. Und darin liegt das Geheimnis, daß die Seele das leibliche Leben sowohl zu Gesundheit und Leistung anregen und fördern als auch zu Kränkung und Versagen hemmen und unterdrücken kann. Woran liegt es, ob Leib und Seele förderlich oder hinderlich miteinander umgehen?

Zunächst einmal wollen wir festhalten, daß daraus, wie Leib und Seele miteinander umgehen, in uns selber Leben wird, unser Leben, das eine physische, physiologische und eine psychische Seite hat. Dieses leiblich-seelische Leben entfaltet und entwickelt sich in Gesundheit und Krankheit. Und das Kranksein gehört zur Entwicklung und ganz besonders zur Entwicklung des Bewußtseins dazu. Ein Leben, das nur in Gesundheit verliefe, sollte gar nicht Ziel unseres Strebens sein, denn es wäre dann ein bloß vegetatives Leben, ohne Steigerung, ohne Weiterentwicklung, ohne Bewußtsein und Erkenntnismöglichkeit.

So wie der Leib seine Substanz der Natur und der physischen Welt entnimmt, so kann die Seele ihre Orientierung aus dem Geist bekommen.

Diese beiden Welten, die Natur und die Geistwelt, wirken in jedes individuelle Verhältnis von Leib und Seele herein, auf der einen Seite Bedingungen und Notwendigkeiten schaffend (Natur), auf der anderen Seite Möglichkeiten und Freiheit bietend (Geist).

Es sind also keine einfachen Verhältnisse, aus denen Gesundheiten oder Krankheiten entstehen.

Ist Gesundheit ein Zustand, den wir erreichen und definieren können? »Eine Gesundheit an sich gibt es nicht, und alle Versuche, ein Ding derart zu definieren, sind kläglich mißraten. Es kommt auf dein Ziel, deinen Horizont, deine Kräfte, deine Antriebe, deine Irrtümer und namentlich auf die Ideale und Phantasmen deiner Seele an, um zu bestimmen, was selbst für deinen Leib Gesundheit zu bedeuten habe. Somit gibt es unzählige Gesundheiten des Leibes« (Friedrich Nietzsche). Gesundheit ist ein Prozeß, labil, veränderlich und verletzlich, der sich wandelt, entwickelt und verändert in der Auseinandersetzung zwischen Anabolismus und Katabolismus, zwischen Aufbau und Abbau, zwischen Vitalität und Bewußtsein, zwischen Lebensprozessen und Seelenfähigkeiten. Aus dieser innermenschlichen Spannung und Polarität heraus entwickelt sich unser Leben, leiblich und seelisch, in Gesundsein und Kranksein, in Kränkung und Genesung.

Achten wir auf unsere Gesundheit um ihrer selbst willen, daß kein Herzschlag zu viel, keine Atemluft zu wenig, keine Darmperistaltik zur Unzeit uns verwirre, so hat uns eine Krankheit schon am Schopfe, die heimliche Hypochondrie, die uns nicht mehr freiläßt, bis wir es gelassen ertragen, krank sein zu können.

Denn Krank-Sein ist Können! Zum Beispiel etwas zeigen können, was ich nicht sagen kann; etwas ausdrücken können, was ich selber noch nicht verstehe; etwas erleben können, was ich – noch nicht genug? – erlebt habe; etwas lernen können, das mir kein anderer beibringen konnte. Krank-sein-Können ist der Schritt vom Stillstand zur Entwicklung. Krank-werden-Können ist die Bereitschaft, aus Erfahrung und Irrtum zu lernen, ja, lernen zu wollen!

»So sehen wir, wie Heilung und Krankheit in das Menschenleben eingreifen und zu dem führen, ohne das der Mensch sein Ziel nie als sein eigenes erreichen könnte... Krankheit und Heilung gehören zum menschlichen Dasein, wie der Irrtum dazugehört, wenn wir die Wahrheit erkennen wollen. ... Es mag der Mensch erkranken, solange er sich entwickelt! Durch die Krankheit entwickelt er sich zugleich zur Gesundheit. So strebt die Krankheit in der Heilung und sogar im Tode über sich selbst hinaus und erzeugt die Gesundheit nicht als ein dem Menschen Fremdes, sondern als eine aus dem Menschenwesen selbst herausgewachsene, mit diesem Menschenwesen übereinstimmende Gesundheit.«[8]

Gesundheit ist wie eine Wartezeit. Ich kann durchaus etwas Sinnvolles damit anfangen, aber ich kann sie auch verplempern. Warten, bis endlich etwas geschieht – und dann nicht mehr wissen, was ich eigentlich gewollt habe.

Die eigentliche Aufgabe für uns besteht nicht darin, um jeden Preis gesund bleiben zu sollen und zu warten, sondern weiterzugehen – auf unser Ziel hin...

Kranksein bedeutet nicht: angesteckt oder überfallen werden oder erwischt worden sein. Kranksein ist der Ruf zum Aufwachen, neu die Richtung zu überdenken und zu bestimmen und sich am Wesentlichen zu orientieren. Gesundheit ist der Ernstfall, den wir selbst gestalten sollen – Krankheit ist die Chance, mit Hilfe weiterzukommen und eine neue und höhere Gesundheit nach Überwindung der Krankheit zu erlangen, wenn wir unsere Chance ergriffen haben.

»Jede Krankheit hat ihren besonderen Sinn, denn jede Krankheit ist eine Reinigung; man muß nur herausbekommen, wovon. Es gibt darüber sichere Aufschlüsse, aber die Menschen ziehen es vor, über hundert und tausend fremder Angelegenheiten zu lesen und zu denken, statt über die eigenen. Sie wollen die tiefen Hieroglyphen ihrer Krankheit nicht lesen lernen und interessieren sich mehr für das Spielzeug des Lebens als für seinen Ernst, als für ihren Ernst. – Hierin liegt die wahre Unheilbarkeit ihrer Krankheit, im Mangel an und im Widerwillen gegen Erkenntnis, hierin und nicht in Bakterien.«[9]

Um Leib und Leben?

Mit dem Ausspruch, daß Gefahr für »Leib und Leben« besteht, ist etwas charakterisiert, was gerade nicht ausreicht, wenn wir von Gesundsein und Kranksein sprechen. Es geht nämlich um mehr. »Leib und Leben« ist die physisch sichtbare »Koalition«, die allerdings ohne das »Schattenkabinett« der überphysischen Opposition, Psyche und Ich, nicht mehr als ein Vegetieren erreicht. Die Fähigkeit, krank zu werden, ist der Preis, den wir für unser bewußtes Seelenleben bezahlen müssen. Die Seele widerstrebt dem nur vitalen, vegetativen Leben und läßt Bewußtsein entstehen, das wiederum das vegetative Leben hemmt, abbaut, überwindet. Das Bewußtsein von Welt und Selbst, von außen und innen, von Leib und Seele, von Begierden, Gefühlen und Gedanken stört das Leben in seinem steten Fluß, unterbricht den Lebensrhythmus, kränkt die Kontinuität der Regeneration und erzeugt Diskontinuität. Die Steigerung des »Erlebnis-Bewußtseins«, wie es auch Tiere haben, zu einem reflektierenden, überschauenden, ordnenden oder lösenden, seiner Tätigkeit bewußten Selbst-Bewußtsein ist als Ausdruck des Menschengeistes, seines Ich, der polare Gegenspieler zum physischen Leib. Dieser wird aus Stoffen gebildet, ernährt und erhalten. Das Ich bewohnt und gebraucht ihn so lange, bis er verbraucht und nicht mehr bewohnbar ist und es ihn im Tod verläßt.

Erkenntnis und Tod

Zwischen Erkenntnis und Tod besteht eine Beziehung und Verwandtschaft, auf die schon die biblische Schöpfungsgeschichte aufmerksam macht, wenn uns berichtet wird, wie Adam und Eva, nachdem sie vom Baum der Erkenntnis des Bös und Gut gegessen hatten, zwischen Recht und Unrecht unterscheiden und dadurch sich zu freiem Handeln entwickeln konnten. Der Preis dafür war die »Vertreibung aus dem Paradies«, um als erkennende Menschen auf der Erde eines »ewigen Todes zu sterben«. Dieses rätselvolle Bild vom »ewigen Tod«, den der Mensch sich mit dem Erkenntnisvermögen »eingehandelt« hat, ist der stetige Abbau- und Absterbeprozeß, der sich in unserem Erkenntnisorgan, dem Gehirn und damit dem Zentralnervensystem vollzieht und von ihm ausgehend den Menschen durchsetzt.

»Wenn wir uns lebendige Wesen nennen und so uns eine Eigenschaft beilegen, die wir mit Tieren und Pflanzen teilen, so verstehen wir unter dem lebendigen Zustand notwendig etwas, das uns nie verläßt und sowohl im Schlaf als im Wachen stets in uns fortdauert. Dies ist das vegetative Leben der Ernährung unseres Organismus, ein unbewußts Leben, ein Leben des Schlafes. Das Gehirn macht hier dadurch eine Ausnahme, daß dieses Leben der Ernährung, dieses Schlafleben bei ihm in den Pausen des Wachens überwogen wird von dem Leben der Verzehrung. In diesen Pausen steht das Gehirn einer überwiegenden Verzehrung preisgegeben und gerät in einen Zustand, welcher, wenn er sich auf die übrigen Organe mit erstreckte, die absolute Entkräftung des Leibes oder den Tod zu Wege bringen würde. ... Das Bewußtsein ist ein kleiner und partieller Tod, der Tod ist ein großes und totales Bewußtsein, ein Erwachen des ganzen Wesens in seinen innersten Tiefen.«[10]

In dem polaren Spannungsfeld zwischen Körper und Geist – dem Körper, der sich durch die stoffliche Ernährung erhält, und dem Geist, der durch sein Selbstbewußtsein der Erkenntnis dient – lebt der Mensch. In bezug auf den Leib bewirkt unsere geistige Gedankentätigkeit Todesvorgänge, während in der leibfreien, seelisch-geistigen Sphäre Erkenntnis aufleuchtet. Dazwischen entfaltet sich unser Ich: in den Leib eingebunden wirkt es formend und gestaltend – leibfrei dient es der geistigen Erkenntnis, die sich durch Todesprozesse vom Leibe befreit.

Innerhalb dieser Polarität von Leib und Geist, von Ernährung und Tod entfaltet sich das Spannungsfeld zwischen Leben und Erleben, Gesundheit und Krankheit.

So ergibt sich ein erster Entwurf vom Menschen, der für das Verständnis von Krankheit eine Grundlage bilden kann:

Leib	*Leben*	*Seele*	*Geist*
Körper	Stoffwechsel	Wahrnehmung	Ich
Stoff	Aufbau	Bewegung	Selbstbewußtsein
allein leblos	Erhaltung	Empfindung	Erkenntnis
weder gesund	Wachstum	Erleben	Tod
noch krank	Fortpflanzung	Bewußtsein	
muß durch Ernährung erhalten werden	Gesundheit	Abbau	
		Schmerz	
		Krankheit	

In diesem lebendig dynamischen Spannungsfeld menschlicher Existenz stehen sich nicht Gegensätze gegenüber, sondern sich wechselseitig bedingende und beeinflussende Elemente.

Was ist Krankheit?

An dieser Stelle ergibt sich die Möglichkeit einer vorläufigen Antwort auf die Frage: Was ist Krankheit? Krankheit wurde von jeher als eine Disharmonie, als eine Störung des inneren Gleichgewichts erlebt und verstanden, die von außen oder von innen auf das Leben oder Erleben des betreffenden Wesens einwirkt. Insofern läßt sich Krankheit auch als eine Grenzüberschreitung zwischen innen und außen, zwischen Selbst und Welt, zwischen Unsichtbarem und Sichtbarem, zwischen physischem und überphysischem Menschen bezeichnen. Durch diese Grenzüberschreitung entsteht Disharmonie, Ungleichgewicht und eine Vermischung verschiedener Elemente, die einander nicht vertragen.

Anders formuliert, ist Krankheit ein physischer oder psychischer Prozeß, der in bezug auf ein bestimmtes biographisches Entwicklungsmoment des betreffenden Menschen im falschen *Maß* (d.h. zu viel oder zu wenig), zur falschen *Zeit* (tags oder nachts, in der Kindheit oder im Alter), am falschen *Ort* (an einem dafür nicht geeigneten Organ oder Körperteil) im Leib oder in der Seele des Menschen geschieht.

Für eine Krankheit ist immer das *Wann, Wie* und *Wo* eines körperlich-physiologischen oder eines psychologischen Vorganges entscheidend: Krankheit als Grenzüberschreitung oder Vermischung zwischen Leben und Seele bzw. Erleben setzt die Verschiedenartigkeit dieser beiden Bereiche voraus. Ich möchte als Vergleich ein Bild benutzen, wie sich Leben und Seele zueinander verhalten: Es ist ein Verhältnis wie zwischen Wasser und Luft, zwischen Meer und Wind. Bei Windstille ist das Wasser ruhig, friedlich, ungefährlich, vielleicht langweilig; bei zunehmender Luftbewegung – vom säuselnden Windhauch bis zum Orkan – wird das Wasser immer tiefer aufgewühlt, immer mehr und schneller in Bewegung gebracht, immer höhere Wellen entstehen, immer größere Gefahren drohen! Dann gibt es auch noch das andersgeartete Verhältnis, daß sich Wasser im Verdunstungsvorgang der Luft hingibt. Und schließlich, daß sich in der Luft Wasser zu Wolken verdichtet und als Regen wieder herunterfällt.

Leben und Erleben sind so verschieden wie Wasser und Luft. Sie können sich vertragen oder sich bekämpfen, sie können ineinander übergehen oder sich gegenseitig abstoßen, sie können fast eins werden und sind doch zwei verschiedene Elemente. Sie haben ein unbestreitbar enges Verhältnis miteinander – aber die Luft scheint in diesem Verhältnis immer dominieren zu können.

Neben Wasser und Luft kennen wir noch die Elemente von Erde und Feuer, die in exakter Analogie zu Körper und Geist stehen.

Krankheiten sind Bewegungen im Element des Lebensstroms. Chronische Krankheiten sind langsam und stetig, mit wenig Änderungen dahinfließende Strömungen, vielleicht von gelegentlichen Stromschnellen oder Wirbeln kurzzeitig beunruhigt. Akute Erkrankungen dagegen sind heftige Stürme, Orkane, Taifune, Hurrikane, die den Strom des Lebens in gewaltige und gefährliche Störung seines Laufes bringen können.

Krankheiten dienen der Bewegung und der Entwicklung – meistens führen sie weiter. Krankheiten sind Erfahrungen, meistens neue, aus denen die Betroffenen lernen können, innovative Kräfte und Möglichkeiten, Ideen, Phantasien und Entschlüsse in das Leben mit hereinzunehmen.

Wodurch werden wir krank?

Äußere Krankheitsursachen sind in erster Linie in der Umwelt und in der technischen Werkwelt zu finden. Solche krankheitsauslösenden Faktoren der physischen Naturwelt sind z. B. Hitze, Kälte, Naturgefahren oder Katastrophen, die ebenso zu Mangelkrankheiten oder Infektionskrankheiten führen können wie naturbedingte Vergiftungen oder natürliche Strahlungen. Vor den meisten dieser natürlich bedingten Krankheitsursachen kann sich der Mensch durch Voraussicht und entsprechendes Verhalten weitgehend schützen, nur wenige haben tatsächlich die unausweichliche Gewalt eines Naturereignisses, das zur Krankheit führen muß.

Krankheitsursachen in der physisch-technischen Werkwelt sind die zahlreichen Umweltschäden durch Industrialisierung und Technisierung sowie durch Industriegifte, Strahlen und Lärm. Dazu gehören durch Umweltgifte belastete Nahrungsmittel, aber auch Schäden, die durch Medikamente und technisch-ärztliche Eingriffe verursacht werden.

Das Problem der umweltbedingten Krankheiten hat in unserem Jahrhundert, und vor allem in den letzten Jahrzehnten in einem erschreckenden Maße an Bedeutung und Umfang zugenommen. »Tiefgreifende Veränderungen unserer Umwelt werden immer deutlicher sichtbar und prägen immer mehr das für jeden historischen Zeitabschnitt charakteristische Krankheitsspektrum des Menschen... Die wachsende Konfrontation mit der ständig zunehmenden Zahl von Umweltfaktoren macht uns gewissermaßen zu unfreiwilligen Teilnehmern eines weltweiten Massenexperimentes, dessen Ausgang heute noch gar nicht vorauszusagen ist. Ja selbst unsere Ernährung stellt in steigendem Maße eine potentielle Bedrohung unseres Organismus dar. Am bedeutsamsten für uns Ärzte, weil wir zum Teil dafür mitverantwortlich zeichnen, ist aber zweifellos das ständig ansteigende Heer von Arzneimitteln, deren unerwünschte Auswirkungen auf den menschlichen Organismus in dem immer umfangreicher werdenden Katalog der sogenannten iatrogenen Erkrankungen zum Ausdruck kommen.«[11]

Wir können zusammenfassen, daß die allermeisten, wenn nicht alle dieser im weitesten Sinne umweltbedingten Krankheitsursachen vom Menschen selbst geschaffen werden oder mindestens mitverantwortet werden müssen. Wenden wir uns den inneren Krankheitsursachen zu, unter denen wir im weitesten Sinne Verhalten und Lebensführung, Erwartungen und Gewohnheiten, innere Einstellungen und unsere Antworten auf Erlebnisse und äußere Ereignisse verstehen müssen. Wir können sie mit einem modernen wissenschaftlichen Begriff *psychosoziale Krankheitsursachen* nennen. Dem Heidelberger Physiologen und Sozialmediziner Hans Schaefer folgend, lassen sich diese Bereiche auch einteilen in kulturelle und zivilisationsbedingte gesellschaftliche Sitten und Gebräuche, wozu Ernährung und Genußmittel (Suchtmittel), Muße und Bewegung, Sexualität und Familie, Arbeit und Freizeit wie auch die Einstellung gegenüber Natur und Technik gehören.

Die Prägungen, die der Mensch durch diese sozialen Gegebenheiten erfährt – also durch Erziehung in der Familie oder Schule, soziale Stellung, zwischenmenschliche Kontakte, erlernte oder nicht erlernte Ausdrucks- und Kommunikationsmöglichkeiten, können kränkend oder positiv stützend wirken, vor allem im Zusammenhang mit Erlebnissen, Bedürfnissen und Konflikten. Dazu gehören auch die Folgen der gesellschaftlichen Einstellung gegenüber leiblicher und seelischer Krankheit, Behinderung, Sterben und Tod. Von Bedeutung sind ebenso die von einer Gesellschaft gepflegten, geförderten oder behinderten Möglichkeiten zur Transzendenz, d.h. zu einem individuellen Erleben und Umgang mit seelisch-geistigen Werten im Sinne philosophischer, weltanschaulicher und religiöser Bindungen, Orientierungen und Traditionen. Von der individuellen Prägung der Persönlichkeit schließlich hängt es dann ab, wie der Einzelmensch jetzt auf konkrete Ereignisse, Erlebnisse, Situationen, Anforderungen oder Verführungen nicht nur reagiert, sondern *antwortet.* Eine Reaktion hat etwas stark Geprägtes, Unfreies, Reflexartiges, während das Antworten als frei und verantwortlich gestaltete, spezifisch menschliche Fähigkeit erscheint. Das Tier reagiert auf bestimmte Reize und Situationen. Der selbstbewußte Mensch aber hat die Möglichkeit, über die Reaktion hinaus zu einer eigenverantwortlichen Antwort zu finden. Diese Fähigkeit müssen wir mehr und mehr berücksichtigen und bei uns selbst wie bei unseren Mitmenschen herausfordern.

Die Antwortmöglichkeiten des Menschen auf die verschiedenen Erlebnisse und Situationen in seinem Leben sind einerseits natürlich entstanden, gewachsen und mitbedingt durch die geschilderten kulturellen, gesellschaftlichen und sozialen Prägungen, darüber hinaus aber auch durch einen bisher noch nicht erwähnten Faktor der Anlage, worunter wir alles »Mitgebrachte« im weitesten Sinne verstehen: sowohl das vererbungsmäßig Veranlagte, das sich genetisch festmachen ließe, als auch begabungsmäßig »Mitgebrachtes«, das sich im Laufe eines förderlichen Lebens zu Fähigkeiten entwickelt, die über die biologisch-genetischen Vererbungsmöglichkeiten hinausgehen. Gemeint ist im konkreten Sinne dasjenige, was sich der Mensch als geistige Individualität aus seinen früheren Erdenleben und aus dem Verweilen in der geistigen Welt zwischen Tod und neuer Geburt mitbringt als Vorhaben, Aufgaben und Möglichkeiten für die jetzige Inkarnation. (Vgl. dazu auch die Kap. über Biographie.)

Rainer Maria Rilke drückt es auf seine Weise in wenigen Zeilen klar und geheimnisvoll zugleich aus:

»Ich weiß nicht, was ich werde,
was ich zu sein versprach,
ich ahme nur der Erde,
ernste Gebärde nach.
Ich habe Sturm und Stille,
Klarheit und Dämmerung;
im Wachsen ist mein Wille
und jung ...«

Soweit unser Gedankengang bis jetzt gediehen ist, können wir festhalten, daß das Entstehen von Krankheitsprozessen beim Menschen ein komplizierter, meist multifaktorieller und vielgestaltiger Vorgang ist, zumal jetzt auch noch zu unterscheiden ist zwischen Krankheitsursache und Krankheitsentstehung, was mit den medizinischen Fachbegriffen Ätiologie und Pathogenese umrissen wird. Die inneren, äußeren oder komplexen Ursachen sind ursprünglich unter dem ätiologischen Gesichtspunkt beschrieben worden. Die vorliegende Beschreibung geht über die reine Ätiologie hinaus und hat bereits pathogenetische Faktoren mit einbezogen.

Unter Pathogenese = Krankheitsentstehung verstehen wir die Schritte, die sich nach Eintreten der Ursache vollziehen müssen, bis der Mensch krank geworden ist. Nehmen wir das harmloseste Beispiel einer Grippe: Damit ein Mensch an einer Grippe erkrankt, muß er Grippeviren ausgesetzt sein. Doch führt der Kontakt zwischen Krankheitserreger und Mensch noch nicht unbedingt zu einer Erkrankung; ja, es muß noch nicht einmal zwangsläufig zu einer Infektion des Betreffenden führen. Der Kontakt zwischen einem Menschen und einem virulenten (= giftig, ansteckend) Krankheitserreger kann also durchaus spurlos und folgenlos verlaufen. Die Krankheitserreger dringen überhaupt nicht in den menschlichen Organismus ein.

Die andere Möglichkeit ist die Entwicklung einer sogenannten inapparenten Infektion, das heißt es kommt zu einem Eindringen der Krankheitserreger, nicht aber zu einer manifesten Erkrankung. Der Verlauf ist symptomlos, der Mensch verspürt keinerlei Krankheitszeichen. Diese inapparente Infektion führt aber zu einer speziellen Immunität gegen den betreffenden Krankheitserreger.

Die dritte Möglichkeit, die wir im allgemeinen mit Infektion meinen, ist diejenige, daß der betreffende Mensch manifest erkrankt. Die statistische Häufigkeit, durch den Kontakt mit einem Krankheitserreger zu erkranken, nennen wir den Kontagionsindex; gemeint ist die Erkrankungsbereitschaft eines Organismus bei erstmaliger Infektion mit einem bestimmten Krankheitserreger. Sie ist bei

Masern z. B. mit 95 % extrem hoch (Kontagionsindex = 0,95), bei Scharlach beträgt sie nur 30 % und bei Kinderlähmung sogar nur 0,1 bis 0,3 %; ein Kontagionsindex für Aids ist noch nicht bekannt, allerdings weiß man mit Sicherheit soviel, daß das HIV deutlich weniger kontagiös ist als das Hepatitis B-Virus.[12]

Und schließlich sei jetzt schon angemerkt, daß es natürlich auch bei manifester Erkrankung durch einen Krankheitserreger in keinem Fall von vornherein ausgemacht ist, wie die Krankheit verlaufen wird. Auf diesen Punkt werden wir noch einmal zurückkommen.

Im folgenden sei das bisher Dargestellte noch einmal zusammengefaßt. Drei Faktoren können zur Krankheit führen:

1. *Die Exposition.* Das heißt, der Mensch ist einem unbelebten oder belebten Krankheitserreger ausgesetzt. Dazu gehört z. B. auch eine kränkende (pathogene) Beziehung oder Arbeits- oder Lebenssituation. Solche Exposition führt jedoch weder im Falle von pathogenen Erregern noch im Falle von pathogenen Situationen oder menschlichen Beziehungen zwingend zu einer Erkrankung.

2. *Die Disposition.* Das ist die innere Krankheitsbereitschaft eines Menschen. Während also die Exposition von außen auf den Menschen zukommt, ist die Disposition seine innere Bereitschaft, auf das Äußere zu antworten. Verschiedene konkrete Dispositionen lassen sich beschreiben. Eine allgemeine, die generell besteht, ist z. B. die Geschlechtsdisposition. Sie kann je nach Alter variieren.

   Eine typische Erkrankung, die im Zusammentreffen von Geschlechts- und Altersdisposition auftritt, ist z. B. die Pubertätsmagersucht (Anorexia nervosa, s. S. 234). Darüber hinaus gibt es situationsbedingt wechselnde Dispositionen, die durch Ernährung, Erschöpfung, Arbeit, klimatische Verhältnisse und ähnliches bedingt sind. Auch können bestehende Krankheiten eine Disposition für bestimmte Zweiterkrankungen schaffen, wie z. B. bei Diabetes mellitus die Disposition zu Furunkeln oder Gangränen. Eine andere altersspezifische Disposition ist im Kindesalter die Bereitschaft zu den bekannten infektiösen Kinderkrankheiten oder im höhren Lebensalter die Disposition zu sklerotischen Gefäßveränderungen. Wir kennen auch noch eine Rassendisposition sowie geographische Dispositionen für bestimmte Krankheiten; ein interessantes Beispiel dafür ist die Erkrankung, die durch das bekannte Epstein-Barr-Virus ausgelöst wird. Es verursacht vorzugsweise bei dunkelhäutigen Kindern in Zentralafrika eine bösartige Geschwulsterkrankung, das sogenannte Burkitt-Lymphom (=Burkitt-Tumor), während bei weißhäutigen Jugendlichen in unseren geographischen Breiten dasselbe Virus eine im Vergleich dazu harmlos verlaufende und nach acht bis zehn Tagen abklingende Infektion hervorruft, das sogenannte Pfeiffersche Drüsenfieber, auch »Studentenkuß-Krankheit« genannt, weil sie meist durch Tröpfcheninfektion oder durch direkten Mund-zu-Mund-Kontakt übertragen wird.

Ein Beispiel für eine geographische Disposition ist die Multiple Sklerose (Encephalomyelitis disseminata), die nahezu ausschließlich in den mittleren bis nördlichen Regionen unserer Erde, also in Mittel- und Nordeuropa und in den mittleren und nördlichen Teilen der USA und Kanadas vorkommt, nicht dagegen in Südeuropa oder anderen südlicheren Gegenden Afrikas oder Lateinamerikas.

Es gibt also die verschiedensten Formen der Disposition. Manche bleiben bestehen, andere wechseln im Laufe des Lebens durch verschiedene Bedingungen. Normalerweise leicht und schnell zu beheben sind solche, die durch Ermüdung, Überanstrengung oder Streß veranlaßt wurden. Oft genug natürlich verharren wir in unserer Ermüdung, in unserer Überanstrengung oder in unserem Streß wider besseres Wissen, bis dann der Organismus aus seiner eigenen Weisheit heraus zu Schlaf, Ruhe und Erholung führt, indem er eine – in solchen Fällen meist leichte – Erkrankung zuläßt. Dann kommen wir zwangsläufig zu unserer Ruhe.

So kann in einer bestimmten Disposition und der dadurch eintretenden Erkrankung für den Menschen auch durchaus etwas Heilsames liegen. Dies aber natürlich nur, wenn es erkannt wird.

3. Der letzte Faktor schließlich, der im Krankheitsgeschehen eine wichtige Rolle spielt, ist die *Konstitution*. Darunter wollen wir nicht nur, wie in der Konstitutionsbiologie und in der Anthropologie üblich, den körperlichen Habitus oder das »somatische Fatum« verstehen und auch nicht nur das Zusammenstimmen von körperlichen und seelischen Eigenschaften, wie dies in den Temperamentstypen von Empedokles und Hippokrates (cholerisch, sanguinisch, phlegmatisch, melancholisch) oder in den Konstitutionstypen nach Kretschmer (asthenischer oder leptosomer Typus, athletischer Typus und pyknischer Typus) dargestellt wird. Wir meinen mit Konstitution im umfassendsten Sinne, wie sich die seelisch-geistige Individualität eines Menschen in Leib und Leben, in Erleben und in der Lebensgestaltung ausdrücken und verwirklichen kann. Mit anderen Worten verstehe ich unter Konstitution die Gesamtheit der Persönlichkeit aus Vererbung, Erfahrung, Fähigkeit und Streben (Ziel, Idee, Vision).

   Eine Konstitution kann sich zu einer gewissen Zeit auch eine bestimmte Disposition schaffen, um krank werden zu können, um etwas erleben oder ausdrücken zu können, wofür die normalen Lebensumstände dem Menschen keine Gelegenheit gegeben haben.

Während Exposition und Disposition in ihrem wechselseitigen Verhältnis die notwendigen und in gegenseitiger Entsprechung hinreichenden äußeren und inneren Voraussetzungen für das *Entstehen* einer Krankheit sind, wird das Krank*sein* eines Menschen wesentlich von seiner Konstitution bestimmt. Konkret heißt das: Wie ein Mensch auf die Exposition einem bestimmten pathogenen Faktor gegenüber reagiert, das hängt von seiner Disposition ab. Wenn er auf eine bestimmte pathogene Exposition nicht *reagieren* muß, sondern *antworten* kann, so ist dies Ausdruck seiner Konstitution im anspruchvollsten Sinn. *Die Konstitution schafft sich ihre Dispositionen.* Dadurch kann es – wenn wir zu unserem eingangs erwähnten banalen Grippebeispiel zurückkehren – im Falle der Exposition von Grippeviren entweder zur inapparenten Infektion, d.h. zur symptomfreien Infektion oder zur symptomatischen Infektion unter dem Bild einer harmlosen Grippeerkrankung kommen; oder eine harmlos beginnende Grippeerkrankung kann sich durch Komplikationen zu einer schweren, ja sogar lebensbedrohlichen Erkrankung auswachsen. Andererseits kann aber auch eine ihrem Wesen nach sehr schwer verlaufende Erkrankung durch eine besonders starke, zielvolle Konstitution einen statistisch gesehen ganz unerwartet günstigen positiven Verlauf nehmen, was in der Medizin erklärungslos immer wieder mit dem Begriff Spontanheilung umschrieben wird und bekannt ist.

Erkrankungseintritt, vor allem aber der Verlauf und insbesondere der bewußte Umgang mit der Krankheit und deren Bewältigung bis hin zu Überwindung und Heilung ist Ausdruck der Kraft der geistigen Konstitution des Menschen, vor allem auch bei einer chronischen Erkrankung. Das Durchstehen einer schweren Krankheit bis über den Tod hinaus kann so auch als ein Sieg angesehen werden. Dieser Konstitutionsbegriff ist in erster Linie nicht theoretisch oder historisch begründet, sondern schlicht aus der Erfahrung gewonnen. Dazu gehören auch Aussagen von Dichtern und Denkern über ihre Erfahrungen mit dem Kranksein, wie die folgende von Christian Morgenstern:

»Werden wir krank, weil es einem plötzlichen Gewitterregen oder einem herabrutschenden Dachziegel so gefällt? Oder weil unsere Eltern krank waren? Oder weil rings um uns Krankheit herrscht? Oder weil wir uns selbst die Krankheit irgendwie verschrieben haben, auf daß sie uns von etwas Schlimmerem, von einer Leidenschaft, oder einem Irrtum etwa – heile? Vor der Geburt schon verschrieben, aus einer, obzwar nicht minder individuellen, aber zugleich viel höheren Weisheit und Erkenntnis, als deren wir uns in unserer gegenwärtigen Wiederverkörperung bewußt sind?«[13]

Zusammenfassung

Kranksein ist ein Entwicklungsgeschehen. Es verläuft in Schritten und zeigt, je nach Erkrankungsart und Persönlichkeit des Erkrankten, ein bestimmtes Erscheinungsbild in einer bestimmten Zeitgestalt; beides kann sich im geschichtlichen Lauf zivilisatorischer Veränderungen metamorphosieren, und an beiden soll der Arzt die Krankheit erkennen, d.h. diagnostizieren können.

Krankwerden bedarf innerer und äußerer Faktoren (nur manchmal reicht einer der beiden Umstände allein aus). Wir fassen die inneren Faktoren unter *Disposition* und *Konstitution*, die äußeren unter dem Begriff *Exposition* zusammen.

Auftreten, Art, Entwicklung, Verlauf und Ausgang der Krankheit sind wesentlich geprägt und bestimmt von der gesamthaften Konstitution des Menschen.

Kranksein ist Ausdruck einer »Grenzüberschreitung zwischen äußerem und innerem Menschen«, zwischen Naturprozeß und Seelentätigkeit, zwischen Leben und Erleben, je nachdem, ob eine körperliche (vom Erleben ins Leben) oder eine seelische (vom Leben ins Erleben) Erkrankung entsteht.

Der Mensch und seine Krankheiten

In diesem Kapitel sollen einige Krankheiten nicht nach möglichen Ursachen, sondern nach dem Ort ihrer Erscheinung und der Art ihres Entstehens angeschaut werden. Diese pathogenetische und phänomenologische Betrachtungsweise setzt die kausale Betrachtung, wie sie im vorigen Kapitel Gegenstand war, voraus. Dort war Kranksein als eine Überschreitung der Grenze zwischen belebtem Leib und »Seelenleib« – seelischem Erleben – definiert worden. Als äußeren Faktor für das Ingangsetzen einer solchen Grenzüberschreitung nannten wir die durch die Exposition aufgenommenen pathogenen Einflüsse, vom Krankheitserreger bis zur zwischenmenschlichen Beziehung, was wir im folgenden mit *Erlebnis* benennen wollen.

Der Mensch öffnet sich den Erlebnissen der ihn umgebenden Welt, sei es die physische Umwelt, die Werkwelt, die psychosoziale Mitwelt oder eine überphysische geistige Welt, im wesentlichen durch drei Eintrittsorgane: die Sinnesorgane, die Atmungsorgane und die Nahrungsorgane. (Die Erlebnisse einer überphysischen, d. h. auch übersinnlichen Welt nimmt der Mensch tatsächlich durch andere als die physischen Sinnesorgane wahr – nämlich durch mittels Übungen entwickelte seelisch-geistige »Sinnesorgane«).

Untersuchen wir, was geschieht, wenn ein Mensch irgendeine Art von Erlebnis in seiner Umwelt oder Mitwelt hat: Er begegnet diesem Ereignis mit einer gewissen seelischen Gestimmtheit von Interesse, Offenheit, Abneigung, Angst, Sympathie oder Antipathie. Mit seinen Sinnen nimmt er das äußere Ereignis wahr und als Erlebnis in sich auf. Das Ereignis wird zum Er-lebnis, wenn es sich an unserem eigenen Leben »spiegelt«.

So wird es in das Seelenleben aufgenommen, das sich dem Geschehen schon mit einer speziellen Gestimmtheit entgegenbewegt hat. Es ist ein komplizierter, geheimnisvoller Vorgang, der sich meist ohne Zutun des Wachbewußtseins, nur selten unter bewußter Kontrolle, vollzieht. Als Erlebnis in der Seele angekommen, wird das äußere Ereignis mit den eigenen Stimmungen, Gefühlen (zwischen Sympathie und Antipathie), mit Wünschen, Ängsten, Interessen, Begierden und Erwartungen konfrontiert und vermischt. Dazu tauchen noch mehr oder weniger bewußte Erinnerungen und Erfahrungen auf. Kommt der Mensch jetzt noch zu einem einigermaßen angemessenen, »objektiven«, besser wäre wohl: gerechten Urteil über das Ereignis, so ist das schon eine beachtliche Leistung.

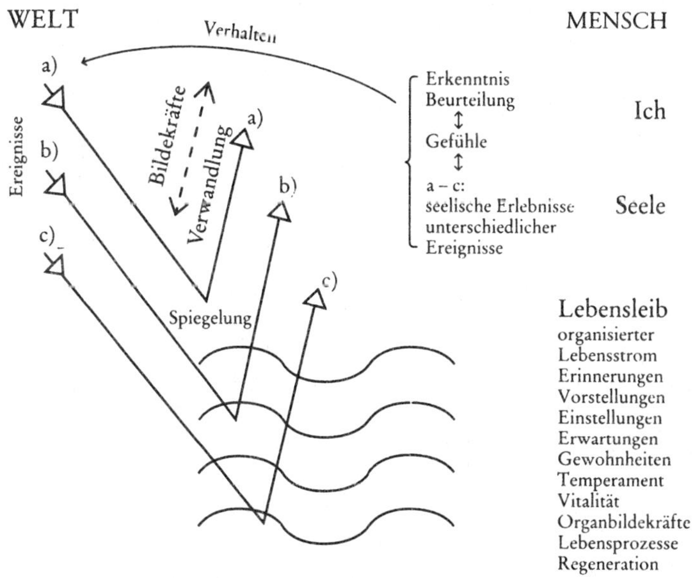

Schematische Darstellung der Entstehung seelischer Erlebnisse und Gefühle und möglicher Störungen

Mischen sich nun aber unmerklich verdrängte, unbewußte Erinnerungen, Einstellungen, Gewohnheiten, Erwartungen, Vorstellungen sowie Stimmungen, Affekte und Gefühle auf dem Weg vom Ereignis bis zum bewußten Erlebnis hinzu, so ist dies Anlaß, sich in einer bestimmten Weise zu verhalten. Erleben und Verhalten zeigen sich somit als Innenseite und Außenseite der Seele. Denn das Verhalten kann jetzt von den Mitmenschen als völlig überraschend und unverständlich, ja, als sehr unpassend erlebt werden.

Was ist geschehen? Das Verhalten wurde vom Erleben bestimmt, ebenso das Urteil. Das Erleben aber wird unbemerkt von Inhalten des unbewußten Lebensstromes geprägt, bestimmt, gefärbt, man könnte sagen »manipuliert«. Es sind dies die unbewußten Bestandteile der jeweiligen Lebenserfahrung und Lebenseinstellung. Aus solchen Vorgängen kann sich eine Neurose entwickeln.

Beispiel: Ein 17jähriges, streng pietistisch erzogenes, asthenisch gebautes, melancholisches Mädchen wird in den Kriegsjahren in Berlin von ihrem Freund, der gerade für eine Nacht Fronturlaub hat, bei schwacher Nachttischbeleuchtung, gegen ihren »wohlerzogenen« Willen (vielleicht aber mit stiller Zustimmung eines geheimen Wunsches?) verführt. Da kommt das Verdunkelungsgebot wegen eines Fliegerangriffes. Jahre später – sie hat diesen Mann geheiratet – bekommt nun diese Frau Angstzustände. Sie hat Gewissensbisse und Schuldgefühle, ohne zu wissen warum, und entwickelt bei Nacht eine Lichtphobie mit Kontrollzwang. Dabei war sie jeden Abend eine halbe bis eine Stunde damit beschäftigt, zu kontrollieren, ob auch wirklich alle Lichter in der Wohnung gelöscht waren, und mußte bei jedem Erwachen in der Nacht von neuem mit der Kontrolle beginnen.

Diese phobisch-zwanghafte Neurose bestand jahrzehntelang und erschwerte das Leben der Frau erheblich. Zusätzlich geplagt wurde sie von schrecklichen Befürchtungen, was alles passieren könnte, wenn sie ein Licht nicht gelöscht hätte.

Ich fasse die Pathogenese dieser Neurose zusammen: Ein Ereignis (Verführung bei Nacht bei schwacher Beleuchtung) trifft eine seelisch schwache, unsichere, aber von strengen Vorsätzen und Regeln geprägte jugendliche Persönlichkeit. Das Geschehen wird in der Seele des Mädchens nicht zu einem glücklichen, sondern zu einem mit Angst und Schuld beladenen Erlebnis, weil sie die eigenen, anerzogenen Einstellungen und Erwartungen übertreten hat. Da in dieser Kriegsnacht als zusätzliches Ereignis das Verdunkelungsgebot wegen eines Fliegerangriffs hinzukam, das Mädchen und ihr Freund aber ihre Nachttischlampe nicht mehr löschten, fixierte sich ihr Schuldgefühl an das äußere Gebot der Verdunkelung, weil das innere Gebot der Keuschheit ihr unbewußter und umstritten war. Wäre sie in ihrem Wesen sanguinisch, oberflächlich, leichtlebig gewesen, wäre sie durch dieses Erlebnis sicher nicht in eine solche von Schuldgefühlen geprägte Zwangsneurose gestürzt.

Aus diesem Beispiel ist deutlich geworden, wie die Spiegelung eines äußeren Ereignisses zu einem inneren Erlebnis durch unbewußte Anteile der Lebensprägungen gefärbt wird. Dadurch können die seelischen Erlebnis- und Verhaltensstörungen entstehen, die wir als Neurosen bezeichnen s. S. 340 ff.).

Bei diesem Spiegelungsvorgang eines äußeren Ereignisses zum seelischen Erleben kann sich nun nicht nur etwas aus dem unbewußten Lebensstrom mit hineinmischen. Das Spiegelbild, das in der Seele entsteht, kann auch durch einen gewissen »Defekt im Spiegel« in mehr oder weniger dramatischer Weise verzerrt sein, so daß Zusammenhänge zwischen Erlebnis und Ereignis nur noch vage und zum Teil sehr unverständlich erkennbar sind. Dabei muß die Verzerrung des seelischen Spiegelbildes nicht unbedingt in einem inhaltlichen oder lebensgeschichtlichen Zusammenhang mit dem äußeren Ereignis stehen. Sie kann auch allein im »Defekt des Spiegels« begründet sein.

Die Oberfläche des Spiegels ist – zunächst im Bild gesprochen – so verbogen, daß das Spiegelbild nur verzerrt sein kann, ganz gleich, was sich darin spiegelt. Mit anderen Worten ausgedrückt: Der Lebensstrom der Bildekräfte, der sowohl Organbildekräfte wie Vorstellungs- und Gedankenbildekräfte enthält, verliert bei dem

Spiegelungsvorgang Kräfte, die eigentlich der Ernährung, dem Wachstum, dem Stoffwechsel oder der Regeneration dienen sollten. Sie fehlen dann in den Lebensprozessen eines Organs. Selten kann dies physiologisch oder organisch festgestellt werden. Diese Tatsache wird psychopathologisch-phänomenologisch in Erscheinung treten. Auf diese Weise entsteht das für den Betroffenen wie für die Mitmenschen zunächst schwer verständliche psychotische Erleben und Verhalten von Menschen mit wahnhaften oder halluzinatorischen Erlebnissen, die wir schizophren erkrankt nennen (vgl. S. 305 ff.).

Es gibt genügende Situationen im Leben, in denen der Mensch immer wieder den gleichen unangenehmen Erlebnissen ausgesetzt ist. Dann kann es geschehen, daß er irgendwann einmal die dabei entstehenden, sich stetig wiederholenden unangenehmen seelischen Gefühle satt hat und sie deshalb verweigert. Sie werden verdrängt, konkret in den unbewußten Lebensbildestrom versenkt. Der Lebensstrom, der eigentlich seiner Bestimmung nach die Ereignisse in die Seele spiegeln und zum Erlebnis führen sollte, muß nun, darauf unvorbereitet, sich gewissermaßen selbst mit den Ereignissen auseinandersetzen. Das kann nicht anders als zu einer Störung der Lebensprozesse führen. Auf diese Weise enstehen, z.B. durch den ständig heruntergeschluckten Ärger über einen Mitmenschen, funktionelle Störungen eines Organs.

Beispiel: Ein Patient, Anfang 50, der an einer chronisch rezidivierenden entzündlichen Darmerkrankung leidet (Colitis ulcerosa) berichtet, daß er nach jahrelanger Beschwerdefreiheit einen neuen Schub mit blutig schleimigen Durchfällen bekommen habe. Er war mit seinem Wagen an die Zapfsäule einer kleinen Tankstelle herangefahren, um zu tanken. Während er etwas langsam und umständlich ausstieg und seinen Tankdeckel öffente, fuhren ein paar junge Leute vor und waren schneller als er. Obwohl eindeutig nach ihm gekommen, füllten sie ihren Tank vor ihm an der einzigen Zapfsäule dieser kleinen Tankstelle, und unser Patient mußte warten und ärgerte sich ins Bodenlose. Aber er sagte nichts. Er unterdrückte seinen Ärger und Zorn, gleichzeitig aber wuchs die Wut und die Verzweiflung über sich selber, daß er auch dieses Mal, wie schon so oft im Leben, es nicht schaffte, sich durchzusetzen oder auch nur seine Meinung zu sagen. Im Gegenteil, auch jetzt fühlte er, wie ihm der Boden entzogen wurde, wie ihm »seine Felle davonschwammen«, wie er sich einer solch harmlosen Situation hilflos ausgeliefert fühlte. Unmittelbar darauf begann sein neuer Colitis Schub (vgl. auch S. 201).

Wenn sich, wie in diesem Fall, eine Erlebnis- und Gefühlsverweigerung wiederholt und schon bei harmlosen Anlässen immer wieder erneuert, weil durch sie Ähnliches, aber Schwerwiegenderes aktualisiert wird, können Gefühle aus der Seele in die Lebens-Funktionsschicht bis in die morphologische Struktur eines Organs verdrängt werden. Dann wird aus einer anfänglich funktionellen Organstörung eine morphologisch faßbare Organerkrankung. So kann aus einer chronischen Magenschleimhautentzündung ein Magengeschwür oder aus einer funktionellen Diarrhoe – vor Prüfungen beispielsweise (nervöser Durchfall) – Jahre oder Jahrzehnte später durch Weiterbestehen bestimmter pathogenetischer psychischer Faktoren eine Colitis werden.

Aus dem bisher Dargestellten ist deutlich geworden, daß es unter pathogenetischen und phänomenologischen Gesichtspunkten leiblich erscheinende und seelisch erscheinende Krankheiten gibt, wobei es in jedem der beiden Bereiche wiederum zwei Arten von Erkrankungen gibt: die *funktionellen* leiblichen oder seelischen Erkrankungen, die wir auch Organneurosen oder Psychoneurosen nennen können, und die tiefergehenden *morphologischen* Organerkrankungen, die im Seelischen mehr durch die Loslösung bestimmter Organbildekräfte als durch äußere Ereignisse bestimmt werden und zu psychotischen Erkrankungen führen. Wegen dieser »psychischen Organbeziehung«, auf die wir in einem späteren Kapitel noch zu sprechen kommen werden, vergleiche ich die Psychosen (Manie, Depressionen und Schizophrenien) mit den physischen Organerkrankungen.

Der Mensch und seine Beziehungen

Die psychosozialen oder zwischenmenschlichen Beziehungen im privaten oder beruflichen Bereich sind nur ein Teil des Beziehungslebens des Menschen. Hier soll versucht werden, die verschiedenen Beziehungsqualitäten in ihrer Bedeutung für Gesundsein und Kranksein zu beschreiben.

Analog zu den vorangegangenen Betrachtungen über die Ätiologie und Pathogenese des Krankwerdens, lassen sich auch bei den Beziehungen, die der Mensch pflegen sollte, drei Grundbereiche unterscheiden:

1. Die Beziehung des Menschen zu der ihn umgebenden Welt, zur natürlichen Umwelt, zur vom Menschen geschaffenen Werkwelt und zur sozialen Mitwelt.
2. Die Beziehungen des Menschen zu sich selbst, zur Innenwelt.
3. Die Beziehungen des Menschen zu einer überphysischen Welt, einer Ideenwelt, die man auch als geistige oder göttliche Welt bezeichnen kann.

Die Beziehung zur Welt: Umwelt – Werkwelt – Mitwelt

Die Beziehungen des Menschen zur Außenwelt in ihrer Bedeutung für Gesundsein und Kranksein wurden bereits ausführlich angesprochen (s. S. 39ff.). Dieser Bereich, der für die leibliche und seelische Gesundheit von unmittelbarer Bedeutung ist, läßt sich aber noch qualitativ differenzieren in eine unstoffliche, eine feinstoffliche und eine grobstoffliche Modalität der Beziehung.

Jede dieser Modalitäten läßt sich wieder in zwei Gruppen unterteilen. Die *erste unstoffliche Beziehungsmodalität,* die wir zur Außenwelt haben, gewinnen wir über die Sinneswahrnehmungen. Sie sind für das Wachbewußtsein, für das Erkenntnisleben und für die Möglichkeiten, sich in der Welt zu orientieren und zurechtzufinden, von primärer Bedeutung. Ohne Sinneswahrnehmungen würden wir die Welt nicht erleben können. Im Erlebnis – das wurde ausführlich dargestellt – antwortet die Seele von innen auf das von außen Wahrgenommene. Das weist auf die *zweite unstoffliche Beziehungsmodalität* zwischen Mensch und Welt: die seelische Beziehung. Sie entsteht natürlich vorwiegend zwischen Mensch und Mensch, aber nicht ausschließlich, da auch zu Naturereignissen und Gegenständen durchaus eine seelische Beziehung entwickelt wird. Diese lebt sich am unmittelbarsten in Stimmungen und Gefühlen aus, zwischen Zuneigung und Ablehnung, Lust und Schmerz, Liebe und Haß; dann aber auch im Erkennen, im Nachdenken und Verstehen, im begrifflichen Erfassen und im Ideenbilden; schließlich ergeben sich aus Gefühlen oder Gedanken Motive, Absichten und Entschlüsse für Tun und Lassen, für willentliches oder unwillkürliches Verhalten, durch das dann wieder in die Außenwelt eingewirkt wird.

Unter der *feinstofflichen Beziehung* zwischen Mensch und Welt ist einerseits alles Gasförmige, Luftförmige zu verstehen, das mit der Atmung, bemerkt oder unbemerkt, riechbar oder unriechbar in den Organismus aufgenommen wird. Deshalb hat die Beschaffenheit der Atemluft eine unmittelbare Bedeutung für die Gesundheit. So sprechen wir von »guter«, »schlechter« oder »gesunder« Luft oder von pathogenen Bestandteilen in der Luft, die zu allen möglichen Reaktionen von kurzdauernden Unverträglichkeiten (z.B. das Niesen als eine harmlose Reaktion) über den Heuschnupfen bis zum schweren Bronchialasthma führen können. Daß mit »dicker Luft« eine spannungsgeladene Atmosphäre charakterisiert wird, weist auf die feinstoffliche Beziehung der Luft bis in den seelischen Bereich des Menschen. Ein ganzer Industriezweig, die Parfumindustrie, widmet sich ausschließlich dem seit Jahrtausenden bekannten Zusammenhang zwischen Wohlgerüchen verschiedener Qualitäten und seelischen Empfindungen und Bedürfnissen.

Eine weitere feinstoffliche Beziehung zwischen Mensch und Natur eröffnet sich in den über die bloße Luftbeschaffenheit hinausgehenden atmosphärischen und klimatischen Bereichen. Feuchtigkeit und Trockenheit, Wärme und Kälte, Hochdruck oder Tiefdruck, Beständigkeit oder schnelle Wechsel des Wetters wirken bekanntermaßen auf den menschlichen Organismus, beeinflussen das körperliche wie psychische Befinden und können klimatisch, atmosphärisch oder jahreszeitlich bedingte Krankheiten hervorrufen.[14]

Die Phänomene von Erdstrahlungen und Wasseradern, die von sensiblen Menschen zum Teil als gravierende Störungen ihres Befindens und ihrer Gesundheit erlebt werden, gehören ebenfalls in diesen Beziehungszusammenhang.

Nicht unerwähnt bleiben sollen auch die sogenannten »untersinnlichen« physikalischen und chemischen Wirkungen wie von Magnetismus, Elektrizität – zunehmend als »Elektrosmog« erkannt – und radioaktiver Strahlung. Für alle diese Einflüsse haben wir keine sinnlichen Wahrnehmungsmöglichkeiten – weshalb wir sie »untersinnlich« nennen –, aber sie haben bekanntermaßen unter Umständen eine tiefgreifende Wirkung auf Befinden, Gesundheit und Krankheit des Menschen.

Unter der *grobstofflichen Beziehung* zwischen Mensch und Welt sei an erster Stelle die Ernährung genannt, über die nach mehr oder weniger kunstvoller Zubereitung stoffliche Substanz aus der Natur in den Organismus aufgenommen wird. Dort werden die Nahrungsmittel durch das Stoffwechselsystem zunächst abgebaut und von den Eigenschaften ihrer natürlichen Herkunft befreit, um dann zu körpereigenen Substanzen aufgebaut werden zu können. Der unbrauchbare Teil wird ausgeschieden. Die Bedeutung der Ernährung für Gesundheit und Krankheit ist allgemein bekannt. Auch gibt es eine Fülle von Literatur zu diesem Thema, so daß ich es hier bei der bloßen Erwähnung bewenden lassen möchte.

Die *zweite grobstoffliche Beziehung* ist nun die äußerlichste und gröbste: Es handelt sich dabei um die von außen einwirkende stoffliche Gewalt, die, anders als die Nahrung, nicht zubereitet und aufgenommen wird, sondern grobstofflich von außen wirkt wie der berühmte Dachziegel, der dem Fußgänger auf den Kopf fallen kann, oder der schwere Ast eines Baumes, der den Dichter Ödön von Horváth 1936 in Paris zu Tode getroffen hat; mit anderen Worten: alle grobmateriellen, mechanischen, physikalischen, chemischen, technischen oder anderen denkbaren äußeren Einwirkungen zählen zu dieser Beziehungsmodalität, die für die Entstehung insbesondere der Unfallkrankheiten von Bedeutung ist. Verkehrs-, Freizeit-, Sport- und Arbeitsunfälle gehören in diesen Bereich äußerer Stoff- und Krafteinwirkungen.

Die Beziehung zu sich selbst: die Innenwelt

Was kann mit der Beziehung zu sich selbst, zur Innenwelt, gemeint sein? Dieser Beziehungsbereich läßt sich wieder in drei Schritten untersuchen:

1. Selbstwahrnehmung
2. Selbsterkenntnis
3. Selbsterziehung

Unter *Selbstwahrnehmung* verstehen wir zunächst, was wir für ein Körperbild von uns selbst haben, welch eine Wahrnehmung unseres Leibes, wie unser Leib- und Lebensgefühl beschaffen ist, ob wir Wohl- oder Unwohlsein verspüren. Zu dem Befinden in leiblicher Hinsicht gehört die seelische und geistige Verfassung mit allen Gefühls-, Gedanken- oder Willensinhalten, woraus sich schließlich ein Selbstgefühl einstellt; zusammenfassend erlebt wird dies dann zum Selbstwertgefühl; in der Reflexion entwickelt sich dann das Selbstbewußtsein.

Die verschiedenen Aspekte der Selbstwahrnehmung haben alle mehr oder weniger eines gemeinsam: Sie vollziehen sich von allein, ohne daß es eines besonderen Bewußtseins oder Willensaktes bedürfte. Und es ist gut, wenn in diesen Bereichen nicht zuviel willkürliches Bewußtsein oder Selbstbeobachtung herrschen, denn nur allzuleicht bindet sich die Aufmerksamkeit im Übermaß an ein kleines Problemchen des Körpers, wie die Figur oder die Verdauung; oder an das Befinden und Funktionieren der Organe; oder an die Stimmung gestern abend nach der Auseinandersetzung... Ein gewisses Maß an Aufmerksamkeit für diese Qualitäten des Eigenerlebens muß natürlich sein – aber ein Zuviel bindet den Geist zu sehr ans Eigene und schränkt ihn in seiner Freiheit ein. In der reinen Selbstbespiegelung verschwimmt schließlich jedes Bild, und der Spiegel wird trüb.

Worauf bei einer Selbstwahrnehmung bewußt geachtet werden kann, ja muß, das ist die persönliche Ausdrucksweise in Körperhaltung, Bewegung, Gestik und Mimik. Beherrschen mich unwillkürliche Verhaltensweisen, schlechte Gewohnheiten oder Manieren, die mir nicht bewußt sind?

Auf diesem Felde kann ich durch Selbstwahrnehmung lernen, wie ich meinen Leib als Instrument und Ausdrucksform meiner selbst gebrauchen kann oder wie weit er mir Grenzen setzt, die ich noch gar nicht erkannt habe. Auch in der Sprache als Ausdrucksmöglichkeit des Geistes durch mich in der Welt ist Selbstwahrnehmung bewußt anwendbar, ebenso für die Erkenntnis meiner selbst und für die Verständigung zwischen mir und meinen Mitmenschen. Seelisch-Geistiges wird durch die Sprache ausgedrückt. Und diese Ausdrucks- und Gestaltungsmöglichkeit für Seelisch-Geistiges im Selbstgespräch wie im kommunikativen Gespräch mit anderen Menschen lerne ich erkennen durch bewußte Selbstwahrnehmung meiner Sprache.

Als weiteren und vielleicht naheliegendsten Bereich einer bewußt geübten Selbstwahrnehmung ist jetzt noch die Erinnerung zu nennen. In der bewußten Erinnerung offenbart sich mir selbst mein

Inneres, wenn äußere Ereignisse Erlebnis und Erfahrung geworden sind.

Wir haben jetzt drei Bereiche der Selbstwahrnehmung genannt und sind dabei von außen, vom Leib, über die Sprache ins Innere, zur Erinnerung gekommen. Eine andere, vielleicht tiefere Betrachtungsweise ergibt sich, wenn wir beim Innersten beginnen, nämlich mit der Frage, wie sich das Selbst, das Ich im physischen Leib ausdrücken und verwirklichen kann; wie sich das Seelisch-Geistige in der Sprache, insbesondere gegenüber Mitmenschen, kundtun kann; und schließlich, wie sich äußere Ereignisse in den Lebens-Erinnerungsstrom eingeprägt haben.

Haben wir uns mit diesen Aspekten der Selbstwahrnehmung ein wenig vertraut gemacht, so ergibt sich jetzt folgerichtig der Schritt zur *Selbsterkenntnis.* Denn das reflektierende Bewußtsein für die in der Selbstwahrnehmung gemachten Beobachtungen, Eindrücke und Erkenntnisse führt zu einer Erkenntnis über mich. Selbsterkenntnis soll hier allerdings nicht als Selbstzweck, als psychische Selbstbefriedigung oder als ein »l'art pour l'art«-Vergnügen verstanden werden. »Mit Selbsterkenntnis ist, wenn sie richtig verstanden wird, Selbstentwicklung gemeint.«[15]

Selbsterkenntnis als Selbstentwicklung heißt, dasjenige, was sich nur durch die Selbstwahrnehmung des Leibes, der Sprache und der Erinnerung ergeben hat, vor dem Hintergrund meiner Möglichkeiten, meiner Ziele, meiner Wandlungen, meiner Krisen und meiner Stagnationen zu sehen. Kurz gesagt: *Selbstwahrnehmung vor dem Hintergrund ihrer anthropologischen Bedeutung wird zur Selbsterkenntnis.*

Selbsterkenntnis vor dem Hintergrund meiner Biographie wird zur Selbstentwicklung.

Selbstentwicklung, gesehen vor dem Hintergrund des Nötigen, steigert sich im letzten Schritt zur Selbsterziehung.

Selbsterziehung, die mir niemand auftragen und niemand abnehmen, die ich nur aus freien Stücken tun oder lassen kann, ist eine Klasse der Lebensschule, in die jeder aufgenommen werden kann, aus der keiner entlassen wird und die sich beliebig oft wiederholen läßt!

Selbsterziehung heißt, im letzten Schritt der bewußt zu pflegenden Beziehung zu sich selbst, durch bestimmte Übungen, durch Haltung und Bewegung des Leibes die Sprache der Seele und die Erinnerung des Geistes in der Seele zum Gegenstand des bewußten Gestaltungswillens zu machen. Auf diese Weise kann die Arbeit am Leib, an der Sprache und über die Erinnerung an der eigenen Biographie zur Erziehung an sich selbst, das heißt zur Selbstgestaltung werden.

Die Beziehung zur geistigen Welt

Es mag auf den ersten Blick vielleicht manchem verwunderlich erscheinen, daß in Zusammenhang mit Gesundsein und Kranksein des Menschen von der Beziehung zur geistigen Welt gesprochen wird. Aber schon in den Ausführungen über die Konstitution, die Anfang, Entwicklung und Ende des Krankseins entscheidend mitbestimmt, war vom Geistigen im Menschen die Rede, und es ist nur natürlich, daß dieses Geistige *im Menschen* zu seiner Entwicklung und Pflege auch eine Beziehung zum Geistigen *in der Welt* braucht.

Die geistige Welt kann als ein Jenseits, als eine transzendente Welt gedacht werden, die unberührt von der unseren existiert. Es ist aber auch denkbar, daß sie mit unserer physisch-irdisch-sinnlichen Welt verbunden ist und daß wir nur bedingt durch unsere auf das Physisch-Sinnliche beschränkte Wahrnehmungsorganisation das Geistige nicht sehen, sondern nur gedanklich abstrakt erfassen können. Erst als Ausdruck eines besonderen geistigen Vermögens konnten große Menschen wie Platon, Thomas von Aquin, Goethe oder Rudolf Steiner dazu kommen, das Geistige wie Sinnliches zu schauen und den Zusammenhang von Geist und Materie zu erkennen.

»Wem es nicht zu Kopfe will, daß Geist und Materie, Seele und Körper, Gedanke und Ausdehnung oder ... Wille und Bewegung die notwendigen Doppelingredienzen des Universums waren, sind und sein werden, die beide gleiche Rechte für sich fordern und deswegen beide zusammen wohl als Stellvertreter Gottes angesehen werden können – wer sich zu dieser Vorstellung nicht erheben kann, der hätte das Denken längst aufgeben und auf gemeinen Weltklatsch seine Tage verwenden sollen.«[16]

Kann der Mensch die Beziehung zum Geistigen in der Welt in irgendeiner Manifestation, sei es in Religion, Kunst oder Wissenschaft, in einer Weltanschauung oder einer Philosophie, im stillen Gebet, in der Meditation oder in einer aus geistigem Motiv frei vollbrachten Tat pflegen, so ist er in seinem Menschensein, in seiner geistig-seelisch-leiblichen Konstitution gestärkt und wird mehr Kraft und Möglichkeiten in sich spüren, mit seinem Gesundsein oder seinem Kranksein umzugehen. Die seelisch-geistigen Qualitäten der Akzeptanz, der Gelassenheit, des Verständnisses und der seelischen Tüchtigkeit werden bei ihm ausgeprägter vorhanden sein, als wenn er diese Beziehung nicht pflegt.

Da jedes Kranksein für den Menschen ein Zurückgeworfensein auf sich selbst, seinen Leib und sein begrenztes Empfinden und Erleben bedeutet, kann eine gepflegte Beziehung zum Geistigen, in dem das Freie und Offene immanent ist, dazu verhelfen, nicht zu tief im Eingeengtsein des Krankheitserlebens zu versinken. Das kann dem kranken Menschen auch für kurze oder für entscheidende Zeit das Erleben der eigenen Geistesfreiheit vermitteln.

Nicht selten scheinen Krankheiten für den Menchen geradezu als eine Herausforderung aufzutreten, doch endlich eine Beziehung zum Geistigen aufzunehmen.

Beziehung und Begegnung

Beziehungen gibt es, wie wir gesehen haben, vielfältige. Sie können zu Menschen, Tieren, Pflanzen und Gegenständen, zu einem oder zu mehreren Menschen bestehen; sie können kurz oder flüchtig und einmalig sein, sie können langdauernd, tragend und lebenslänglich sein.

Eine Begegnung, wie wir sie hier verstehen wollen, ist nur mit einem Menschen möglich. Wir meinen jetzt nicht jene Form flüchtiger Begegnung, wie sie auf der Straße, im Geschäft, am Telefon, oder im Zug mit dem Schaffner vorkommen kann. Wir meinen die Begegnung von Mensch zu Mensch, bei der etwas geschieht. Sei es ein Ahnen oder ein Gefühl, eine blitzhafte Erleuchtung oder ein bestimmtes Wollen; immer ereignet sich Begegnung zwischen zwei Menschen nur im Hier und Jetzt der gemeinsamen Gegenwart. Begegnung ist ein momentanes, ein augenblickliches, ein ausschließlich gegenwärtiges Geschehen, das dadurch zum besonderen Ereignis wird, daß sich in ihm Vergangenheit und Zukunft beider Menschen treffen.

Aus einer Begegnung kann eine Beziehung werden und sich entwickeln. Andererseits kann eine Beziehung jahrelang ohne eine echte Begegnung bleiben, bis es dann, meist völlig unerwartet, vielleicht doch noch zu einem entscheidenden gegenseitigen Erkennen kommt.

Beziehungen schaffen den Raum für Begegnungen; sie können sie fördern, unter Umständen auch verhindern.

Beziehungen können zu mehreren Menschen gleichzeitig bestehen; dadurch kommt ein neues, das soziale Element mit hinzu, das als Beziehungsnetz oder Beziehungsgeflecht bezeichnet wird. Darin drückt sich aus, daß eine Beziehung etwas Tragfähiges, Unterstützendes, Haltgebendes haben kann. Auf Beziehungen kann man sich – wenn sie gut sind – verlassen. Andererseits kann man auch Enttäuschungen erleben oder fallengelassen werden.

Beziehungen leben in den meisten Fällen davon, daß die Menschen gegenseitig etwas voneinander erwarten, bedürfen, wollen oder brauchen. Durch Absichten, Fragen, Erwartungen und Wünsche wird das Beziehungsnetz geprägt. Darin kann man sich dann durchaus auch einmal verirren oder verwirren.

Beziehungen entwickeln sich und folgen ihren eigenen Gesetzmäßigkeiten – ohne Rücksicht darauf, ob sich die einzelnen Menschen ebenso entwickeln.

Ob Liebesbeziehungen oder Lebensbeziehungen, Arbeitsbeziehungen oder Wohnbeziehungen, Familienbeziehungen oder Geschäftsbeziehungen, Urlaubsbeziehungen oder karmische Beziehungen – in allen Formen lassen wir uns immer auf mehr ein, als wir vorher wissen und durchschauen, und auf mehr, als wir selbst bestimmen und gestalten können. Deshalb gibt es in jeder Beziehung die Möglichkeit der Krise (vgl. S. 105).

Die Begegnung hat demgegenüber eine ganz andere und eigene Qualität.

Die tiefe Begegnung zweier Menschen ereignet sich ohne Absicht, ohne Erwartung, ohne Bedürfnis, ohne physisches Ziel. Sie braucht als begünstigende Vorbedingung Offenheit dem anderen gegenüber und die Bereitschaft, von sich selbst absehen zu können. Sich ganz auf den andern einlassen zu können, ja, zu wollen, setzt voraus, die eigenen Absichten und Bedürfnisse in den Hintergrund zu stellen und darauf zu verzichten, das eigene, egoistische Wollen durchzusetzen. Der eigene Standpunkt, das eigene Urteil wird im Moment der wahren Begegnung unbedeutend. Das einzig Wesentliche ist allein der andere.

In der echten Begegnung »vergißt« oder »schläft« sich der Mensch in wachem Bewußtseinszustand in den anderen hinein – und umgekehrt. Durch die sich wechselseitig öffnenden Seelen kommt es zur Wahrnehmung des Ich des anderen Menschen als der individuellen Erscheinungsform des Geistes. Dieses geistige Ich des anderen wirklich wahrzunehmen und innerlich zu erleben, das ist die Tiefe und der Sinn einer echten Begegnung. Sie kann sich nur in der direkten Zweierbegegnung ereignen.

Ein solches Geschehen regt die Menschen zum Bewundern, Staunen, Verehren und Lieben an. Es kann sich überall, an jedem Ort und in jedem Moment ereignen. Das besonders starke Zusammentreffen von Vergangenheit und Zukunft zweier Menschen macht diesen Moment unvergeßlich. Deshalb kann uns Begegnung erschüttern oder beglücken. Wir können daran wachsen, reifen und uns entwickeln – oder auch daran zweifeln, scheitern, ins Bodenlose stürzen – und dann dringend eines Haltes bedürfen. Dieser Halt muß in der Seele des Betreffenden wachsen. Die Hinwendung zu einer überphysischen, geistigen Beziehungs- oder Begegnungsqualität ist in einer solchen Situation unter Umständen zu erlernen und zu üben. In dem Erahnen von Sinnhaftigkeit, wenn eine Begegnung mal zu einer Krise geführt hat, liegt die Chance, von einem unerwartet Höheren angesprochen und aufgefordert zu sein. Denn in jeder echten Begegnung entsteht und wirkt etwas Neues, ein Drittes, das Zukünftige, das sich im Zwischen ereignet, wenn ich selbstlos einem anderen Ich begegne. Dabei wird Vergangenheit zur Zukunft. In der Begegnung lebt die Freiheit der Gestaltung, die Entwicklung des Möglichen, die Erfüllung des Schicksals.

Die Begegnung mit dem Engel

Eine besondere Form der Begegnung darf wegen ihrer großen biographischen Bedeutung nicht unerwähnt bleiben: Es ist die *Begegnung des Menschen mit seinem Engel.* Während die Begegnung zwischen zwei Menschen ein geistiges Ereignis ist, insofern durch das Physische die überphysische, geistige Ich-Wesenheit des anderen wahrgenommen und erlebt wird, ist die Begegnung mit dem Engel ein geistiges Ereignis, bei dem unphysisch dessen überphysische Anwesenheit erfahren wird.

Das kann in besonderen Augenblicken der Biographie geschehen – allerdings mit dem ungewöhnlichen Charakter des Unsagbaren, des Unbeschreiblichen, des Unglaublichen und doch ganz Unbezweifelbaren. Und doch werden solche Erfahrungen heute zunehmend gemacht.

Max Frisch schildert in seinem Tagebuch von 1947 eine solche kurze Begegnung:

> »Marion und der Engel, der immer wieder fragt, was eigentlich er möchte, und Marion, der an die Brüstung lehnt oder an ein Geländer, während vielleicht die Glocken läuten, und hinunterschaut in das nächtliche Wasser:
> ›Was ich möchte?‹
> Es ist schon das dritte Mal, daß er es dem Engel erklärt, das Unglaubliche, und immer ist es der gleiche Engel, der das gleiche fragt:
> ›Warum kommst du nicht?‹
> ›Über das Wasser…?‹
> Marion weiß nicht, was er denken soll, wenn er den Engel sieht, und ob es wirklich ein Engel ist, der so zu ihm redet:
> ›Warum kommst du nicht?‹
> Marion fragt:
> ›Wo, wenn du ein Engel bist, führst du mich hin?‹
> ›Zu dir –.‹
> Und zum letzten Male:
> ›Warum kommst du nicht?‹«

Auch in dem 1954 geschriebenen Roman »Stiller« schildert Max Frisch einige Engelbegegnungen des Mannes namens Stiller oder White, der für sich eine neue Identität sucht.

White, alias Stiller, sitzt im Untersuchungsgefängnis, weil er es leugnet, mit jenem Stiller identisch zu sein, der vor 6 Jahren verschwunden und seitdem verschollen ist. Nach zahlreichen Verhören mit dem Staatsanwalt bietet dieser ihm, der ihn von früher als Stiller kennt, seine Freundschaft und das Du an. White/Stiller antwortet darauf glücklich: »… aber dann, sehen Sie, darf ich auch von Ihnen erwarten, was man von einem Freund erwarten muß: daß Sie mir glauben, was ich nicht erklären, geschweige denn beweisen kann. Nur darauf kommt es jetzt an. Wenn Sie mein Freund sind, dann müssen Sie auch meinen Engel in Kauf nehmen.« Und nach einer kurzen Pause fährt White/Stiller fort: »Ja, sage ich, sobald ich ihn zu schildern versuche, verläßt er mich, dann sehe ich ihn selber nicht mehr. Es ist ganz komisch: je genauer ich ihn mir vorstellen kann, je näher ich dazu komme, ihn schildern zu können, um so weniger glaube ich an ihn und an alles, was ich erlebt habe.«

Und die Aufzeichnungen White/Stillers im Untersuchungsgefängnis enden mit dem Satz: »Mein Engel halte mich wach.«

Wer ist dieses Engelwesen, das wir Normalmenschen kaum beschreiben, das aber Maler malen und Dichter verdichten können?

Der Engel ist das überphysische Wesen, das so über dem Menschen steht wie das Tier unter ihm. Unser Engel hilft uns, den von uns im Alltag unbeherrschten Teil unseres affektiven und triebhaften Seelenlebens beherrschen zu lernen und ihn im Laufe unserer Biographie verwandeln zu können. Der Engel ist der Führer auf unserem Lebensweg.

»Das ist die Aufgabe der sogenannten Geister des Engelreiches, die Inkarnationen der Menschen zu leiten.«[17]

In der Begegnung mit unserem Engel erleben wir die Begegnung mit unserem höheren Selbst. Es ist dasjenige, was uns zu uns selber führt, wenn wir uns von ihm führen lassen, d.h. wenn wir unsere egoistischen, triebhaften, niederen Absichten, Impulse oder Bedürfnisse beherrschen und unser kleines, selbst-süchtiges Ego besiegen und überwinden lernen.

Der Engel ist unser Helfer zur Selbst-Überwindung im Dienste eines Höheren.

»Was wir besiegen, ist das Kleine,
und der Erfolg selbst macht uns klein.
Das Ewige und Ungemeine
will nicht von uns gebogen sein.
Das ist der Engel, der den Ringern
des Alten Testaments erschien:
Wenn seiner Widersacher Sehnen
im Kampfe sich metallen dehnen,
fühlt er sie unter seinen Fingern
wie Saiten tiefer Melodien.

Wen dieser Engel überwand,
welcher so oft auf Kampf verzichtet,
der geht gerecht und aufgerichtet
und groß aus jener harten Hand,
die sich, wie formend, an ihn schmiegte.
Die Siege laden ihn nicht ein.
Sein Wachstum ist: der Tiefbesiegte
von immer Größerem zu sein.«

RAINER MARIA RILKE

Auch die Begegnung mit dem Engel läßt uns frei: Wir können uns als Besiegte oder als Geführte fühlen, wir können dem Engel folgen, wohin wir nicht wollen, wovor wir Angst haben, und dann gerade zu uns selbst finden. Wir können schreien und kämpfen – oder in die andere Richtung davonlaufen; wir können erschrecken und klagen, denn »ein jeder Engel ist schrecklich«.[18] Oder wir können dankbar die Chance zu unserem höheren Sein empfinden.

Der psychosomatische Ansatz im medizinischen Denken und Handeln

Die Medizin braucht Psychologie und Soziologie, um nicht nur angewandte Naturwissenschaft, sondern wirkliche Humanmedizin zu sein. Die anthroposophisch erweiterte Medizin ist insofern mehr als die Schulmedizin, mehr als die psychosomatische Medizin und mehr als die Sozialmedizin, als sie zum naturwissenschaftlich-biologischen, zum psychologischen wie zum sozialen Aspekt den des Geistigen methodisch wie inhaltlich als Erweiterung hinzufügt.

Aber auch die anthroposophische Medizin braucht mehr, als das bisher in ihrer Anwendung der Fall war, Psychologie, und zwar anthroposophisch orientierte Psychologie! Allerdings nicht, um die Entstehung von Krankheiten oder die Therapie kranker Menschen zu psychologisieren und therapeutische Fortschritte, z.B. durch Kunsttherapien nur psychologisch zu erklären, sondern um Seele und Ich des Menschen in ihren leibgebundenen Funktionen wie auch in den leibfreien Tätigkeiten zu kennen und in das Gesundsein und Kranksein miteinbeziehen zu können.

Unter der heutigen, nach den modernen Erkenntnissen inzwischen unumgänglichen multifaktoriellen Betrachtungsweise des Krankwerdens ist das Seelische ein wesentlicher Faktor. Aus dem vorhergehend Geschilderten ist aber deutlich geworden, daß die Seele nicht die einzige und nicht die alleinige Rolle spielt. Drei Faktoren – Exposition, Disposition und Konstitution – waren bei der Entstehung von Krankheiten als zusammenwirkend erkannt worden. Die Einbeziehung von Psychologie in die Medizin sucht die Bedeutung des Seelisch-Geistigen für die Konstitution und die verschiedenen Krankheitsdispositionen – neben den anderen genannten Faktoren biologischer, geographischer oder historischer Qualität – in gebührender Weise zu berücksichtigen. So hat die Psychologie neben den anderen ergänzenden Wissenschaften ihren wesentlichen Beitrag zu leisten.

Aus Anlaß eines jungen Mannes, der an Kopfschmerzen litt, berichtete Sokrates im Gespräch mit Charmides: »Man dürfe, wenn jemand an den Augen krank sei, nicht versuchen, die Augen ohne den Kopf zu heilen, noch den Kopf ohne den Leib, so auch nicht den Leib ohne die Seele; ... denn, so sagte er, von der Seele gehe alles, sowohl Gutes als Böses aus für den Körper und den ganzen Menschen. ... man müsse also auch zuerst und vorzugsweise jene, die Seele, ärztlich behandeln, wenn der Kopf und der übrige Körper sich wohlbefinden sollen. Die Seele aber, du Glücklicher, sagte er, müsse durch gewisse Heilsprüche behandelt werden; diese Heilsprüche aber seien die guten Reden. Durch Reden dieser Art erwachse Besonnenheit in den Seelen; wo aber diese erwachsen und vorhanden sei, sei es bereits etwas Leichtes, dem Kopf sowohl als dem übrigen Körper die Gesundheit zu bewirken.«
... »Da wäre ja, Sokrates«, sagte Charmides, »für den jungen Mann sein Kopfweh ein wahres Glück geworden, wenn er genötigt würde, seinem Kopf zuliebe nun auch in seinem Geistesleben besser zu werden!«
»Allerdings«, antwortete Sokrates.

So berichtet von Platon in dem Dialog »Charmides«.

Damit ist in einzigartiger Weise Programm und Möglichkeit einer psycho-somatischen Medizin durch den philosophischen Ahnherrn unseres abendländischen Denkens, Sokrates, formuliert.

Allerdings, und wohl wenig überraschend, ist diese ideale Forderung schon von den griechischen Ärzten der Antike nicht immer genügend beachtet und erfüllt worden:

> »Denn nur dieses, die Augen ohne den Kopf, diesen ohne den Leib und jenen ohne die Seele zu behandeln, sei schuld daran, daß die Ärzte (bei den Hellenen) über so viele Krankheiten nicht Herr werden, weil sie das Ganze nicht kennen, das man in Pflege nehmen müsse...«
>
> (SOKRATES in »Charmides«)

Ideal und Ziel einer psycho-somatischen Behandlung sollte es sein, daß das Kranksein für den Menschen zu einer positiven Erfahrung wird, die es ihm ermöglicht, in seiner Beziehung zum Geistigen weiterzukommen.

Wenn die anthroposophische Medizin mehr ist als naturwissenschaftliche, psychosomatische und psychosoziale Medizin, ist die Frage zu stellen, um welche Bereiche der Erweiterung es sich hierbei handelt. Auszugehen ist in unserem Fall von der Einbeziehung einer spirituellen anthroposophischen (geisteswissenschaftlichen) Psychologie in die Medizin.

Im Sinne meines anthroposophisch-psychosomatischen und psychotherapeutischen Ansatzes hat der in dieser Weise sich bemühende Arzt im Umgang mit den kranken Menschen, die sich ihm anvertrauen, folgende Bereiche oder »Leibesorganisationen« in einem erweiterten Sinn zu untersuchen, zu kennen und zu berücksichtigen:

Der Bereich des physischen Leibes

Hier gilt es, die körperliche Beschaffenheit und Konstitution sowie die Lokalisation von Erkrankungen, Beschwerden, Funktionsstörungen oder Schmerzen aufzunehmen und den morphologischen Befund des erkrankten Organs oder Organsystems zu verstehen. Dabei muß das Organ im Zusammenhang mit dem Gesamtorganismus sowie seine Zugehörigkeit zur Dreigliederung des Organismus (s. S. 73, 104, 411) gesehen werden. Ebenso ist die biologische, psychologische, soziale und wirtschaftliche Situation des Patienten in ihrer Relevanz für seine Befindlichkeit mitzuberücksichtigen, mit allen objektiven, subjektiven und individuellen Auswirkungen und Folgen, die sich in der organischen Erkrankung Ausdruck verschaffen. Wir können diesen zu untersuchenden Bereich auch mit dem Begriff des Stoff-Leibes charakterisieren.

Der Bereich des Lebens

Die gesamten Lebensprozesse – physiologische wie pathophysiologische Vorgänge –, die funktionellen Veränderungen und pathologischen Einschränkungen, die das Lebensgefühl des Patienten beeinträchtigen, sind in diesem Bereich Gegenstand der ärztlichen Aufmerksamkeit. Das schließt auch sein subjektives Befinden ein, wie es sich im tageszeitlichen oder jahreszeitlichen Verlauf verändert oder im rhythmischen, regelmäßigen oder unregelmäßigen Wiederkehren der Erkrankung darstellt. Wir nennen diesen Bereich den Lebensleib oder Funktionsleib (auch Zeitleib).

Der seelische Bereich

Für das Seelenleben ist ein spezifischer und dafür zu schulender Blick gefordert. Er beachtet, wie Ereignisse sich in der Seele des Patienten als Erlebnis spiegeln, wie seine seelische Verfassung, seine Temperamentsqualitäten, seine Stimmungen und ihre Wandlungen, sein Erleben und Umgehen mit Sympathie und Antipathie es ihm leicht oder schwer machen, mit den Gegebenheiten seines Lebens, mit den Anforderungen und Aufgaben, mit den menschlichen Begegnungen und Beziehungen umzugehen.

Des weiteren wird beobachtet, wie das Wahrnehmungsleben des Patienten beschaffen ist, wie sein Denken, seine Aufmerksamkeit, sein Konzentrations- und Erinnerungsvermögen. Welche Gefühle hat er, wie geht er damit um, und wie kann er auf Gefühle seiner Mitmenschen antworten oder reagieren?

Wie ist die Beschaffenheit seines Willenslebens, wie ist seine Entschlußkraft? Welche Willensentschlüsse hat er, und wie sind seine Möglichkeiten, Entschlüsse in Handlungen umzusetzen? Wie sehen seine Handlungen aus im privaten, beruflichen und sozialen Leben? Wie ist das Verhältnis von ausgeführten zu unausgeführten Entschlüssen? Welche besonders prägenden oder auffallenden seelischen Eigenschaften, Qualitäten, Fähigkeiten, Fehler, Schwächen, Begabungen oder Einseitigkeiten sind oder waren vorhanden – und auf welche Organzusammenhänge im Sinne einer anthroposophischen Organpsychologie (vgl. dazu Seite 164) weisen diese Umstände hin, d.h. was für ein »Organ-Typ« liegt vor?

Vielfältige anthroposophisch-therapeutische Maßnahmen in Psychotherapie, Heileurythmie, Kunsttherapie, medikamentöser Behandlung und äußeren Anwendungen haben hier ihren Ansatz. In diesem Bereich scheinen die Beziehungen der Seele zu Leib und Leben einerseits auf und andererseits die zur sozialen Mitwelt wie zur natürlichen und kulturellen Umwelt und schließlich zum Geist, zur individuellen menschlichen Entwicklung. Hier zeigt der Mensch seine Ausdrucksmöglichkeiten und seine innere Haltung zu seinem Schicksal. In alldem offenbart sich die Mittelstellung der Seele zwischen Leib und Geist.

Wir wollen diesen Bereich als Seelenleib oder Empfindungsleib charakerisieren.

Der Bereich des Geistigen

Zum Bereich des Geistigen gehören zunächst die drei Bewußtseinszustände: Tageswachbewußtsein; Traum oder Unterbewußtsein; Schlafbewußtsein oder Unbewußtes. Rudolf Steiner hat diese Differenzierung des Bewußtseins in Analogie zu der leiblichen und seelischen Dreigliederung als geistige Dreigliederung beschrieben.

Die miteinander korrespondierende leibliche, seelische und geistige Dreigliederung:

leiblich	*seelisch*	*geistig*
Nerven-Sinnes-System	Grundlage des Denkens	Ort des Wachbewußtseins
Rhythmisches System	Grundlage des Fühlens	Ort des Traum-/ Unterbewußtseins
Stoffwechsel-Gliedmaßen-System	Grundlage des Wollens	Ort des Schlafbewußtseins oder des Unbewußten

Einer genauen Beobachtung zeigt sich, daß alle Krankheiten, leibliche wie seelische, mit einer feinen oder groben Änderung der Bewußtseinszustände einhergehen. Daraus lassen sich für die anthroposophisch-menschenkundliche Diagnose einer Erkrankung ergänzende Gesichtspunkte gewinnen. Meistens geht sogar eine diskrete Veränderung eines Bewußtseinszustandes dem Sichtbarwerden einer psychischen oder somatischen Erkrankung voraus und kann deshalb auch als Indikator für den Gesundheitszustand oder ein beginnendes Krankwerden mitberücksichtigt werden.

Weiterhin zum Bereich des Geistigen gehörend, betrachten wir die Fähigkeit des Menschen, sich Ziele zu setzen und durch sein zu schulendes Urteilsvermögen Wesentliches von Unwesentlichem zu unterscheiden, um daraus die Sicherheit einer eigenen inneren Haltung und Orientierung gegenüber seiner äußeren Lebenssituation zu gewinnen. Das gibt ihm die Möglichkeit, festgefahrene Haltungen und Einstellungen aus Erziehung und sozialer Prägung wie auch soziale Erwartungen aus Erinnerungen und unbewußten Vorstellungen, unklaren Wünschen und Bedürfnissen selbstbewußt, kritisch und wach überprüfen und gegebenenfalls korrigieren und erneuern zu können.

Was hier nur knapp und abstrakt aufgezählt werden kann, erweist sich in der psychotherapeutischen Arbeit mit kranken Menschen als anspruchsvollster und schwieriger, oft lang dauernder, aber vielversprechender Weg, den man nur soweit mit seinem Patienten gehen kann und darf, als dieser dazu bereit und in der Lage ist. Maßgebend im wörtlichen und konkreten Sinne ist der kranke Mensch – er soll das Ziel, den Weg und die Gangart bestimmen. Vom Arzt oder Therapeuten soll ihm – aufgrund von Wissen und Erfahrung – Hilfe zuteil werden in Form von Anregung, Unterstützung und Begleitung, um die möglichen Entwicklungsschritte, die für den Patienten immer ein gewisses Risiko darstellen, in einem Gefühl des Unterstütztwerdens vollziehen zu können. Maß und Ziel eines Therapeuten muß es dabei sein, seinem Patienten im Sinne des griechischen Wortes »Therapeuein« in einer verehrenden, helfenden, begleitenden und dienenden Haltung zu begegnen, d.h. der Therapeut darf und soll seinem Patienten nichts abnehmen und ihn nicht bevormunden. Er soll seiner Entwicklung dienen. Wir nennen diesen Bereich des Geistigen den Geistleib, Bewußtseinsleib oder das Ich.

Der Bereich der Ausdrucks- und Kommunikationsmöglichkeiten

Die Ausdrucksmöglichkeiten des Menschen – sprachliche oder nichtsprachliche, gestische, mimische, musikalische, plastische, malerische, tänzerische, eurythmische oder andere Formen künstlerischen Ausdrucks – sind im Dienste eines kommunikativen Verhaltens für das soziale Miteinanderleben von enormer Wichtigkeit.

Im Tierreich sind die Ausdrucks- und Kommunikationsmöglichkeiten fest eingebunden in triebbedingte und instinktgeführte Verhaltensmuster.

Der Mensch besitzt demgegenüber weitaus mehr Möglichkeiten und Freiheiten sich auszudrücken, sich kommunikativ, gesellig, nützlich, hilfreich oder ungesellig, eigenbrödlerisch, autistisch, aggressiv, feindlich oder letzten Endes tatsächlich »unmenschlicher als jedes Tier« zu verhalten.

In den menschlichen Ausdrucks- und Verhaltensweisen nimmt das Gespräch eine besonders wichtige Stellung ein, insofern es die schönste, die höchstentwickeltste, die schwierigste und die differenzierteste Verständigungsmöglichkeit unter Menschen ist.

Hat z.B. unter Partnern die wechselseitige Gesprächsbereitschaft aufgehört und findet kein Gespräch mehr aus eigener Kraft statt, so ist in der Regel eine länger dauernde krisenhafte Entwicklung an einem negativen Höhepunkt angelangt. Jetzt ist das Einbeziehen dritter, unbeteiligter vertrauenswürdiger Personen unumgänglich, wenn noch ein Versuch unternommen werden soll – und das sollte er eigentlich immer! –, aus der partnerschaftlichen Sackgasse wieder herauszufinden. Manchmal sind dann Gespräche unter Vermittlung eines Dritten als Katalysator schon wieder möglich. Oft gelingt es aber auch dem Vermittler nicht, ein Gespräch wieder in Gang zu bringen, vor allem, wenn nicht beide Partner dem Dritten gegenüber das gleiche Vertrauen haben, beispielsweise wenn der Vermittler der Therapeut einer der beiden Partner ist.

Manchmal empfiehlt es sich, die beiden »sprachverhinderten« Partner wieder auf einen Dialog hinzubewegen, indem sie zunächst einmal dem Vermittler schriftlich ihren jeweiligen Standpunkt darlegen und unter Umständen auch noch die Erwartungen an den Partner formulieren. Fast immer entsteht auf diese Weise – wenn auch zunächst in Abwesenheit der Betroffenen – ein interessanter wechselseitiger Austausch, der manchmal durchaus zu unerwarteten Klärungen führen kann oder zu einer, vielleicht sogar von Verständnis begleiteten wechselseitigen Toleranz oder Akzeptanz, auch oder gerade wenn die Entschlüsse gegensätzlich bleiben.

Für den Arzt sind in dem Zusammenhang der Ausdrucks- und Kommunikationsmöglichkeiten zwei Aspekte wichtig: zum einen Wahrnehmung des Patienten in seinem Verhalten gegenüber dem, was er erlebt und wie er die Erlebnisse schildert; zum anderen sollte nach Möglichkeit die sogenannte Fremdanamnese einbezogen werden, also die Berichte von Angehörigen, Freunden oder Kollegen des Patienten zu der in Frage stehenden Angelegenheit, sei es eine Krankheit oder eine Krise. Zur Wahrnehmung durch den Arzt gehören Haltung, Bewegungen, Gestik, Mimik, Blick und Sprache des Patienten. Welche Ausdrucksmöglichkeiten hat er in Konflikten, Krisen, Krankheiten und menschlichen Beziehungsproblemen zu seiner Verfügung? Wie kann er sich über seine seelischen Erlebnisse, Gefühle und Stimmungen verbalisieren oder nonverbal ausdrücken? Bemüht er sich aktiv darum oder verhält er sich inaktiv? Welchen Anteil haben dabei die verschiedenen Bewußtseinszustände, was ist ihm bewußt, wovon spricht er, wovon träumt er und wie träumt er, und schließlich, wie verhält sich das unbewußte Leben dazu? All dies zu erfassen ist von diagnostischer und therapeutischer Bedeutung, da mit diversen therapeutischen Interventionen auf die unterschiedlichen Schwierigkeiten eingegangen werden kann.

In der Anregung, Erweiterung und Einübung von Ausdrucks- und Kommunikationsmöglichkeiten liegt ein wichtiges therapeutisches Element bei Krisen und Krankheiten. Mit *Ausdrucksleib* soll dieser Bereich zusammengefaßt sein.

Der Bereich der Beziehungen

Aus dem kommunikativen Verhalten ergeben sich die zwischenmenschlichen Beziehungen. Sie reichen von der intimen Zweierbeziehung über Familie, Freundschaft, Partnerschaft, Bekanntschaften bis zu Arbeitsbeziehungen und nachbarschaftlichen Beziehungen; von der flüchtigen, »zufälligen« Wahrnehmung bis zur schicksalhaften Begegnung.

Beziehungen entwickeln sich immer aus einem wechselseitigen Erwarten und Bedürfen, aus ahnendem Fühlen und undeutlichem bis klarem Wollen. Das Denken oder Vorstellen mischt sich meist erst im Laufe einer Beziehung ein und schafft mitunter mehr Komplikationen als Klarheiten. Vor allem dann, wenn unreflektierte, aber starke Vorstellungen auf dem Hintergrund unklarer, aber bestimmter Erwartungen bestehen.

> Wenn Herr K. einen Menschen liebte:
> »Was tun Sie«, wurde Herr K. gefragt,
> »wenn Sie einen Menschen lieben?«
> »Ich mache einen Entwurf von ihm«, sagte Herr K.,
> »und sorge, daß er ihm ähnlich wird.«
> »Wer? Der Entwurf?«
> »Nein«, sagte Herr K., »der Mensch.«

Diese kurze Brechtsche Geschichte vom Herrn K.[19] macht deutlich, wie durch eine Vorstellung verbunden mit einer bestimmten Erwartung eine gesunde Beziehung erheblich erschwert, ja unter Umständen sogar ganz unmöglich gemacht werden kann.

Während die Folge von Herrn K's Vorstellung eine massive Beeinflussung des »geliebten Menschen« ist, gegen die sich die unglücklich betroffene Person wehren müßte, finden wir häufig auch eine andere Variante: daß nämlich Erwartungen unausgesprochen, aber dadurch nicht weniger wirksam sind, so daß eine bedrückend unfreie Atmosphäre entsteht. Denn wehe, wenn die Erwartungen nicht erfüllt werden, die an der Haltung, am Blick, an den schweigenden Lippen abgelesen werden sollten! Erwartungen beginnen dann ein Eigenleben, wodurch sie sich virulent erhalten und fortpflanzen.

Die Folge ist eine unbewußte Aufsplitterung der Seelenkräfte Denken, Fühlen und Wollen mit einer Verselbständigungstendenz im Vorstellungsleben. Die in unserer Zivilisation so weit verbreiteten Beziehungsprobleme sind häufig Ausdruck dieser aufgesplitterten, zum Teil verbindungslosen Seelenstruktur des modernen Menschen, die ich im Hinblick auf Beziehungskrisen folgendermaßen etwas pointiert zusammenfassen möchte:

Was ich (über einen Menschen, über eine Beziehung,)
denke, ist so;
was ich vorstelle, soll so sein;
was ich fühle, ist nicht zu ändern;
was ich will und tu, muß mit all dem – insbesondere
mit meinem besseren Wissen – nichts zu tun haben ...

Der Mensch ist ein soziales Wesen und kann nicht mit sich allein leben. Wir brauchen Mitmenschen. Es gehört zu den elementarsten wie anspruchsvollsten, zu den zwingendsten wie zu den freiesten, zu den natürlichsten wie zu den kompliziertesten Möglichkeiten und Notwendigkeiten des Menschen, seine Beziehungen zu leben. Er kann sein Beziehungsleben »einfach laufen lassen« oder es bewußt gestalten und so darin schönste Erfüllung oder tiefstes Unglück erleben. Entscheidende Förderung im Leben oder größten Widerstand zu erfahren, das sind die Polaritäten des Lebens in Beziehungen. Es ist eine der Entdeckungen und Ergänzungen der psychosomatischen Medizin (insbesondere durch Michael Balint), erkannt zu haben, wie wichtig dieses Element der zwischenmenschlichen Beziehung für die Entstehung und den Verlauf von Krankheiten sein kann. Aus der anthroposophischen Psychologie können auch hier erweiterte Gesichtspunkte entwickelt werden, unter Einbeziehung der Sinneslehre und der Soziallehre sowie unter Berücksichtigung der Seelen-Entwicklungsschritte, wie es im weiteren Verlauf beschrieben wird (s.S. 116).

Die beiden weiteren Aspekte menschlicher Beziehungsqualitäten, die über das Zwischenmenschliche hinaus reichen, sind bereits angesprochen worden: Es sind die Beziehungsmöglichkeiten zur belebten wie zur unbelebten Natur (Umwelt und Werkwelt) sowie zur überphysischen geistigen Welt (vgl. S. 54ff.). Das drückt sich im persönlichen Verhalten gegenüber der Natur aus, besonders im Freizeitverhalten (z.B. Verkehrsmittel, Reisen, Sport, aber auch Ernährung und Kleidung etc.). Die Beziehungsqualität zur Werkwelt wird vor allem daran sichtbar, welche Bedeutung dem materiellen Gewinnstreben zugemessen wird und wie mit Besitz und mit den materiellen Gütern im weitesten Sinn umgegangen wird, wozu auch der Einsatz und Gebrauch von Energie und Technik im privaten Alltag gehört. Welche Rolle spielen alle diese Dinge in meinem Leben, und wie bewußt und verantwortlich gehe ich damit um?

Die Beziehung zur überphysischen Welt des Geistes offenbart sich im Sein und Handeln vielmehr als im Denken: Gibt es in meinem Leben, in meinem Sein, in meinem Alltag wirklich einen Raum für diese Beziehung zur Welt des Geistes? Lebe und pflege ich diese Beziehung? Was tue ich dafür im Vergleich zu dem, was ich für zwischenmenschliche Beziehungen und für meine materiellen, sachlichen Beziehungen aufbringe? Mache ich mir eigentlich genügend Gedanken darüber, wie eine Beziehung zur geistigen Welt, zur göttlichen Welt, zur Welt der Ideen, zur übersinnlichen Welt, oder wie wir sie auch immer nennen wollen, aussehen kann, wie ich sie persönlich gestalten und pflegen will? Hinweise dazu sollen im späteren Verlauf gegeben werden.

Ich bin der Ansicht, daß eine ganze Reihe psychopathologischer Zeitphänomene, die oft gar nicht behandelt werden, Ausdruck von Beziehungsproblemen zur geistigen Welt sind, so z.B. Ängste, Phobien, Zwänge, Langeweile, Reizbarkeit, Aggressivität, Fanatismus, Profitsucht, Geiz, Abhängigkeiten und Süchte, Machtgier, Lieblosigkeit, Beziehungslosigkeiten und Depressionen.

Ich möchte diesen Bereich des menschlichen Beziehungslebens im umfassenden Sinne als *Beziehungsleib* oder Sozialleib bezeichnen.

Die Biographie

Über die Biographie sollen an dieser Stelle nur einige grundlegend allgemeine Bemerkungen gemacht werden, um deren Bedeutung für das ärztlich-therapeutische Tun innerhalb einer anthroposophischen Psychotherapie hervorzuheben. Es wird wiederholt darauf eingegangen werden.

Die Biographie eines Menschen läßt sich keinesfalls in Schemata oder Übersichten von Rhythmen, Spiegelungen oder anderen Gesetzmäßigkeiten einordnen. Der Lebenslauf ist vielmehr ein Entwicklungsgeschehen, bei dem sich ganz individuelle und ganz überpersönliche Faktoren begegnen und durchdringen. Die damit einhergehende Entwicklung »ist ein wichtiges Kapitel, das wir allerdings so auffassen müssen, daß es große Gesetze hinstellt, die vielfach Abänderung erfahren, aber in großen Umrissen gilt es. Und nur wer die Gesetze kennt und sie immer zu beachten versteht, wird sich in der richtigen Weise in den Lebenslauf einfügen, wird seiner Bestimmung immer klarer und klarer entgegengehen können … In der ersten Hälfte des Lebens hat sich alles schon zu einem rhythmischen Gang entwickelt, aber in der zweiten Hälfte sind die Grenzen nicht mehr so bestimmt, obwohl in der Geisteswissenschaft Grenzen immer angegeben worden sind, aber diese sind ungenau.«[20]

Dabei kann es zu überraschenden wie zu erwartenden Ereignissen kommen. Alles ist bewirkt und hat selbst wieder Wirkung auf Späteres. Krankheiten und Krisen sind in diesem Entwicklungsgeschehen Konzentrationen, Zusammenfassungen des Bisherigen wie zum Sammeln von neuen Kräften für das Kommende. Aber die neuen Kräfte wie auch das Kommende sind im Moment des Krankseins und des Gesundwerdens erst keimhaft, nicht äußerlich physisch, sondern nur innerlich geistig vorhanden. Durch einen entsprechenden therapeutischen Weg, den Kranker und Arzt zusammen gehen müssen – und zu dem die Krankheit den Anlaß gibt –, kann eine Ahnung, ein Gefühl, ja, ein Bewußtsein davon entwickelt werden. Der Hintergrund, vor dem sich dieser einzigartige biographische Weg abspielt, sind die überpersönlichen biographischen Entwicklungsgesetze. Wo steht ein hilfesuchender Mensch äußerlich und altersmäßig auf diesem Weg? Und wo steht er innerlich in seiner seelisch-geistigen Entwicklung? Welche Schwächen beherrschen ihn, mit welchen Seelenqualitäten kann er umgehen, welche Seelenfähigkeiten hat er sich schon selbst entwikkeln können, und welche Hilfestellungen braucht er für weitere Schritte, die er bereit und in der Lage ist, zu gehen?

Das Erkennen des biographischen Hintergrundes durch die Vergegenwärtigung der Vergangenheit kann in dem Patienten ein Vertrauen für die Zukunft wecken, so daß er sich selbst auf den Weg macht.

Darin sehe ich das Ziel eines biographisch-therapeutischen Weges, dessen Richtung der Patient bestimmt. Darin, nicht im Durchschauen der Vergangenheit allein und nicht im Erklärenkönnen des Krankgewordenseins, und auch nicht im forschen Planen der Zukunft, sondern in dem entstehenden Vertrauen in den eigenen Weg.

Als Bezeichnung für diesen Bereich ist deshalb *Entwicklungsleib* angemessen.

Reinkarnation und Karma

Eine unvoreingenommene Betrachtung des Zusammenhanges von Gesundsein, Kranksein und Biographie kann uns deutlich machen, daß Krankheiten und Krisen ihre Ursachen nicht nur in der Vergangenheit des Menschen haben, die zu erfragen und zu ergründen sein kann, sondern daß sie auch Sinn, Ziel und Erfüllung in der Zukunft haben können. Dies allerdings läßt sich nur in einer zu erübenden Hinwendung an Vergangenheit, Gegenwart und Zukunft vielleicht erahnen, manchmal erkennen. Gemeint sind hier Zeiträume über das diesmalige Dasein hinaus, die Vergangenheit und Zukunft wiederholter Erdenleben einschließen.

Den Gesichtspunkt von Reinkarnation und Karma in die ärztlich-therapeutische Haltung einzubeziehen, heißt, Vergangenheit und Zukunft eines Menschen in seinem Kranksein gegenwärtig zu sehen und denken zu können: »Wenn wir sprechen von Gesundheit und Krankheit, vom Gesichtspunkte des Karma aus, so heißt das nichts anderes als: wie können wir uns vorstellen, daß der gesunde oder kranke Zustand eines Menschen seine Begründung findet in früheren Taten, Verrichtungen und Erlebnissen dieses Menschen? Und wie können wir uns vorstellen, daß sein gegenwärtiger Gesundheits- oder Krankheitszustand mit zukünftigen Wirkungen, die auf dasselbe Wesen zurückfallen, im Zusammenhang steht?«[21]

Die Einbeziehung des Gedankens von Reinkarnation und Karma erweitert unser zeitliches Denken über Vergangenheit, Gegenwart und Zukunft eines überschaubaren Lebens um die Dimension vergangener, gegenwärtiger und zukünftiger Inkarnationen derselben geistigen Menschen-Individualität.

In unserem Bemühen um das Verständnis eines Gesundheits- oder Krankheitszustandes unserer Patienten sollten wir in diesem Sinne immer bestrebt sein, drei Inkarnationen – die gegenwärtige, die vorausgegangene und die zukünftige – dieser Individualität in unserem Bewußtsein mitzudenken. Dann erfüllt sich im höchsten

Sinn die Urbedeutung des Wortes Therapeuein im Sinne von verehren und begleiten. Wenn wir aus solchem Bewußtsein in verehrender und dienender Haltung unsere Patienten begleiten, dann können wir ihnen auch helfen.
Schicksalsleib sei dieser Bereich genannt.

Was in diesen acht Bereichen skizziert wurde, macht die inhaltliche Erweiterung einer die Psychologie mit einbeziehenden anthroposophischen Medizin (Psychosomatik) deutlich. Natürlich erfordert dies für das ärztliche Denken und Handeln vor allem und in erster Linie eine neue Haltung und Einstellung für die therapeutische Arbeit mit den Patienten. Das bedeutet, daß eine anthroposophisch erweiterte psychosomatische Medizin, die in der geschilderten Weise die anthroposophische Psychologie mit einbezieht, »nicht eine neue Theorie, sondern eine spirituelle Betätigung« sein muß.[22]

Die geschilderten acht Bereiche einer spirituellen Medizin, wie es die anthroposophische Medizin ist, wurden alle mit dem Begriff »Leib« benannt; nicht, weil es sich dabei um physisch greifbare Gegenstände handeln würde, sondern weil es *Fähigkeitsorganisationen* sind. Die ersten vier Fähigkeitsorganisationen stellen die naturgegebenen Fähigkeiten und Begabungen des Menschen dar, nämlich:

1. der physische Stoffleib	... das Beleibt-Sein
2. der Lebensleib	... das Belebt-Sein
3. der empfindende Seelenleib	... das Beseelt-Sein
4. der Bewußtseinsleib/ das Ich	... das Begeistet-Sein, Ichhaft-Sein

In der zweiten Gruppe – Fähigkeits-Organisationen oder Begabungs-Leiber – bildet im normalen Leben der Ausdrucksleib mit dem Beziehungsleib eine natürliche Einheit. Denn wo finden Ausdruck und Kommunikation statt, wenn nicht in Beziehungen? Da sich aber in der psychotherapeutischen Arbeit häufig zeigt, daß gerade diese beiden Fähigkeiten des Sich-Ausdrückens, des Kommunizierens und des Beziehung-haben-Könnens getrennt und unverbunden auftreten, ist es nicht mehr verwunderlich, wenn es dann nahezu zwangsläufig zu Beziehungsproblemen kommt. Deshalb habe ich, gewissermaßen aus didaktischen Gründen, um die Aufmerksamkeit auf die Bedeutung dieser beiden miteinander zu verbindenden Fähigkeiten zu richten, diese zunächst einzeln beschrieben. Aber schon bei meiner Beschreibung konnte ja deutlich werden, wie eng sie miteinander verbunden sind und wie sie eigentlich danach streben, ineinander überzugehen. Tatsächlich muß es das Ziel sein, im Leben die Kommunikationsfähigkeit durch die Fähigkeit zum Beziehungsleben zu befruchten. Das heißt, Ausdrucksleib und Beziehungsleib sollen sich zu einer Fähigkeitsorganisation zusammenschließen: dem Sozial- oder Gemeinschafts-Leib.

5. Ausdrucks-Leib } Sozialleib
6. Beziehungs-Leib }
7. Entwicklungs-Leib
8. Schicksals-Leib

Diese höheren Fähigkeits- oder Leibes-Organisationen für seelisch-geistige Fähigkeiten sind nicht mehr naturgegeben vorhanden wie die Leibesorganisationen 1 bis 4, sondern können und müssen ausschließlich durch bewußte, ich-geführte Arbeit unseres geistigen Wesenszentrums, des Ichs oder Bewußtseinsleibes an den naturgegebenen Grundlagen der Leibesorganisationen 1 bis 3 entwickelt werden.

Zusammenfassung:[23]

physischer Leib — Schicksalsleib

Lebensleib — Entwicklungsleib

Seelenleib — Sozial-Leib

Bewußtseinsleib

Ich

Der Heilbedarf des kranken Menschen und das Therapieangebot in der anthroposophischen Medizin

Ausgehend von dem vorigen Kapitel, und darauf aufbauend, soll im folgenden versucht werden, den Heilbedarf des kranken Menschen je nachdem, wie sich sein Kranksein phänomenologisch auslebt, und das entsprechende, zur Krankheit passende therapeutische Angebot, wie es einerseits die Krankheit fordert und andererseits die anthroposophische Medizin anbietet, zusammenzufassen.

1. Drückt sich ein Krankheitsprozeß bis in ein physisches Organ hinein ab, so erkennen wir das im allgemeinen daran, daß sich Aussehen und Gestalt des betroffenen Organs verändert; wir nennen dies in der Medizin den morphologischen Befund, der im Falle eines organischen Krankheitsprozesses pathologisch verändert ist. Ein solch pathologisch-morphologischer Befund liegt z. B. vor bei äußeren Verletzungen, bei Knochenbrüchen, bei Gelenkdeformationen infolge Arthrose oder Rheuma, bei einem Magengeschwür, bei den Krebserkrankungen; bei chronisch entzündlichen Erkrankungen (z. B. im Darm) sowie bei vielen anderen Erkrankungen, die nicht alle aufgezählt werden können und sollen; auch angeborene Organmißbildungen gehören dazu.

Bei all diesen Krankheitsfällen mit einer sichtbaren, gestaltlichen Organveränderung bietet sich – je nach individuellen Umständen – häufig eine operative, chirurgische Therapie als Mittel der Wahl an.

Darüber hinaus kommen auch äußere Anwendungen zum Einsatz (vom Verbinden, Schienen, Gipsen über Salbeneinreibungen, Wickel und Auflagen bis zu Massagen, medizinischen Bädern und krankengymnastischen Behandlungen). Auch diätetische Maßnahmen, die Ernährung oder Gewohnheiten und die Lebensführung betreffend, sind denkbar. Der therapeutische Bereich der äußeren Anwendungen und der Diätetik führen bereits zur nächsten Krankheitsstufe über, die wir

2. Organfunktionsstörungen und Befindensstörungen nennen wollen.

Handelt es sich nur um Funktions- oder Befindensstörungen, so heißt das mit anderen Worten, daß kein – oder noch kein – krankhafter morphologischer Organbefund vorliegt. Das ist z. B. bei der Magen-Schleimhaut-Entzündung (Gastritis) der Fall; beim sogenannten Weichteilrheumatismus; bei der Zuckerkrankheit (Diabetes mellitus) – solange noch keine Sekundärfolgen zu morphologischen Veränderungen an verschiedenen Organen geführt haben; des weiteren bei Kopfschmerzen, Migräne, Bronchitis, Asthma im Anfangsstadium – später liegt dann ein morphologischer Befund vor –, Herzrhythmusstörungen; Diarrhoen oder Obstipation; Muskelkater o. a., zum Teil leicht entzündliche Erkrankungen; dabei wird an vielen dieser Beispiele schon deutlich, daß die Übergänge zwischen Funktionsstörungen und morphologisch manifester Organerkrankung fließend sind. Aus einer länger andauernden Funktionsstörung kann ein organischer Defekt werden; und zum Glück können auch organische morphologische Veränderungen sich wieder zurückbilden und ausheilen (z. B. Magengeschwür, Zysten, wie sie vor allem gern im Unterleib vorkommen, entzündliche Schwellungen, Hauterkrankungen und anderes). Therapeutisch kommt hier neben den bereits angesprochenen äußeren Anwendungen und der Diätetik vor allem die medikamentöse Behandlung zum Einsatz.

Zu diesem Bereich der Funktions- und Befindensstörungen gehören natürlich auch die leichteren seelischen und psychosomatischen Störungen wie Ermüdungs- und Erschöpfungszustände, Schlaf-, Appetit-, Konzentrations- und Merkfähigkeitsstörungen, Leistungsstörungen und andere Befindensstörungen, immer vorausgesetzt, es handelt sich dabei nicht um symptomatische Erscheinungen einer anderen, zugrundeliegenden organischen oder psychischen Erkrankung.

3. Als dritte Krankheitsebene sehen wir jetzt das individuelle Krankheitserleben des Patienten, seine krankheitsbedingte psychische Verfassung und seine Stimmungslage.

Während die ersten beiden Krankheitsebenen stark und eindeutig von dem Krankheitsprozeß und der Organlokalisation bestimmt waren, zeigt sich hier erstmals ganz deutlich (vorher war es mehr versteckt) die stark individuelle Beteiligung der Persönlichkeit des Patienten, wie er seine Krankheit psychisch erlebt und in welche psychische Verfassung und Gestimmtheit sie ihn bringen kann.

Neben der möglichen medikamentösen Behandlung der Grunderkrankung, die sich dann je nach Erfolg natürlich auch auf die psychische Verfassung auswirkt, haben auf dieser Ebene die verschiedenen Kunsttherapien ihr primäres Anwendungsgebiet.

Die Erfahrung mit der Kunsttherapie in der Behandlung körperlicher wie psychischer Erkrankungen zeigt uns deutlich, daß diese Maßnahmen nicht nur auf das Krankheitserleben einen therapeutischen Einfluß haben, sondern sehr stark auch auf die Organfunktionen, unter Umständen sogar – bei längerer Übungsbehandlung – bis in die Organmorphologie hinein. Sie beeinflussen auch die nächste Krankheitsebene, die

4. innere Haltung und bewußte Einstellung der Krankheit oder einer Krise gegenüber.

Andererseits ist dies natürlich der vorzügliche Bereich für eine psychotherapeutische Behandlung. Die Haltung oder Einstellung einer Erkrankung gegenüber zeigt sich z. B. in der Bereitschaft des Kranken, sich mit seiner Krankheit auseinanderzusetzen. Kann er dazu stehen, oder sucht er sie zu verdrängen und zu verheimlichen? Der Ausspruch einer Krebspatientin bei ihrem ersten Gespräch bei mir: »Ich verstehe gar nicht, warum ich diese Erkrankung habe – ich dachte immer, Krebs bekämen die anderen...« ist ein überdeutliches Beispiel für Verdrängen und Nicht-Wahrhaben-wollen der Tatsache. Aus einer solchen Haltung ist so schnell keine Krankheitsbewältigung zu erwarten.

Erst die Bereitschaft, sich aus dem Rückblick ein Verständnis für die eigene Situation zu erarbeiten und dann im Vorblick Möglichkeiten einer Veränderung der Gegebenheiten zu erkennen, kann die Gelassenheit und Akzeptanz der Krankheit gegenüber entstehen lassen, die notwendig ist, um sinnvoll damit umgehen, ja, um sie im besten Falle bewältigen zu können.

In diesem Bereich kann Kunsttherapie unterstützend, anregend und fördernd wirken, und eine auf das Geistige hinorientierte Psychotherapie kann eine, selbstverständlich freilassende Hilfe sein, durch neue Gesichtspunkte weiterzukommen.

5. Krankheiten und Krisen gehen meist auch mit einer mehr oder weniger ausgeprägten Störung der Ausdrucks- und Kommunikationsfähigkeiten einher. Es handelt sich dabei meistens um Einengungen, Eingrenzungen oder Fixierungen. Der Sprachverlust über das eigene seelische Erleben oder in Beziehungen ist ein besonders krasses Beispiel.

Andererseits gibt es durchaus auch eine Steigerung von Ausdrucksmöglichkeiten, meist in einzelnen bestimmten, individuell natürlich unterschiedlichen Bereichen. Dies kann sich in Form besonders kreativer künstlerischer Gestaltungskraft zeigen, wobei häufig, aber nicht immer, der krankhafte Ursprung in einem gesteigerten Organ- oder Seelenleben erkannt werden kann. In beiden Fällen kann Psychotherapie, aber auch manche Richtung von Kunsttherapie, insbesondere das therapeutische Theaterspielen, eine angemessene Hilfe sein. Bezüglich einer spirituellen Psychotherapie ist es hier wichtig, das Willensleben durch Denken und Fühlen bewußt zu bereichern, phantasievoll, kreativ anzuregen, und eine liebevolle Anteilnahme und Begleitung aller Handlungen zu erreichen. Gedanken und Gefühle in Willensentschlüsse und Willenshandlungen einzubringen, macht die Willensintentionen und die Handlungen einerseits klar, luzide und verantwortungsvoll, andererseits warm und anteilnehmend und von der Liebe zur Handlung gesättigt und getragen.

Diese Qualität eines bereicherten Willenslebens, einer in die Zukunft wirkenden verantwortlich-phantasievollen Gestaltungskraft, erfüllt ihre therapeutische Kompetenz am unmittelbarsten bei den beschriebenen Störungen der Ausdrucks- und Kommunikationsfähigkeit wie auch im Bereich der Beziehungsstörungen, die Äußerungen und Folge eines gestörten Kommunikationslebens sind. Beziehungsstörungen im weitesten Sinn treten im Grunde bei jeder Erkrankung auf, doch werden sie glücklicherweise häufig vom Leben selber wieder korrigiert. Für Diagnose und Therapie eines kranken Menschen kann es wichtig sein, sein Beziehungsleben mit allen konkreten Möglichkeiten und Hemmungen wahrzunehmen. Häufig besteht ein wechselseitiges Verhältnis zwischen diesem und dem Krankheitsprozeß. Auf das Beziehungsleben wirken andererseits auch psychotherapeutische Schritte, die der Erkenntnis dienen, insbesondere die Erarbeitung neuer Gesichtspunkte, die das Durchschauen von Zusammenhängen, Bedingungen und Folgen ermöglichen. Durch entsprechende psychotherapeutische Schritte, die Fühlen und Wollen in das Gedankenleben hineinbringen, erwirbt sich die Seele die Fähigkeit, die gewachsene Grundlage von Gesetzmäßigkeiten und Zusammenhängen zu erkennen und dadurch zu neuen, adäquaten Gesichtspunkten zu gelangen.

6. Die Psychotherapie kann durch bestimmte Übungen zu Selbsterziehungsschritten des kranken Menschen führen, wenn dieser an seiner Selbsterkenntnis arbeitet. Das ist die therapeutisch-selbsterzieherische Arbeit am eigenen Entwicklungsleib. Aus alldem wird deutlich, daß psychotherapeutische Fortschritte beim Kranken nur durch seine eigene Aktivität und Mitarbeit zu erreichen sind. Der Therapeut kann und darf hier nicht mehr als anregen, unterstützen,

begleiten und vor Gefahren warnen; er darf keine bestimmte Entwicklung intendieren, Absichten durchsetzen oder Entscheidungen abnehmen.

Dieser klassische Bereich der Selbsterziehung an der eigenen Biographie – am Entwicklungsleib – geht in seiner Wirkung auch schon in den nächsten und letzten Bereich, in dem Kranksein und Gesundsein des Menschen zu berücksichtigen sind.

7. Es ist der Bereich des Karma, der die Fragen einschließt, ob eine karmisch bedingte Erkrankung oder eine in dieser Biographie erworbene Krankheit vorliegt, eine unheilbare Krankheit oder eine heilbare. Worin könnte Aufgabe und Sinn der Erkrankung liegen in Beziehung zu Biographie und Karma, zu Vergangenheit und Zukunft?

Die hier anzuwendende Bewußtseinstherapie ist Anleitung und Hilfe zur anspruchvollsten Selbsterziehung des Menschen. Durch Übungen können Gedanken und Willenskräfte im Fühlen gestärkt werden, wodurch sich das Gefühlsleben selbst bei voll erhaltener Kraft und Gültigkeit qualitativ erziehen und verwandeln läßt. Daraus reifen dann die schönsten Früchte seelischer Entwicklung. Selbsterziehung und Bewußtseins-Therapie, Anleitung zu einem meditativen Übungsweg des Patienten sind die hier gemeinten therapeutischen Schritte, die Arzt und Patient miteinander entwickeln können, wodurch der in diesem Sinn übende Mensch an seinem, durch seinen Schicksalsleib bestimmten Charakter gestaltend arbeitet.

Durch solche therapeutischen Schritte verbinden sich Arzt und Kranker in besonders enger Weise.

In dem nachfolgenden Schema sollen die Seins-Bereiche oder Leibesorganisationen sowie die phänomenologische Krankheitsebene, Heilbedarf und Therapieangebot zusammengefaßt werden. (Das Schema ist von unten nach oben zu lesen.)

8. Schicksalsleib Karma	Karmisch bedingte Krankheiten, unheilbare Krankheiten Sinn der Krankheit in bezug zum Karma, zu Vergangenheit und Zukunft	
	↕	Bewußtseinstherapie geistige Orientierung Meditation
7. Entwicklungs- leib Biographie	Arbeit und Einstellung zur Selbsterkenntnis im Sinne von Selbstentwicklung in der eigenen Biographie	
	↕	Biographie-Therapie Selbsterziehung durch besondere Übungen, ins- besondere mit dem Ziel, neue Gesichtspunkte aus einem geistigen Stand- punkt zu erarbeiten; Heileurythmie
6. Beziehungsleib	Beziehungsmöglichkeiten Beziehungsstörungen	
	↕	Psychotherapeutische Übungen; Anleitung zur Selbsterziehung; thera- peutisches Theater- spielen, Rollenspielen, Heileurythmie

5. Ausdrucks- und Kommunikationsleib	Möglichkeiten, Chancen und Störungen des Ausdrucks und der Kommunikation	
	↕	↖ Psychotherapie therapeutische Sprachgestaltung Heileurythmie ↙
4. Geistleib Ich	Innere Haltung bewußte Einstellung zu Krankheit und Krisensituation	
	↕	↖ Kunsttherapien ↙
3. Empfindender Seelenleib	Krankheitserleben psychische Verfassung und Stimmungslage	
	↕	↖ Medikamentöse Behandlung ↙
2. Lebensleib	Organfunktionsstörungen, Befindungsstörungen	
	↕	↖ Außere Anwendungen, Diätetik ↙
1. Physischer Stoffleib	organisch-morphologisch-pathologischer Befund	
		↖ Chirurgie, operative Therapie

Das Menschenbild der anthroposophischen Medizin

Die Krankheiten des Menschen und die Medizin, die sie diagnostizieren und therapieren will, spiegeln die Situation ihrer Zeit und Umwelt wider: In den hochtechnisierten Ländern und Kulturen hat sich das Krankheitsspektrum in den vergangenen hundert Jahren radikal geändert. Waren es zum Ende des 19. Jahrhunderts noch um die Jahrhundertwende mit großem Abstand die entzündlichen Erkrankungen der Atmungsorgane, Influenza, Lungenentzündung und Lungentuberkulose, an denen ungefähr ein Viertel der Menschheit in den zivilisierten Ländern starben (in den USA waren es 1900 z.B. 23,1%, während 8% an Herzerkrankungen, 6,2% an Schlaganfall und 3,7% an Krebserkrankungen starben), so gab es im Vergleich dazu 1966 in den USA 39,3% Sterbefälle infolge Herzerkrankungen, 16,2% durch Krebserkrankungen, 11,0% durch Schlaganfall und nur noch 3,4% durch entzündliche Erkrankungen der Atemwege. In Deutschland verhalten sich die zum Tode führenden Erkrankungen 1980 statistisch gesehen folgendermaßen: 50% sterben an Krankheiten des Kreislaufsystems, 21% an Krebserkrankungen, 2% an Verkehrsunfällen und 2% durch Suizid; alle anderen Todesursachen, d.h. alle anderen zum Tode führenden Erkrankungen sowie alle anderen Unfälle, außer den Verkehrsunfällen, sind dann noch 25%.

Die Steigerung der Todesfälle durch Erkrankungen des Kreislaufsystems (Herzinfarkt und Schlaganfall) und durch die Krebserkrankungen erfolgt mit einer enormen Geschwindigkeit von Jahr zu Jahr.

Während es also am Beginn unseres Jahrhunderts noch überwiegend entzündliche Erkrankungen waren, unter denen die Menschen litten und die damit auch die Medizin in ihrem Denken und Handeln prägten, sind es heute mit steigender Tendenz nicht mehr akute und nicht mehr entzündliche, sondern die chronischen, sklerosierenden, verhärtenden Erkrankungen, die eine lange, oft im stillen unbemerkt verlaufende Krankheitsentstehung haben und erst spät erkannt werden. Das bedeutet für die betreffenden Patienten meist eine lange Krankheits- oder Leidenszeit.

Die Schulmedizin hat sich nicht in gleich schneller oder erfolgreicher Weise auf den Gestaltwandel der Krankheiten umstellen können. Sie ist heute immer noch überwiegend naturwissenschaftlich orientiert und hat ihre größten Fortschritte zweifellos innerhalb der Akutmedizin und der apparativen Medizin (High tech Medizin). Mit den dadurch möglichen medizinisch-technischen Maßnahmen ist aber das Leiden an chronischen Krankheiten nur wenig zu lindern, geschweige denn eine angemessene und sinnvolle Behandlung der ebenfalls rapide zunehmenden psychischen und psychosomatischen (= psychogen mitbedingten körperlichen) Krankheiten zu erreichen.[24]

Versuchen wir einen Überblick über das gegenwärtige Krankenspektrum des modernen Menschen, so sehen wir auf der einen Seite die chronisch-sklerosierenden Gefäßerkrankungen, die zu Herzinfarkt oder Schlaganfall führen, und die Krebserkrankungen; beide sind zu einem Großteil durch menschliches Erleben und Verhalten (Lebensunzufriedenheit, ungesunde Lebensführung, sinnentleerte Lebensgestaltung) bedingt.[25]

Nicht anders verhält es sich mit den beiden anderen Erkrankungsgruppen: die psychogen wesentlich bedingten funktionellen Störungen, psychosomatische Beschwerden, psychosomatische Organerkrankungen und die Gruppe der depressiven Erkrankungen.

Jede moderne medizinisch-therapeutische Richtung muß auf dieses Erkrankungsspektrum eine Antwort entwickeln. Jedes wissenschaftliche oder praktische Bemühen um Verständnis und Veränderung dieser Situation geht von einem Teilaspekt des Gesamtbildes der gegenwärtigen Erkrankungs- und Behandlungssituation des Menschen aus. Ins Feld geführt werden folgende Ursachen:

Die technische und natürliche Umwelt und Umweltgifte für die Zunahme unserer Zivilisationserkrankungen (z. B. Krebs);

Falsche Ernährung und dadurch verursachte pathophysiologische Vorgänge für die Zunahme von Bluthochdruck und Herzinfarkt;

Soziale, gesellschaftliche und mitmenschliche Belastungen (psychosozialer Streß) für viele chronisch sklerosierende oder psychosomatische Erkrankungen.

Auch die Bedeutung von psychischen Problemen im engeren Sinne und emotionaler Streß werden als wesentliche Krankheitsfaktoren beschrieben.

Und schließlich gehören dazu die im Laufe eines Lebens gemachten Erfahrungen und Erlebnisse.

Diese – noch unvollständige – Charakterisierung von verschiedenen (ätiopathogenetischen) medizinischen Richtungen des Denkens und Handelns haben vor allem in unserem Jahrhundert eine naturwissenschaftlich-pathophysiologisch, das heißt überwiegend stofflich orientierte Medizin, eine Sozialmedizin, eine psychosomatische und eine anthropologisch-biographische Medizin als Antworten auf die Erkrankungssituation des Menschen in unserer Zeit entwickelt.

Jede dieser Richtungen ist in ihrem therapeutischen Vorgehen bestrebt, ihren Gegenstand, d. h. den kranken Menschen, in den Griff zu bekommen: sei es biochemisch-pharmakotherapeutisch, sei es psychotherapeutisch (z. B. durch Psychoanalyse oder Verhaltenstherapie), sei es sozialtherapeutisch. Diese medizinischen und therapeutischen Richtungen leiten im allgemeinen ihr Handeln aus einem Krankheitsverständnis ab, hinter dem im Grunde ein reduktionistisches Menschenbild steht. Denn der Bereich des Menschen und seines Krankseins wird dabei so weit methodisch reduziert, bis er entweder biochemisch-pathophysiologisch, tiefenpsychologisch (im Sinne eines psychischen Apparates), verhaltenspsychologisch oder sozialpsychologisch verstanden, beschrieben und behandelt werden kann. Eine solche Behandlung ist dann allerdings nicht viel mehr als eine Manipulation, deren Begründung und Rechtfertigung ausschließlich in dem reduktionistischen Menschenbild liegt, das allerdings nicht immer deutlich beschrieben wird.

Die anthropologische Medizin, die sich durch Viktor von Weizsäcker entwickelt hat, nimmt hier im Bereich der an Universitäten vertretenen Medizin eine wichtige Sonderstellung ein (auch die Logotherapie Viktor Emil Frankls als spezielle psychotherapeutische Methode), insofern sie gerade diese reduktionistischen Tendenzen in Menschenbild, Krankheitsverständnis und Behandlung des kranken Menschen nicht mitgeht, sondern in ihrem Krankheitsverständnis die Biographie des Menschen in ihrer Bedeutung für Gesundheit und Krankheit mitberücksichtigt und damit eine individuelle, sinnhaft zielgerichtete geistige Instanz anerkennt.

Die anthroposophische Medizin bezieht im Unterschied dazu die in den vorigen Kapiteln dargestellten Begabungen oder Fähigkeitsorganisationen als Ausdruck der Gesamtwesenheit des Menschen in ihre diagnostischen und therapeutischen Wahrnehmungen, Überlegungen und Handlungsweisen mit ein.

Das ist die Erweiterung der anthroposophischen Medizin über die bestehenden medizinischen Richtungen und Schulen hinaus, die in ihren spezifischen Möglichkeiten und Leistungen von der anthroposophischen Medizin anerkannt werden, so wie sie auch in ihren Grenzen gesehen werden können.

Die anthroposophische Medizin orientiert sich am Menschen und ist damit grundlegend eine Erweiterung des Menschenbildes.

Dies ist spezifisch geisteswissenschaftlich begründet, insofern sie den Geist, mit dem der Mensch begabt ist, methodisch und inhaltlich miteinbezieht. Diese Geisteswissenschaft, die dafür die methodische Grundlage bietet, ist die Anthroposophie Rudolf Steiners.

Gemeint ist aber nicht nur eine Weisheit vom Menschen im Sinne einer Philosophie oder eine Wissenschaft, deren Gegenstand die Erforschung des Menschen ist, sondern vielmehr über diese Thematisierung des Menschen hinaus die Aufforderung, daß das wissenschaftlich methodische Denken wie das praktische Handeln sich an einem Menschenbild orientieren, das nichts ausschließt oder ausblendet, sondern alles zum Menschen Gehörende und durch den Menschen Wahrnehmbare im Bewußtsein hat. So charakterisiert Rudolf Steiner selbst das, was er mit Anthroposophie meint, als »Bewußtsein des Menschentums«. Und da der Mensch als mit Leib, Leben, Seele und Geist begabt wahrnehmbar ist, muß er auch mit diesen Seins-Schichten beschrieben werden. Zur menschlichen Natur gehören darüber hinaus noch weitere, sich in einem seelisch-geistigen Leben entfaltende Fähigkeiten, die im Laufe seiner Biographie sichtbar werden. Diese haben wir im vorigen Kapitel als Fähigkeitsorganisation oder überphysische Leibesorganisation bezeichnet.

Was im weiteren Verlauf noch näher ausgeführt werden wird (S. 116), kann hier schon angedeutet werden: Inwieweit der Mensch sich diese höheren Fähigkeiten erwirbt, inwieweit er damit und danach lebt, sich danach verhält und somit auch von außen erlebt werden kann, liegt in seiner persönlichen Freiheit. Die Möglichkeiten dazu sind ihm im Sinne einer geistigen Begabung gegeben. Die Realisierung ist offen.

Die anthroposophische Geisteswissenschaft gibt konkrete Übungen an, durch die eine Erweiterung und Steigerung der Wahrnehmungsmöglichkeiten im Sinne einer »inneren Empirie« erworben werden kann. Diese innere Empirie wird im Rahmen der anthroposophischen Geisteswissenschaft in Stufen beschrieben, die gewissermaßen unterschiedlichen Schweregraden bzw. Fortschritten des Übungsweges entsprechen. Die einzelnen Erkenntnisschritte nennen wir Imagination, Inspiration und Intuition. Sie ergeben sich durch eine bewußt zu erlernende, schrittweise Erstarkung und Steigerung der Seelenfähigkeiten Denken, Fühlen und Wollen.[26]

Auf diese Weise kann in methodisch angemessener Weise ein anderer, nämlich überphysischer Wesensbereich des Menschen erforscht werden, wie es weder durch die äußere Empirie der naturwissenschaftlichen Anthropologie noch durch die philosophische Anthropologie möglich wäre. Jeder kann allerdings, auch wenn er sich die Fähigkeit einer inneren Empirie nicht selbst erworben hat, die Wirkungen oder Folgen der überphysischen, d.h. geistigen Wesensbereiche des Menschen wahrnehmen und kennenlernen, wie er auch, ohne Elektrotechnik studiert zu haben, mit den Gesetzen und Errungenschaften der Elektrotechnik umgehen kann und muß. Denn so sehr das Geistige als ein überphysisches Phänomen für unsere physischen Sinnesorgane und damit für die äußere Empirie unsichtbar ist, so sehr ist es im Menschen und in der Natur wirksam und an seinen Wirkungen erkennbar. »Wer von der Natur spricht, muß den Geist, wer vom Geist spricht, die Natur voraussetzen und im Tiefsten mitverstehen«, so wußte es schon Goethe.

Auf diese Weise nähern wir uns dem Ziel der anthroposophischen Erweiterung, nämlich den Menschen nicht nur naturwissenschaftlich, nicht nur psychologisch oder soziologisch, sondern durch eine weitere Methode auch geisteswissenschaftlich erforschen, verstehen und beschreiben zu können. Die gewonnenen Erkenntnisse können in die theoretischen oder praktischen Disziplinen unserer Lebensbereiche einbezogen werden. So wird das Geistige in Mensch, Natur und Welt mitberücksichtigt und mitgedacht. Das prägt unser Bild von Mensch und Welt und unsere Einstellung ihnen gegenüber. Dadurch wird ein freies, selbstbewußtes und verantwortungsvolles Handeln möglich.

Denn während der Mensch im seelischen und sozialen Leben in Situationen und Bedingungen eingebettet ist, die ihn mitbestimmen und nicht ganz frei lassen, ist er im Bereich des geistigen Lebens prinzipiell frei. Von dieser Freiheit im Geistigen ist jedem Menschen gegenüber immer auszugehen. Das erfordert Achtung vor der geistigen Würde und Unzerstörbarkeit der menschlichen Individualität.

Aus einer solchen Haltung ergibt sich eine tiefere Qualität der Hinwendung zum Menschen in Gesundsein, Kranksein, in Not oder im Sterben, als es eine Einstellung aus einem reduktionisti-

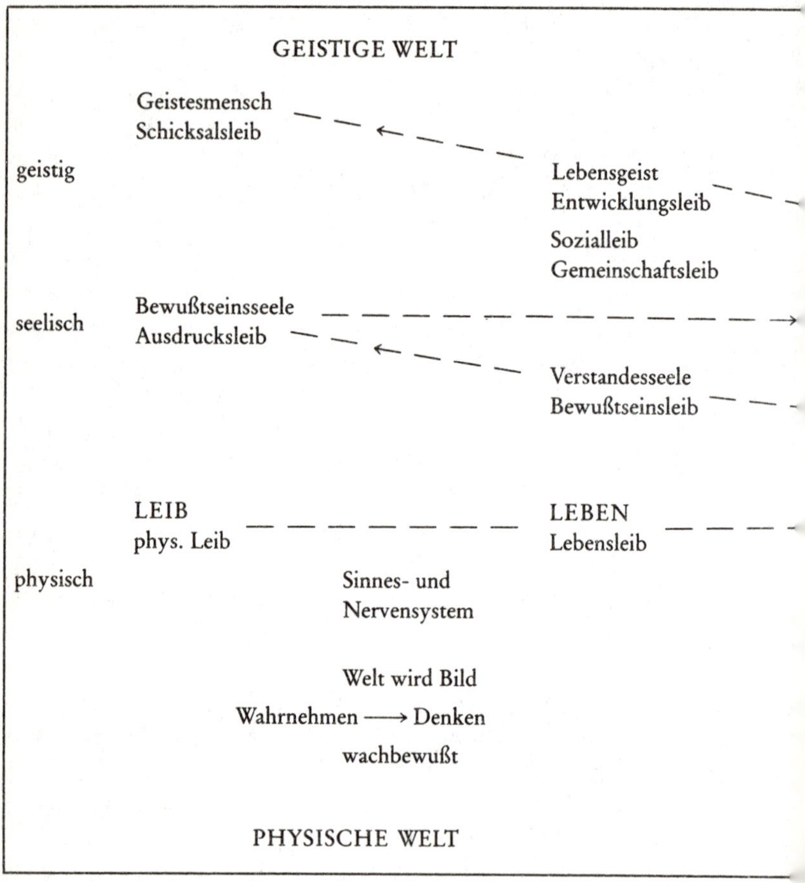

schen Menschenbild möglich machte. Dies zeigt in der Medizin, aber auch in anderen Bereichen, z.B. in der Pädagogik oder Heilpädagogik, gravierende Auswirkungen. Bei einem Wesen nämlich, das als naturwissenschaftlich determiniert angesehen wird, können ohne innere Skrupel genetische Manipulationen, biochemische Beeinflussungen oder physiologische oder morphologische Veränderungen vorgenommen oder das seelische Erleben und Verhalten auf

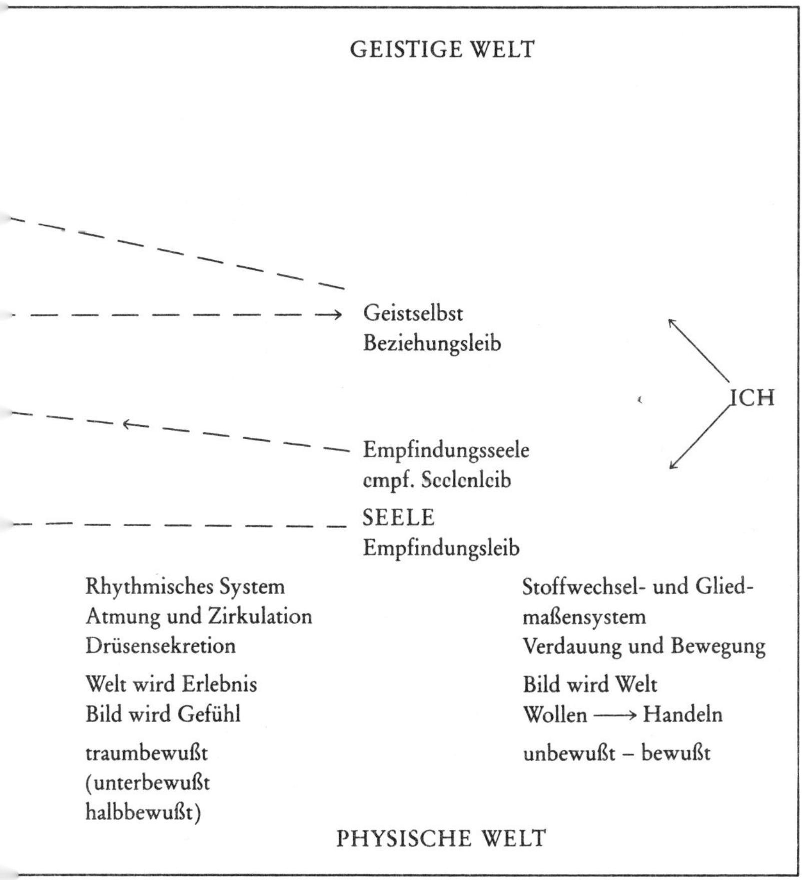

neurochemische oder neurophysiologische Prozesse reduziert und entsprechend psychopharmakologisch beeinflußt werden. Ein solcher Mensch ist dann mit einem psychischen Apparat zu vergleichen, der unter dynamischen, strukturellen oder soziokulturellen Gesichtspunkten funktioniert und entsprechend interpretiert und ebenfalls in diesem Sinne therapiert (oder indoktriniert) werden kann. Darin liegt die erhebliche Gefahr einer Einengung des Individuellen und einer Reduktion des Menschlichen.

Die anthroposophische Medizin sucht jeden wissenschaftlichen Reduktionismus zu überwinden und erweitert das Bild vom Menschen durch die Bereiche des Geistigen, die als Möglichkeit und Fähigkeit in seinem Wesen liegen. Die Grundlagen zu deren Entfaltung liegen in seiner leiblichen Organisation. Der Leib des Menschen, der belebt, beseelt und begeistet ist, ist somit das Instrument für das Auftreten und Wirksamwerden des Geistigen auf der Erde.

Insofern das Ich in der Seele lebt und sich durch sie in Leib und Leben verwirklicht, entstehen die Seelenfähigkeiten, durch die der Mensch einerseits Wissen und Verbindung mit der Welt hat, andererseits aber auch eine eigenständige Individualität ist.

Durch die Sinnesorgane begegnet das Ich der Welt und dem eigenen Leib. Die Wahrnehmungen sind die erste Brücke zwischen Welt und Mensch und zwischen Leib und Ich. Normalerweise steht eine Wahrnehmung am Anfang unseres Nachdenkens. Wird also ein Gegenstand meiner Wahrnehmung in mir zum Bild, zum Inhalt, dann kann ich das Bild erkennen und mit dem Inhalt weiter umgehen. Ich kann das Bild zum Begriff verdichten, kann es mit früher gemachten Vorstellungen, Bildern oder Begriffen in Zusammenhang bringen, verknüpfen, vergleichen, abgrenzen und unterscheiden. Die Wahrnehmungsinhalte werden weiter verinnerlicht und regen eine seelische Antwort in mir an. Das Gefühl entfaltet sich zwischen Antipathie und Sympathie.

Während ein Begriff einen stark objektiven Charakter hat, indem er von anderen verstanden, geteilt oder auch widerlegt werden kann, so ist das Gefühl eine sehr subjektive Angelegenheit, die vor allem Anspruch hat, respektiert zu werden; ein Gefühl als falsch widerlegen zu wollen, ist ein unsinniges Unternehmen, denn Gefühle können nicht falsch sein, wie es Gedanken oder Begriffe sein können. Gefühle sind die momentane Antwort der Seele auf ein Erlebnis. Sie können wohl von anderen als unpassend, unangemessen, übertrieben, unverständlich oder aber auch als nachvollziehbar und adäquat erlebt werden, wobei sich allerdings in einer solchen Beurteilung auch schon wieder ein subjektives Erleben des anderen ausdrückt.

Gefühle sind eine wichtige und unverzichtbare, subjektive und individuelle Realität des Menschen. Sie sind die Farben der Seele, die Bewegungen, die Stürme des Lebens. Das Gefühlsleben ereignet sich zwischen Leben und Seele. Gefühle haben die Tendenz, sich ausdehnen zu wollen. Sie suchen, sich sichtbar in der Welt zu verwirklichen – das kann im Wollen und in dem sich daran anschließenden Handeln geschehen –, sie können aber auch unbewußt ins Organische versinken.

Das Wollen entsteht zwischen Seele und Ich, indem sich die empfindende Seele aktiv ausdehnt.

Wird mit dem Ich eine Möglichkeit intentional, das heißt absichtsvoll und bewußt ergriffen, so entsteht Handeln in der Zuwendung von Seele und Ich zur Welt. Unbewußtes Wollen entspringt zwar auch aus dem Verhältnis von Seele und Welt, aber im Sinne einer Reaktion und nicht als ichhafte Antwort.

Im Handeln wird mein inneres Bild wieder Welt; es entsteht aus mir durch mein Gestaltungsvermögen.

So schließt sich der Kreis zwischen Welt und Mensch: Er öffnet sich in der Wahrnehmung, nimmt die Welt als Bild in die Seele herein – wo es in Denken, Fühlen und Wollen sich modifiziert –, um sich im Handeln, in der Tat, wieder aktiv an die Welt hinzugeben.

Für diese Seelenfähigkeiten ist die gesamte, in sich gegliederte leibliche Organisation die Grundlage, nicht nur das Nervensystem, was oftmals – auch in der naturwissenschaftlichen Medizin – mit dem Seelischen gleichgesetzt wird.

Für die innerseelischen Fähigkeiten Denken, Fühlen und Wollen sind die physischen Organisationsbereiche Nerven-Sinnes-System, rhythmisches System und Stoffwechsel-Gliedmaßen-System die leibliche Grundlage (vgl. S. 73). Das zeigt sich schon in dem, was sich im konzentrierten Denken (Kopf), im wechselvollen, schwingenden, rhythmisch atmenden Fühlen (Brust, Atmung, Herzschlag) und im aktiven abbauenden und aufbauenden, weltgestaltenden Willen (Stoffwechsel-Organe und Gliedmaßen-Bewegungsorgane) seelisch offenbart. Damit haben wir die Dreigliederung des Leibes, des Lebens und der Seelenfähigkeiten in ihrem Zusammenhang erkannt.

Bei der Betrachtung körperlicher und seelischer Krankheitsprozesse können wir diese psycho-somatischen Beziehungen zugrunde legen. Dabei zeigt sich, daß bei seelischen Erkrankungen die Symptome immer in den Bereichen von Denken, Fühlen und Wollen zu beobachten sind, wobei außer diesen innerseelischen Qualitäten die beiden weltorientierten Fähigkeiten, Wahrnehmen und Handeln, mitberücksichtigt werden müssen.

Die naturgegebenen Seelenfähigkeiten, Denken, Fühlen und Wollen, werden im Laufe der Biographie durch Erfahrungen und Schicksalsereignisse vertieft. Anlaß zu oft entscheidenden Entwicklungsschritten sind Begegnungen, Krisen und Krankheiten.

Die Instanz, die aus Erfahrungen lernen, Entwicklungsschritte vollziehen, Krisen meistern und Krankheiten bewältigen kann, ist das Ich. Insofern es in der Seele an den seelischen Reaktionsweisen arbeitet und sie umgestaltet zu ichhaften Antworten, ermöglicht es, teils unbewußt, teils bewußt, die seelische Entwicklung (s. S. 116).

Probleme – Krisen – Krankheiten

Es ist ganz natürlich, daß sich Menschen in krisenhaften Situationen und schicksalhaften Augenblicken zunächst einmal fragen: »Warum gerade ich? – Was hat diese Krankheit mit mir zu tun?« Oder: »Hätte ich mich anders entschieden, wäre dann diese Krise nicht eingetreten?« Auf solche Fragen darf es keine schnellen Antworten geben, denn der Sinn des Geschehens, vielleicht sein Gewinn, wird sich im Umgang damit erweisen. Darin liegen die Chancen wie die Gefahren: Womit ringe ich eigentlich angesichts einer existentiellen Frage? Mit der Frage? – Mit der Antwort? – Oder mit mir selber, weil ich die Frage und eine mögliche Antwort gar nicht annehmen kann und will?

In gesunden und normalen Tagen stellen sich nur selten existentielle Fragen. In glücklichen Fällen stellen wir sie uns im Vollbesitz unserer geistigen, intellektuellen Fähigkeiten, machen uns die Alternativen klar, wägen ab, überlegen, was spricht für die eine, was für die andere Lösung, besprechen die Situation mit guten Freunden und können uns schließlich, nach »reiflicher Überlegung«, wie wir dann sagen, entscheiden. Wenn es jedoch nicht so einfach und gut geht, wenn die Frage weniger intellektuell und mehr existentiell erlebt wird, kann möglicherweise nicht so leicht und so schnell eine Antwort gefunden werden, die beruhigt und befriedigt. Kommt jetzt vielleicht noch ein gewisser Druck hinzu, sei es von außen, z.B. als Termindruck, oder von innen (z.B. es unbedingt hundertprozentig richtig machen zuwollen; oder es allen recht machen zu wollen; oder auf keinen Fall ein Risiko eingehen zu wollen; oder auf keinen Fall jemanden verletzen oder enttäuschen zu wollen), dann wird die Frage sehr schnell unbeantwortbar, übersteigt alle

Möglichkeiten und läßt einen nicht mehr in Ruhe. Jetzt ereignet sich der Schritt von der Frage zum Problem. Das berührt einen nicht nur intellektuell, sondern auch emotional und motivational. Das heißt, wir sind in unseren Gedanken, Gefühlen, Absichten und Bedürfnissen von dieser zum Problem gewordenen Frage meist mehr beherrscht, als uns angenehm ist.

Unterschiedlich schnell zeigen sich dann auch schon die ersten Folgen des Problems im Alltag: Man kann sich nicht mehr so gut auf die Fragen oder Probleme anderer einlassen, die Konzentration ist abgelenkt, die Geduld schneller erschöpft, Reizbarkeit entsteht; Unruhe, Fahrigkeit und Zerstreutheit machen sich bemerkbar. Dadurch können Fahrlässigkeiten passieren, von harmlosen Kleinigkeiten bis zu den schwersten Unglücksfällen. Man hat Einschlafschwierigkeiten, träumt vielleicht vermehrt und im Zusammenhang mit dem Problem; in besonderen Fällen können sogar Durchschlafstörungen auftreten. Häufig ist der Appetit gestört. Entweder »verschlägt es einem den Appetit«, oder man versucht, sich durch Essen zu beruhigen. Leicht wird jetzt zu Zigaretten, Alkohol, Kaffee, Tee oder beruhigenden Medikamenten gegriffen.

Diese Symptome als Ausdruck einer psychischen Problemsituation machen die psychosomatischen Zusammenhänge deutlich: Während eine Frage nur geistig, intellektuell, im Kopf beschäftigt, berührt das Problem das seelische Erleben und seelisch-körperliche Befinden. Daraus entstehen vegetative Beschwerden, funktionelle Störungen und sogenannte psychovegetative Dysregulationen. Dauert ein solcher Zustand längere Zeit und zeigt sich nicht die entsprechende Hilfe für die Lösung des Problems, kann eine probleminduzierte Lähmung die Folge sein: Ich kann mich nicht mehr konzentrieren und nicht mehr besinnen, ich kann mich nicht entscheiden, ich werde entschlußlos und handlungsunfähig. Es geschieht nichts mehr – jedenfalls in bezug auf mein Problem habe ich den Lauf der Dinge nicht mehr in der Hand. Das allgemeine Erscheinungsbild kann sowohl von Apathie als auch von unangemessenem, ablenkendem Aktionismus geprägt sein.

Zusammenfassend sei noch einmal dargestellt: Die *Frage* als ein geistiges Phänomen führt zur geistigen Beschäftigung und schließlich zur Antwort.

Ist eine Antwort nicht möglich, die Frage aber von wesentlicher oder gar existentieller Bedeutung, so wird sie zum *Problem.* Ein Problem berührt und beschäftigt seelisch und psychosomatisch bis in vegetative, funktionelle Störungen und Beschwerden.

Besteht das Problem in dieser Weise länger, so wird die Mitbetroffenheit des Leibes noch deutlicher. Es entwickelt sich das Phänomen der *Lähmung* mit Entschlußlosigkeit und Handlungsunfähigkeit, die sich auch in unsinnigem und ablenkendem Aktionismus verstecken kann.

Besteht nun ein Ungleichgewicht zwischen dem *Erleben* des Problems, das emotional stark betroffen macht und deshalb dringend nach Lösung und Entlastung verlangt – und wird auf der anderen Seite keine angemessene Bewältigungsstrategie gesehen, dann wird die Situation zur *Krise.*

Eine Krise ist also ein seelisch-leibliches Problem, dessen Bedeutung als zu schwer erlebt wird, wohingegen die Lösungs- und Bewältigungsmöglichkeiten als unzureichend empfunden werden.

Das Erleben der Krise ist von dieser Diskrepanz geprägt. Sie kann sogar auch aus dem umgekehrten Verhältnis entstehen: Ich erlebe mich in meinen Handlungsmöglichkeiten als sehr kompetent – werde aber z.B. im Berufsleben oder im sozialen Leben mit keinen von mir angemessen empfundenen Aufgaben konfrontiert. Auch das ist ein krisenhaftes Erleben; im Gegensatz zur Überforderungskrise allerdings eine Unterforderungskrise. Das krisenhafte Erleben ist deshalb nicht weniger erschütternd und belastend.

Während das Problembewußtsein durch das Erleben der Bedeutung und der Schwere einer nicht beantworteten Frage charakterisiert ist, ist das Krisenerleben geprägt von dem Erlebnis der eigenen seelischen Diskrepanz, oder von der Unerfüllbarkeit des Anspruchs, die als Problem erlebte existentielle Frage lösen zu können.

Die Krise führt in noch stärkerem Maße zu vegetativen oder funktionellen Störungen und Beschwerden.

Das längerandauernde, intensive Erleben der Unvereinbarkeit zwischen Problem und Lösungsmöglichkeit führt zu einer Kränkung des Selbstwertgefühls. Die seelische Befindlichkeit greift noch stärker in das Leibliche ein und läßt durch die Kränkung die Erkrankung folgen.

Viele Krankheiten entstehen auf diese Weise. Die Etappen dieses Weges – von der Frage über das Problem zur Krise und zur Kränkung –, machen deutlich, daß diese Krankheiten mit Recht psychosomatische Krankheiten genannt werden können. Allerdings wird von Ärzten wie von Patienten viel zu selten über diese Möglichkeiten und Zusammenhänge gesprochen. Viel zu vordergründig wird meist nur nach »Ereignissen« gefragt. Eine Trennung, eine Kündigung sind in diesem Sinne Ereignisse; eine Frage, eine nicht getroffene Entscheidung sind dagegen keine Ereignisse, die man berichten oder aufschreiben kann. Ihre wesentliche Bedeutung für die Biographie und für die Entstehung von Krankheiten liegt in der beklemmenden, manchmal erschreckenden Folgenlosigkeit! Diese greift oft tiefer in das Gefüge eines Lebensplanes ein und hinterläßt größere Gräben, die nicht zu überbrücken sind, als Ereignisse oder die Folgen gemachter Fehler.

Dieser Weg zur Erkrankung führte vom Geistigen durch das Seelische in den Leib. Das Seelisch-Geistige versinkt im Leib, statt durch ihn fruchtbar und sichtbar zu werden. Krankheit ist also ein Zuviel an Geistigem und Seelischem im Leiblichen. Krankheit ist eine leibhaftig gewordene Krise, im Körper manifest und erlebbar.

Beispiel: Eine 30jährige Patientin kommt wegen akuten Unterleibsbeschwerden in die Klinik. Es wurde eine entzündliche Ovarialzyste (Eierstockzyste) diagnostiziert, und die Patientin sollte operiert werden. Beim Aufnahmegespräch mit dem Frauenarzt zeigte sich diesem schnell eine seelische Unausgeglichenheit, Labilität und Unbelastbarkeit der Patientin. Deshalb schickte er sie zur Klärung ihrer seelischen Situation in die psychosomatische Sprechstunde, mit der offenen Frage, ob sie überhaupt operiert werden müsse. Die Beschwerden der Patientin wurden vom Gynäkologen konservativ mit äußeren Anwendungen und anthroposophischen Medikamenten behandelt.

In den Gesprächen, die die Patientin mit mir führte, zeigte sich dann bald, daß sie ein Problem hatte: Vor längerer Zeit hatte sie sich im Rahmen des Entwicklungsdienstes für einen zweijährigen Aufenthalt in Südafrika beworben. Jetzt konnte sie in drei Monaten die gewünschte Tätigkeit dort antreten. Aber inzwischen hatte sich bei ihr eine Partnerbeziehung ergeben, und der Partner wollte diese Unterbrechung der Beziehung nicht akzeptieren. Für ihn wäre die Beziehung dann zu Ende, wenn sie diese Tätigkeit im Entwicklungsdienst in Südafrika annehmen würde.

Das Problem ist deutlich: Der Patientin war beides wichtig – sie konnte sich nicht entscheiden. Sie wurde von ihrem Partner bedrängt, und der Entwicklungsdienst forderte sie zur Unterschrift des Vertrages auf. Jetzt kam ihr die akute Unterleibserkrankung zu Hilfe. Sie mußte ins Krankenhaus aufgenommen werden; hatte erst einmal Abstand und konnte den fälligen Entscheidungstermin wegen des Krankenhausaufenthalts noch einmal hinausschieben.

Aus dem Abstand und der Ruhe ergab sich eine Veränderung ihrer Ausgangssituation: Sie konnte sich in den Gesprächen auf ihre früheren Gesichtspunkte besinnen und sie mit den neuen Bedürfnissen vergleichen und abwägen. Sie konnte die Ambivalenz ihrer Situation erkennen und ihre akute Erkrankung als Hilfsangebot ihres Körpers verstehen, sich noch einmal zu besinnen, auf sich selbst, auf die tragenden Gefühle, auf das ihr Wesentliche.

Durch äußere Anwendungen und anthroposophisch-medikamentöse Therapie, unterstützt durch künstlerische Therapie, klangen die akuten Beschwerden der Patientin schnell ab, und die vormals sonographisch diagnostizierte Zyste bildete sich zurück und verschwand schließlich. Eine Operation war nicht mehr erforderlich. Und noch bevor die Patientin das Krankenhaus verließ, hatte sie sich entschieden: Sie fuhr nach Afrika.

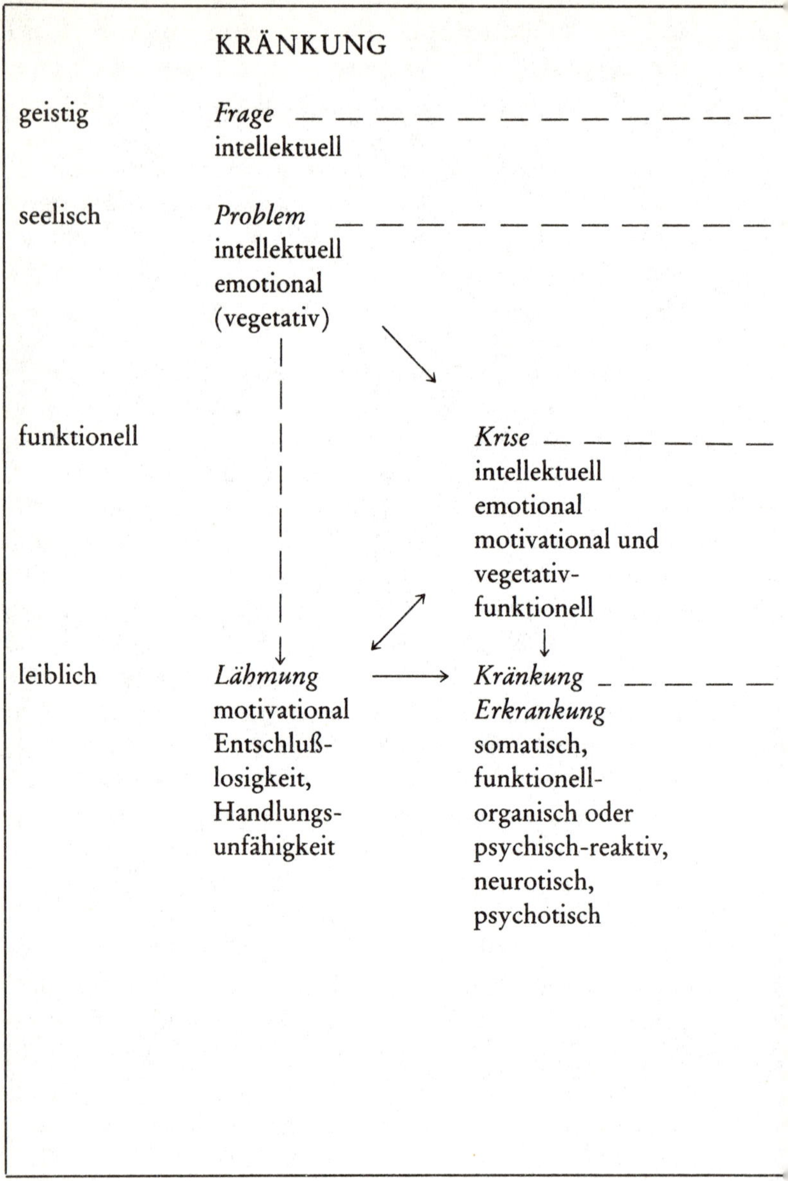
KRÄNKUNG
geistig
Frage
intellektuell
seelisch
Problem
intellektuell
emotional
(vegetativ)
funktionell
Krise
intellektuell
emotional
motivational und
vegetativ-
funktionell
leiblich
Lähmung
motivational
Entschluß-
losigkeit,
Handlungs-
unfähigkeit
Kränkung
Erkrankung
somatisch,
funktionell-
organisch oder
psychisch-reaktiv,
neurotisch,
psychotisch

	HEILUNG
— — — — — —	Antwort, Lösung, Entscheidung, möglichst aus eigener Freiheit und Verantwortung
— – Abstand, Überblick neue Gedanken	Erkennen und Verstehen der Situation; Besinnung auf neue Gesichtspunkte; Bewußtmachen verschiedener Möglichkeiten; Abwägen der Alternativen; Pro und Contra; Synthese; evtl. durch psychotherapeutische Hilfe.
– – Abstand Ruhe andere Gesichtspunkte	spielerisch-kreatives, künstlerisch-therapeutisches Erleben neuer Gestaltungsmöglichkeiten und Erlebnisweisen; Kunsttherapie; Psychotherapie.
– – Abstand Ruhe Veränderung der Ausgangssituation	Anregung, Ausgleich oder Gegenprozeß. (Korrektur) einer Organtätigkeit durch Kunsttherapie, medikamentöse Therapie, Physiotherapie oder evtl. chirurgische Therapie. Dadurch werden die physiologischen Voraussetzungen für die weiteren therapeutischen Schritte hergestellt: die Therapie führt von Leib und Leben zum Bewußtsein. Im Bewußtsein wird jetzt Heilung möglich, Bewältigung der Krise, Lösung der Probleme, Antwort auf die Frage, Entscheidung für die eigene konkrete Lebenssituation aus der bewußten Erkenntnis heraus.

Was ist Heilung?

Heilung ist mehr als Schmerzfreiheit und mehr als Arbeitsfähigkeit. Heilung ist mehr als den vorherigen, alten Zustand wieder herzustellen. Heilung soll einen Schritt markieren zu einem neuen Anfang. Dieser Neuanfang geht vom Leben aus – die Krankheit oder die Krise haben die Möglichkeit dazu geschaffen. Deshalb muß Heilung also auch vom Leben ausgehen. Dazu gehört die Akzeptanz des Lebens und alles dessen, was das Leben bringt oder gebracht hat, und zwar die innere Auseinandersetzung mit Gefühlen und Gedanken ebenso wie die äußere mit Taten und Leiden.

Zur heilsamen Auseinandersetzung gehört der ganze Mensch: mit seinem Erkennen und Fühlen, mit seinen Absichten und Bedürfnissen, mit seinem Können und Nicht-Können, mit seinem Tun und Lassen, mit seinen Wünschen und Zielen, mit Leib und Geist. Die Seele bildet die Brücke zwischen Leib und Geist. Kränkung und Heilung kommen und gehen über diese Brücke.

Heilung führt, indem sie den ganzen Menschen in seinem leiblichen und seelischen Leben ergreift, schließlich zum Bewußtsein, zur Bewußtwerdung. Ohne diese gibt es für den modernen Menschen heute keine Heilung. Aber Bewußtwerdung allein genügt noch nicht. Es gehört der tätige, in Freiheit handelnde Mensch dazu.

Den Menschen vom Leben zur Bewußtwerdung und zur freien Handlung hinzuführen, ist Heilung aus dem Bewußtsein des Menschentums, ist anthroposophische Therapie.

Haben Probleme, Krisen und Krankheiten einen Sinn?

Es gibt im Menschenleben Augenblicke, da treten Probleme, Krisen und Krankheiten eher auf als zu anderen Zeiten. Es sind dies Übergangszeiten (vgl. S. 150ff.), in denen Fähigkeiten, die bis dahin erworben wurden, für neue Aufgaben und neue Lebenssituationen nicht mehr ausreichen. Plötzlich ist es erforderlich, Neues anzunehmen und zu lernen, Neues zu entwickeln, weil das Leben es verlangt. Aber man ist noch nicht genügend darauf vorbereitet, es trifft einen unerwartet. Die alten Fähigkeiten tragen nicht mehr – die neuen noch nicht. Das ist eine typische Krisensituation, die sich in einem Entwicklungsverlauf vielleicht sogar mehr als einmal einstellen kann. Wir nennen diese Art von Krise die *typische Entwicklungskrise* oder *Reifungskrise.*

Eine solche Phase ist psychisch häufig durch Ängste, Versagensgefühle oder depressive Stimmungen gekennzeichnet. An körperlichen Beschwerden stehen solche der Atmung im Vordergrund.

Ein zweiter Typ von Krise ist dadurch gekennzeichnet, daß bisher gut eingeübte, eingefahrene Verhaltensweisen oder Problemlösungsstrategien sich so festgesetzt haben, daß nicht von ihnen freizukommen ist, so daß wir es dann schwer haben oder es auch gar nicht schaffen, andere Möglichkeiten der Problemlösung zu erlernen, selbst wenn neue Lebenssituationen dies fordern. Jetzt werden wir dem Neuem nicht gerecht und hängen statt dessen am Alten, am Eingefahrenen, werden starr und versteifen uns auf das Vergangene, Althergebrachte.

Wir nennen diese Krise die *konservative Entwicklungskrise.* Es ist eine *Retardierungskrise.*

Die dabei zu erwartenden psychischen Probleme zeigen sich in Anpassungsschwierigkeiten, in unangemessenem Beharrungsvermögen, in Ablehnungstendenzen und der Neigung zu Erschöpfungszuständen. Psychosomatisch treten Verhärtungs- und Verspannungszustände mit Beschwerden hauptsächlich von seiten des Kopfes und des Rückens auf.

Der dritte Krisentyp ist durch die gegensätzliche Situation geprägt: Die Bedüfnisse, Ziele, Wünsche und Absichten sind dahin gerichtet, alles neu anzupacken, alle alten Gewohnheiten und Werte zu vergessen und über Bord zu werfen und die alten Fähigkeiten zu vernachlässigen – während diese noch nicht ausgereift, die alten Probleme noch nicht alle gelöst, die alten Aufgaben und Ziele noch gar nicht alle erfüllt sind.

Das Neue drängt also mit Macht zu früh heran und verdrängt das Alte in noch unbefriedigtem Zustand.

Wir nennen diesen Typus die *progressive Entwicklungskrise.*

Im Psychischen erleben diese Menschen eine Unsicherheit und Ambivalenz, die sie allerdings hinter einer Pseudosicherheit verbergen und mehr oder weniger gekonnt überspielen. Es kommt zu unangemessenen Aktivitäten bis zu Überaktivitäten, was häufig zu sozialen, zwischenmenschlichen Problemen führt; gleichzeitig fällt in anderer Hinsicht eine seltsame Passivität auf. Die häufigsten somatischen Krankheitsphänomene sind hierbei Entzündungen, die sich überwiegend im Bereich der Stoffwechsel- und Geschlechtsorgane oder im Bereich der Gliedmaßen manifestieren.

Probleme Krisen und Krankheiten sind in dieser Hinsicht Wegweiser auf dem Lebensweg; sie markieren unübersehbar, unüberhörbar: »Es wird jetzt etwas von dir abverlangt! – Bist du bereit? – Streng dich an!«

Krisen und Krankheiten tragen natürlich auch Gefahren in sich. Ein Bestehen ist nicht garantiert. Und es bedarf meist nicht nur der eigenen Anstrengung, sondern auch noch der Hilfe durch andere. Und Hilfe annehmen können, will auch gelernt sein.

In der Überwindung und Bewältigung von Krankheit, Krise und Problem geht der Mensch unter therapeutischer Führung den umgekehrten Weg der Kränkung: Er führt vom Leben zum Bewußtsein. Es ist ein Weg, der das Seelisch-Geistige sich zu leibfreier Tätigkeit entwickeln läßt, indem es der Bewußtwerdung dient. Und aus dem so gewonnenen Bewußtsein erwächst die Möglichkeit zu neuer, gesteigerter Handlungsweise. Ist dies erreicht, wäre der

Mensch heil, selbst wenn die Medizin noch eine Krankheit bei ihm diagnostizieren würde.

Probleme, Krisen, Krankheiten und Leiden gehören zum Leben; sie fordern heraus; sie sind Diener der Entwicklung; wir müssen ein positives Verhältnis zu ihnen gewinnen und pflegen, damit sie uns nicht verlassen – denn ohne sie könnten wir in die bedenkliche Situation der Orientierungslosigkeit, der Führungslosigkeit geraten. So sind Krisen und Krankheiten unsere Führer. »Was wäre mein Leben ohne Angst und Krankheit? – Wie ein Boot ohne Ruder«, erkannte Edvard Munch ganz richtig.

Biographie und Entwicklung

Mit der Biographie hat es eine doppelte Bewandtnis: Einerseits ist sie das Individuellste und Eigenste, das Persönlichste, das wir haben. Es ist unsere eigene Lebensgeschichte, mit der wir uns identifizieren, die sonst kein anderer hat.

Auf der anderen Seite gibt es biographische Gesetzmäßigkeiten, in die der Mensch eingebettet ist, denen er folgt, ohne zu wissen, ob er es will oder nicht. Diese Gesetze wirken als etwas Überpersönliches in den individuellen Lebenslauf hinein. Wie sie sich am einzelnen verwirklichen, das kommt ihm von außen, vom Schicksal entgegen. An ihm liegt es dann, wie er auf gesetzmäßige Ereignisse antwortet, wie er mit ihnen umgeht. Ob er sein Schicksal annimmt oder dagegen ankämpft, ob er an Schicksalsschlägen reift oder scheitert, das hängt zum großen Teil von ihm selbst ab, aber auch davon, ob er Hilfe bekommt und ob er sich helfen lassen will und kann.

So reift das Eigene, so wachsen die individuellen Fähigkeiten, so entwickelt sich der Mensch dadurch, daß sich Überpersönliches an ihm ereignet, daß Schicksal an ihm geschieht, daß Welt sich ihm entgegenstellt und daß Menschen ihm begegnen.

Das Entscheidende an der Biographie sind nicht die Gesetze, die man zwar kennen und beachten sollte, denn sie sind die Grundlage und der Hintergrund, vor dem sich das Leben erfüllt.

Das Entscheidende ist die Entwicklung. Wie die Möglichkeiten, die sich durch die biographischen Gesetze eröffnen, ergriffen werden, darin zeigt sich eigene, individuelle Leistung.

Wenn Entwicklung der Sinn des Lebens ist, so ist anzunehmen, daß sie auch ein Ziel hat und etwas offenbart und erfüllt, das durch sie zur Erscheinung kommen soll. Und das heißt für unsere Biographie, daß es nicht nur eine Entwicklung aus der Vergangenheit gibt, ein Woher, sondern auch etwas, worauf sich die Entwicklung hinzubewegt. Wir müssen versuchen zu erkennen, woran wir uns orientieren sollen.

Dabei sollte man sich nicht mit dem Gedanken zufriedengeben, daß »der Weg das Ziel ist«. Das könnte dazu führen, daß wir auf dem Wege nicht bemerken, ob wir weiterkommen oder uns im Kreise drehen. Der Weg, das heißt, das Auf-dem-Weg-Sein, ist die notwendige, aber allein noch nicht hinreichende Bedingung für die Entwicklung.

»Wer vom Ziel nicht weiß,
kann den Weg nicht haben,
wird im selben Kreis,
all sein Leben traben;
kommt am Ende hin,
wo er hergerückt,
hat der Menge Sinn
nur noch mehr zerstückt.

Wer vom Ziel nichts kennt,
kann doch heut' erfahren,
wenn es ihn nur brennt
nach dem Göttlich-Wahren;
wenn in Eitelkeit
er nicht ganz versunken
und vom Wein der Zeit
nicht bis oben trunken.

Wenn zu fragen ist
nach den stillen Dingen,
und zu wagen ist,
will man Licht erringen;
wer nicht suchen kann,

wie nur je ein Freier,
bleibt im Truges Bann
siebenfacher Schleier.«

Christian Morgenstern

Entwicklung ist also der Sinn unserer Biographie – und das Ziel der Entwicklung ist in die Freiheit jedes einzelnen gestellt. »Und er verstehe die Freiheit, aufzubrechen, wohin er will« (Hölderlin).

Die Biographie ist die »Zeitgestalt« des Menschen. So, wie wir einen Menschen an seiner Gestalt, an Gang, Bewegung, Gestik und Mimik, an seinem ganzen Ausdrucksverhalten erkennen können, d.h. an dem, wie er sich durch seinen Leib im Raum verwirklicht, also an seiner »Raumgestalt«, so können wir ihn auch an seiner Zeitgestalt, seiner Lebensgeschichte erkennen. Der gestaltende »Künstler« an der Zeitgestalt ist die gleiche Instanz, die auch die Raumgestalt zur individuellen, belebten Form prägt: Es ist das Ich, die geistige Individualität des Menschen.

In der Zeitgestalt verwirklicht sich der Mensch im Leben, so wie er sich im Raum durch seinen Leib verwirklicht und auslebt. So, wie die Leibesgestalt Ausdruck der Persönlichkeit ist, so ist es auch die Zeitgestalt. Und in beiden Gestaltungen erleben wir »geprägte Form, die lebend sich entwickelt« durch die Kraft der Individualität.

Wie sich im Leib das Ich verwirklicht und ausdrückt auf der Grundlage des aus der Vererbung hervorgegangenen Keimes, so liegt auch der Zeitgestalt ein Keim zu Grunde. Es ist ein übersinnlicher, geistiger Keim, der nicht aus der Vererbung der leiblichen Eltern stammt, sondern aus einem früheren Leben der Individualität.

So wie im Leib das Naturgesetz der Vererbung wirkt, so folgt der Geist, das Ich, dem Gesetz der wiederholten Erdenleben. Die Seele verbindet und vermittelt Leib und Geist durch die Tätigkeit des Ich, wie wir es in der Zeitgestalt des individuellen Schicksals ablesen können. Die Seele schafft sich ihr Schicksal im Leben.

Betrachten wir die Biographie genauer, so können wir erkennen, daß die Zeitgestalt wie auch die Leibesgestalt bestimmten Entwicklungsgesetzen gehorcht. Dabei lassen sich verschiedene Phasen und Wendepunkte im Lebenslauf unterscheiden. Wie schon erwähnt, sind solche Phasenwechsel besondere Krisenzeiten für den Menschen.

Es vollzieht sich in diesen biographischen Umwandlungsmomenten eine Art Geburt, eine seelisch-geistige Geburt, die eine neue Wesensfähigkeit des Menschen enthüllt. Damit dies geschehen kann, müssen Vorbereitungsphasen und seelisch-geistige Wehen durchgemacht und unter Umständen Schmerzen und Leiden erlebt werden.

Goethe nannte aus eigener Erfahrung diese Entwicklungsschritte »wiederholte Pubertäten«. Stefan Zweig bezeichnete die Lebensentwicklungsgeschichte als »geistige Umgeburten«.

Das Ich, das sich durch die Seele in Leib und Leben verwirklicht, arbeitet im Laufe des Lebens fortwährend gestaltend und umgestaltend daran. Es führt den Menschen durch verschiedene Phasen vom »reinen Leben« des Säuglings zu mehr und mehr Bewußtwerdung bis hin zum Tode als dem Schritt der Verwandlung von einem leibgebundenen zu einem leibfreien, rein geistigen Bewußtsein.

Wir können für diese Phasen der Entwicklung biographische Themen erkennen, mit denen wir uns alle auseinandersetzen müssen, die wir aber zum Teil sehr unterschiedlich angehen und bewältigen können.

Die leibliche Entwicklung

Die Kindheit

Ungefähr das erste Drittel der Biographie ist dadurch gekennzeichnet, daß die leibliche Entwicklung im Vordergrund steht. Damit bildet sich freilich die Grundlage für die Entwicklung des Seelisch-Geistigen. Gerade die leibliche Entwicklung ist sehr stark von Gesetzen bestimmt, die sich in einer ganz bestimmten Lebenszeit verwirklichen müssen. So wird im ersten Lebensjahr die Beherrschung der Körpermotorik und schließlich das Gehen gelernt. In einer ersten Verinnerlichung der äußeren Motorik wird dann die innere Bewegung des Sprechens erworben. Diese beiden wichtigen Lernschritte vollziehen sich in einem relativ engen individuellen Rahmen nach allgemein gültigen menschheitlichen Gesetzen.

In einem weiteren Verinnerlichungsschritt der Bewegung erlernt das Kind etwa im dritten Lebensjahr die innerliche Steigerung von der Sprachbewegung zur Denkbewegung.

Dieses Lebensjahr ist im allgemeinen von zwei besonderen Ereignissen geprägt: dem ersten Trotzalter und dem ersten Ich-Sagen des Kindes zu sich selbst. Beides hängt miteinander zusammen, insofern sich in der Trotzphase das Kind erstmalig von seiner Umgebung abhebt und sich selbst abzugrenzen und zu behaupten lernt. In den Kinderzeichnungen zeigt sich diese Entwicklung deutlich: Erstmals tritt die Fähigkeit auf, eine Kreuzung zu zeichnen und in den meisten schon einige Zeit vorher geübten Kreisen nun endlich einen Mittelpunkt zu setzen. Solche Kinderzeichnungen drücken aus, was das Kind im Familienleben tut: Es setzt sich selbst durch trotziges Nein-Sagen und durch stolzes Ich-Sagen-Können in den Mittelpunkt der Familie. Die sich daran anschließenden Entwicklungsschritte des Kindesalters bis zur Schulreife sind vorzugsweise geprägt durch das Lernprinzip der *Nachahmung*. Das Kind in diesem Lebensalter ist ein sich durch Wahrnehmung prägen lassendes und entwickelndes Wesen. Wenn es die Chance hat, das Wahrgenommene wirklich für wahr zu nehmen, dann bildet sich in dieser Zeit das für das ganze weitere Leben so wesentliche Urvertrauen (Erikson), das »silberne Panzerhemd des Vertrauens«, wie es Martin Buber nennt.

Dieser erste Lebensabschnitt, der mit der Schulreife eine deutlich sichtbare Wandlung erfährt, hat dazu eine wichtige seelische Voraussetzung geschaffen: die Vorstellungsreife. Der Zahnwechsel markiert äußerlich, was innerlich geschehen ist. Die den Leib aufbauenden Bildekräfte des Lebens haben mit den bleibenden Zähnen die härteste Substanz des Körpers nach außen, leicht sichtbar hervorgebracht. Jetzt können sich diese Bildekräfte schrittweise aus dem Leib befreien und sich in Erinnerungs- und Phantasievorstellungen leibfrei, d.h. seelisch bildend betätigen.

Mit dieser Metamorphose der Bildekräfte, die in Leibgestaltung und Wachstum einerseits und dann, mit abnehmender Wachstums- und Leibgestaltungstätigkeit zunehmend sich in seelischer Bildgestaltung, eben in Erinnerungen und Vorstellungen, in Gedanken ausleben, ist eines der wichtigsten Entwicklungsgesetze für Gesundheit und Krankheit des Menschen angedeutet.

Das erste Schulalter

Das nächste Lebensalter, das mit der Schulzeit beginnt, ist von der Schulung des Vorstellungs- und Empfindungslebens geprägt.

In körperlicher Hinsicht stand im ersten Lebensalter die Entwicklung und Reifung des Sinnes- und Nervensystems im Vordergrund. Jetzt entwickelt sich das rhythmische System von Atmung und Kreislauf. Es kommt zur »physiologischen Atemreife«. Dieses Lebensalter schließt wiederum mit einer gewaltigen Umgestaltung und Umformung ab. Zeigt sich vor dem Wechsel zur Schulreife, ungefähr zwischen dem 5. und 7. Lebensjahr, ein erster Gestaltwandel, der das Kleinkind äußerlich sichtbar zum Schulkind werden läßt, so läßt sich in der präpubertären Zeit – ungefähr ab dem 11./12. Lebensjahr – ein zweiter Gestaltwandel (bei Mädchen etwas früher, bei Knaben etwas später) beobachten, der zu einer Zunahme des Längenwachstums, insbesondere der Extremitäten führt, der mit einer Kräftigung des Gliedmaßenskeletts und der Muskulatur einhergeht und dann schließlich mit der Geschlechtsreife und der Ausgestaltung der sekundären Geschlechtsmerkmale seinen Höhepunkt und Abschluß erfährt.

Man kann jetzt deutlich erleben, wie etwas Neues den Jugendlichen in Leib und Seele ergreift. Der Leib verändert sich, und in der Seele spiegelt sich, aus dem Leib kommend, ein neues Erleben: die eigene Geschlechtlichkeit. Die erwachenden Bedürfnisse nach geschlechtlicher Befriedigung, das Interesse am anderen Geschlecht, die aufkeimenden Phantasien, Wünsche und Begierden, neue Absichten und Motive im Umgang mit Gleichaltrigen, neue Erlebnisse, neue Abgrenzungen und Hinwendung zu anderen, neue Ängste und Ziele treiben den Jugendlichen um. Ein gewandeltes Selbsterleben an Leib und Seele fordert jetzt erstmalig von ihm eine aktive Arbeit zur Identifizierung mit sich selbst. Ein existentielles Suchen beginnt – die erste schwere Entwicklungskrise bahnt sich an: die Pubertätskrise.

Das Jugendalter

Die Zeit nach der Pubertät ist mit dem Begriff der Geschlechtsreife nur unvollständig beschrieben, denn es handelt sich tatsächlich um einen größeren Reifungsschritt: Es ist der erste bewußte Schritt zur Selbstbehauptung der eigenen Person in dem gegebenen Verhältnis zur Welt. Das muß erübt, erlernt und durchlitten werden.

Was im 3. Lebensjahr mit der Trotzphase und im 9. Lebensjahr mit der sogenannten »Rubikon-Phase« im Erleben von Ich und Umwelt noch traumhaft unbewußt geschieht, das wird jetzt mit dem neu erwachten Bewußtsein sehr viel leidenschaftlicher und leidvoller von Jugendlichen durchgemacht.

Diese Schritte zur Selbstbehauptung vollziehen sich in polaren Prozessen der Anlehnung und der Abgrenzung, des sich Hingebens und des sich Wehrens, der Gruppenbildung und des Rückzugs auf sich selbst.

Aus diesen gegensätzlichen seelischen Bewegungen resultiert einerseits die auffallende Verletzlichkeit des erwachenden Selbstgefühls, andererseits die übersteigerte Betonung einer aufgesetzten Selbstsicherheit. Je verletzlicher und in sich selbst unsicherer der Jugendliche ist, um so mehr muß er sich schützen durch ein zur Schau gestelltes Verhalten.

So sehr die Jugendlichen in diesem Alter gegen Autorität rebellieren und rebellieren müssen, um sich in der Abgrenzung und Selbstbehauptung zu üben, – so sehr brauchen und suchen sie als Nahrung für ihre Seele und als inneres Vorbild die Ideale, denen nachzueifern ein oft schamhaft innerlich gehütetes Geheimnis sein kann, ganz im Gegensatz zur rein äußerlichen Nachahmung und Verehrung zeitbedingt modischer Idole.

Diese ambivalente seelische Suchbewegung zielt darauf hin, daß der Jugendliche schließlich eine erste Orientierung in seinem Lebensplan findet, daß er ein erstes bewußtes Motiv fur sein Erdenleben erkennt. Deshalb nennt Rudolf Steiner diesen Entwicklungsschritt auch nicht nur Geschlechtsreife, sondern umfassend *Erdenreife*.

Zu ihrer Entwicklung gehört auch die bewußte Auseinandersetzung mit dem Tod. Überlegungen und Gedanken zum Suizid, die in dieser Phase entwicklungsbedingt auftreten können, bilden den Kontrapunkt zu den Zielen des Lebens, die sich der Jugendliche für die nächsten Jahre vornimmt.

Bis zum Abschluß dieses Lebensabschnitts wirken die biologischen Gesetzmäßigkeiten in der Entwicklung relativ streng. Mit etwa 18 Jahren ist das körperliche Wachstum abgeschlossen, die

Reifungskrise der Pubertät überstanden, in den meisten Fällen die Schulbildung abgeschlossen, und die Berufsorientierung oder Ausbildung beginnt. In unserer Zivilisation ist der junge Mensch jetzt volljährig, mündig und reif, um an dem sozialen und politischen Leben selbstverantwortlich teilzunehmen. Wir wollen deshalb unter psychologischen Gesichtspunkten diesen Entwicklungsschritt als *Urteilsreife* bezeichnen.

Es wurde deutlich, wie die seelische Entwicklung, deren Reifungsschritte wir mit Vorstellungsreife – Erdenreife – Urteilsreife charakterisiert hatten, eng mit der körperlichen Entwicklung und allgemein gültigen biologischen Gesetzen zusammenhängt. Mit dem letzten Reifungsschritt löst sich der enge Zusammenhang zwischen leiblicher und seelischer Entwicklung. Es beginnt ein neues Verhältnis. Zusammenfassend sei noch einmal festgehalten: Der erste Lebensabschnitt, der mit der Geburt beginnt, gehört vornehmlich der Entwicklung des physischen Leibes. Sie findet einen Abschluß mit dem Zahnwechsel auf der biologischen Ebene, der Vorstellungsreife auf der psychischen Ebene und der Schulreife auf der sozialen Ebene. Dies alles ist Ausdruck dafür, daß nun die an diesem Prozeß beteiligten Lebens-Bildekräfte des Ätherleibes frei werden für andere Tätigkeiten. Wir nennen diesen Schritt, der sich ungefähr mit dem Wechsel vom 1. zum 2. Lebensjahrsiebt vollzieht, deshalb auch die Geburt des Bildekräfteleibes (Ätherleibes). Er kann sich von jetzt an auch leibfrei in der seelischen Vorstellungs- und Gedankenwelt betätigen.

Der nächste Schritt gegen Ende des 2. Jahrsiebts mit der Geschlechts- und Erdenreife zeigt, daß der Seelenleib (Astralleib) bis in den Stoffwechsel, die Gliedmaßen und die Geschlechtsorgane hinein den Leib mit seiner Empfindungsfähigkeit ergriffen hat und sich dann vornehmlich dem seelischen Erleben zwischen Leib und Welt zuwenden kann. Es ist die »Geburt des Seelenleibes«, die um den Anfang des 3. Lebensjahrsiebtes vollzogen ist. In jedem dieser Jahrsiebte ist das Kind durch diese gesetzmäßige Entwicklung seelischen Gefahren ausgesetzt, wenn seinen Bedürfnissen nicht Rechnung getragen wird. Im ersten Jahrsiebt erlebt es alles um sich her unmittelbar, fast körperlich, und handelt ganz aus der Nachahmung. Im zweiten Jahrsiebt sehnt es sich in seinen vehementen Stimmungsschwankungen nach Vorbild und Autorität. Im dritten Jahrsiebt bildet es allmählich seine Urteilskraft aus. Jetzt ist da, was für die Entwicklung der Seele dienen kann.

Die seelische Entwicklung

Jetzt beginnt die eigentliche seelische Entwicklung des Menschen, die sich weitgehend unabhängig von biologischen Gesetzmäßigkeiten vollzieht und deshalb nur noch annähernd mit bestimmten Lebensaltern angegeben werden kann.

Mit der Urteilsreife um das 18.–20. Lebensjahr fängt das Ich des Menschen an, sich eigenverantwortlich im Leben zu behaupten. In der Begegnung mit der Welt ist es wach und bewußt – in dem Ergreifen und Bearbeiten seiner Leibesorganisation ist es zunächst noch ganz unbewußt. Die folgenden Entwicklungsschritte »geschehen« dem Menschen. Sie sind auch im Zusammenhang mit der Zivilisation zu sehen, in die er hereingeboren ist.

Die Entwicklung in den zwanziger Jahren – das Erlebnisalter

Der junge Mensch Anfang zwanzig, der heute nach beruflicher Ausbildung oder Weiterbildung strebt, ist von verschiedenen Interessen und Bedürfnissen gelenkt. Er sollte jetzt frei sein vom Elternhaus und den Gebundenheiten, die damit zusammenhängen (auch wenn er noch der finanziellen Unterstützung der Eltern bedarf); er soll jetzt Unabhängigkeit und Selbstverantwortlichkeit kennenlernen und die damit verbundenen, neuen Möglichkeiten und Pflichten auskosten und genießen; er will – und soll es auch – erleben, was dieses Lebensalter, was seine Möglichkeiten, was die ganze Welt ihm bieten können!

Das persönliche Erleben und die subjektiven Bedürfnisse, die individuellen Fähigkeiten und Wünsche sind für ihn wesentlich und bestimmend in diesem Lebensabschnitt. Er drängt ganz nach Selbstdarstellung und Selbstverwirklichung. Objektive Notwendigkeiten sind für ihn nicht ausschlaggebend, was zählt, ist das eigene subjektive Erleben: Wie empfinde ich die Welt – wer, wo, was gefällt mir? – Das sind die Themen der beginnenden seelischen Entwicklung. Noch ist alles offen: Welche Ausbildung will ich machen? Wo will ich lernen oder studieren? Mit wem will ich zusammenleben? Das sind die Fragen, nach denen der junge Mensch in dieser Phase sein Leben ausrichten will.

In der Pflege und Förderung dieser Seelenentwicklung gilt es, Interessen anzuregen, Beziehungen zu pflegen, und das in den ersten Lebensjahren angelegte Urvertrauen weiter zu befestigen durch tragende Erlebnisse, Verhältnisse und Begegnungen. Im zwischenmenschlichen Bereich sollte es gelingen, von der Entgegnungsfähigkeit der postpubertären Phase zur sensiblen Begegnungsfähigkeit im Erleben des Du aus seelischer Empfindung zu kommen.

Aus der starken Begeisterungsfähigkeit für Menschen und Ideen entspringt die große positive Kraft dieses schönen Lebensabschnitts.

Es ist die Entwicklungszeit der *Empfindungsseele,* die aus der Verfeinerung und Metamorphose des Empfindungsleibes entsteht. Sie ist das erste Ergebnis der Wandlungsfähigkeit einer Leibesorganisation durch die – noch unbewußte – Tätigkeit des Ich.

Die Entwicklung ab dem 30. Jahr – das Schaffensalter

Eine Wende zeichnet sich ab. Der früher oft gebrauchte Spruch »Trau keinem über 30« macht ihre Radikalität deutlich. Es ist eine Umstürzung der Werte, die bisher gegolten haben.

War es bisher das subjektive Erleben, Empfinden und Gefallen, das vor allem die privaten Belange und Entscheidungen leitete, so führt jetzt eine Wandlung der Werte gerade in diesem Punkt häufig zu kritischen Situationen. In einer amerikanischen Studie drückt sich das besonders deutlich aus: Sie kommt zu dem Ergebnis, daß in den USA die allermeisten Ehescheidungen dann vollzogen werden, wenn die Frauen 28 und die Männer 30 Jahre alt sind und die Ehen in den frühen zwanziger Jahren geschlossen wurden.

Das Phänomen ist leicht nachzuvollziehen. Aus den Gefühlen und Bedürfnissen der Empfindungsseele heraus werden solch frühe Ehen gesucht. Tauchen dann mit fortschreitender Seelenentwicklung neue Fragen, neue Bedürfnisse und neue Werte auf, dann werden die alten Gefühle, Beziehungen und Entscheidungen in Frage gestellt. Denn ungefähr ab dem 30. Jahr zählt jetzt nicht mehr das Empfinden oder das, was erlebt wird, sondern vielmehr, was verstanden, was durchschaut wird und welche objektiven Gegebenheiten und Gesetzmäßigkeiten als gültig für einen erkennbar sind.

Ich frage mich in diesem Alter nicht mehr, was ich will, weil es mir gefällt –, sondern ich frage mich, was ich kann, weil ich es verstehe.

Daraus resultiert fast zwangsläufig, wie eine weitere amerikanische Studie ergeben hat, daß nahezu jeder Dreißigjährige (Männer und Frauen) sein Leben ändern will! Denn es gelten jetzt die Prioritäten der neuen Seelenentwicklungsstufe, die Rudolf Steiner die *Verstandes- oder Gemütsseele* nennt.

Die Veränderungen von der Empfindungsseele zur Verstandesseele sind in allen Bereichen des menschlichen Lebens zu beobachten. Im Beruflichen, im Sozialen, wie im Privaten. Besonders eindrucksvoll zeigt sich dies auch in der Art des Umgangs mit den

Kindern. Menschen in den Zwanzigerjahren, die noch von der Empfindungsseele beherrscht werden, erziehen ihre Kinder vollkommen anders als solche in den Dreißigern, bei denen die Verstandesseele in den Vordergrund tritt. Diese Umwandlung der Werte darf oder soll nicht bewertet werden. Denn jede dieser Entwicklungsphasen mit ihren gegensätzlichen Wertmaßstäben hat ihre Berechtigung und muß sein. Jede zu ihrer Zeit. Sie sind notwendige Voraussetzungen dafür, daß die Entwicklung weitergehen kann.

Zur Ausgestaltung der Verstandesseele im dritten Lebensjahrzehnt gehört die Erkenntnis der Sinnfrage. Daraus erwacht die Beziehung zu sich selbst in einer neuen Qualität. Deshalb auch will man sein Leben ändern. Es entstehen Fragen nach dem Selbstwert und nach dem eigenen Können. Im tätigen Leben steht aber jetzt nicht mehr die Selbstverwirklichung im Vordergrund, sondern die »Sachverwirklichung«. Die Verwirklichung objektiver Aufgaben und Notwendigkeiten, die als richtig erkannt wurden. Gleichzeitig die Verwerfung und Ablehnung dessen, was als falsch beurteilt wird.

Daraus ergibt sich für den Menschen im dritten Lebensjahrzehnt, der im Vollbesitz seiner Verstandesseele aktiv ist, Engagement und Einsatzkraft aus Einsicht und Verständnis in das Richtige und Notwendige. Die wesentliche Fähigkeit, die durch die Verstandesseele in diesem Abschnitt entwickelt wird, ist die Entscheidungsreife und die Tatkraft für das objektiv als richtig Erkannte. Diese Fähigkeit ist Ergebnis der Umwandlung und Verfeinerung des Bildekräfte- oder Lebensleibes. Es ist die Weiterentwicklung der Vorstellungs- und Gedankenkraft, die im zweiten Jahrsiebt begann.

An dieser Stelle muß die Frage gestellt werden, ob die seelische Entwicklung noch weitergehen kann, wenn ich es bis zur objektiven Erkenntnis von richtig und falsch gebracht habe. Sie *muß* weitergehen; denn sonst würden wir in der zweiten Hälfte unseres Lebens immer objektiver, nüchterner, sachlicher und unpersönlicher werden. Und darin allein könnte letzten Endes weder Fortschritt noch Ziel gesehen werden. Aber der nächste Entwicklungsschritt vollzieht sich nur noch in Ansätzen von allein – jetzt sind wir aufgefordert, bewußt handelnd unsere weitere Entwicklung in die Hand zu nehmen und unser Leben zu gestalten.

Biographie und Selbsterziehung

Wie lassen sich das Objektive, das Sachliche und das Richtige noch steigern? Indem wir es mit dem Persönlichen, mit dem Subjektiven, mit dem Gefühl verbinden und von dem Entweder-Oder der Verstandesseelenentscheidung zum Sowohl-als-Auch kommen. Jetzt dürfen nicht mehr empfinden *oder* verstehen zählen, sondern empfinden *und* verstehen. Jetzt kommt es nicht mehr darauf an, zu arbeiten, was einem gefällt – oder herzustellen, was man kann und versteht, sondern im Leben so zu handeln, wie es seinem Wesen und seiner Lebenssituation entspricht.

Es ist die Frage nach der Wesenserkenntnis und der Wesensverwirklichung, die sich hier stellt, wobei sich das Wesen erst aus der Begegnung von Selbst und Welt konstituiert. Wesensverwirklichung ist also nicht die Selbstverwirklichung des Zwanzigjährigen und nicht die »Sachverwirklichung« oder »Ideenverwirklichung« des Verstandesseelenmenschen, sondern Wesensverwirklichung ist die aktiv gestaltende Antwort auf die Frage: »Wie ordnet sich mein Wesen in das Wesen der Welt ein?«

Die Entwicklung ab dem 40. Jahr – das Gestaltungsalter

Daraus ergeben sich für die Lebensentscheidungen des Menschen im vierten Lebensjahrzehnt neue Fragestellungen: »Wo ist meine Aufgabe im Leben? – Wo ist der Platz, an dem ich gebraucht werde? – Wo kann ich meine Fähigkeiten sinnvoll einsetzen, wo sind sie gewünscht? – Mit welchen Menschen oder Zielen will ich mich verbinden, weil es eine Wesensbeziehung gibt oder weil sie entwickelt werden kann?« – Es ist deutlich, daß der Charakter dieser Lebensfragen anders ist als in den vorherigen Lebensabschnitten und Seelenentwicklungen. Etwas Überpersönliches, Geistiges wirkt jetzt mit hinein und erfüllt diesen Seelenentwicklungsschritt, den Rudolf Steiner die *Bewußtseinsseele* nennt.

Die Bewußtseinsseele entsteht nicht mehr von allein; ihre Fähigkeiten können nur noch ausgebildet werden, indem bewußt mit der Selbsterziehung begonnen wird. Voraussetzung dafür ist die Pflege und Entwicklung der Empfindungsseele und der Verstandesseele. Ist dies nicht gelungen, kann es nur zu Verkümmerungen kommen.

Die Fähigkeiten und Qualitäten der Bewußtseinsseele können nur durch Selbsterziehung entwickelt werden. Dazu müssen zum Beispiel bewußt die eigenen Empfindlichkeiten in Feinfühligkeit für die Mitmenschen verwandelt werden. Der persönliche Ehrgeiz muß in geistiges Streben metamorphosiert werden, Stolz oder Überheblichkeit müssen zu Bescheidenheit und Selbstsicherheit, Unbeherrschtheit zu Besonnenheit werden; Rechthaberei muß in Gerechtigkeit, in die Fähigkeit, Richtung geben zu können, gesteigert werden. Gelingen diese Schritte, ergeben sich als die Früchte der so entwickelten Bewußtseinsseele die wesentlichen Fähigkeiten der sozialen Urteilskraft und der sozialen Gestaltungskraft.

Durch die Hinwendung auf das eigene Selbst und die Orientierung auf die Selbsterziehung besteht bei der Entwicklung der Bewußtseinsseele die Gefahr des individualisierenden Rückzugs, der Vereinzelung und eines überpersönlichen Verhaltens. Solche Erscheinungsformen entsprechen aber nicht dem Wesen der voll entwickelten Bewußtseinsseele. Es sind vielmehr Anfangsschwierigkeiten. Denn in der Fähigkeit zur Wesenserkenntnis und zur Wesensverwirklichung liegt ja gerade die Qualität der Korrespondenz und Kommunikation zwischen Selbst und Welt. Nur ein Selbst, das sich der Welt gegenüber öffnen kann, vermag diese auch aufzunehmen und so zur Erfüllung dieser Beziehung beizutragen (Welt steht hier in erster Linie für die soziale Mitwelt). Die Bewußtseinsseele entwickelt sich, indem das Ich die Kräfte des physischen Leibes in Bewußtseinskräfte umwandelt.

Waren es bei den ersten beiden Seelenentwicklungsschritten – der Empfindungsseele und der Verstandesseele – die vom Leib ausgehende Empfindungsfähigkeit, die sich zur Weltoffenheit wandelte, und die Vorstellungs- oder Gedankenbildefähigkeit des metamorphosierten Lebensleibes, die sich zur Qualität der Verstandes- bzw. Gemütsseele gesteigert haben, so sind es jetzt die Kräfte und Gesetzmäßigkeiten des physischen Leibes, aus denen die Bewußtseinsseele herauswachsen muß.

Seine Qualitäten liegen in der »geprägten Form«, in der Gestaltbildung der Materie, die der Schwere unterworfen ist, in der Gesetzmäßigkeit des Todes, die am physischen Leib zu Zerfall und Auflösung führt.

Im Tod und in der Auflösung der alten Materie liegt allerdings schon der Keim für die Entstehung des Neuen. Dieses »stirb und werde« ist das Geheimnis der Bewußtseinsseele: Sie offenbart die Spannweite des Menschen zwischen Leib und Geist.

Die geistige Entwicklung

Ist die Entwicklung des höchsten Seelengliedes, der »geisterfüllten Bewußtseinsseele« (R. Steiner) nur durch Selbsterziehung gegeben, so gilt dies für die jetzt zu beschreibenden Schritte der geistigen Entwicklung in noch stärkerem Maße. Sie verlaufen in den folgenden Jahrzehnten, die man als Reifungsalter, Erfüllungsalter und schließlich als Alter der Vollendung und Verwandlung ansehen könnte. Aus freiem Entschluß kann der Mensch mit der Kraft seines Ich an den beschriebenen Leibes- und Seelengliedern umgestaltend weiter arbeiten.

Die Entwicklung ab dem 50. Jahr – das Reifungsalter

Zunächst sei das Empfindungsleben ins Auge gefaßt. Wie kann ich mit meinen Gefühlen und Empfindungen umgehen, daß ich nicht von ihnen überwältigt und beherrscht werde, daß ich nicht in Sympathie oder Antipathie aufgehe, daß ich aber auch nicht kühl, rational und empfindungslos werde oder meine Gefühle je nach meinen Absichten und Zielen einsetze und steuere?

Dazu muß der Mensch sich sein Gefühlsleben bewußt machen. Das bedeutet, die Gefühle nicht zu unterdrücken, zu ignorieren oder wegzudenken. Sie müssen zugelassen, wahrgenommen und verstanden werden.

Ein Gefühl sollte zunächst als Gefühl in der Seele behalten werden mit dem Bemühen, ihm nicht sogleich ein Urteil oder eine emotionale Reaktion folgen zu lassen. Vielmehr sollte versucht werden, das Gefühlsleben selbst mit Gedankenkräften und Willenskräften zu befruchten. Dadurch entsteht Ordnung und Bewußtwerdung im Gefühlsleben.

Werden die Gefühle durch Ideen des Gedankenlebens befruchtet, so wird das Fühlen ideell, die Ideen werden zu Idealen und die Ideale des Herzens zu Führern meiner Seele.

Werden die Gefühle ebenso durch die Entschlüsse des Willenslebens befruchtet, so wird das Fühlen verantwortungsbewußt; und im Herzen als dem Zentralorgan des Fühlens entsteht Moralität.

Das Gefühlsleben kann sich jetzt an den Idealen und an der Moralität des Herzens orientieren und zum Führer werden, der sich nicht mehr sinnlichen Verführungen hingibt und kurzlebigen leiblichen Gefühlen verfällt, sondern der sich aus ideeller und moralischer Kraft zum Geistigen hin orientiert. Auf diese Weise bekommt das Beziehungsleben einen neuen Charakter. Es kann in freier Verantwortung selbstlos werden; nicht aus Feigheit oder ängstlichem Verzicht wird gehandelt, sondern aus der Orientierung auf das Wesentliche.

Durch das Verbinden von Gedankenkräften und Willenskräften mit unserem Gefühlsleben »bestimmen wir auf karmische Art den Charakter« (R. Steiner), und zwar gemäß unserer Freiheit, im positiven wie im negativen Sinn.

Die ersten Schritte zu dieser Entwicklung sind in einer ausgeprägten Feinfühligkeit im sozialen Leben zu erkennen. Eine neue

Tiefe der Empfindungsqualität, insbesondere in der Beziehung der Menschenseele zum Geistigen, zur göttlichen Welt, ist bei einem Menschen in dieser Entwicklungssituation zu bemerken.

Der Entwicklung ab dem 60. Jahr – das Erfüllungsalter

Bei dem nächsten geistigen Entwicklungsschritt geht es um die Verwandlung der Lebens- und Gedankenbildekräfte, wie sie dem Menschen durch seinen Ätherleib und durch seine Verstandesseele zur Verfügung stehen.

Die Ausgangsfrage der Selbsterziehung zu diesem Schritt heißt: Wie gehe ich mit meinen Lebenskräften und mit meinen Gedankenkräften um?

Die Pflege des Leibes, ihn zu ernähren, ihm Gutes zu tun, ihm Erholung zu gönnen, wenn er einmal überanstrengt und erschöpft ist, ist jedem eine Selbstverständlichkeit. Wie aber steht es mit der Pflege der Seele? Haben wir auch ihr gegenüber fürsorgliche Bestrebungen oder Gewohnheiten, daß sie sich wohlfühlen kann, daß sie nicht überfordert wird, sondern sich sammeln oder wieder regenerieren kann?

Die Lebensbeobachtung zeigt, daß mit den Lebenskräften schon reichlich Raubbau getrieben wird. Die Vitalität und damit die Regenerationskräfte werden in den meisten Fällen recht hemmungslos ausgenützt und strapaziert und rufen häufig genug erst durch Erschöpfungszustände oder Kranksein zur Besinnung auf, damit sich die Lebenskräfte wieder etwas erholen können. Ihre bewußte Pflege und förderliche Behandlung liegt meistens fern – ferner jedenfalls, als die Pflege des Leibes, der doch nur das Gefäß, ja eigentlich das Instrument für die Lebenskräfte ist.

Es ist der allergrundlegendste und anfänglichste Schritt, durch einen sinnvollen Rhythmus im Tageslauf, zwischen Arbeit und Muße, zwischen Wachen und Schlafen, zwischen Bewegung und Ruhe, zwischen Aufnehmen und Ausscheiden, zwischen Pflichten und eigenen Bedürfnissen sinnvoll verantwortlich Abwechslung zu schaffen. Das sind uralte Regeln einer Lebensdiätetik, wie sie seit Jahrhunderten bekannt, aber gerade in unserem Jahrhundert weitgehend vergessen ist.

Einen besonderen Stellenwert bekommt dabei der Umgang mit den metamorphosierten Lebenskräften, wie wir sie als Gedankenbildekräfte in unserem Bewußtsein zur Verfügung haben (vgl. S. 121). Denken wir normalerweise nicht fast immer in Reaktion oder in Antwort auf das, was wir gerade wahrnehmen, was wir gerade gefragt werden, was gerade auf uns zukommt, und sei es noch so äußerlich wie ein Telefonanruf? Lassen wir uns in unserem Gedankenleben nicht fortwährend durch solche äußeren Einflüsse und Gegebenheiten, die auf den ureigenen Strom des Gedankenlebens keine Rücksicht nehmen, beeinflussen, ablenken und stören? Ist ein solches Verhalten mit dem Gedankenleben im übertragenen Sinne nicht genauso, als wenn wir jederzeit alles Eßbare, das sich unseren Sinnen bietet, in den Mund schieben würden? – Und uns am Ende dann wundern, wenn wir Verdauungsprobleme haben.

Die meisten Menschen haben massive Verdauungsprobleme in ihrem Gedankenleben: Das äußert sich in Störungen im Schlaf/Wachrhythmus, in Konzentrations-, Merkfähigkeits- und Gedächtnisstörungen. Echte Erinnerungslücken treten auf wie auch ein Schwinden von Interesse- und Begeisterungsfähigkeit, um nur einige Phänomene zu nennen. Denn schließlich folgen dann Erschöpfungszustände, Selbstwertprobleme, Selbstvertrauensverlust, Ängste, Phobien, Zwänge und die verschiedenen Formen depressiver Erkrankungen und im Zusammenhang damit erhebliche Beziehungsprobleme.

Es besteht also für den Menschen die elementare Notwendigkeit in diesem Bereich selbsterzieherisch tätig zu werden. Geschieht dies, so dient er tatsächlich der Umwandlung seiner Lebens- und Gedankenkräfte und eröffnet damit einer geistigen Entwicklung weitere Möglichkeiten.

Die bisher geschilderten Momente sind allerdings die periphersten und einfachsten auf diesem Weg. Wesentlich gehört dazu, das

Gedankenleben durch das Willensleben zu bereichern, indem durch bewußtes Wollen selbstverantwortlich und frei Ordnung und Orientierung hineingebracht wird. Sehr einfach ausgedrückt heißt dies: Ich bestimme selbst, wann ich worüber denken will, das heißt, ich bestimme das Thema und die Zeit meines Denkens. Durch die Bestimmung der Themen gebe ich mir in meinem Denken eine Orientierung; durch die Bestimmung der Zeit gebe ich mir eine Ordnung, und in dieser Ordnung kann ich meinem Gedankenleben einen Rhythmus geben. Damit sind die wesentlichen Kriterien für Übungen zur Selbsterziehung gegeben: Ordnung, Orientierung und Rhythmus. Natürlich muß der moderne Mensch, der sich nicht als Einsiedler oder Mönch in ein Kloster fernab der zivilisierten Welt zurückzieht, in der Lage sein, sich auf aktuelle, schnell wechselnde Fragen, Anregungen und Themen gedanklich einlassen zu können. Es wäre ja geradezu fatal, wollten wir alle Fragen, Anlässe und Anregungen so lange vor uns herschieben, bis es uns paßt. Nein, gerade um sich zeitgemäß schnell und aktuell gedanklich auf immer Neues einlassen zu können, muß dieses Gedankenleben gepflegt werden, damit es das leistet und nicht vorzeitig versagt.

Elemente einer solchen Pflege sind z.B. rhythmisch einzuhaltende Pausen innerhalb eines Tages, in denen etwas für die Erholung des Gedankenlebens getan wird. Wie das gehandhabt wird, steht selbstverständlich jedem frei, aber es gibt doch Erfahrungen, was sich bewährt hat. Ich nenne nur: Pflanzenbetrachtungen, Wolkenbeobachtungen oder andere Naturbetrachtungen. Man kann in Ruhe ein Bild anschauen, sich auf einen Spruch oder ein Gedicht besinnen oder ganz schlicht Ruhe-Übungen machen. Schließlich sei noch die Pflege des religiösen Lebens genannt, mit einer rhythmisch im Tageslauf wiederkehrenden Besinnung und Hinwendung im Gebet an die göttliche Welt.

Das konsequenteste Element auf diesem Übungsweg ist selbstverständlich das meditative Leben. Es ist die vollkommenste Form der freien Selbstbestimmung im Gedankenleben, sich einen Gedanken, einen Spruch, ein Bild, eine Meditation für einige Minuten am Tag zum alleinigen Inhalt des Bewußtseins zu machen; ein-, zwei- oder dreimal am Tag. Nichts anderes als das Gewählte hat dann Raum und Ausdehnung im Bewußtsein. Alles andere wird bewußt für diese Zeit fern und außerhalb des Bewußtseins gehalten. Dadurch werden Entscheidungskraft und Urteilsfähigkeit geschult, Klarheit und Konsequenz im Denken erreicht. Die Kräfte des geistigen Gedankenlebens werden gestärkt. Es kann sich auf diesem Wege von sinnlichen Gegenständen und Themen abheben und befreien und sich rein ideell geistigen, überphysischen, d. h. übersinnlichen Inhalten zuwenden. Damit wird das Gedankenleben leibfrei. Es wirkt in ihm dann nur noch die Gesetzmäßigkeit der geistigen Ideenwelt.

Das ist die schönste Frucht, die durch konsequente Bemühung des Wollens im Gedankenleben erlangt werden kann.

Freilich darf auch die andere Seite nicht vergessen werden: nämlich das Gedankenleben auch durch das Fühlen zu bereichern. Führen wir unser Gefühlsleben an unsere Gedanken heran, so kommen Wärme, Anteilnahme und Liebe in unser Erkenntnisleben. »Die Erkenntnis ist das Licht, die Liebe dessen Wärme« (Rudolf Steiner).

Durch diesen wiederum bewußt zu übenden Vorgang, das Fühlen in das Gedankenleben einzubringen, erweitert sich die Qualität des Denkens um einen entscheidenden Schritt: Wir erleben die Inspiration des Denkens. Jetzt hat das Gedankenleben echte Überzeugungskraft.

Das Alter der Vollendung und Verwandlung – die Entwicklung ab dem 70. Jahr

Es bleibt uns noch ein Blick auf den anspruchsvollsten und schwierigsten Schritt der Selbsterziehung. Hier seien zunächst einige Fragen gestellt: Wie gehe ich mit den Kräften meines physischen Leibes um? Wie begegne ich den Todeskräften in mir, die in der Schwere wie in der Auflösung wirken, die eine Gestaltbildung fordern und zulassen, um dann in der Überwindung der Gestalt, im Zerfall, ein dem Geist dienendes Bewußtsein entstehen zu lassen?

Wie ergreife ich dieses »stirb und werde«, daß beides sowohl physisch wie geistig geschieht?

Wie nähere ich mich im Leben der Bewußtseinserweiterung durch den Tod?

Um hierauf Antworten zu finden, muß das Willensleben durch Denken und Fühlen erweitert werden.

Lasse ich die Ideen meines Gedankenlebens zum Führer meines Willens werden, so erschließe ich in meiner Seele die Quelle der »moralischen Phantasie« (R. Steiner, Die Philosophie der Freiheit). Das Willensleben ist auf dieser Stufe getragen von einer persönlichen Wahrnehmung der Ideenwelt.

Zur Vervollkommnung der moralischen Phantasie muß auch noch das geläuterte Gefühlsleben mit dem Willen verbunden werden. Dann entsteht in der Seele die echte Liebe zur Handlung, der Enthusiasmus, der zu Taten beflügelt.

»Kostbarer Funke des Enthusiasmus,
wenn du überspringst
von Mensch zu Mensch,
da küssen sich –
Götter …«

Christian Morgenstern

Fassen wir zusammen, so bemerken wir als Ergebnis unseres Bemühens, mit ideellem Denken und geläutertem Fühlen unser Willensleben zu steigern, die schönste Fähigkeit oder Begabung: echte Begeisterung oder, um ihr die Flüchtigkeit des umgangssprachlichen Ausdrucks zu nehmen: die wahre »Begeistung« des Menschen.

Die hier geschilderten drei Schritte geistiger Selbsterziehung sind in keinster Weise an ein bestimmtes Lebensalter gebunden. In ihnen erfüllt sich das geistige Schicksal des Menschen.

Ein weiterer Aspekt zur Lebensgeschichte

Die Lebensgeschichte eines Menschen ist die Zeitgestalt seiner Entwicklung von der Geburt bis zum Tod. Diese Entwicklung verläuft weder linear noch einförmig, und sie hat auch nicht nur einen Höhe- oder Wendepunkt, sondern deren mehrere. Jede Phase steht unter einem bestimmten Lebensthema und enthält eine jeweils persönlich zu färbende und zu gestaltende Chance der Fortentwicklung, andererseits aber natürlich auch die Gefahr der Einseitigkeit, der Erstarrung oder des Versagens an der gestellten Aufgabe.

Der urbildhafte Verlauf dieser Lebensphasen wandelt sich in einem Siebenjahresrhythmus, wobei jede von einem Menschen real im Leben verwirklichte Zeitgestalt noch einmal ihren eigenen, ganz individuellen Rhythmus hat.

Daneben gibt es einen weiteren, sehr viel weniger individuell abwandelbaren Rhythmus, nämlich die sogenannten »Mondknoten«. Gemeint ist damit die Stellung des Mondes gegenüber der Sonne in Beziehung zur Erde, das heißt der Schnittpunkt von Mond- und Sonnenbahn (von der Erde aus gesehen), wie er zum Zeitpunkt der Geburt eines Menschen bestand. Diese Stellung wiederholt sich nach astronomischer Gesetzmäßigkeit alle 18 Jahre, 7 Monate und 9 Tage. So ist nach dieser Zeit eine Sonnen- und Mondstellung erreicht, wie sie zur Zeit der Geburt des Menschen bestand, wobei dieser Zeitpunkt im Geschehen einer biographischen Entwicklung nicht allzu eng genommen werden darf. Die prägende Zeit vor und nach der Geburt (Embryonalentwicklung und Säuglingszeit) läßt sich durchaus mit einbeziehen. Dennoch zeigt sich bei einer genauen Beobachtung, daß die »Mondknoten« in der Biographie des Menschen von großer Bedeutung sind. Sie treten im 19., im 38., 57.

und 75. Lebensjahr auf, also nach dem 18., nach dem 37., nach dem 56. und nach dem 74. Geburtstag. In diesen Zeiten können – und die biographische Erfahrung bestätigt dies – besondere Ereignisse auftreten, die entweder den physischen Leib betreffen, sich also in körperlichen Erkrankungen oder Unfällen mit körperlichen Folgen äußern, oder besondere Entscheidungssituationen herbeiführen, die die Verwirklichung des Menschen in seinem Lebensumkreis betreffen, wie Berufsentscheidungen, Veränderungen durch Kündigung, Umschulung oder sonstige Neuorientierung. Auch entscheidende Ortswechsel oder Veränderungen der äußeren, auch wirtschaftlichen Familien-Lebenssituation greifen oft tief in den gewohnten Alltag ein.

Alles was mit dem physischen Leib und mit der Verwirklichung und Entwicklung der Persönlichkeit zu tun hat, kommt in der Zeit eines Mondknotens in eine labile Phase, kann durch äußere Ereignisse herausgefordert, durch innere Erkrankungen geprüft, durch Schicksalsschläge gefordert werden. Wir sind in diesen Lebensmomenten zu besonderer Wachsamkeit und zu besonderem Gestaltungsmut aufgefordert.

So genügt es bei Krankheiten, Unfällen oder anderen Schicksals schlägen im Umkreis eines »Mondknotenalters« nicht, nur in gewohnter Weise nach dem »Woher« oder dem »Warum« zu fragen –, vielmehr muß gerade in diesen Situationen das »Wofür«, das »Woraufhin« ergründet werden, um den zukünftigen Sinnaspekt der Krankheit oder des Schicksalsereignisses zu erkennen.

Dadurch gewinnt die eingetretene Lage für den Betroffenen, aber auch für seine Angehörigen, eine andere Qualität. Es geht nämlich jetzt nicht mehr um das Erleiden oder um das Durchhalten und Überstehen einer Prüfung, sondern es geht im positiven Sinn darum, die Chance zu einem Neuanfang zu erkennen und zu ergreifen.

Das zweite Leben

Bewegt den Mond,
reiß ihn aus
seiner Wurzel.
Der Himmel ist
tief.
Du wirst die Flut
abwarten müssen,
dann kannst du
die Erde vergessen,
und jenseits
der Gezeiten
bricht ein Licht auf
in dem du
ein zweites Mal
lebst.

Peter Härtling

Biographie und Psychologie

Die drei Arten des Lebens

> »Das Leben jedes bedeutenden Menschen, das nicht durch einen frühen Tod abgebrochen wird, läßt sich in drei Epochen teilen: in die der ersten Bildung, in die des eigentümlichen Strebens und in die des Gelangens zum Ziele, zur Vollendung. ... Soviel ist aber gewiß, wenn man bei biographischen Betrachtungen, bei Bearbeitung einzelner Lebensgeschichten, ein solches Schema vor Augen hat und die unendlichen Abweichungen von demselben zu bemerken weiß; so wird man, wie an einem guten Leitfaden, sich durch die labyrinthischen Schicksale manches Menschenlebens hindurchfinden.«[27]

Folgt man Goethes Gedanken und beschäftigt sich mit der eigenen Biographie, so kann man durch Erinnern und Nachdenken zu einem Wissen über dasjenige kommen, was *war.*

Was nicht war, läßt sich auch nicht erinnern und nicht wissen. Es ist allein an das Faktische, an das Gewordene, an das Gewesene, an die Vergangenheit gebunden. Im Nachdenken erschließt sich die Vergangenheit, die Welt des Gewordenen.

Was in Zukunft sein wird, was aus der Zukunft auf einen zukommen wird, das kann man nicht erinnern und nicht wissen. Es läßt sich auch durch Nachdenken nicht erfahren – aber wir können es planen, intendieren, beabsichtigen, durch unsere Willensentschlüsse und Handlungen mitbestimmen und gestalten.

Durch unseren Willen erschließt sich uns das Werdende, das Kommende, die Zukunft.

In dem Spannungsfeld zwischen Vergangenem und Zukünftigen, zwischen dem Gewordenen und dem Werdenden entsteht Gegenwart. Sie ist immer nur im Augenblick da, danach ist sie schon vergangen, eingetaucht oder untergetaucht in den Strom der Zeit.

Gegenwart ist wie das Auftreffen eines Regentropfens auf die Wasseroberfläche des Ozeans. Im Regentropfen ist die Zukunft – die Wasseroberfläche ist das Meer der Vergangenheit. Im Zusammentreffen beider ergeben sich ästhetisch reizvolle, gesetzmäßige Veränderungen, indem der Tropfen die Wasseroberfläche aufwühlt und verändert – und das Wasser seinerseits den Tropfen der Zukunft in sich aufnimmt, ihn verschluckt.

So kurz und vergänglich wie das Geschehen zwischen Tropfen und Wasseroberfläche ist auch das Erleben der Gegenwart. Wir müssen wach und aufmerksam mit unseren Sinnen dabeisein, sonst ist sie vergangen, und wir haben sie verschlafen. Allerdings merken wir das oft gar nicht, denn schließlich regnet es ja Zukunftswassertropfen in das Meer der Vergangenheit, und wenn wir den einen Tropfen verschlafen haben, so folgen ihm immer noch andere.

Wirklich erleben können wir nur den Augenblick. Da sind wir mit unserer Seele dabei, empfinden und fühlen tatsächlich. Deshalb gibt es auch die Sehnsucht, den Augenblick festhalten zu wollen. Denn nur im Augenblick fühlt die Seele. Nur im Fühlen wird Gegenwart erlebt. Nur im Fühlen sind wir im Geschehen und nehmen daran teil.

Im Nachdenken ist Vergangenheit und Abstand. Im Wollen liegt Absicht, Möglichkeit, Zukunft.

In der Auseinandersetzung mit der eigenen Biographie läßt sich also sagen:

Was war, kann ich wissen –
was ist, kann ich erleben und mitfühlen –
und was kommt, kann ich wollen.

So entfalten sich im Umgang mit dem eigenen Lebenslauf gewissermaßen die Seelenfähigkeiten Denken, Fühlen und Wollen als die drei psychologischen Grundprozesse der Kognition, Emotion und

Motivation. Sie sind so gesehen ein Ergebnis der bewußten seelischen Auseinandersetzung mit der Biographie.

Der Mensch lebt in diesem Zeitentwicklungsstrom, und wenn er sein Leben reflektiert, so wird es ihm im Denken, Fühlen und Wollen, in Vergangenheit, Gegenwart und Zukunft, in Kognition, Emotion und Motivation in seiner Seele gespiegelt.

Diese innerseelischen Vorgänge haben in zweifacher Hinsicht Berührung mit der Welt: zum einen, indem der Mensch die Welt aufnimmt durch die Sinne, die Atmung und die Ernährung – unstofflich, feinstofflich und grobstofflich. Das sind die physiologischen Urbilder der weltaufnehmenden Beziehung des Menschen. Zum anderen kann in seinen Handlungen, Bewegungen und Gestaltungen sein inneres Bild aus dem seelischen Sein zum Werden in der Welt gelangen.

Das Aufnehmen und Wahrnehmen der Welt über die Sinne und das sich daraus ergebende bewußte oder unbewußte Erleben ist gewissermaßen die »Nahrung« der Seele von außen. Empfindungen, Erleben von seelischer Wärme oder Kälte, von Geborgenheit oder Hüllenlosigkeit, von Angenommen- oder Abgelehntwerden, von Erwünscht- oder Unerwünschtsein sind psychosoziale Faktoren, die auf die Seele jedes Menschen wirken, insbesondere aber in der Entwicklungs- und Prägungszeit des Kindes- und Jugendalters. Wir nennen diesen Vorgang in der Psychologie auch die Sozialisation des Menschen.

Insofern steht das erste Lebensdrittel des Menschen – Kindheit, Jugend und erstes Erwachsenenalter, das heißt bis zum Abschluß derjenigen Entwicklungsphase, die wir als »Empfindungsseelen-Zeit« bezeichnet hatten –, unter dem Oberthema des *Erlebens.*

Es ist die Zeit der Ernährung, der Prägung und der Bildung der an der Welt und für die Welt erwachenden Seele, die sich in und durch den Leib entfaltet.

Wir nennen diese lebensgeschichtliche Epoche *Sich-entfaltendes-Leben* oder *erlebtes Leben.*

Darauf folgt in der mittleren Lebensepoche die Entwicklung der seelischen Fähigkeiten. Gemeint ist damit sowohl das innerseelische Verarbeiten des Erlebten in Gefühlen, Gedanken und Entschlüssen als auch das eigenständige seelische Erarbeiten von Wünschen und Erwartungen an das Leben. Dazu gehören selbstgesteckte Lebensziele und schließlich das Bemühen, sie durch Taten zu erreichen.

Je nachdem, welche Bilder sich in der ersten Lebensepoche in der Seele von der Welt gebildet haben und welche Erwartungen, Wünsche, Hoffnungen und Ziele in der zweiten das Handeln und Tätigsein in der Welt geleitet haben, wird das Leben im dritten Abschnitt aussehen. Diese Lebenszeit kann als eine Epoche des Strebens nach der Verwirklichung von Lebenszielen imponieren, die materiell oder geistig sein können; es ist eine Zeit des Tätigseins und der Gestaltung im Leben, des »Anpackens der großen Aufgaben«; aber auch eine Zeit des Zauderns und Abwartens, des Sichabmühens, des Dienens.

Natürlich gehören Höhepunkte und Mißerfolge, Scheitern und Gewinnen, Schicksalsschläge, Krisen und Krankheiten in diese Zeit des Durchsetzens und Erreichens, der Erfüllung oder des Versagens; es ist die eigentliche Zeit des *gelebten Lebens.*

Für jeden Menschen, dessen Leben nicht durch einen frühen Tod vollendet oder abgebrochen wurde, geschieht im dritten Lebensabschnitt zunächst unmerklich, später merklich und unentrinnbar ein Wandel in der Lebensqualität.

So wie das Erleben der Seele natürlich auch in den späteren Lebensabschnitten noch da ist und nicht irgendwann aufhört, sondern das ganze Leben durchzieht, so ist auch der Aspekt des »gelebten Lebens« immer vorhanden, aber in deutlich unterschiedlichen Betonungen.

Demgemäß hat die dritte Lebensepoche wieder eine eigene Betonung, die von dem Charakter der vorausgegangenen Epochen abhängt. So kann der Mensch jetzt auf manche Ergebnisse und Früchte seiner Taten blicken; manches genießen – manches bereuen; auf manche Erfüllung oder gar Vollendung seiner Absichten und Ziele wird er schauen können, manches hingegen vermissen, was er eigentlich hätte erleben wollen, tun können, erreichen sollen.

Es geht hier aber natürlich nicht nur um äußerlich Erreichtes oder Unerreichtes, um äußerlich Vollendetes oder Vergessenes, sondern vor allem um das innerlich Erfüllte.

In diesem Alter zeigt sich, ob die Lebensziele noch tragen können, ob die Entwicklung und das Streben weitergehen oder in eine Sackgasse geführt haben. Jetzt geht es um die Verwandlungsfähigkeit des erlebten und des gelebten Lebens.

Es ist die Epoche der »Rückverwandlung« des äußeren, tätigen Lebens: Gefragt ist die Metamorphose der im Leib (erstes Lebensdrittel) und im tätigen Leben (zweites Lebensdrittel) wirkenden, ausgelebten oder nicht ausgelebten Kräfte in geistige Kräfte. Daran führt im Grunde kein Weg vorbei.

Jetzt ist die Chance gegeben, in der Vergegenwärtigung des Vergangenen sich für das Bevorstehende Verwandlung vorzunehmen und sich die Fragen zu stellen:

Was habe ich in meinem Leben erlebt?
Was habe ich aus meinem Erleben gemacht?
Und was haben andere dadurch erlebt?

Was habe ich gedacht?
Welche Gedanken habe ich nicht zu Ende gedacht?
Und was haben meine Gedanken für andere bedeutet?

Was waren meine Sehnsüchte, Wünsche, Absichten, Ziele?
Welche Vorsätze oder Willensentschlüsse habe ich in meinem Leben verwirklicht – und welche habe ich nicht verwirklicht, nicht verwirklichen *können?*
Und was ist dadurch für andere Menschen möglich oder nicht möglich geworden?

Jetzt verlangt eine neue biographische Selbsterkenntnisqualität ihr Recht: die Unterscheidung von gelebtem und ungelebtem Leben, von erfülltem und unerfülltem Leben und das Anerkennen der Folgen oder der Folgenlosigkeit.

Denn das unerlebte oder das ungelebte Leben können unter Umständen einen für die Biographie katastrophalen Mangel an Folgen hinterlassen.

Daran kranken weit mehr Menschen als an den Folgen ihrer Handlungen.

Lebenslauf

Größers wolltest auch du, aber die Liebe zwingt
alle uns nieder, das Leid beuget gewaltiger,
doch es kehret umsonst nicht
unser Bogen, woher er kommt.

Aufwärts oder hinab! Herrschet in heiliger Nacht,
wo die stumme Natur werdende Tage sind,
herrscht im schiefesten Orkus
nicht ein Grades, ein Recht noch auch?

Dies erfuhr ich. Denn nie, sterblichen Meistern gleich,
habt ihr Himmlischen, ihr Alleserhaltenden,
daß ich wüßte, mit Vorsicht
mich des ebenen Pfads geführt.

Alles prüfe der Mensch, sagen die Himmlischen,
daß er, kräftig genährt, danken für Alles lern,
und verstehe die Freiheit,
aufzubrechen, wohin er will.

FRIEDRICH HÖLDERLIN

Wie aber ist Verwandlung eines ungelebten, noch unvollendeten Lebens möglich?

An dieser Frage wird deutlich, wie in der Biographie-Besinnungs-Therapie Vergangenheitsbewältigung konkret Zukunftsgestaltung bedeutet.

Die Verwandlung von Gefühlen und Leidenschaften, von Bedürfnissen, Absichten, Wünschen, Zielen, von Sehnsüchten oder geheimen Vorsätzen erfordert ein Höchstmaß an Ehrlichkeit sich selbst gegenüber. Jeder Verwandlungsschritt bedeutet hier eine individuelle Höchstleistung des Menschen. In der Zeit unseres letzten Lebensdrittels gestalten wir unsere Zukunft wirklich selbst, wenn wir uns klarmachen, was noch zu tun ist. Und dies ist die anspruchsvollste Form einer Erinnerungs-Therapie im Alter. Gelingt es, der Verwandlungsaufgabe bewußt, gerade auch dann Entschlüsse zu fassen, wenn Taten nicht mehr möglich erscheinen, oder wenn es gerade auf den Verzicht im Äußeren ankommt, dann wird der Wille zur Kraft.

Die Folgenlosigkeit eines unerfüllten und ungelebten Lebens wirkt im letzten Lebensabschnitt und über den Tod hinaus. Deshalb ist es im Sinne einer Zukunftsgestaltung für kommende Erdenleben so bedeutsam, sich in innerer Besinnung zu vergegenwärtigen, was zu erfüllen, was zu leben, was zu tun übriggeblieben ist. Daraus bewußt Willensentschlüsse zu fassen für das geistige Leben jetzt, nach dem Tod und für ein neues Erdenleben heißt, den Mangel an Folgenlosigkeit im eigenen Schicksal zu überwinden und auszugleichen. Das ist Bewußtseinsarbeit, die über die Begrenzung eines Erdenlebens hinaus am eigenen Schicksalsleib geleistet werden kann.

Zusammenfassung der seelischen Entwicklungsschritte und der entsprechenden möglichen Krisen

	Lebensphase		*Psychische Entwicklung*	*Psychische Krise*
Bildung + Entfaltung	Kindheit *–7		Nachahmung; Ur-Vertrauen	Angst, Mißtrauen, Rückzug
			Vorstellungsreife Schulreife	Beziehungsstörung Begegnungsstörung Autismus
	Erstes Schulalter 7–14	Prägung	Annehmen von Führung durch liebevolle Autorität Verehren	Enttäuschung Rückzug Depression
		Erlebtes Leben	Pubertät: Geschlechtsreife Erdenreife	Rebellion Verachtung Magersucht
	Jugendalter 14–18		Orientierung an Vorbildern, Idolen – Idealen Urteilsreife Selbständigkeit	Zweifel, Unselbständigkeit, Abhängigkeit Sucht Magersucht Hebephrenie

↑
VITA ACTIVA
↓

	Lebensphase		*Psychische Entwicklung*	*Psychische Krise*
Streben + Entwicklung + Gestaltung	Erlebnisalter 18–28	Gestaltung	Ideal-Begeisterungskraft Bedürfnisse – Wünsche – Ziele Empfindungsseele	Ängste, Phobien Ziellosigkeit Depression Bulimie, Sucht Schizophrenie
	Schaffensalter 28–40	Gelebtes Leben	Entscheidungs- und Tatkraft, Tragekraft Verstandesseele Lebensmitte	Entwicklungskrise Beziehungskrisen Orientierungskrise Depression
	Gestaltungsalter ca. 40–50		Führungs- und Gestaltungskraft soziale Urteilskraft Bewußtseinsseele	Gestaltungskrise Orientierungskrise Sinnkrise Depression

Lebensphase		*Psychische Entwicklung*	*Psychische Krise*
↑ VITA CONTEMPLATIVA ↓			
Reifungsalter ca. 50–60 …	Ungelebtes Leben zeigt Folgenlosigkeit	neuer Idealismus neue Empfindungsfähigkeit seelische Tüchtigkeit, Kraft Verwandlung des Gefühlslebens	fehlende Ideale »Hirngespinste«; vom alten Gefühlsleben beherrscht; Reifungskrisen (bei Frau und Mann sehr unterschiedlich!) Depressionen
Erfüllungsalter ca. 60–70 …		gesteigerte Überzeugungskraft, erweiterte Gesichtspunkte, Überblick »Altersweisheit«	vorzeitiges Nachlassen, Versiegen der seelischen Kräfte Alterswahn
Das Alter der Vollendung und Verwandlung ca. ab 70 …	Unerfülltes Leben	innere Gelassenheit innere Gerichtetheit Vorbild durch das So-Sein (nicht durch Wissen oder Handeln)	Unruhe Desorientierung Altersverwirrtheit

Vollendung + Rückverwandlung

Biographie und Krankheit

Die Biographie eines Menschen schließt Gesundsein und Kranksein mit ein. Biographie ist aber mehr als Krankengeschichte: Es ist die Lebensgeschichte als Ganzes. Sie vollzieht sich, wie wir im vorigen Kapitel gesehen haben, als ein Entwicklungsweg, der mit der leiblichen Entwicklung beginnt, in die seelische übergeht und schließlich in die geistige einmündet. Der Tod als Ende einer irdischen Biographie ist dabei als Wandlungsschritt des Bewußtseins von einem leibgebundenen irdischen Bewußtsein zu einem leibfreien geistigen Bewußtsein zu verstehen.

Jeder dieser drei großen Entwicklungsabschnitte im Menschenleben ist wiederum von einzelnen Entwicklungsphasen geprägt, die jeweils ihren eigenen Charakter haben, der zuweilen so stark sein kann, daß die nächstfolgende Entwicklungsphase mit ihrem eigenen Wesen gar nicht Fuß fassen kann. Auf diese Weise würde eine »konservative Krise« entstehen. Umgekehrt bildet sich die »progressive Krise« heraus, wenn der Charakter eines kommenden Entwicklungsschrittes sich mit Macht ankündigt und dabei das Wesen der noch bestehenden Phase zurückdrängt (s. S. 113 ff.).

Die mittlere Entwicklungskrise, die auch als »Vakuumkrise« bezeichnet werden könnte, ist demgegenüber durch eine Schwäche, ein Versiegen oder Nachlassen der Kräfte der zu Ende gehenden Entwicklungszeit und eine noch nicht tragfähige Kraft des neuen Entwicklungsabschnitts gekennzeichnet. So entsteht das Vakuum; Das Alte trägt nicht mehr und das Neue noch nicht.

In solchen Zeiten des Phasenwechsels treten, wie dargestellt wurde, bevorzugt Krisen oder Krankheiten auf.

Während der leiblichen Entwicklung im ersten Lebensdrittel sind solche Phasenwechsel noch relativ gut mit bestimmten Altersschritten korreliert. Später nicht mehr.

Natürlich können auch zwischenzeitlich durch besondere Einflüsse oder Erlebnisse Krisen oder Krankheiten entstehen. Dazu gehören auch gesetzmäßige innere Entwicklungsrhythmen.

So gehören in die Kleinkindzeit des ersten Lebensjahrsiebts vor allem die typischen Kinderkrankheiten, die ihrem Wesen nach akut entzündliche Erkrankungen sind und mit Fieber und zumeist auch mit charakteristischen Hauterscheinungen einhergehen. Diese Krankheiten, die alle ansteckend sind und normalerweise eine lebenslange Immunität hinterlassen, können bei den miterlebenden Eltern den Eindruck erwecken, als müßten die Kinder von innen nach außen etwas »durchkochen« und umgestalten. So entgeht dem aufmerksamen Beobachter nicht, daß nach jeder überstandenen Kinderkrankheit beim Kind ein deutlicher Entwicklungsschritt zu bemerken ist.

Andererseits gibt es auch das Phänomen, daß eine Kinderkrankheit »nach innen schlägt«, wie der Volksmund sagt, womit bestimmte Komplikationsneigungen von Kinderkrankheiten gemeint sind. Sie betreffen in vielen Fällen das Gehirn oder die Sinnesorgane und bergen somit die Gefahr einer Entwicklungsbehinderung.

In einem solchen Krankheitsgeschehen zeigt sich der im vorigen Kapitel erwähnte Zusammenhang des ersten Jahrsiebts mit der Entwicklung und Reifung des Zentralnervensystems.

Die psychomotorische Entwicklung in den ersten Lebensjahren hängt von der Entwicklung des Gehirns ab. Entsprechend zeigen sich Schädigungen, die vor, während oder bald nach der Geburt eingetreten sind, häufig in einer Störung der psychomotorischen Entwicklung der ersten Lebensjahre.

Auch die verschiedenen Formen der kindlichen Petit-mal-Epilepsien spiegeln in ihren drei phänomenologischen Ausgestaltungen innerhalb des Vorschul- und Schulalters die psychischen und motorischen Entwicklungsgesetzmäßigkeiten des Kindes wider: die sogenannten BNS-Anfälle mit kurzen motorischen Störungen, meist aus dem Schlaf heraus, im Kleinkindesalter – die Absencen als kurzdauernde Bewußtlosigkeiten im ersten Schulalter und die Impulsiv-Petit-mal-Anfälle mit plötzlicher motorischer Schwäche und gelegentlichem Hinstürzen ohne Bewußtseinsverlust in der zweiten Hälfte des zweiten Jahrsiebts.

Normalerweise ist das zweite Lebensjahrsiebt in körperlicher Hinsicht ein relativ gesundes Lebensalter. Schwerwiegende Organerkrankungen treten in diesem Lebensalter kaum auf. Die häufigsten Beschwerden sind funktioneller Natur, meist von wechselnder Lokalisation. Dazu gehören sowohl die Nabelkoliken wie das diffuse Bauchweh des Schulkindes.

Aus psychiatrischer Sicht sind für das erste Lebensjahrsiebt Entwicklungsstörungen und Verhaltensstörungen im Sinne minimaler zerebraler Dysfunktionen zu nennen, vor allem in der Erscheinungsform der hypermotorischen Kinder. Ein ganz wesentliches psychiatrisches Krankheitsbild ist in dieser Zeit der frühkindliche Autismus.

Als kindliche Verhaltensstörungen oder kindliche Neurosen kennen wir vor allem Angstzustände und Phobien sowie die kindliche Hysterie. Von den Verhaltensstörungen sollen nur einige erwähnt werden: aggressives und autoaggressives Verhalten, Nägelkauen, Einnässen und Einkoten, Schlafstörungen, Ernährungsstörungen und Sprachstörungen.

Als eine schwere seelische Erkrankung im Kindes- und Jugendalter erweisen sich schließlich die depressiven Erscheinungsbilder aus verschiedenen Ursachen.

Psychosen im Kindesalter unterscheiden sich entsprechend der seelischen Entwicklung in diesem Lebensalter sehr von den Psychosen des erwachsenen Menschen. Neben einer dazu zählenden Form der depressiven Erkrankung wurde als eine der schwersten kindlichen Psychosen der Autismus bereits genannt.

Verhaltensstörungen, neurotische und psychotische Erkrankungen im. Kindes- und Jugendalter sollten von Eltern und Erziehern nicht bagatellisiert werden, denn in dieser Zeit werden die Grundlagen der späteren Lebensbewältigungsmöglichkeiten gelegt. Deshalb sollten Kinder und Jugendliche mit seelischen Auffälligkeiten oder mit dem Verdacht auf seelische Erkrankungen unbedingt in kinderpsychiatrische oder psychotherapeutische Behandlung kommen.

Mit der beginnenden Pubertät gegen Ende des zweiten Jahrsiebts und im Übergang in das dritte Jahrsiebt treten für den Psychiater drei große Problembereiche dieses Altersabschnitts in den Vordergrund:

1. die Pubertätskrise als Ausdruck einer krisenhaften Entwicklung des neu erwachenden, aus dem Leib aufsteigenden Seelen-Erlebens;
2. die jugendliche Schizophrenie (Hebephrenie) als Ausdruck einer im Vergleich zur Pubertätskrise nicht nur vorübergehenden, sondern in der Zeitgestalt der Lebensgeschichte sich deutlich einprägenden seelischen Entwicklungsstörung (vgl. S. 330), wobei an der Symptomatik der jugendlichen Schizophrenie deutlich wird, daß die Grundlage dieser krankhaften Seelenerscheinungen im leiblichen Leben und dessen gestörter Metamorphose zum Seelenleben liegt;
3. die Pubertätsmagersucht (Anorexia nervosa) als Ausdruck einer schweren Entwicklungsstörung des Seelenleibes auf seinem Entwicklungsweg, die physische Leibesorganisation über Atmung, Zirkulation, Muskulatur, Gliedmaßen, Stoffwechsel und Geschlechtsorgane zu ergreifen und zu ihrer physiologischen Reife zu führen.

An dieser Stelle soll ein kurzes literarisches Beispiel über eine Pubertätskrise folgen, während die beiden anderen großen Krankheitsbilder in eigenen Kapiteln besprochen werden (S. 234).

»Abreise. Meine Seele zittert vor Lust bei dem Gedanken an alles, was sie nun bald empfinden wird. Vor meinen Augen streift die Sonne der Provence vorbei, die schönen braunen Mädchen, die hellen und kühnen Männer und die dunklen Himmel des Nordens und der Schnee und die ewige Traurigkeit. Alles das werde

> ich erleben und muß nur die Saite in mir zum Erzittern bringen, die jeder Mensch in sich trägt, und werde glücklich sein, wenn dies möglich ist. Leb wohl, du altes Haus! Lebt wohl, meine Eltern! Niemand wird verstehen, warum ich fortgegangen bin, niemand wird die Empfindungen ahnen, die mich fortgetrieben haben. Zwei Tage noch, und wie der Vogel auf seinem ersten Flug reise ich dahin zu den fernen Ländern, zu neuen Gefühlen und in das Abenteuerliche hinein.«

Diese Aufzeichnungen stammen von einem vierzehneinhalbjährigen Jungen, der sich Pierre Bonchamps nannte und unter diesem Namen nur fünf Tage gelebt hat, bis er auf mysteriöse und nie endgültig geklärte Weise durch einen Schuß in einem Pariser Taxi ums Leben kam.

Er verfaßte diese Zeilen am Abend vor seiner Flucht aus dem Elternhaus seiner angesehenen Familie in Paris. Er wollte ausbrechen, nahm sich unerlaubt elterliches Geld und fuhr heimlich mit dem Zug von Paris nach Le Havre. Dort mietete er sich unter einem falschen Namen in ein kleines Hotel ein und versuchte, mit einem Schiff nach Kanada zu kommen. Dies mißlang, weil er nicht genügend Geld hatte und nicht mutig genug war, es als blinder Passagier zu versuchen. Er schrieb im Hotel einen Abschiedsbrief an seine Eltern, verschenkte sein spärliches Hab und Gut an den Hoteldiener und das Zimmermädchen und verließ Le Havre wieder im Zug Richtung Paris. Dort bot er sich einer anarchistischen Untergrundgruppe als Attentäter an: Er wollte für die Anarchisten den damaligen Präsidenten Poincaré oder den Royalistenführer Léon Daudet, seinen eigenen Vater, ermorden. So tief wirkten Haß und Wut in diesem verwirrten Jugendlichen gegen seinen Vater, der, während der Tage der Abwesenheit seines Sohnes, als Herausgeber einer großen Pariser Tageszeitung folgende Bemerkung in seiner Zeitung veröffentlichen ließ, die einzig und allein an seinen Sohn gerichtet war: »An einen unserer Korrespondenten im Süden: Ich rate Ihnen die sofortige Rückkehr, das ist das Einfachste. L.D.« Nichts weiter hatte die Familie unternommen, ihren vermißten vierzehnjährigen Sohn aufzufinden oder überhaupt herauszufinden, was geschehen war.

Jener Vater war übrigens Arzt und Psychologe, Schüler des berühmten Professors Charcot, bei dem auch Freud gelernt hatte. Er ahnte nichts von den Seelennöten seines auf der Suche nach seiner erwachenden Identität verwirrten und verirrten Sohnes, bis es dann zu spät war und sich die Aufzeichnungen des Jungen mit den Worten »niemand wird die Empfindungen ahnen, die mich weggetrieben haben...« auf tragische Weise erfüllt hatten.[28]

Für die Entwicklungsphase nach der Pubertät bis zur Mündigkeit und Urteilsreife ist neben der Pubertätsmagersucht, die ja in dieser Zeit manifest und erkennbar wird, vor allem auch die Gefahr der Drogenabhängigkeit gegeben. Und schließlich, im Erstmanifestationsalter immer einige Jahre später als die Anorexie, ihr Gegenbild: die Bulimie (s. auch S. 246).

Damit haben wir die zwanziger Jahre erreicht, das Zeitalter der Empfindungsseele.

Wird die Fähigkeit dieses Lebensabschnitts, die sich in unmittelbarem Erleben- und Empfindenkönnen und dem Wollen und Handeln daraus äußert, selber zur Frage und von Zweifeln, Befürchtungen und Ängsten gestört, so können schwerwiegende seelische Krankheitsbilder auftreten: einerseits die ersten neurotischen Erkrankungen des Erwachsenenalters, typischerweise Phobien und Zwangserkrankungen, dann aber auch neurotische Depressionen und im Vergleich zu den Phobien unspezifischere Angstzustände; darüber hinaus schizoide neurotische Entwicklungen und vor allem die bereits erwähnte Jugendform der Schizophrenie: die Hebephrenie.

Diese psychiatrischen Erkrankungen lassen sich als Ausdruck einer verirrten Seelenfrage verstehen: Anstelle der gesunden Frage dieses Lebensabschnitts: »Wie erlebe ich die Welt?« – werden zweifelnde Fragen bedrängend: »Was erlebe ich eigentlich an der Welt, in der Welt, an Menschen, an Begegnungen, an Wahrnehmungen...? – Hält mich das, was ich da erlebe – oder muß ich den Halt in mir haben? Kann ich Vertrauen haben in die wahrgenommene Welt? Woher kann ich das Vertrauen nehmen, wenn ich es nicht habe?«

In der Entstehung dieser Neuroseformen zeigt sich ein Zusammenhang zum ersten Lebensabschnitt, in dem das Urvertrauen hätte angelegt werden sollen. Störungen in der Vertrauensbildung im ersten Lebensjahrsiebt können sich in den zwanziger Jahren in diesen genannten Neuroseformen zeigen (vgl. dazu S. 340ff.).

An körperlichen Erkrankungen in dieser Lebenszeit des frühen Erwachsenenalters sind heute vor allem Virusinfekte zu erwähnen. Die Hepatitis (Leberinfektion) nimmt dabei eine besondere Rolle ein; dann seit einigen Jahren die AIDS-Erkrankung. Als nichtinfektiöse Organerkrankung beginnt in diesem Lebensabschnitt der juvenile Diabetes. Schließlich sollen auch die Sportunfälle nicht unerwähnt bleiben.

Damit können wir auch gleich zum nächsten Lebensabschnitt übergehen: der Epoche der Verstandesseele mit der thematischen Lebensfrage: »Wie verstehe ich die Welt? Welche Gesetze kann ich erkennen? Was ist richtig – was falsch?«

Werden diese Lebensfragen durch Unsicherheit zum Problem, dann taucht in der Seele plötzlich die zweifelnde Frage auf: »Verstehe ich überhaupt etwas? – Kann ich überhaupt etwas? Habe ich überhaupt etwas richtig gemacht? – Kann ich überhaupt unterscheiden, was richtig und was falsch ist?«

Aus der inneren wird äußere Unsicherheit, wird Unaufmerksamkeit, Nervosität, Fahrigkeit. So entstehen die häufigsten physischen »Krankheiten« dieses Lebensabschnitts: die Arbeits- und Verkehrsunfälle.

Im seelischen Bereich sind es entsprechend Probleme des Selbstgefühls und des Selbstwerterlebens, Versagensängste, Schuldgefühle und Beziehungskrisen, die im Vergleich zur vorigen Lebensphase jetzt einen etwas unversöhnlicheren Charakter bekommen können. Sie äußern sich in verschiedenen Formen der depressiven Erkrankungen, in deren Rahmen die geschilderten psychischen Symptome auftreten können. Eine spezielle Form der Depression in diesem Lebensalter ist auch die sogenannte Midlife-Crisis, die Krise der Lebensmitte.

Wir kennen noch einen weiteren typischen Lebenskrisenmoment: Es ist der Zeitpunkt, wenn wir unsere Bewußtseinsseele ausbilden sollen, die im Unterschied zu den vorigen Seelenstufen sich nicht mehr aus naturgegebener seelischer Mitgift entwickelt, sondern auch eigene bewußte Entwicklungsanstrengung von uns fordert. Hier liegen deshalb Gefahren und Irrungsmöglichkeiten an unserem Lebensweg.

»Als unseres Lebens Mitte ich erklommen,
befand ich mich in einem dunklen Wald,
da ich vom rechten Wege abgekommen.«

So beschreibt es Dante Alighieri im Beginn seiner »Divina Commedia«, die in urbildhaft-gleichnishafter Form die Menschenseele nach dem Tode im Jenseits durch »Inferno«, »Purgatorio« ins »Paradiso« führt; so daß er am Ende dieses Weges erleichtert und glücklich von sich berichten kann: »Dort schritten wir hinaus, zu schauen die Sterne.«

Diese Zeilen sollen als Bild für den Weg des Menschen durch die Krise der Bewußtseinsseele genommen werden, nach deren Durchschreiten neue Erkenntnisklarheit gewonnen werden kann.

Die Fragen dieser Lebenskrise lauten jetzt ungefähr: »Welches ist mein Weg? – Wo gehöre ich hin, wo ist mein Platz? – Gibt es eine Aufgabe für mich, welche ist es? – Worin liegt der Sinn meiner Existenz, meines Lebens, meiner Situation?«

Es ist die zentrale Sinn-Krise des Menschen. Sie kann sich in verschiedenen Erscheinungsformen äußern, von schweren Organerkrankungen, die in diesem Lebensalter typischerweise auftreten, wie Herz-Kreislauf-Erkrankungen (Angina pectoris, Herzinfarkt, beginnende Arteriosklerose), Krebserkrankungen, die ganz existentiell die Sinnfrage für den Menschen erlebbar werden lassen, bis zu den psychiatrischen Erscheinungsformen der Sinnkrise als Depression.

In den höheren Lebensaltern treten im Bereich der körperlichen Erkrankungen vorwiegend zwei große Krankheitsgruppen auf: erstens die arteriosklerotischen als wichtigste organische Alterserkrankungen. Die Gefäßsklerose ruft, je nachdem, an welchem Organ sie sich hauptsächlich manifestiert, unterschiedliche Krankheitsbilder hervor. Die häufigsten und schwerwiegendsten zeigen sich im Bereich des Herzens (Herzinfarkt), im Bereich des Gehirns (Zerebralsklerose, Hirninfarkt = Apoplex = Schlaganfall, hirnorganisches Psychosyndrom als psychiatrische Folge einer Zerebralsklerose, mehrerer kleiner Hirninfarkte oder einer Hirnatrophie (vgl. S. 382 ff.)) und im Bereich der Nieren (Nierensklerose). Zweitens die Krebserkrankungen. Darüber hinaus sei noch der Bluthochdruck erwähnt, einerseits häufig Folge einer Gefäßsklerose, andererseits Risikofaktor für ein Infarktgeschehen; dann noch das Lungenemphysem und schließlich das Nachlassen und Schwächerwerden der Sinnesorgane (vor allem, aber nicht nur, Sehsinn und Hörsinn).

Im Hinblick auf psychiatrische Erkrankungen kommen wir jetzt in den Bereich der Alterspsychiatrie. Hier zeigen sich drei große Krankheitsbilder, die im Zusammenhang mit den im vorigen Kapitel beschriebenen seelisch-geistigen Entwicklungsschritten des Menschen im höheren Lebensalter zu sehen sind.

Wurde die lebensgeschichtlich angemessene Arbeit an der Umwandlung des Empfindungslebens nicht genügend in Angriff genommen und konnte keine Führung und Vertiefung des Seelenlebens erreicht werden, so stürzt der alte Mensch in die Empfindung der Tiefe, der Schwere, der Einsamkeit und des Haltlosen hinab. Es ist das Bild der Altersdepression, was uns hier entgegentritt, als ein biographisches Mahnmal bisher versäumter, vielleicht aber noch nachholbarer Läuterungsarbeit am Empfindungs-Seelenleben (s. S. 384).

Das nächste alterspsychiatrische Phänomen, das uns häufig begegnet, ist der Alterswahn (Altersparanoid). Er kann allein oder im Zusammenhang mit einer Depression auftreten und ist thematisch meistens ein Bestehlungswahn, ein Verarmungswahn, ein Untergangswahn oder auch ein Krankheitswahn im Zusammenhang mit einem depressiven Erleben (s. S. 385).

Anstelle der im höheren Lebensalter in bester geistiger Gesundheit zu erwartenden Altersweisheit als Ausdruck der im Lebenslauf geordneten Gedanken und Verstandeskräfte tritt uns im Alterswahn fast eine Karikatur derselben entgegen. Es ist tatsächlich das seelische Wahrnehmen ungeordneter, sich in wechselnden Auflösungs- und Verdichtungsprozessen verlierender, abnehmender Lebens- und Gedankenbildekräfte.

Als schwerstes alterspsychiatrisches Erscheinungsbild kennen wir die heute immer mehr zunehmende Altersverwirrtheit. Sie kann, medizinisch gesehen, aus verschiedenen hirnorganischen Ursachen heraus entstehen. Im wesentlichen kommt eine zerebralsklerotische und eine primär hirnatrophische Ursache in Frage. Zu letzterer, die wieder in verschiedene Formen der Atrophien unterteilt werden kann, gehört auch die Alzheimersche Erkrankung (s. S. 388).

Die Erscheinungsbilder der Altersverwirrtheit sind vielgestaltig und schwierig. Sie machen Mitmenschen, Angehörige und Therapeuten auf verschiedenes aufmerksam: zum einen darauf, daß die Verwandlung der Kräfte des physischen Leibes nicht genügend bis in die Bewußtseinskräfte stattgefunden hat, so daß dem Kranken jetzt im Alter die Orientierungsfähigkeit des Bewußtseins schwindet und er sich in der physischen Welt nicht mehr zurechtfinden kann und selbst nur noch im physischen Zerfalls- und Auflösungsprozeß lebt. Andererseits können die Mitmenschen sich auch gerade darin üben, zu erkennen, daß diese schwindende Orientierungsfähigkeit und dieser schwindende Verstand bei weitem nicht alles ist, was den Menschen und seine Würde ausmacht.

Angesichts solcher Krankheitsbilder wie der Alzheimerschen Erkrankung als einer besonderen Form der Altersdemenzen ist es nötig, sich klarzumachen, welche Seelenqualitäten wir außer der Fähigkeit des Verstandes, der Orientierung und der Erinnerung noch haben und gerade jetzt noch pflegen können.

Das verweist auf den Bereich des Fühlens und Empfindens, auf die wortlose Möglichkeit, eine Stimmung, eine Atmosphäre entstehen zu lassen. Auf diese Weise können wir mit verwirrten Menschen eine Form der Beziehung, der Kommunikation, ja der Begegnung finden, die uns sogar auf einen menschlichen Zentralbereich hinweist: auf die Mitte der Seele selbst, auf das reine, gegenwärtige Gefühlsleben. So kann für die Mitmenschen im Umgang mit einem Alzheimer-Kranken der Aufruf gesehen werden, diese heute so vernachlässigte Mitte wieder zu suchen.

Indem das Leben gibt und nimmt
entstehen wir aus Geben und aus Nehmen:
ein Schwankendes, sich Wandelndes, ein Schemen
und doch in unserer Seele so bestimmt.

Hindurchzugehen durch dieses Sich-Verschieben
unangezweifelt, aufrecht, unbeirrt
von Tag zu Nacht, von Nacht zu Tag getrieben,
aus denen unaufhaltsam Leben wird
von unserm Leben, Blut von unserm Blut,
Lust von der unsern, Leid, das wir erkennen,
von dem wir uns auf einmal wieder trennen
weil unsre Seele, einsam, schon geruht
vorauszugehn...

Rainer Maria Rilke

II. Krankheitsbilder aus der Psychosomatik

Der Mensch ist der Horizont und die Grenze der geistigen und körperlichen Natur, und zwar derart, daß er, gleichsam die Mitte zwischen beiden, ebenso am Körperlichen wie am Geistigen Anteil hat.

Thomas von Aquin

Was heißt Psychosomatik?

Psychosomatik leitet sich von den beiden griechischen Begriffen Psyche = Seele und Soma = Leib ab und meint damit Zusammenhang von Seele und Leib bei körperlichen Erkrankungen. In dem Kapitel über Gesundsein und Kranksein (S. 25) wurde bereits ausgeführt, daß auch seelische Gesichtspunkte bezüglich der Entstehung und Behandlung von körperlichen Krankheiten zu berücksichtigen sind. So bezieht der Psychosomatiker bei Organerkrankungen und bei funktionellen körperlichen Erkrankungen psychische Faktoren in Ätiologie und Pathogenese mit ein. Für das therapeutische Handeln ergibt sich daraus, daß nicht nur physische Methoden (Operation, äußere Anwendungen, Medikamente), sondern auch psychische Behandlungsweisen angewandt werden.

Dieses Verständnis und dieses Bemühen in der Medizin, Seele und Leib im Kranksein des Menschen gleichermaßen zu berücksichtigen, ist wohl so alt wie die Medizin selbst. So berichtet Platon (4. Jhdt. v. Chr.) aus einem Dialog mit Sokrates, daß ein erkranktes Organ nicht ohne den ganzen Leib und dieser nicht ohne Mitbehandlung der Seele geheilt werden könne. Und weil immer wieder versucht werde, ein Organ isoliert zu behandeln und den Leib unabhängig von der Seele heilen zu wollen, würden die Ärzte so vieler Krankheiten nicht Herr werden können. Man müsse das Ganze in Betracht ziehen, wenn man eine Krankheit heilen wolle (s. S. 69). Im folgenden sollen vom Gesichtspunkt einer anthroposophisch orientierten psychosomatischen Medizin Krankheitsbilder dargestellt werden, die in dem individuellen Prozeß des Krankwerdens typische, das heißt überindividuelle Faktoren aufweisen.

Von der Physiologie zur Psychologie der Organe

Einer der wichtigsten Ansatzpunkte der anthroposophisch erweiterten Medizin ist die Erkenntnis, daß der Mensch in seinem ganzen Leib beseelt ist und daß nicht nur das Nervensystem ein Vermittler zwischen Seelischem und Leiblichem ist, wie das ältere medizinische Anschauungen noch geglaubt haben.

Das Seelenleben gliedert sich mit seinen drei Fähigkeitsbereichen – dem Denken (Kognition), dem Fühlen (Emotion) und dem Wollen (Motivation, Antrieb) – in die drei Organsystembereiche des Sinnes-Nervensystems, des rhythmischen Systems von Atmung und Zirkulation und des Stoffwechsel- und Gliedmaßensystems.

Diese Dreigliederung ist unter psychologischen Gesichtspunkten jedoch gewissermaßen nur ein Entwurf, ein Konzept. Die differenzierte »Reinschrift« des Leibes- und Seelenlebens entsteht durch spezifische Qualitäten der inneren Organe, insbesondere von Herz, Lunge, Leber und Niere, und deren Ausstrahlungen auf das Seelenleben.

Es ist hilfreich, sich dieses Geschehen konkret wie einen Spiegelungs- oder Projektionsvorgang vorzustellen: Erlebnisse werden nicht nur durch die Sinnesorgane wahrgenommen, sie werden anschließend auch durch die inneren Organe »psychisch verdaut«. Und nach diesem – selbstverständlich unbewußten – »Verdauungsvorgang« wird gewissermaßen der übrigbleibende Extrakt, dasjenige was auch in die Erinnerung übergeht, von den inneren Organen in das bewußte Seelenleben reflektiert, das heißt ins Bewußtsein projiziert.

In unserem Bewußtsein erscheint also gar nicht der reine objektive Wahrnehmungsgegenstand, sondern immer das durch die unbewußte Mitwirkung der inneren Organe projizierte Spiegelbild.

Diese Spiegelbilder können sehr exakt sein, so daß man sich gut und sicher darauf verlassen kann. Sie können aber auch hin und wieder – und zwar ohne daß es mir bewußt ist – Trübungen, Verzerrungen oder blinde Flecke aufweisen (vergl. S. 49 u. 340 ff.).

Durch diese Projektionen wird das Seelenleben erst farbig, lebendig und bewegt.

Blieben wir bei einer Beschreibung des Seelenlebens nur nach Denken, Fühlen und Wollen, so wäre das ungefähr so, wie wenn wir ein Bild von Cézanne oder Macke nur nach seinen Formen beschreiben würden und die Farben dabei außer acht ließen, so, als wären sie unwichtig, als käme es auf sie nicht an.

Die Farbigkeit, Lebendigkeit, Beweglichkeit und Veränderlichkeit des seelischen Erlebens und Verhaltens, des Denkens, Fühlens und Wollens kommt wesentlich aus dem Leben der inneren Organe, insbesondere aus den vier Hauptorgansystemen Herz, Lunge, Leber und Niere.

So können wir bei Menschen, deren Seelenleben entweder zeitweilig, z. B. im Rahmen einer Organerkrankung, oder anlagemäßig, mehr oder weniger bestimmend von der *Leber* »belebt«, gefärbt, geprägt ist, eine Empfindsamkeit und dementsprechend eine gewisse Abhängigkeit von der eigenen psychischen Gestimmtheit beobachten. Häufig ist die Gestimmtheit infolge der Empfindsamkeit (»es ist einem eine Laus über die Leber gelaufen«) verletzt, gedrückt, betroffen, schwer. Dazu kommt dann noch eine Neigung zum Nachhängen an vergangene Erlebnisse, insbesondere negative Erlebnisse und Erinnerungen, eine Tendenz, nachtragend zu sein, verbunden mit der Gewohnheit, alles etwas schwerer zu nehmen, nichts auf die leichte Schulter nehmen zu können. Genauigkeit, Ordentlichkeit und Zuverlässigkeit sind damit zusammenhängende Eigenschaften. An Willenshaftigkeit, Entschlußkraft, Entscheidungsvermögen sind Beeinträchtigungen oft im Sinne von Schwächung, Hemmung bis zu Willenslähmung zu beobachten.

Anders erscheinen die psychischen Spiegelungen aus dem *Nierensystem:* Alles stark Gefühlsmäßige, alles Emotionale, Affektive, das mit Erregung, mit innerer, sogenannter nervöser Unruhe zusammenhängt, z.B. oft einhergehend mit ängstlichen, hypochondrischen oder depressiven, d.h. mit verschiedenen neurotischen Zuständen, besonders aber mit allen Erregungszuständen, gleich welcher temperaments- oder stimmungsmäßigen Färbung, also sowohl überschwenglich, freudig, emotional erregt, angstvoll geplagt, furchtsam unruhig, innerlich gejagt, als auch depressiv, verzweifelt, agitiert oder triebhaft unbeherrscht. Ebenso gehören auch die dazu polaren psychischen Zustände von Erstarrung, Verkrampfung, Stupor zu der von der Niere ausgehenden Psychopathologie dazu. Das Heftige, Emotionale, Triebhafte und Unbeherrschte ist Ausdruck des Nierensystems im Seelischen. Im Krankheitsfall sind es dann oft die unterdrückten Emotionen, die gestaute Energie unerfüllter, triebhafter Bedürfnisse, die schließlich zu Aggressionen und Ausbrüchen führen können.

Eine Prägung des Seelenlebens vom *Lungensystem* aus zeigt sich oft in einer polaren, d.h. entgegengesetzten Tendenz: Zum einen kann man etwas stark Zwingendes, Zwanghaftes, seelisch Verhärtendes, Unflexibles, Starres im Verhalten solcher Menschen, gerade auch bei chronisch-organisch lungenkranken Patienten, beobachten. Zum andern zeigen die gleichen Menschen in ihrem innerseelischen Erleben, in Gefühlen, Wünschen, Sehnsüchten, Hoffnungen, Plänen und Phantasien eine ganz besondere Neigung zum Illusionären, zum Phantastischen. Eine – noch zu schreibende – Literaturgeschichte lungenkranker Dichter (von Novalis, F.Kafka, Chr.Morgenstern, Klabund, M.Gorki, P.Valéry, M.Proust, A.Gide, A.Camus bis zu Th.Bernhard) würde dies auf das überzeugendste darstellen können.

Angst, Zwanghaftigkeit und illusionäre Phantasieflüchtigkeit, Anlehnungsbedürfnis und Selbstbehauptung sind die auffallenden psychischen Qualitäten bei »Lungenmenschen«, insbesondere bei chronisch Lungenkranken.

Wirkt die Kraft des Herzens prägend im Seelenleben, so offenbart sich die physiologische Polarität von Diastole und Systole, von Ausdehnen und Zusammenziehen, von Aufnehmen und Verströmenlassen des Blutes auch seelisch. Die Spannweite der seelischen Herzqualitäten reicht von stärkster Lebensfreude bis zu schwersten Schuldgefühlen und Gewissensbissen; von großer Leistungsfähigkeit und Durchhaltekraft bis zu erschrecktem Verzagen und beherrschender, lähmender Angst, von herzhaftem, zukunftsorientiertem Mut bis zu hoffnungsloser Verzweiflung und Selbstmordgedanken. Im psychiatrischen Extremfall reicht die Polarität des Herzens von der Manie (Tobsucht) bis zur Depression.

Die vier genannten Organe – Herz, Lunge, Leber und Nieren – stehen natürlich mit anderen Organsystemen im Zusammenhang. So sind Blut und Blutgefäße mit dem Herzen als das Herz-Kreislauf-System zu sehen.

Zur Lunge gehört das ganze Atmungssystem mit den Atemwegen und der dadurch erfolgende Gasaustausch.

Zur Leber ist im Sinne des hepato-linealen Systems auch die Milz hinzuzuziehen.

Und mit den Nieren sind als Urogenitalsystem auch die Geschlechtsorgane einbezogen.

Im Verdauungssystem beobachten wir mit fließenden Übergängen ein Zusammenspiel von kognitiven, emotionalen und motivationalen Elementen, in die, abschwächend oder verstärkend in der einen oder anderen Richtung, die Qualitäten der oben genannten vier Organsysteme variierend und differenzierend hineinwirken. Dabei ist eine Betonung des »halbbewußten« emotionalen Elements deutlich zu sehen.

Im Nervensystem steht eine Konzentration der Denk-, Gefühls- und Willensqualitäten unter der klaren Dominanz des wachbewußten Erkenntnisstrebens im Vordergrund.

Im Bereich der Bewegungsorgane sehen wir wieder in anderer Weise eine Mischung aus kognitiven, emotionalen und antriebshaften Elementen unter der Vorherrschaft von Motivation und Kraft.

Der nicht eigens angesprochene Bereich der Drüsenorgane gehört zum rhythmischen System; im einzelnen sind die Drüsen allerdings stark geprägt von ihrer anatomischen Lokalisation und der physiologischen Funktion der einzelnen Organe. So hat die Schilddrüse zum Beispiel eine besondere Beziehung zum kognitiven Element und damit zum Nerven-Sinnessystem, die Bauchspeicheldrüse mit ihrem exokrinen Anteil eine Beziehung zum mehr »emotionalen« Verdauungssystem und mit dem endokrinen (Insulin produzierenden) Teil mehr zum »willenshaften« Stoffwechselsystem. Dabei wirkt in allen Drüsen immer eine gewisse Vorherrschaft des rhythmischen Systems, das heißt gefühlsmäßig-emotionale Zusammenhänge schwingen dabei stark mit.

Die leiblich-seelischen und die seelisch-leiblichen Zusammenhänge dieser genannten Organsysteme werden in den folgenden Kapiteln am Beispiel einzelner Krankheitsbilder deutlich gemacht.

Psychosomatische Gesichtspunkte zu Gehirn und Kopfschmerz

Denken ist keine körperliche, sondern eine seelisch-geistige Anstrengung. Wir brauchen dazu nicht unsere Muskeln, sondern unser Gehirn. Dieses dient dem Denken und dem Bewußtsein dadurch, daß es zum Beispiel auf seine Vitalität, seine Regenerationskraft, seine Beweglichkeit und sein Wachstum verzichtet. Das heißt, daß diejenigen Kräfte im Menschen, die Wachstum, Lebendigkeit und Beweglichkeit bewirken, sich im Bereich des Gehirns nicht organisch, sondern sozusagen leibfrei betätigen. Dadurch ermöglichen sie das Denken.

Um dies zu belegen, sei auf folgendes Forschungsergebnis hingewiesen. Durch Computerberechnungen kamen amerikanische Neurophysiologen auf eine Zahl von ungefähr 100 Milliarden Nervenzellen, die sich in dem eng begrenzten Raum unter der Schädeldecke zusammenballen. Da sich von dem Moment der Geburt an tatsächlich keine einzige neue Nervenzelle im Gehirn mehr bilden kann, müssen alle 100 Milliarden Nervenzellen während der neunmonatigen Schwangerschaftszeit gebildet worden sein. Wenn man dieses nun statistisch ausrechnet, so kommt heraus, daß in jeder Minute während der gesamten Schwangerschaftszeit mehr als 250.000 Nervenzellen entstehen müssen. Es ist ein wahres Feuerwerk an Leben und Zellentstehung, das in einem Moment, mit der Geburt, jäh abbricht und endet. Es ist der totale Verlust aller Vitalität, Teilungsfähigkeit und Regenerationsfähigkeit der Nervenzellen des Gehirns. Es kommt nur noch zu einer geringen Volumenzunahme der Gehirnzellen während der ersten Lebensjahre und zu einer funktionellen Ausreifung der Nervenzellen bis zum zehnten Lebensjahr. Dann ist – physiologisch gesehen – das Gehirn ausgereift.[29]

Dieses Herauslösen der vitalen Lebensbildekräfte aus dem Gehirn mit einschneidenden physiologischen Folgen für dieses Organ, und damit für den Menschen, bedeutet psychologisch gesehen die Wandlung (Metamorphose) der Organbilde- oder Wachstumskräfte in Gedankenkräfte, die mit der Schulreife beginnt und das ganze Leben andauert.

Der Verlust von Beweglichkeit und Eigenwahrnehmung (das Gehirn schwimmt ja bekanntlich regungslos und ohne jede Empfindung im Gehirnwasser) hat auf der psychischen Ebene den Gewinn des Wachbewußtseins, des Weltbewußtseins zur Folge.

Das Ich kann das Gehirn für das Denken und für seine ideelle, erkennbare Beziehung zur Welt benutzen.

Auf der körperlichen Ebene hat diese Tatsache die logische Folge, daß die Nervenzellen vom Augenblick der Geburt an einem Todesprozeß unterworfen sind (vgl. S. 34). Die Blut- und Sauerstoffzufuhr und der intensive Stoffwechsel im Gehirn sprechen nicht für dessen Vitalität, sondern sind im Gegenteil Anzeichen dafür, daß es ohne diese »intensive Therapie«, die ihm Sauerstoff und Nährstoffe zuführt, gar nicht überleben könnte. Eine kurze Unterbrechung zeigt bei den Gehirnzellen schon katastrophale Folgen, nämlich irreversiblen Zelluntergang, während die gleiche Unterbrechung an anderen Organen leicht durch deren Regenerationskräfte wieder ausgeglichen werden kann.

Ein Organ wie das Gehirn, das selbst keine Lebenskräfte besitzt, das eine »Intensivtherapie« braucht, um nicht vorzeitig zugrundezugehen, ist von Zerfall und Untergang, von Atrophie und Degeneration, von Erstarrung und Tod geprägt.

Insofern verwundert es nicht, wenn wir bei den Krankheitsbildern des Gehirns immer wieder auf diese Urphänomene treffen.[30]

Hier soll zunächst von einer zwar harmloseren, aber unangenehmen und belastenden und sehr häufig vorkommenden Erkrankungssituation gesprochen werden, für die es offensichtliche psychosomatische Gesichtspunkte gibt: die Kopfschmerzen.

Wir wollen dabei drei Arten unterscheiden: den Spannungskopfschmerz, den vasomotorischen Kopfschmerz und die Migräne.

Der Kopfschmerz

Eins sei gleich vorweggenommen: den typischen Kopfschmerzpatienten gibt es nicht. Kopfschmerzen können bei jedem Menschen auftreten und die unterschiedlichsten Ursachen haben. 65 % der Bevölkerung leiden gelegentlich an Kopfschmerzen. 30% haben gelegentlich bis häufig Kopfschmerzen. Und 5 % der Männer und 15 % der Frauen leiden unter wiederkehrenden Migräneattacken.

Obwohl ein scheinbar einfaches und überschaubares Krankheitsgeschehen, sind Kopfschmerzen doch, insbesondere die Migräne, in ihrer pathophysiologischen Entstehung sehr kompliziert und vor allem nicht auf eine einzelne Ursache zurückzuführen, sondern eigentlich immer multifaktoriell bedingt. Dabei kann natürlich ein konstitutioneller Faktor eine mehr oder weniger große Rolle spielen.

Je häufiger ein Mensch unter Kopfschmerzen, sei es Migräne oder eine andere Art von Kopfschmerzen, leidet, um so wahrscheinlicher ist die Bedeutung des konstitutionellen Faktors. Die Neurologen Dichgans und Diener von der Universität Tübingen stellen sogar fest, daß die Migräne, die viele Menschen über weite Strecken ihres Lebens begleitet, »zwischen Konstitutionsmerkmal und Krankheit« anzusiedeln sei.[31] Und sie schreiben weiter, dies bestärkend und noch ergänzend, daß es »wahrscheinlich keine einheitliche, sondern eine individualtypische Pathophysiologie der Migräne gibt«. Das heißt, daß von verschiedenen Menschen, die alle den gleichen potentiell migräneauslösenden klimatischen, ernährungsbedingten oder psychosozialen Streßfaktoren ausgesetzt sind, nur einzelne tatsächlich an einer Migräneattacke erkranken, während andere davon verschont bleiben. Anders herum aber auch, daß ein zu Migräne neigender Mensch nicht nur durch eine, sondern durch verschiedene auslösende Faktoren eine Migräneattacke bekommen kann.

Bevor wir uns zunächst den äußeren, dann den inneren Faktoren zuwenden, muß bezüglich dieses häufigen Krankheitssymptoms noch eine Vorbemerkung gemacht werden. Kopfschmerzen können als Symptom bei internistischen Krankheitsbildern vorkommen (z.B. Blutdruckschwankungen), bei neurologischen Erkrankungen (Gehirnerschütterung, Gehirncontusion, Meningitis, Encephalitis, bei Hirntumoren und bei Durchblutungsstörungen des Gehirns), bei psychiatrischen Erkrankungen (sehr häufig bei allen Formen von Depressionen, aber auch bei seltenen Formen einer schizophrenen Psychose) sowie, und das ist jetzt die größte Gruppe, als funktionelles, psychosomatisches Geschehen ohne eine andere organische oder psychische Ursache. Statistische Untersuchungen nennen die Zahl von 10% aller Kopfschmerzpatienten, bei denen eine organische Ursache gefunden wurde – und 90% aller Kopfschmerzpatienten, bei denen dies nicht der Fall war.

Der vasomotorische Kopfschmerz

Der vasomotorische Kopfschmerz ist das gewöhnliche Kopfweh. Bei ihm liegt nicht, wie bei der Migräne, eine Blut- und Stoffwechselbetonung im Gehirn vor; er ist auch nicht, wie der Spannungskopfschmerz, Folge muskulärer Verkrampfung im Nackenbereich; sondern er ist im Grunde die Folge des Versagens des rhythmischen Ausgleichs zwischen Anspannung und Entspannung, wodurch es zu einer psycho-somatischen Verspannung kommt.

Der vasomotorische Kopfschmerz ist die häufigste Form chronischen Kopfwehs. Er ist ein diffuser Schmerz, gelegentlich mit Hauptpunkt über Stirn, Schläfe oder Scheitel; meist von dumpfem, gelegentlich auch von pulsierendem Charakter. Der Schmerz nimmt beim Bücken und Pressen zu. Er beginnt meist schon morgens. In der Regel liegen keine weiteren vegetativen Begleitsymptome vor. Aber es kann Übergänge zur Migräne geben. Auslösend wirken in erster Linie psychische Spannungen und Belastungen, Schlafmangel, Wetterwechsel und Alkoholabusus. Durch diese angedeuteten Faktoren kann es, bei einer entsprechenden gedanklich- und leistungsbetonten individuellen Konstitution, zum Versagen des rhythmischen Ausgleichs zwischen Anspannung und Entspannung kommen und sich eine fortgesetzte Anspannung bis zur Verspannung im vasulären Bereich steigern. Häufig findet man deshalb auch blutdruckabhängige Schwankungen sowie, ebenfalls als Ausdruck eines gestörten rhythmischen Prozesses, häufig eine Obstipation (Verstopfung), gelegentlich sogar die Neigung zu tetanieformen Gefäßkrämpfen.

Diese Symptome sind alle Ausdruck einer vorherrschenden Tendenz zum Festhalten und Fixieren, wie es dem intellektuellen und rationalen Zentralnervensystem entspricht und sich pathogenetisch innerhalb des rhythmischen Systems, der Blutgefäße (Blutdruck) und der rhythmischen Darmperistaltik zeigt.

Entsprechend bieten sich als therapeutische Hilfen rhythmische Bewegungsübungen, Entspannungsübungen, Hilfe bei Problemlösungen, diätetische Maßnahmen und anthroposophische Medikamente an.

Die Migräne

Die typische Migräneattacke beginnt in den frühen Morgenstunden, oft sogar aus dem Schlaf heraus. Sie dauert meist einen Tag und endet wieder im Schlaf. Klassischerweise ist der Migränekopfschmerz halbseitig (daher hemicranie und durch Lautverschiebung entstanden unser Wort Migräne). Im Laufe einer Attacke kann allerdings die schmerzhafte Seite wechseln, und es kann auch zu einem diffusen, beidseitigen Kopfschmerz kommen. Der Schmerzcharakter während der Migräneattacke wird als drückend, pulsierend, pochend oder bohrend beschrieben. Der Hauptpunkt des Schmerzes wird im Bereich von Schläfe und Stirn erlebt. Die meisten Patienten haben während der Migräneattacke keinen Appetit; Übelkeit ist sehr häufig und Erbrechen in ca. 20 bis 30% der Fälle. Typischerweise besteht auch eine ausgesprochene Überempfindlichkeit gegenüber Sinnesreizen, insbesondere auf Licht, Lärm und Gerüche. Nach Abklingen der Schmerzen wird häufig vermehrt Wasser ausgeschieden.

Manche Menschen bemerken am Tag vor einer Migräneattacke leichte psychische Veränderungen wie Ängstlichkeit, verminderte Leistungsfähigkeit, Nervosität, Reizbarkeit oder depressive Verstimmungen.

Bei der klassischen schweren Migräne treten vor oder während der eigentlichen Attacke neurologische Reiz- oder Aufallserscheinungen in Form von Sehstörungen, Gefühlsstörungen, Lähmungen, Doppelbildern, Gleichgewichts- oder Sprachstörungen auf. Alle diese im Moment ihres Auftretens sehr erschreckenden Symptome klingen nach der Migräneattacke wieder gänzlich ab.

Während einer schweren Migräneattacke haben die Patienten in der Regel das Bedürfnis, allein zu sein und sich in einem verdunkelten Zimmer ins Bett zurückzuziehen.

Mitunter ist das Erleben einer voll ausgebildeten klassischen Migräne so heftig und den ganzen Menschen an Leib und Seele ergreifend, daß manche während einer solchen Attacke am liebsten sterben würden, um diesen wirklich leib- und seeledurchbohrenden Schmerz nicht länger aushalten zu müssen. Obwohl die Migräneattacke ein akutes und sehr schmerzhaftes Krankheitsgeschehen ist, gibt es dafür keine organische Ursache. Es ist ein reines funktionelles Geschehen, zu dessen Erklärung es verschiedene Hypothesen gibt, von denen mit ziemlicher Sicherheit keine allein verantwortlich zu machen ist. Die bekannteste Hypothese betrifft die Hirndurchblutung. Infolge einer zunächst auftretenden Verengung der Hirngefäße mit nachfolgender abnormer Erweiterung soll der pulsierende Kopfschmerzcharakter entstehen. Eine zweite Hypothese geht davon aus, daß es vor und während der Migräne zu spezifischen biochemischen Veränderungen im Gehirn kommt, die wiederum auf die Eng- und Weitstellung der Gefäße einen Einfluß haben. Sicherlich spielen beide und noch andere, hier nicht erwähnte pathophysiologische Vorgänge eine Rolle bei der Entstehung der Migräne.

Wenn wir jetzt zu den inneren, konstitutionellen Faktoren übergehen, die jene »individualtypische Pathophysiologie der Migräne« ermöglichen, so müssen wir als erstes grundlegend bedenken, daß die seelischen Erlebnis- und Verhaltensmöglichkeiten des Menschen außerordentlich lebendig, farbig, vielgestaltig und differenziert sind. So werden wir nie auch nur annähernd alle psychischen Faktoren kennen und beschreiben können, die bei verschiedenen Menschen zu ein und derselben Erkrankung führen.

Innerhalb des multiofaktoriellen Geschehens, das zu Migräneanfällen führen kann, spielen manche psychischen Faktoren offenbar besonders häufig eine nicht zu vernachlässigende Rolle. Es scheint, als ob das Blut für Stunden im Gehirn ein Eigenleben entfalten will, sich ausdehnen und mehr Zeit und Raum für sich beanspruchen möchte, als es dem »lebensfremden« Gehirn zuträglich ist. Deshalb reagiert »individualtypisch« der mit einer intellektuellen Konstitution Begabte eher mit Kopfschmerzen auf dieses vorübergehende Blut- und Stoffwechselgeschehen (Störung der Balance verschiedener biogener Amine und Hormone, wie Serotonin, Histamin, Tyramin, Plasmacinin und Prostaglandin u.a.) als ein weniger auf den Kopf hin orientierter Mensch.

Zur typisch intellektuellen Konstitution gehören häufig Ehrgeiz, Leistungsstreben und Perfektionismus, eine hohe Anspruchshaltung und die Bereitschaft, lange unter Anspannung auszuhalten. Im Extrem hat W. Loch dabei von dem »devitalisierten intellektuellen Typ« gesprochen.

So gesehen, ist es vielleicht nicht zu weit hergeholt, einmal daran zu denken, ob das Blut, das ja schon als »Heilmittel des Gehirns« beschrieben wurde, auch im Falle der Migräne die Kopfschmerzen als Ausdruck eines Selbstheilungsversuches gegen die devitalisierende intellektuelle Tendenz ins Feld schickt.

Dann wäre der Migränekopfschmerz die körperlich erlebte Aufforderung, auch noch etwas anderes als Denken, Leistung, Perfektionismus und Ordnung zuzulassen. Diese Aufforderung hieße dann auch mehr Wärme und weniger Kälte, mehr Bewegung und weniger Konzentration, mehr Rhythmus und weniger Takt, mehr Loslassen und weniger Festhalten zu üben.

Der Spannungskopfschmerz

Der Spannungskopfschmerz wird nicht als Attacke oder Anfall erlebt, er beginnt meist schleichend, über Stunden hin zunehmend, diffus und drückend, über den ganzen Kopf verteilt, mit muskulärer Verspannung von Nacken und Schultern.

Pathophysiologisch ist dabei nicht an eine Störung von Aminen oder Hormonen im Gehirn zu denken, auch nicht an eine pathologische Gefäßerweiterung mit erhöhtem Durchblutungsvolumen, wohl aber auch an eine Reaktion der hirnzuführenden Blutgefäße infolge der muskulären Verspannung im Nackenbereich.

Auch diese Art von Kopfschmerz ist kein im echten Sinne »nervöses«, sondern ein muskuläres Geschehen, das allein schon durch die Muskelverspannung schmerzhaft erlebt wird. Darüber hinaus aber auch durch eine Mitreaktion der Gefäßnerven, die selbst sehr sensibel und schmerzempfindlich sind. Die Bezeichnung des vasomotorischen Kopfschmerzes drückt diese Zusammenhänge deutlich aus.

Auch der Spannungskopfschmerz trifft häufig stark leistungsorientierte Persönlichkeiten. Sie haben die Neigung, Lebens- oder Konfliktsituationen privater oder beruflicher Art mehr durch Anspannung oder Druck zu bewältigen, als sie durch Bewegen und Loslassen zu lösen.

So sollte man versuchen, zu erkennen, welches belastende Ereignis der Auslöser sein könnte, und man sollte versuchen, das Geschehen und mögliche Lösungen ruhig durchzudenken. So kann es gelingen, die innere Haltung in Bewegung zu verwandeln, das Festhalten am Gewohnten in eine Öffnung Neuem gegenüber aufzulösen, Probleme oder Konflikte nicht durch zähe Anspannung zu verhärten, sondern gelöst nach Wegen Ausschau zu halten, die vielleicht neue ungeahnte Perspektiven eröffnen. Ist man in einem starren Takt im Alltag eingebunden, so sollte man versuchen, ihn nicht einfach immer fortzusetzen und am Wochenende oder in den Ferien hemmungslos fallenzulassen, sondern es sollte ein rhythmischer Ausgleich zwischen Anspannung und Entspannung, zwischen Leisten und Genießen, zwischen Wachen und Schlafen angestrebt werden. Dazu können auch – je nach Möglichkeit – rhythmische Bewegungsübungen gehören wie z.B. Eurythmie oder Heileurythmie. Überhaupt liegen gerade im aktiven künstlerischen Tun viele Möglichkeiten für innere und äußere Lockerung.

Zusammenfassung:

1. Bei häufig auftretenden Kopfschmerzen versuchen, die auslösenden Faktoren zu erkennen.
2. Die psychische Verfassung, die Lebenssituation und die Lebensweise vergegenwärtigen und auf Fixierungen und Veränderungsmöglichkeiten – bzw. Notwendigkeiten hin »abklopfen«.
3. Innerlich und äußerlich, seelisch und körperlich versuchen, Spannungen zu lösen, Rhythmus und Bewegung einzuüben, Ausgleich von einseitigen Veranlagungen, Gewohnheiten, Tätigkeiten oder Verhältnissen anstreben.
4. Aufsuchen eines Arztes zur Bestätigung, Ergänzung oder Korrektur der bisherigen therapeutischen Maßnahmen. Warnung vor regelmäßiger oder häufiger Einnahme von Schmerzmitteln!

Fühlen – Atmen – Asthma
Eigenschaften der Atmung

Die Atmung ist elementar mit dem Leben verbunden. Sie setzt eindrucksvoll bei der Geburt mit dem ersten Atemzug ein, erhält den Menschen am Leben, bis er im Todesaugenblick seine Seele wieder »aushaucht«.

Die Atmung ist ein physiologischer Prozeß, darüber hinaus aber auch Ausdruck einer seelischen Gebärde, Ausdruck des seelischen Empfindungslebens und damit der Beziehung zwischen Mensch und Welt.

Die Umgangssprache ist reich an Hinweisen auf den Zusammenhang von Atmen und seelischem Erleben. So kann »dicke Luft« herrschen, »es verschlägt einem den Atem«, der Roman ist von »atemberaubender Spannung«, man kann einen »langen Atem« haben, es kann einem aber auch »der Atem ausgehen«. Eine der tiefgreifendsten Antipathieäußerungen im zwischenmenschlichen Bereich ist es, wenn jemand von einem anderen sagt: »Ich kann ihn nicht mehr riechen.« Das ist Ausdruck einer ernsten zwischenmenschlichen Beziehungskrise. Denn schließlich müssen wir die Atemluft mit den Mitmenschen teilen, mit denen wir zeitweilig in einem Raum sind. Mit der Atemluft wird aufgenommen, was andere ausgeschieden haben. Das ist ein ganz intimer sozialer Prozeß, wie es ihn in dieser Form kein zweites Mal gibt. Er muß notgedrungen vollzogen werden. Darum ist es so schwerwiegend, wenn ein Mensch den andern, mit dem er vielleicht sogar zusammenlebt, »nicht mehr riechen« kann.

Jede Beziehungsstörung des Menschen drückt sich im Atmen aus. Darum kann jede Atemstörung auf eine gestörte Beziehung zwischen Mensch und Welt hindeuten. Die gesunde Beziehung spiegelt sich in einem sich »rhythmisch ereignenden« Atmungsvorgang. Die Atmung steht zum Herzschlag in dem Verhältnis von 1:4 (4 Herzschläge auf einmal ein- und ausatmen). Dieses Ideal wird allerdings nur in einem harmonischen Verhältnis zwischen Mensch und Welt erreicht. Es findet sich beim erwachsenen Menschen fast nur im Tiefschlaf. Im Wachzustand schwankt der Atemrhythmus. Bei körperlicher Anstrengung atmen wir tiefer, bei Erregung, Angst und Wut schneller, ebenso bei Freude; bei Schreck stockt einem der Atem. Hat man etwas Anstrengendes überstanden, erleichtert man sich durch eine vertiefte Ausatmung, während man z. B. vor einer Prüfung fast nur in der Einatmung lebt, als wolle man alles bei sich behalten. So ist das seelische Erleben eng mit der Atmung verbunden.

Im Atemholen sind zweierlei Gnaden,
die Luft einziehen, sich ihrer entladen;
jenes bedrängt, dieses erfrischt,
so wunderbar ist das Leben gemischt.
So danke Gott, daß er dich preßt,
und dank' ihm, wenn er dich wieder entläßt.

Im leiblichen Erleben ist die Einatmung bedrängend, die Ausatmung erfrischend. Auf der psychischen Ebene dagegen ist die Einatmung der sympathische, angenehme, sich verbindende Teil der Atmung, während die Ausatmung antipathisch, abstoßend, distanzierend ist.

Allerdings kennen wir aus der Psychologie, daß auch Sympathie als bedrängend und bedrückend und Antipathie als wohltuend befreiend erlebt werden kann.

Eine besonders sensible Atemgebärde äußert sich im Seufzen. Wir unterscheiden den Einatmungs- und den Ausatmungsseufzer. Ersterer ist z. B. bei Kindern zu beobachten, die damit den Kummer ihrer Welt in sich hereinnehmen, während der Ausatmungsseufzer des erwachsenen Menschen seine Erleichterung ausdrückt, »daß es noch einmal gut gegangen ist«.

Im Seufzen drückt sich auf sensible, manchmal kaum hörbare Weise eine nicht ganz harmonische Beziehung zwischen Mensch und Welt aus. Der Seufzer drückt es aus, bevor wir es in Gedanken und Worten fassen und sagen können. In der Atmung reagieren wir sehr unmittelbar und spontan und meistens für uns selbst unbewußt auf uns seelisch tangierende, gefühlsmäßige Erlebnisse.

Erinnern wir uns an die Beschreibung der drei leiblichen Grundbeziehungen zwischen Mensch und Welt, so hatten wir die Beziehung durch die Sinne, die Beziehung durch die Atmung und die Beziehung durch die Ernährung genannt. Die Beziehung durch die Sinne hat physiologischerweise die Tendenz, das Aufgenommene behalten und in Erinnerung bewahren zu wollen. Es ist ein »bewahrendes Leben«, das sich an die Sinnesbeziehung anschließt: Vorstellung – Begriff – Erinnerung.

In der Atmung vollzieht sich physiologisch ein rhythmischer Wechsel zwischen Einatmen und Ausatmen – psychologisch ein soziales-emotionales Wechselverhältnis zwischen Sympathie und Antipathie.

In Ernährung und Stoffwechsel vollzieht sich eine zunächst aufnehmende, dann verwandelnde, »Stoffe wechselnde« und schließlich neu gestaltende Beziehung zwischen Mensch und Welt.

Der Gedanke als Ergebnis der Beziehung durch die Sinne schafft Distanz.

Das Gefühl als Ergebnis eines atmenden Wechselverhältnisses schafft Vermittlung, Austausch.

Der Wille als Ergebnis der ernährenden Beziehung schafft Verbindung und Gestaltung in der Welt.

Bei der Berücksichtigung psychischer Phänomene in Zusammenhang mit der Atmung werden wir in erster Linie auf gefühlsmäßiges, emotionales und sozial Vermittelndes zu achten haben. Und dann darauf, wie sich die beiden anderen psychischen Bereiche zum Gefühlsleben verhalten.

Das Asthma bronchiale

»Was ich erlebe, geht durch und durch; ich kann mich nicht erwehren. Ich sauge vieles wie ein Schwamm in mich rein, lasse es aber nicht mehr los, behalte es in mir und reagiere empfindlich und nachtragend.«

So schilderte sich eine Asthma-Patientin. Bei einem asthmatischen Patienten fällt als erstes auf, daß die Ausatmung erschwert ist. Er ringt nach Luft und holt immer mehr Luft in sich hinein. Dabei hat er es schwer, sie wieder abzugeben. Die physiologischen und morphologischen Begleitphänomene sind dabei vermehrte Sekret- und Schleimbildung in den Bronchien, ein Spasmus der Bronchialmuskulatur, eine entzündliche Schwellung der Schleimhäute, wodurch die Bronchien und Bronchiolen so eng werden, daß die Ausatmung erschwert, verlängert und mit Giemen und Pfeifen hörbar wird. Zusätzlich erschwert werden kann die Ausatmung auch noch durch einen Zwerchfellspasmus. Die Gebärde des Asthma-Patienten, der nach Luft ringt und keine mehr hergeben möchte, weist auf eine Störung zwischen Mensch und Welt im Bereich der Atmungsbeziehung, die offensichtlich in seinem emotional-sozialen Verhalten besteht.

In seinem Anfall drückt sich aus: Ich möchte aufnehmen und nicht mehr hergeben. Ich möchte Sympathie empfangen und sie behalten. In den Worten von Asthma-Patienten ausgedrückt heißt dies:

»Ich möchte, daß die andern mich mögen.« – »Ich möchte bedingungslos geliebt werden.« – »Ich möchte positive Rückmeldungen bekommen – deshalb strenge ich mich an, den andern zu gefallen.« – »Ich lasse nichts raus, was mir Schwierigkeiten machen könnte.« Im Beziehungsleben des Asthmakranken herrscht kein rhythmisches Wechselspiel mehr von Empfangen und Geben. Er ist in eine zwanghafte Erwartung verfallen, in einen Zustand von Haben- und Behaltenwollen. Das eigene Erleben wird dabei im Innern eingeschlossen, nichts wird rausgelassen, denn die Mitmenschen könnten es vielleicht nicht mögen.

An dieser Ausdrucksgebärde der Atmung des Asthmatikers können wir erkennen, wie sich die normale, rhythmisch wechselnde und seelisch-sozial zwischen Mensch und Welt vermittelnde Beziehung verschiebt zu der betont aufnehmenden und bewahrenden Haltung des Kopf- oder »Sinnes«-menschen. Der Asthma-Kranke wird in seinem Atmungsvorgang plötzlich intellektueller Sinnesmensch: er lebt einerseits in der betonten Einatmung, so, als müßte er die Luft behalten wie ein Erlebnis, das er nicht mehr vergessen dürfe. Andererseits leidet er unter einer Überempfindlichkeit gegenüber Gerüchen, und hier besonders gegenüber Gerüchen, die mit Schmutz oder Unsauberkeit zu tun haben.

Der Asthmatiker wird in seiner Atmung immer einseitiger in einer bestimmten Richtung. Das drückt sich auch im Erleben eines Asthmaanfalls aus. Wenn er im Anfall keuchend nach Luft ringt und unter seiner Luftnot schrecklich leidet, weil er das Gefühl hat zu ersticken – und das, obwohl seine Lungen voller Luft sind, die er nicht ausatmet – ist er ganz auf seine Atmung konzentriert. Er wird unzugänglich für Ansprache und Kontakt, wird abweisend und ist ganz in Bann genommen von seiner Atmung und – verständlicherweise – ganz darauf fixiert und verkrampft, noch genügend Luft zu bekommen.

Während wir normalerweise überwiegend mit dem Zwerchfell atmen und die Zwischenrippenmuskulatur nur als Atemhilfsmuskulatur benützen, atmet der Asthmatiker im Anfall nur noch mit der Zwischenrippenmuskulatur der oberen Halsrippen und der Halsmuskulatur selber, woraus eine nach oben, zum Kopf hin verzerrte und verkrampfte, ziemlich insuffiziente Atembewegung resultiert. Auf diese Weise kann weder ausgeatmet, noch tief eingeatmet werden. Schließlich wird die verkrampfte Atembewegung noch dadurch betont, daß die Schultern hochgezogen werden, was beim chronischen Asthma-Kranken dann zur habituellen Haltung werden kann. Er verkrampft sich aus seinem mittleren Brustbereich nach oben, zum Kopf hin und lenkt sein ganzes Bewußtsein auf die

Atmung, die sich normalerweise unbewußt am harmonischsten vollzieht.

Während des Asthmaanfalls zeigt sich beim Patienten, daß z.B. die Wadenmuskulatur vollkommen schlaff, ohne Tonus, ohne Kraft ist.

Verkrampfung der Muskulatur im oberen Bereich – Kalt- und Schlaffwerden der Muskulatur in den unteren Extremitäten, angstvolle bewußte Fixierung auf den Atmungsvorgang und schroffes Zurückweisen von gut gemeinten Annäherungsversuchen von Angehörigen, Pflegenden oder Ärzten – das zeigt sich im Asthmaanfall. Rückzugsverhalten und zunehmende Isolierung im zwischenmenschlichen Leben sind dann im Laufe der Zeit auch die Folgen außerhalb eines Anfalls.

Gibt es auslösende Ereignisse für die Asthmaerkrankung? Und gibt es so etwas wie einen Typus des Asthmakranken? Natürlich gibt es für das Asthma verschiedene bekannte Ursachen, und auch dabei sollte man nicht vergessen, daß mehrere Faktoren zusammenwirken.

Im allgemeinen unterscheidet die Medizin heute zwischen vier verschiedenen Asthmatypen: einem allergisch bedingten Asthma (= Extrinsic-Asthma); einem infektbedingten Asthma (= Intrinsic-Asthma); einem durch chemische oder physikalische Noxen bedingten Reizasthma und einem psychogenen Asthma.

Es sollte kein Zweifel darüber bestehen, daß auch das Phänomen der Allergie, so stofflich es manchmal aussehen mag, eine psychische Seite hat. Die schönsten Beispiele sind bekannt: Wenn z.B. der auf Heu allergische Asthmatiker beim Anblick eines Bildes der Heuernte einen akuten Asthmaanfall bekommt; oder die auf Rosen allergische Patientin beim Anblick einer künstlichen Rose einen Anfall erleidet.

Eine einheitliche Asthma-Persönlichkeit gibt es natürlich nicht. Aber einige psychische Wesensmerkmale können doch immer wieder bei Asthmapatienten beobachtet werden.

Sie haben unausgesprochen ein großes Sympathiebedürfnis bei

gleichzeitig unterdrückter Antipathie, Aggression oder Angst vor Ablehung, was sich in der verzögerten, erschwerten und fast ächzend hörbaren Ausatmung ausdrückt. Es besteht meistens eine mehr oder weniger ausgeprägte Störung auf dem Felde zwischenmenschlicher emotionaler Beziehungen: eine Hingabestörung, eine Neigung zu dominieren, ohne es bewußt zu wollen; dann die Bereitschaft, unter den selbst heraufbeschworenen Konflikten besonders zu leiden, wobei diese häufig durch mißtrauische, argwöhnische, negative Erwartungen vorgeprägt sind; immer wieder fällt die schon erwähnte Geruchsüberempfindlichkeit bei Asthmapatienten auf; und auch des öfteren die Neigung, aus realen Lebenssituationen in eine Phantasie-Vorstellungswelt zu flüchten. Häufig äußern Asthmapatienten Worte wie: »Ich kann nicht alle Werte in Frage stellen – das wäre für mich ein Raum ohne Luft, in dem ich nicht mehr atmen könnte.« – »Ich fühle mich unter Druck durch das, was passiert – und durch das, was passieren muß, z.B. jeden Tag zur Arbeit gehen ...« – »Ich erlebe fast alles, z.B. auch ganz harmlose Gerüche irgendwie so belastend und unerträglich bedrückend; mich beeinträchtigt alles, was für andere ganz harmlos ist.« – »Ich kann nicht alles loslassen und im luftleeren Raum stehen bleiben!«

Besonders charakteristisch für den innerseelischen Konflikt bei Asthmatikern ist eine Ambivalenz zwischen positiven und negativen Erwartungen, inbesondere in bezug auf Nähe, Sympathie und Zärtlichkeit.

Aus einer solchen konflikthaften emotionalen Ambivalenz entsteht wohl leicht – bei einer bestimmten konstitutionellen Veranlagung, die mehr auf den Kopf als auf den Willensmenschen zutrifft – eine Tendenz zum Innehalten, zum Festhalten, was sich gerade in dem Organ des emotionalen Austauschs der gefühlsmäßigen Vermittlung mit der Welt, dem Atmungsorgan, niederschlägt.

Diesen Zusammenhang schildert der französische Schriftsteller Marcel Proust, der selbst seit seiner Kindheit an Asthma litt, in seinem autobiographischen Roman »Auf der Suche nach der verlorenen Zeit«: »Mein einziger Trost, wenn ich schlafen ging, war, daß Mama heraufkommen und mir einen Kuß geben würde, wenn ich bereits lag. Aber dies Gute-Nacht-Sagen dauerte nur so kurze Zeit. Sie ging so bald schon wieder, daß der Augenblick, da ich sie heraufkommen und dann in dem Gang mit der Doppeltür das leise Rascheln ihres Gartenkleides aus blauem Mousseline mit kleinen strohgeflochtenen Quasten hörte, für mich ein schmerzlicher Augenblick war. Er kündigte schon den nächsten an, der auf ihn folgen sollte, wo sie mich verlassen haben und wieder unten sein würde. Das ging so weit, daß ich mir beinahe wünschte, dies von mir so heiß ersehnte Gute-Nacht-Sagen möge erst so spät wie möglich stattfinden, und die Gnadenfrist, in der Mama noch nicht gekommen wäre, zöge sich recht lange hin. Manchmal, wenn sie, nachdem sie mich geküßt hatte, die Tür öffnete, um zu gehen, wollte ich sie zurückrufen und ihr sagen: Gib mir noch einen Kuß, aber ich wußte, daß sie dann auf der Stelle ihr strenges Gesicht zeigen würde, denn das Zugeständnis, das sie meiner Trauer und Aufregung machte, daß sie heraufkam und mit diesem Friedenskuß gute Nacht sagte, verdroß jedes Mal meinen Vater, der das Zermoniell übertrieben fand. Viel lieber hätte sie mich diesen Wunsch, diese Gewohnheit aufgeben sehen, als mich auch noch darin zu unterstützen, daß ich einen zweiten Kuß von ihr wollte, wenn sie schon an der Tür war. Hatte ich sie nun aber erzürnt, so machte das die ganze Beschwichtigung meines Herzens zunichte, die sie mir einen Augenblick zuvor geschenkt hatte, als sie ihr liebevolles Antlitz über mein Bett neigte, es mir darbot, wie die Hostie einer Friedenskommunion, bei der meine Lippen ihre leibhafte Gegenwart die Kraft, einzuschlafen, von ihr empfingen.«

Diese Schilderung bezieht sich auf den achtjährigen Knaben; in seinem 9. Lebensjahr erkrankte Marcel Proust an Asthma.

Die folgenden Hinweise möchten als Anregungen dafür dienen, wie der Asthmakranke selbst mit seinem Problem umgehen kann.

Sehr geeignet ist dafür die Rückschau-Übung: Am Abend, vor dem Einschlafen, lassen wir noch einmal den Tag an unserem inneren Auge vorüberziehen, so lebendig, farbig und bildhaft wie möglich: Was habe ich heute alles gemacht, was habe ich alles erlebt, wie ist es mir dabei ergangen?

Und im Falle einer vorliegenden Asthma-Erkrankung sollten in bezug auf die Ereignisse jetzt folgende Fragen besondere Berücksichtigung finden:

Was bedeuten mir Gefühle?

Was sagen mir meine Gefühle?

Muß ich vor meinen Gefühlen Angst haben und sie abwehren?

Muß ich meine Gefühle immer zurückhalten?

Was passiert denn so Schlimmes, wenn ich meinen Gefühlen Ausdruck verleihe?

Welche Erwartungen habe ich meinen Mitmenschen gegenüber?

Kenne ich immer meine eigenen Erwartungen?

Finde ich meine eigenen Erwartungen angemessen und berechtigt?

Wenn nicht, kann ich sie für mich selber jetzt, in dieser Rückschauübung, in angemessene und berechtigte Erwartungen umwandeln?

Wenn meine Erwartungen nach meinem eigenen Urteil berechtigt waren, kann ich sie dann nicht auch aussprechen, damit die Mitmenschen, die es angeht, sie auch kennen?

Wie halte ich es eigentlich mit dem Rhythmus in meinem Leben – im Tagesablauf, bei der Arbeit, in der Freizeit, in meinen Hobbies?

Habe ich Tätigkeiten oder Vergnügungen, Genüsse, in denen ein rhythmisches Element in mir verstärkt wird? Oder wird es vielleicht geschwächt und geschädigt?

Gibt es eine Möglichkeit für mich, mit meinen Gefühlen und Phantasien künstlerisch, kreativ umzugehen, z.B. indem ich Gedichte schreibe oder musiziere?

Habe ich in meiner Nähe die Möglichkeit zu Musiktherapie oder Heileurhythmie?

Als Lebensmotive für die Selbsterziehung kommen für den Asthma-Kranken in Betracht:

Er soll mehr Vertrauen entwickeln in das, was werden wird, und sich weniger Vorstellungen darüber machen, wie es schiefgehen könnte.

Er soll versuchen, selbst im Leben mehr zu bewegen und weniger zu erwarten.

Er soll sich Gedanken darüber machen, wie und was er mehr loslassen und weniger festhalten kann, und wie dies zu bewerkstelligen ist.

Und schließlich soll er sich darin üben, die Dinge auf sich zukommen zu lassen und zu erkennen, daß es nicht unbedingt notwendig ist, alles vorher genau zu wissen. »Es wird schon gutgehen!«

Auf diese Weise lassen sich im Laufe der Zeit Fixierungen auflösen, und die Atmung kann leichter werden.

Erkrankungen des Herzens: Herz – Angst, Mut und Gewissen

Ähnlich wie die Atmung steht auch das Herz mit seiner Tätigkeit, dem Herzschlag, mit dem Leben und Fühlen in unmittelbarem Zusammenhang.

Zahllose Redewendungen aus der Umgangssprache bezeugen dies: Wir grüßen einander herzlich und packen eine Sache herzhaft an; wir fühlen uns herzlich verbunden oder empfinden etwas von Herzen; wir haben das Herz auf dem rechten Fleck – manche tragen das Herz auf der Zunge. Wir können das Herz Lügen strafen, oder herzlos sein; es kann uns ein Stein vom Herzen fallen, oder wir widmen uns mit ganzem Herzen unserer Aufgabe. Wir können halbherzig sein oder mit der Hand auf dem Herzen etwas versichern; wir können bis ins Herz erschüttert sein oder unser Herz in der Liebe verloren haben.

Diese natürlich unvollständige Aufzählung von »herzhaften« umgangssprachlichen Redewendungen zeigt aber deutlich, daß es in bezug auf das Herz nicht nur um den Zusammenhang von Leben und Fühlen geht, sondern ganz wesentlich auch um die Intensität des Fühlens und die Kraft des Handelns.

Durch die Atmung belebt die Seele den Leib, um sich im Fühlen wieder aus ihm zu erheben.

Vom Herz läßt sich entsprechend sagen, daß im Herzschlag die Seele den Leib mit Leben und Kraft erfüllt, um sich in Tatkraft und Mut wieder aus ihm zu erheben. Im Gewissen »schlägt« die Seele im Innern, im Zentrum, und wird Richtlinie für die innere Haltung, aus der das Verhältnis zur Welt mutig und aktiv gestaltet und geordnet werden kann.

Gewissen und Schuld,
Mut, Freude und Schmerz,
Mut und Angst,
Kraft und Verzagen,

sind die psychosomatischen Qualitäten des Herzschlags. Wenn etwas leichten oder schweren Herzens ausgesprochen oder getan wird, so drückt sich darin das muthafte Verhältnis des Menschen zur Welt aus.

In Wort und Tat, die von Herzen kommen, wird die Zukunft ergriffen und der Charakter geformt.

Im Atmen fühlen wir Gegenwart, die von der Vergangenheit geprägt ist. Im Herzschlag erleben wir gegenwärtig unsere Kraft für die Zukunft; wenn im Herzschlag das Gewissen zu spüren ist, meldet sich die Vergangenheit, die sich bis zum Schuldgefühl steigern kann.

Zwischen diesen Polaritäten bewegt sich der Herzrhythmus. Er kann durch körperliche Anstrengung wie durch psychische Belastung aus dem Gleichgewicht kommen; meistens reagiert das Herz darauf mit einer Beschleunigung, einer sogenannten Tachycardie; so bei Anstrengung, Aufregung, Freude, Erregung. Das Gegenteil, die Rhythmusverlangsamung (Bradycardie), ist unter physiologischen und psychologischen Einflüssen seltener; Angst und Schreck können zu Verlangsamung oder gar Stillstand des Herzschlags führen. Ansonsten sind bradycarde Herzrhythmusstörungen eher organisch bedingt.

Während bei Angst und Schreck seelisch ein Rückzug aus der Weltzugewandtheit vollzogen wird und das Herz dies durch Verlangsamung oder gar kurzzeitigem Stillstand (Herzstolpern, Aussetzen eines Herzschlages) ausdrückt, vermeldet die Organsprache mit dem Herzrasen oder Herzjagen (paroxysmale Tachycardie) eine besondere somatische oder psychische Erwartung an das Kommende. Häufig ist dies eine besonders affektive, emotionale Einstellung einer Situation oder einem Ereignis gegenüber. So zeigt sich in den funktionellen Herzrhythmusstörungen die Beziehung zwischen Herz und Zukunft: die Erwartungseinstellung auf das Kommende, die zur Beschleunigung führt – und das Zurückschrecken vor dem Bevorstehenden, das Anlaß zum Herzstolpern ist.

Die Herzphobie oder Herzneurose

Der Herzphobie liegt die Befürchtung zugrunde, in irgendeiner Situation, meistens beim Alleinsein, könne es plötzlich zu einem Herzstillstand kommen. Der sogenannte Herzanfall beginnt meist mit plötzlich einsetzender Unruhe und Anspannung, einhergehend mit zunehmendem Herzklopfen, Herzrasen. Verbunden mit Blutdruckanstieg, Schweißausbruch und forcierter tiefer Atmung sind die Patienten ganz von der Angst beherrscht, ihr Herz könne aussetzen, sie könnten tot umfallen. Nie kommt es im Rahmen eines solchen herzphobischen Anfalls zu einer Ohnmacht oder zu irgendeinem gefährlichen Ereignis. Das Erlebnis für den Patienten ist allerdings äußerst dramatisch und extrem unangenehm, so daß er meist alles unternimmt, schnellstmögliche Hilfe zu bekommen. Je nach den Möglichkeiten werden Angehörige, der Hausarzt oder der Notarzt gerufen und womöglich eine akute Einweisung ins Krankenhaus veranlaßt.

Der Patient muß in solchen Fall immer beruhigt werden, was auf verschiedene Weise geschehen kann. Eine echte Gefahr für Leib und Leben besteht nie. Dies muß bei der Diagnose Herzphobie oder Herzneurose dem Betroffenen immer wieder verständlich und einsichtig gemacht werden. Denn nach dem Erleben eines oder mehrerer solcher Herzanfälle entwickeln die Patienten in der Regel eine panische Angst vor dieser Angst, die sie im Herzanfall erlebt haben. Damit aber hat sich die Phobie erst recht eingeschlichen. Es besteht jetzt die Befürchtung, daß in irgendeiner unpassenden Situation ein solcher Anfall wiederkommen könnte und es dann schließlich um einen geschehen sei. Diese Entwicklung führt leicht dazu, daß sich andere phobische Befürchtungen noch zu der Herzangst hinzugesellen; häufig ist es die Angst vor dem Alleinsein.

In diesen Problemkreis gehört auch die sogenannte Agoraphobie (Platzangst), die Unfähigkeit, einen freien Platz zu überqueren oder die Befürchtung, es könne dort zu dem Anfall kommen. Oder die umgekehrte Claustrophobie (Raumangst), in einem kleinen geschlossenen Raum oder in einem großen, von Menschen erfüllten Raum könnte der Betroffene, wenn es ihm schlecht wird, keinen Ausgang finden und müßte dann jämmerlich an seinem Herzstillstand zugrunde gehen, vor den Augen aller in dem vollbesetzten Saal, oder mutterseelenallein, z.B. im Aufzug.

Ein solcher Anfall dauert in der Regel nur wenige Minuten, selten weitet er sich aus bis zur Dauer von fast einer Stunde. Das Geschehen ist auch hier rein funktionell und organisch ungefährlich. Denn die Anpassung des Herzschlags an äußere oder innere Situationen ist eine gesunde und äußerst wichtige Fähigkeit des Herzens. Es ist darauf eingestellt, Beschleunigungen bis zu 160 Schlägen in der Minute gut und gerne zu ertragen. Deshalb sollten sich Angehörige oder der Betroffene in solchen Fällen immer klar und bewußt machen, daß ein derartiger Zustand, auch wenn er unangenehm erlebt wird, durch die positive und im Bedarfsfall sinnvolle Leistung des Herzens reguliert wird. Die Herzphobie tritt meistens im Alter zwischen 18 und 40 Jahren auf und deutet darauf hin, daß der Mensch stark in seiner Empfindungsseele lebt, die sich entweder – Anfang der zwanziger Jahre – zu entwickeln beginnt oder – am anderen Ende, in den dreißiger Jahren – eigentlich schon wieder vom nächsten Entwicklungsschritt abgelöst werden sollte.

Im Falle einer herzphobischen Erkrankung hat es der Mensch nicht genügend gelernt, seinen Empfindungen wirklich vertrauen zu können. (Vielleicht hat er es auch wieder verlernt.) Häufig liegen entsprechend verunsichernde Erfahrungen und Erlebnisse in der Kindheit vor. Diese im Gefühls- und im Beziehungsbereich ambivalent erlebenden Menschen sind ängstlich und unsicher in bezug auf das, was auf sie zukommt, wenn dies durch die subjektiven Vorerfahrungen in irgendeiner Weise mit Beunruhigung oder Bedrohung, mit Trennung oder Verlassenwerden, mit Krankheit oder Todesgefahr in Zusammenhang gebracht werden kann. Es handelt sich dabei meist nicht um einen aus der Erinnerung seelisch real gewordenen, sondern um einen befürchteten Zusammenhang. Anders ausgedrückt: Das Herz als Empfindungsorgan der Zukunft antwortet der Empfindungsseele auf eine vorgestellte Befürchtung mit Herzrasen.

Lernt es der Patient, mit Bewußtsein und Willen Herr seiner Vorstellungen zu werden und in seiner Seele anstelle der Befürchtung Vertrauen zu setzen, so wird er seine Phobie beherrschen und mit der Zeit überwinden.

Es gilt, das therapeutische Ziel anzunehmen und sich aus der in einen subjektiven Strudel gerissenen Empfindungsseele durch Hinwendung an durchschaubare Gesetze der Welt der Verstandesseele zu öffnen.

Möglichkeiten zur Selbsthilfe: Allgemein sollte man sich fragen: Wie kann ich wieder zu Vertrauen meinen Empfindungen gegenüber kommen? Ich muß die Gesetzmäßigkeiten aufsuchen und erkennen, die in der Welt und in mir wirksam sind. Sie zeigen sich z. B. in der Statik, der Architektur, allen Gestaltbildungen und Gestaltmetamorphosen und in der Entwicklung, um nur einige zu nennen. Wie kann ich Zugang zu solchen Gesetzen finden – im Schauen, im Erleben, im Nachvollziehen, im eigenen Gestalten? Wenn ich mich mit solchen Gesetzen erkennend und handelnd verbinde, dann können meine Seele und mein Herz wieder Anschluß an die tragenden Zukunftskräfte gewinnen.

Das Herz

Eingeschlossen in das Gewölbe des Lebens,
umwunden von leuchtenden Kräften,
oder sorgsam ruheumspült,
ist das Herz.

Unser Herz:
Wenn nach beschwingtem Leben,
erfüllter, zerrinnender Jahre,
die Hülle dünn und brüchig geworden,
bricht das Gehäuse schmerzend zusammen,
und sein Kern zu haltlosem Nichts.
Weint wer?
Durch offengehaltene Türen
treten die Freunde,
ihre Augen feucht,
in Besorgnis ums eigene Herz.

Henriette Hardenberg

Der Herzinfarkt

Unter den Erkrankungen, von denen die Menschen in industrialisierten Ländern heute betroffen sind, nehmen die Herz- und Kreislauferkrankungen die erste Stelle ein. Sie sind in 50 Ländern aller Kontinente mit großem Abstand die häufigste Todesursache. In der Bundesrepublik betrug dieser Anteil 1971 45,6 % und damit mehr als die Todesursachen von Krebs, Unfällen und Infektionskrankheiten zusammengenommen. Statistiken der Weltgesundheitsorganisation lassen ein deutliches Ansteigen der koronaren Herzkrankheiten in den industrialisierten Ländern erkennen; in den Nachkriegsjahren zeigte sich eine Steigerung insbesondere des Herzinfarktes auf das fünf- bis zehnfache im Vergleich zu den Vorkriegsjahren.

Frauen vor der Menopause sind weniger von den koronaren Herzkrankheiten betroffen als die Männer gleichen Alters. Nach der Menopause, also ungefähr mit zehnjähriger Verzögerung, ist die Erkrankungs- und Sterberate an koronaren Herzkrankheiten bei Frauen und Männern die gleiche. Worin liegen die Gründe für diese erschreckende Zunahme an verhärtenden, sklerosierenden Herz-

Gefäß-Erkrankungen? Bekanntermaßen gibt es eine Reihe von körperlichen und seelischen Risikofaktoren, die für ihr gehäuftes Auftreten verantwortlich gemacht werden. Neben einer erblichen Disposition liegen sie vor allem in erhöhten Blutfetten (Cholesterin und Triglyzeride), in einem erhöhten Blutdruck, im Zigarettenrauchen, im Übergewicht und im Vorliegen einer Zuckerkrankheit (Diabetes mellitus). Die meisten dieser genannten Risikofaktoren sind abhängig vom menschlichen Verhalten, von der Lebenseinstellung und Lebensgestaltung. Entsprechend wurden in großen Untersuchungen die persönlichkeitstypischen Verhaltensmuster von Patienten mit koronaren Herzerkrankungen erforscht. Dabei wurden zwei Verhaltensweisen unterschieden. Zum Typ A-Verhalten, das wesentlich zum Gesamtrisiko, an Herzinfarkt zu erkranken, beiträgt, gehört ein hohes Maß an geistiger und körperlicher Aktivität, ein ungeduldiges, angespanntes Streben nach Anerkennung und Erfolg, ein hartnäckiges Festhalten an selbstgesteckten, meist etwas unklaren, aber hochgespannten Zielen, ein heftiges Konkurrieren mit anderen, eine hastige, hektische, impulsive Lebensweise mit dem Gefühl, das ganze Leben stehe unter Zeitdruck, und die gering ausgeprägte Bereitschaft, an dieser Lebenseinstellung und Lebensführung etwas zu ändern.

Menschen, die an verhärtenden, sklerosierenden Herzgefäßen erkranken, sind also in ihrem seelischen Erleben und Verhalten keineswegs ausgeglichen oder in ihrer Lebensführung rhythmisch gelassen. Sie sind vielmehr aktiv, expansiv, explosiv, impulsiv, ehrgeizig und ungeduldig, sind dominant und kämpferisch, haben eine zähe Durchhaltekraft, die allerdings bei Erfolglosigkeit schnell in eine anhaltende vitale Erschöpfung und Depression mit Selbstaufgabe und Hoffnungslosigkeit umschlagen kann.

Diese Menschen des Typ A-Verhaltens haben sich offenbar der modernen, technisierten und industrialisierten Welt, die auf Leistung unter Zeitdruck ausgerichtet ist, in fast selbstaufopfernder Weise überangepaßt.

»Sie folgen und verfallen mehr als andere dem Sog der modernen

Industriegesellschaft, die auf Leistung, Konkurrenz, Wettbewerb ausgerichtet ist. Das getriebene Arbeitsverhalten, die zwanghafte Tendenz zur Aktivität, eine unbedingte Neigung, andere zu führen und zu dominieren, sich selbst nicht passiv führen zu lassen, wird bei vielen deutlich.«[32]

Koronare Herzkranke mit dem Typ B-Verhalten haben nicht die oben beschriebenen Eigenschaften, können wohl aber die anderen körperlichen Risikofaktoren aufweisen.

Dabei ist noch zu erwähnen, daß natürlich das Rauchen wie das Übergewicht ihrerseits Ausdruck und Folge eines bestimmten psychischen Erlebens und Verhaltens sind, wie dies auch für den erhöhten Blutdruck gilt. Auch der materielle Risikofaktor erhöhter Blutfette (Cholesterin, Triglyzeride und freie Fettsäuren) ist nicht nur ernährungsabhängig, sondern steigt, wie in vielen Untersuchungen deutlich nachgewiesen werden konnte, unter psychischen Belastungen an. Dazu gehört in erster Linie der psychologische Streß (Leistungsdruck, Zeitdruck), aber auch Affekte wie Ärger oder Zorn steigern den Anteil an freien Fettsäuren im Blut weit mehr als z. B. furchtsame oder depressive Stimmungen.

Das Erscheinungsbild des Herzinfarktes ist in der Regel durch einen akut auftretenden, lang anhaltenden, heftigen Schmerz (Vernichtungsschmerz) in der linken Brustseite, unter Umständen in die linke Schulter und den linken Arm ausstrahlend, geprägt. Herzinfarkte können zu jeder beliebigen Tages- oder Nachtzeit auftreten, bei körperlicher Anstrengung oder in Ruhe, nach seelischer Aufregung oder ohne eine solche.

Die infarktauslösenden Anlässe sind offenbar uneinheitlich und können sehr verschieden sein. Entscheidend für die Erkrankung ist nicht der Anlaß, sondern die durch die Lebensweise bedingte, über Jahre sich stumm entwickelnde Stenosierung von Herzkranzgefäßen. Darunter verstehen wir die Ablagerung von Fetten und anorganischen Substanzen (Kalk) an den Innenseiten der Gefäßwände, wodurch sich das Gefäßlumen verengt. Die Folge ist eine Verringerung der Durchblutung und damit der Sauerstoffversorgung, was zu stenokardischen Beschwerden wie Angina pectoris-Anfällen führt, die im Unterschied zum Herzinfarkt keinen so vernichtenden Charakter haben und nur kurz andauern. Beim Verschluß eines sklerotisch verengten (stenosieten) Gefäßes tritt dann der Infarkt ein.

Typischerweise ignorieren und verdrängen viele Patienten, die später an einem Herzinfarkt erkrankt sind, den jahrelang als leiblichen Ausdruck ihrer Lebensweise sich entwickelnden Verhärtungsprozeß im Bereich ihrer Herz-Blutgefäße. Vorboten im Sinne von Herzschwächezuständen, pectanginösen Beschwerden und gelegentlichen Herzattacken werden oft bagatellisiert und ignoriert. Und vor allem wird an der Lebensweise nichts geändert. Bis dann plötzlich der Infarkt mit dem geschilderten linksseitigen Vernichtungsschmerz, mit akuter Todesangst, einem schockähnlichen Zustand mit feuchtkalter und blasser Haut, häufig auch noch mit Atemnot, Übelkeit und Erbrechen auftritt. Was der Patient mit einer Herzgefäßerkrankung für sich bedenken und bei sich verwandeln muß, dürfte aus der Schilderung deutlich geworden sein. Auch für ihn sollte in seiner Lebensgestaltung gelten: mehr Rhythmus und weniger Hektik. Es ist überlebensnotwendig, sich im Alltag dann zu bemühen, die Dinge mehr fließen und strömen zu lassen und sich weniger Druck und Zwang auszusetzen. Man muß sich diese Dinge ganz ernsthaft bewußt machen. Mehr Entwicklung sollte angestrebt werden als Leistung um jeden Preis.

Das Herz macht uns in seinem Wechsel von Anspannung und Entspannung (Systole und Diastole) offensichtlich, worauf es ankommt: durch den rhythmischen Ausgleich entsteht die Ausdauer. Die Zukunft läßt sich vom Menschen in Wandlung und Entwicklung nur gestalten, sie läßt sich nicht zwingen.

Psychosomatische Gesichtspunkte zu entzündlichen Darmerkrankungen

Die Magen-Darm-Organisation dient der Verdauung – und damit einer Grundbeziehung des Menschen zur Welt auf stofflicher Ebene: der Ernährung.

Natürlich ist die Ernährung nicht mit Stoffaufnahme, dem Stoffwechsel und der Ausscheidung erfüllt. Essen und Trinken hält, wie jedermann weiß, Leib und Seele zusammen.

Ernähren und Verdauen sind psychosomatische Vorgänge: wir fühlen Hunger, Durst oder Sättigung in Verbindung mit Lust oder Unlust. Wir können mit Appetit speisen oder notgedrungen etwas in uns hineinstopfen; wir können Essen und Trinken genießen, mit Interesse, Freude, Wohlgefühl – oder es bereitet uns Abneigung, Widerwille, Ekel.

Die Ernährung beginnt mit den Sinnen: Sehen, Riechen und Schmecken sind offensichtlich beteiligt, aber auch der Lebens- und der Tastsinn. Dann erst – nach Auswahl und Zubereitung der Nahrung – beginnt der innere Verdauungsvorgang. Was an Magen- und Darmmotilität (d.h. rhythmischer peristaltischer Bewegung), was an Absonderung von Verdauungsenzymen von den Speicheldrüsen im Mund, über den Magen, das Pankreas, die Galle, den Dünn- und Dickdarm sezerniert und schließlich resorbiert wird (d.h. aufgenommen wird vom Darmlumen ins Blut) und auf dem Blutweg in die inneren Stoffwechselorgane und dann in den ganzen Organismus gelangt, das alles geschieht nicht automatisch. Obwohl nicht mit unserem Bewußtsein steuerbar, wirkt gerade unser nichtwillkürliches, nichtbewußtes Seelenleben in die Bereiche des Stoffwechsels und der Verdauung hinein und beeinflußt die genannten drei Funktionen:

innere Bewegung (Motilität, Peristaltik)
Absonderung (Exkretion und Sekretion)
Aufnahme (Resorbtion)

Ob wir Blähungen, Durchfall oder Verstopfung haben, hängt nicht nur vom Essen ab, sondern auch von unserer seelischen Verfassung und Gestimmtheit.

Stoffwechsel und Stimmungswechsel beeinflussen sich gegenseitig. So muß man bekanntlich nicht nur das Essen, sondern auch innere Erlebnisse – eine Absage, eine Prüfung, eine Kündigung, eine Trennung – verdauen.

Entsprechend beeinflussen psychische »Verdauungsprobleme« auch die physische Verdauung. Die Erfahrungen sind nicht nur dem Arzt bekannt: der Schauspieler vor dem Auftritt, der Prüfling vor dem Examen, der Bewerber vor dem Vorstellungstermin, der Redner vor dem Vortrag erleben momentan, wie sich ihre seelische Verfassung leiblich-funktionell auswirkt – z. B. in einer Diarrhoe. Psychisch empfindet der Betreffende in einer solchen Situation Angst, Überforderung, »man sieht seine Felle davonschwimmen«, wenn man sich nicht zusammenhalten kann; man kann sich in einer solchen Situation »ausgeliefert fühlen«.

Emotionale Diarrhoe

Wird ein solches situatives Erleben zur latenten, mehr oder weniger manifesten Grundstimmung eines Menschen, so leidet er schon bei den kleinsten Anlässen immer wieder unter Durchfällen, oft verbunden mit Erschöpfungsgefühl, Kopfschmerzen und Konzentrationsstörungen. Wir sprechen dann von einer Emotionalen Diarrhoe, weil sich die Gefühlsstimmung der Unsicherheit und keinen festen Grund unter den Füßen zu haben, ins Leibliche hinein fortsetzt und hier zu der funktionellen Störung der Motilität und der Resorption, evtl. auch einer gesteigerten Schleimsekretion im Dickdarm führt. Unter Umständen kann es bei den gleichen Menschen auch wechselweise zum Gegenteil, zur Obstipation (Verstopfung) kommen. In beiden, äußerlich gegensätzlichen Fällen liegt psychisch meistens eine besondere Anforderungssituation vor, die entweder mit zwanghaftem Sich-zusammen-Nehmen und Konzentrieren – oder mit dem Gefühl der Überforderung und des Ausgeliefertseins beantwortet wird.

Im Darm kommt es in beiden Fällen zu einer Störung der Motilität im Sinne einer Steigerung der peristaltischen Darmbewegungen; im Fall der Obstipation treten dabei segmental, das heißt abschnittweise gesteigerte peristaltische Wellen auf, wodurch der Darminhalt in den sogenannten Haustren zurückgehalten und eingedickt wird. Bei der emotionalen Diarrhoe kommt es zu einer austreibenden Hyperperistaltik, wodurch die Darmpassage beschleunigt wird, was noch durch eine vermehrte Schleimsekretion gefördert werden kann.

Reizcolon oder Colon irritabile

Die Diagnose *Reizcolon oder Colon irritabile* (Colica mucosa) weist nach Untersuchungen amerikanischer und deutscher Gastroenterologen auf das häufigste Krankheitsbild unter allen abdominellen Erkrankungen hin.

Es handelt sich dabei um eine funktionelle Motilitätsstörung des Colons mit Stuhlunregelmäßigkeiten, wobei oftmals Diarrhoen und Obstipationen abwechseln, verbunden mit krampfartigen oder drückenden Schmerzen im Bereich des ganzen Bauches. Es wird über Völlegefühl und Blähungen sowie Unverträglichkeit von Nahrungsmitteln geklagt. Bei der körperlichen Untersuchung finden sich im Verlauf des Dickdarms fühlbare Kälteinseln als Ausdruck eines gestörten Bewegungsablaufes der Darmperistaltik mit Verkrampfungen. Dazu kommen vegetative Beschwerden wie Kopfschmerzen, Mattigkeit, Stimmungslabilität und Reizbarkeit durch ein Überforderungsgefühl verbunden mit latenten depressiven Stimmungen.

Die Beschwerden verlaufen meist schubförmig wiederkehrend und neigen zur Chronifizierung. Bei der gastroenterologischen Untersuchung des Darms (Darmspiegelung) ergibt sich kein pathologischer Organbefund. Es ist eine funktionelle Organstörung, die wir als Ausdruck einer mehr oder weniger unbewußt verdrängten Konfliktsituation erkennen. Gefühle der Angst, der Überforderung, des sich nicht Durchsetzen-Könnens, des sich in seiner Lebenssituation Ausgeliefert-Fühlens stehen im Vordergrund.

Patienten mit einem Colon irritabile nehmen ihre psychische Konfliktsituation meist nicht genügend wahr. Die bewußte Auseinandersetzung mit den eigenen Gefühlen, Absichten und Gedanken wird häufig zugunsten der Erfüllung äußerer Erwartungen oder Verpflichtungen zurückgedrängt oder aufgegeben. Dabei lassen sich oft keine typischen Konfliktsituationen bei diesem Beschwerdebild beschreiben; es zeigt sich eher, daß der betreffende Mensch sich mit seinem Denken, Fühlen und Wollen nicht in der Lage sieht, seine Situation in den Griff zu bekommen. Und dieses gefühlsmäßige Erleben regt den Darm – als ein Denken, Fühlen und Wollen unter emotionalem Aspekt zusammenfassendes Organ – zu vermehrter Aktivität an. Die Folge dieser psychisch induzierten gesteigerten Darmtätigkeit sind die geschilderten Symptome. Anstelle der Psyche ist jetzt das Colon irritiert.

Aus einer solchen Organ-Irritation sollte der Patient zu einer klaren Erkenntnis seiner Situation und zur Entdeckung psychischer Bewältigungsmöglichkeiten geführt werden. Das geht natürlich nicht ohne seine aktiv motivierte Mitarbeit.

Colitis ulcerosa

Colitis ulcerosa und Morbus Crohn sind chronisch entzündliche Darmerkrankungen, die in den letzten Jahrzehnten deutlich zugenommen haben. Die Colitis ulcerosa ist eine entzündliche Erkrankung der Schleimhaut des Dickdarms. Es können Teile des Colons oder auch der gesamte Dickdarm betroffen werden. Häufig befällt sie das Rektum (den Enddarm) und von da ausgehend den linken Teil des Colons.

Die Erkrankung beginnt meist akut oder subakut, typischerweise mit schleimig blutigen Durchfällen. Es können, komplizierend, auch noch andere entzündliche Begleiterkrankungen an anderen Organen auftreten.

Der Verlauf der Darmsymptomatik ist meist schubförmig, chronisch rezidivierend (s. S. 52).

Berücksichtigen wir die oben schon angesprochenen Zusammenhänge zwischen psychischem Erleben und Darmtätigkeit, so wird es uns nicht wundern, daß bei der Colitis ulcerosa, obwohl in ihrer Ursache natürlich multifaktoriell bedingt, psychische Faktoren doch eine wesentliche Rolle spielen. Im akuten Colitis-Schub, der als eine fieberhafte und schmerzhafte Organerkrankung mit bis zu 20 bis 30 Durchfällen am Tag den Patienten in eine schwere körperliche Krankheitssituation bringt, beobachten wir naturgemäß einen Zustand der Schwäche und Erschöpfung und im Wesen des Patienten ein Rückzugsverhalten, gelegentlich von einer adynamisch depressiven Grundstimmung gezeichnet, häufig allerdings begegnen einem auch trotz des schweren Krankheitszustandes freundliche, sympathisch wirkende, angepaßte Patienten. Überwiegend handelt es sich um sensible, leicht verletzliche, sich eher aufopfernde als sich durchsetzende Persönlichkeiten, die in ihrer freundlichen Hingabe ein sanguinisch-melancholisches Temperament aufweisen. Im Erleben der unterschiedlichsten Situationen, Erlebnisse oder Konflikte kann in Zusammenhang mit ihrer gesteigerten Sensitivität das Gefühl bei ihnen entstehen, daß sie ihr Innerstes verlieren könnten.

Daraus kann sich depressiver Rückzug, Abhängigkeit oder kompensatorisch auch eine betonte Selbständigkeit entwickeln. Im Denken bemerken wir bei Colitis-Kranken eine Schwäche der kritischen analytischen Fähigkeiten zugunsten einer synoptischen, zusammenfassenden, weniger erklärenden, dafür mehr verstehenden Denkweise. Das Nachvollziehen gelingt ihnen besser als das Abgrenzen. Einen eigenen Standpunkt konkret zu behaupten fällt schwer. Eigenes kann nicht bewahrt und aufgebaut werden.

Im Fühlen wird das sanguinisch-melancholische Temperament erlebbar, d.h. die Stimmungen können wechseln. Auffallend ist eine Abhängigkeit des Körpers von emotional berührenden Ereignissen, die sich unmittelbar in einer Reaktion der Dickdarmperistaltik ausdrücken. Dazu gibt es eine Reihe eindrücklicher pathophysiologischer Untersuchungen, z.B. über die Zunahme von Darmgeräuschen bei psychisch belastenden Gesprächsthemen oder auch die Zunahme der Durchblutung in der Colon-Schleimhaut bei emotional berührenden visuellen Eindrücken oder gedanklichen Vorstellungen.

Entsprechend faßte eine 24jährige Colitis-Patientin ihr Erleben in den Worten zusammen: »Ich fühle nicht mit dem Herzen wie die anderen Menschen, – ich fühle mit dem Darm.«

Im Wollen fällt das beim Denken schon erwähnte Unvermögen auf, den eigenen Standpunkt oder eigene Entscheidungen zu behaupten und durchzusetzen. Eine gewisse Willensschwäche nach außen, verbunden mit starkem Pflichtgefühl und Opferbereitschaft, kehrt sich nach innen zu körperlicher und seelischer Verausgabung, Hingabebereitschaft, Sich-Verlieren, bis zum Gefühl des Ausgeliefertseins.

Dazu berichtete eine andere junge Colitis-Patientin, daß sie in der Situation ihrer beruflichen Arbeit als Uhrmacherin, an einem Arbeitstisch mit ihrem Chef sitzend, sich täglich von ihm »vergewaltigt« fühlte, weil er ihr seine persönlichen Meinungen über das politische Geschehen oder andere Ereignisse aus den Medien berichtete. Unfähig, ihren eigenen Standpunkt dem ihres Chefs entgegensetzen zu können, war sie den verbal geäußerten Ansichten hilflos ausgeliefert. Ihre Reaktionen waren alltäglich dieselben: Sie mußte aufstehen und die Toilette aufsuchen, denn sie hatte Durchfall. Das Beispiel zeigt, daß ein erster Schritt, das Leiden anzugehen, darin besteht, sich Lebenssituationen klarzumachen, die damit zu tun haben können. Allerdings muß eine Colitis immer ärztlich behandelt werden. Bewährt hat sich eine kombinierte Therapie mit äußeren Anwendungen, Medikamenten, Künstlerischer Therapie und stützende Psychotherapie.

Morbus Crohn

Im Unterschied zur Colitis ulcerosa ist der *Morbus Crohn* (Ileitis terminalis oder Enteritis regionalis) eine chronisch entzündliche Erkrankung, die im Bereich des gesamten Magen-Darm-Trakts auftreten kann, vorzugsweise allerdings in den letzten Dünndarmabschnitten oder, dann mit der Colitis unter Umständen zu verwechseln, im Dickdarm. Typischerweise ist sie nicht nur, wie die Colitis, auf die Schleimhaut begrenzt, sondern ergreift tiefere Schichten der Darmwand. Außerdem hat sie charakteristischerweise noch die Neigung zu Fistelbildungen, vorzugsweise in der Analregion, sowie zu narbigen Stenosierungen im Bereich der erkrankten Darmabschnitte.

Ansonsten ist die abdominelle Symptomatik uncharakteristisch. Es kommt häufiger zu krampfartigen Bauchschmerzen, auch häufigen Stühlen, aber im Unterschied zur Colitis ohne Blut. Die Hauptlokalisation der Ileitis terminalis ist eher rechtsseitig; es kann aber auch, wie schon gesagt, das ganze Colon betroffen sein, so daß das Bild dann sehr stark einer Colitis ulcerosa ähneln kann.

Im allgemeinen wird die Crohn'sche Erkrankung ebenfalls multifaktoriell bedingt gesehen, wobei psychische Faktoren unterschiedlich bewertet werden.

Schon der Entdecker und Erstbeschreiber der Ileitis terminalis, der Internist Crohn, hatte in seiner ersten Veröffentlichung 1932 auf die extremen nervösen Erscheinungen bei den Patienten hingewiesen, die oft dem klinischen Bild der Darmerkrankung vorangehen können.

Bei den Morbus-Crohn-Patienten dominieren in der seelischen Grundverfassung die depressiven Züge, außerdem zeigen sie, im Gegensatz zu den Colitis-Patienten, deutlich weniger Hingabe und Aufoperungsbereitschaft, sondern sehr viel mehr krampfhafte Selbstbehauptung, ein sthenisches Durchsetzungsvermögen, manchmal ein schroff ablehnendes, antipathisches Verhalten, was in der Psychosomatik allgemein als pseudounabhängiges Verhalten charakterisiert wird, weil keine echte Unabhängigkeit und Selbständigkeit besteht. Vielmehr kompensiert der typische Crohn-Patient die Angst vor Abhängigkeit, Unselbständigkeit oder einer ungewollten Selbstaufopferung mit einer Pseudosicherheit und Pseudoselbständigkeit; so weist er eine krampfhaft verhärtete Struktur auf, ist sthenisch, nervös, wie zusammengezogen, um sich nicht zu verlieren.

Wir sehen bei Colitis- und Crohn-Patienten das Grundproblem in den Gefühlen der Angst und des Ausgeliefertseins, des Sich-nicht-Halten-Könnens. Unterschiedlich, ja, im typischsten Falle polar, erscheint dann die psycho-somatische »Bewältigung« der seelischen Ausgangssituation: der typische Crohn-Patient versucht seine Situation intellektuell, kopfig demonstrativ sich selbstbehauptend zu bewältigen. Dabei zeigen sich erwartungsgemäß nervöse wie auch depressive Begleiterscheinungen.

Im Gegensatz dazu hat der Colitis-Patient bei gleicher Ausgangssituation ein mehr sensitiv hingabefähiges Wesen, das die Unselbständigkeit und die Gefahr des Sich-Verlierens eher durch sympathische Anpassung und Aufopferung zu bewältigen versucht. Dabei verliert er tatsächlich – im Gegensatz zum Crohn-Patienten – die innerste Substanz seines Fühlens und Wollens, sein Blut.

Für die Patienten, die an einer dieser chronisch entzündlichen

Darmerkrankungen leiden, ist es wichtig, ihr Eigenes in Denken, Fühlen und Wollen, ihr inneres seelisch-geistiges Vermögen zu entdecken, um es pflegen und nähren, unterstützen und halten zu können.

Die Colitis ulcerosa hat noch einen besonderen Aspekt, der an dieser Stelle nur noch eine kurze Erwähnung finden soll. Es kommt auffallend häufig bei Colitis-Patienten zum Auftreten psychiatrischer Erkrankungen, insbesondere zu paranoid halluzinatorischen Psychosen; und zwar typischerweise nicht gleichzeitig mit einem Colitis-Schub, sondern dazu alternierend. In dem einen Fall verliert der Kranke die Kontrolle und Gestaltung seines Denkens, Fühlens und Wollens substantiell aus dem Darm in Gestalt der wäßrig-schleimig-blutigen Durchfälle; im andern Fall verliert er die Kontrolle und Gestaltung seines Denkens, Fühlens und Wollens seelisch, was sich dann in einem schizophren psychotischen Schub äußert (s. auch S. 324).

Psychosomatische Gesichtspunkte zur Leber

Die psychosomatische Medizin beschreibt interessanterweise keine Erkrankungen der Leber, bei deren Entstehung psychische Faktoren eine wesentliche Bedeutung hätten. Das ist ein bemerkenswertes Faktum.

Die Leber ist das Zentralorgan des Stoffwechsels. Dabei dient sie unter anderem der Entgiftung fremder, aufgenommener Stoffe und dann in besonderem Maße dem Aufbau körpereigener Substanzen.

Was durch die Nahrung an fremden Stoffen in den Organismus aufgenommen wurde, was dabei durch den Verdauungsvorgang abgebaut wurde, das nimmt die Leber in flüssig gelöstem Zustand in sich auf, um körpereigene, neubelebte Substanz daraus aufzubauen. Sie dient damit der substantiellen Erhaltung des Organismus und dem unbewußten vegetativen Leben. Als das Organ der unbewußten Vitalität ist sie das eigentliche Lebensorgan im vegetativen Sinne. Wir spüren von unserer Leber nichts, sie macht nicht einmal Schmerzen, wenn sie erkrankt ist. (Natürlich bildet die Gallenblase hier eine Ausnahme – sie erfüllt auch sonst andere Aufgaben als die Leber.)

Die Leber ist der bewußten Empfindung weit entrückt, weil sie vorzugsweise dem unbewußten, aufbauenden, vegetativen Stoffwechselleben dient. Von daher ist es verständlich und nachvollziehbar, daß es keine in dem bisher beschriebenen Sinne psychosomatische Erkrankungen der Leber gibt. Aus dem Bewußtsein Verdrängtes, in den Organismus abgedrängtes Seelenleben ergreift primär andere Organe als die aufbauend tätige Leber.

Nichtsdestoweniger hat die Leber aufgrund ihrer Qualitäten Einflüsse auf das Seelenleben, die sich somato-psychisch auswirken.

Leber und Depressivität

Ein beherrschendes Kardinalsymptom zeigt sich bei Leberkrankheiten – sowohl bei der Virushepatitis wie auch bei der chronischen Hepatitis und der Leberzirrhose – im Seelenleben der Patienten: die Depressivität.

Die Virushepatitis verläuft in der Regel in einem ersten, fieberhaften Stadium mit Allgemeinerscheinungen, einem zweiten ikterischen Stadium (mit Gelbsucht) und einem dritten, postikterischen Stadium. Die psychischen Begleiterscheinungen beginnen meist im ersten Stadium in Form einer leichten Ausprägung depressiver bis dysphorischer Stimmungen, Müdigkeit und Erschöpfung.

Im zweiten, ikterischen Stadium nehmen die Verstimmungen deutlich zu, depressive Gefühle mit mißmutigem Gereiztsein treten im Wechsel mit Entmutigung und Hoffnungslosigkeit auf. Dazu gehört meist auch eine antriebslose Resignation, die gelegentlich durch depressiv gefärbte Ängste mit innerer Unruhe und innerem Getriebensein unterbrochen werden kann. Beherrschend ist das depressive Grundgefühl mit einem Mangel und einer Herablähmung fast aller seelischer Bedürfnisse: Appetitlosigkeit, Interesselosigkeit, Unternehmungsunlust, Einfallsarmut, schnelle Erschöpfbarkeit, Antriebslosigkeit, vermehrte Müdigkeit, dabei Ein- und vor allem die typischen Durchschlafstörungen mit frühmorgendlichem Erwachen zwischen zwei und vier Uhr.

Im dritten, postikterischen Stadium treten die psychischen Veränderungen etwas in den Hintergrund, wobei die depressive Grundgestimmtheit durchaus erhalten bleibt, aber sich in das Erscheinungsbild einer mehr larvierten, sich hinter körperlichen Allgemeinsymptomen wie Apathie, Müdigkeit, Erschöpfung und vegetativen Beschwerden versteckenden oder maskierenden Depression zeigt.

Auch im Rahmen einer chronischen Hepatitis (chronische Leberentzündung), die schließlich in eine Leberzirrhose (eine diffuse chronische verhärtende Lebererkrankung) übergehen kann, zeigen sich im Seelenleben der Patienten deutliche depressive Phänomene. Das Erscheinungsbild ist jetzt weniger psychisch auffallend, dafür mehr im larvierten Sinne somatisch-depressiv, d.h. es zeigt die oben schon erwähnten psychophysischen Phänomene der Antriebslosigkeit, Müdigkeit, Erschöpfung, Lustlosigkeit, Adynamie und erheblich reduzierter Vitalität. Wir beschreiben diese Zustände auch als typische psychophysische Erschöpfungszustände. Auch dahinter verbirgt sich nichts anderes als eine primär körperlich erlebte Depressivität. Erst bei chronisch aggressiven Leberentzündungen oder fortgeschrittenen leberzirrhotischen Prozessen, insbesondere in Zusammenhang mit Komplikationen (vor allem bei Pfortaderhochdruck) beginnen sich dann wieder akute sogenannte organisch begründete Psychosyndrome mit Bewußtseinstrübungen bis zum Präkoma und schließlich zum Vollbild eines Leberkomas auszubilden.

Eindrücklich wie bei keinem anderen Organ unseres Körpers erleben wir bei leberkranken Patienten das Erscheinen depressiver Stimmungen und das Nachlassen von Vitalität, Entschlußfähigkeit und Willenskraft.

Deutlicher kann ein psycho-somatischer Zusammenhang zwischen physischem Organ und seelischer Erkrankung nicht mehr sein. Die Leber erweist sich als das Organ der Vitalität und der Lebensstimmung. Ist sie durch irgendeinen Kränkungsprozeß nicht mehr in der Lage, diese Vitalität und positive, kraftvolle Lebensstimmung zu vermitteln und aus dem Leib aufsteigend in der Seele entstehen zu lassen, so wird der Patient depressiv und erlebt sich als lustlos, antriebslos, müde, erschöpft und kraftlos.

Wir haben gesehen, daß dies im Rahmen entzündlicher oder verhärtender Lebererkrankungen der Fall ist.

Wie verhält es sich jetzt mit der berühmten »Laus, die einem über die Leber gelaufen ist«?

Das Bild will wohl ausdrücken, daß etwas an sich Harmloses und kaum Spürbares -- wie eben eine Laus – durch chronische Wiederholung, wie ein steter Tropfen von Kummer, schließlich über eine

»physisch unsichtbare« Leberkränkung den Menschen dann auch – nach mehreren Jahren meistens – lustlos, depressiv, erschöpft und antriebslos müde werden läßt.

So kann auch ohne herausragende Lebensereignisse die Leber auf psychosomatische Weise langsam gekränkt werden, bis sie, physisch unsichtbar, diese Kränkung wieder zurückspiegelt, was nun im Seelenleben als Depression, und zwar als eine von innen kommende (endogene) Depression erscheint. (Vgl. hier auch das Kap. über die Depression, S. 289.)

Psychosomatische Aspekte zu Niere und Nierenerkrankungen

Das Nierensystem erfüllt im menschlichen Organismus zwei wesentliche Aufgaben: Zum einen ist es das Hauptausscheidungsorgan für alle gelösten Stoffe, die dem Körper nicht dienlich sind. Zum andern hat sie aber auch eine wichtige »entscheidende«, d. h. aufnehmende Funktion, nämlich in der Rückresorption des in den Nierenglomerula gebildeten Primärharns. Von diesem werden in der Niere im Laufe von 24 Stunden 150 bis 180 Liter gebildet. Davon werden ca. 98 bis 99 % wieder rückresorbiert, was wir mit einscheiden meinen. Die endgültig ausgeschiedene Urinmenge (Sekundärharn) beträgt normalerweise ein bis zwei Liter in 24 Stunden.

Diese 150 Liter Primärharn werden filtrativ, d. h. passiv aus den 1500 Liter Blut, die die Nieren in 24 Stunden durchspülen, gebildet, während die Konzentration vom Primärharn zum Sekundärharn ein aktiver Sondierungs- und Einscheidungsprozeß der Nieren ist. Sie müssen also, bevor sie ausscheiden können, unter den im Blut gelösten Stoffen differenzieren, was für den Organismus brauchbar, was unbrauchbar ist. Man könnte deshalb auch sagen: Durch die Nierentätigkeit differenziert sich die leibliche Innenwelt von der Umwelt, von dem umgebenden Milieu. Die Nieren sind im wesentlichen verantwortlich für die Aufrechterhaltung des physiologischen »inneren Milieus«. Deshalb kommt dem Nierensystem mit seinem komplizierten Bau und seiner hochdifferenzierten Funktion in der phylogenetischen Entwicklung der Tierreihe eine besondere Bedeutung zu beim Schritt der Tiere vom Wasser ans Land, das heißt zur Luftatmung.

So hängt phylogenetisch die Entwicklung unseres hochspezialisierten Nierensystems mit der Differenzierung von innerem und äußerem Milieu und mit der Luftatmung zusammen. Schließlich erstreckt sich eine wesentliche Ausscheidungsfunktion der Niere auf die stickstoffhaltigen Abbauprodukte aus dem Eiweißstoffwechsel. Dabei finden wir den Stickstoff in flüssig gelöster Form. In dem uns umgebenden Lebensmilieu der atmosphärischen Luft finden wir weit überwiegend den Stickstoff, nämlich zu 79 %, hier in gasförmigem Zustand.

Der Stoffwechsel des Stickstoffs, als flüssigem Repräsentant des Luftelementes, wird von den Nieren kontrolliert. Damit besitzt die Niere die Fähigkeit, das »Seelenelement« Luft in gebundener, nämlich flüssiger Form in den Organismus hereinzunehmen, im inneren Milieu aufrechtzuerhalten und im Stoffwechsel und im Ausscheidungsprozeß zu kontrollieren. Während in der Luftatmung dem Sauerstoff die Hauptbedeutung zukommt und der Stickstoff dabei vernachlässigt erscheint, spielt letzterer in der Verinnerlichung des Luftelementes im Bereich des Flüssigen, wie es eben durch die Niere geschieht, die Hauptrolle. Durch diesen Vorgang der Stickstoffeinverleibung in der Eiweißbildung wird dieser nur belebte, vegetative Stoff zur empfindenden, beseelten Substanz. Damit erweist sich die Niere für unsere menschenkundliche Betrachtung als das Organ der leiblichen Beseelung und Grundlage der Empfindung.

Die umgangssprachliche Redewendung, daß uns »etwas an die Nieren geht«, deutet auf diese Beziehung zwischen Empfindung und Nierensystem hin.

Unter psychologischen Gesichtspunkten sollten wir uns daran erinnern, wie der Empfindungs- oder Seelenleib im zweiten Lebensjahrsiebt über die Atmungs- und Bewegungsorganisation schließlich das Urogenitalsystem ergreift und mit dem zu Ende gehenden zweiten Jahrsiebt in den Geschlechtsorganen und in den Nieren zur vollen Funktionsreife führt.

Damit ist die Geburt, d.h. das Frei- und Sichtbarwerden des Empfindungs- oder Seelenleibes eingetreten. Seelisch ist die nachfolgende Epoche des dritten Jahrsiebts deutlich gekennzeichnet von dem sexuell betonten Trieb- und Empfindungsleben. Mit dem Wechsel in die zwanziger Jahre beginnt dann die Metamorphose vom Empfindungsleib zur Empfindungsseele.

Während der Empfindungsleib noch sehr eng mit dem Urogenitalsystem verbunden ist, ist diese Beziehung bei der Empfindungsseele schon freier. Der Mensch richtet sich mit seinen Empfindungen und Bedürfnissen von innen, leiborientiert, nach außen auf die umgebende Welt. In reiner Ausprägung ist dies bei den Tieren in ihrem instinktmäßigen Verhalten zu beobachten. Die Erlebnisrichtung der Empfindungsseele ist demgegenüber umgekehrt: Sie geht von außen von der Welt nach innen und hat damit mehr die Tendenz zur Verinnerlichung, zur Bildung eines inneren Seelenlebens mit Erinnerungen und inneren Seelenmotiven.

Wie sich Affekte, Emotionen, triebhafte und bedürfnisorientierte Motive im Seelenleben ausdrücken und vor allem im Verhalten offenbaren, macht deutlich, wie das aus dem Urogenitalsystem ausstrahlende psychische Element den Empfindungsleib und die Empfindungsseele prägen oder zeitweise bestimmen kann.

Auch inwiefern Affekte und Emotionen in unser Denken und Wollen hereinwirken, ist Ausdruck der seelischen Rückstrahlung aus der Nierenorganisation in den Empfindungsleib oder die Empfindungsseele.

Vegetative Neurosen

Diese vom Urogenitalsystem ausgehende Tendenz, das Seelenleben zu färben, kann stärker oder schwächer sein, d. h. der Mensch ist mehr oder weniger affekt- oder emotionsbetont in seinem Erleben und Verhalten. Dies spiegelt sich im Falle einer starken Nierentendenz in physiologischen Symptomen wider wie Neigung zu höherem Blutdruck, zu Verkrampfungen und krampfhaften Schmerzen und zu einem regen Stoffwechselleben. Die Ausscheidungstätigkeit der Niere ist dabei schwach. Der Organismus hält Flüssigkeit in sich zurück. Psychisch sehen wir emotional- und affektbetonte, eher aggressive und aktive Typen, was sich meist auch in einem kräftigen Körperbau ausdrückt.

Bei einer schwachen psychischen Nierentendenz (»schwachen Nierenstrahlung«) bemerken wir bei eher schlankem und zartgliedrigem Körperbau eine hypotone Blutdrucksituation, Blässe, Neigung zu Varizen, Hämorrhoiden und Dysmenorrhoe, zu Hypoglykämie und einer schwachen Stoffwechseltätigkeit. Damit zusammenhängend finden wir eine geringe psychische Spannkraft, Müdigkeit, Erschöpfung, Schwäche und Neigung zu depressiver Verzagtheit.[33] Leicht lassen sich aus dieser Symptomatik verschiedene Bilder psychovegetativer Syndrome ableiten:

a) mit starken emotionalen Erregungen, gereizter Stimmung, gespannter Vitalität und nicht selten mit Angst
b) mit depressiv-hypochondrischen Erschöpfungszuständen.

Die unterschiedlichsten Organsymptome und Allgemeinbeschwerden wie Kopfschmerzen, Schwindel, Appetitlosigkeit, Magenbeschwerden, Herzklopfen, Hyperventilation, hypo- und hypertone Blutdruckregulationsstörungen, Dysmenorrhoe, Erregung, Müdigkeit, Muskelschmerzen, Ruhelosigkeit, Schlafstörungen und Verdauungsstörungen können im Rahmen dieser psychovegetativen Syndrome (vegetative Neurosen) auftreten. Wir sehen darin eine gestörte, zu starke oder zu schwache psychovegetative Ausstrahlung von seiten des Nierensystems (»Nierenstrahlung«).

Soweit zum somatopsychischen Aspekt, als dessen psychiatrische Extreme wir noch den psychotischen Erregungszustand und den depressiven Stupor (körperliche und psychische Erstarrung) erwähnen wollen (vgl. S. 333).

Unter psychosomatischen Aspekten im engeren Sinn fällt auf, daß vor allem starke Emotionen wie Angst, Wut, Schreck, Schock, Ärger, Mitleid und Hilflosigkeit von organisch Nierenkranken als verantwortlich für die Entstehung ihrer Erkrankung erlebt werden.

Bei chronisch Nierenkranken wie bei Dialysepatienten ist eine deutliche Zunahme an neurotischen Symptomen in oben angedeuteter Polarität zwischen Aggressionen und Depressionen zu beobachten.

Eine Krankengeschichte

Die Patientin ist zum Zeitpunkt der Psychotherapie 31 Jahre alt. Sie leidet an einer chronischen Nierenerkrankung mit Bluthochdruck nach einer Lungenembolie. Aus psychiatrischer Sicht besteht eine neurotische Entwicklung, die in eine akute, depressiv-verzweifelt gefärbte Lebenskrise geführt hat. Sie hat vier Geschwister, darunter zwei Brüder mit manifesten psychischen Schwierigkeiten. Sie stammt aus einer Familie mit sehr strenger pietistischer Erziehung, die mit geradezu missionarischem Eifer und Fanatismus an den Kindern ausgelebt wurde. Regelmäßige Kirchen- und religiöse Versammlungsbesuche mit dem notwendigen Auswendiglernen frommer Verse, Lieder und Gebete waren für die Kinder eine ungeliebte, aber unumgängliche Pflicht. Die Eltern achteten fanatisch streng auf deren Ausübung auch zu Hause. Bemerkenswerterweise blieb die Tochter immer wieder beim Aufsagen dieser Sprüche zu Hause oder bei Versammlungen in der Kirche stecken, so auch bei ihrer Konfirmation.

Zu den Erziehungsprinzipien des Vaters gegenüber seiner Tochter gehörte auch, daß er ihr strengstens verbot, sich im Spiegel anzuschauen. Sie hatte keine Möglichkeit, sich über die sie bewegenden Fragen oder Bedürfnisse auszusprechen. Liebevolle Zuwendungen oder Zärtlichkeiten von seiten der Eltern den Kindern gegenüber gab es nicht.

Die Patientin erlebte rückblickend – wie auch als Kind und Jugendliche in der familiären Situation – die Zwänge der elterlichen Erziehung als äußerst schrecklich und einengend. Als Sechsjährige begann sie, Süßigkeiten zu klauen oder das nötige Geld dafür bei den Eltern zu entwenden.

Mit zwölf Jahren begann sie sexuelle Spielereien mit älteren Hilfsarbeitern ihres Vaters. Im gleichen Alter bekam sie eine akute Pyolonephritis (Nierenbeckenentzündung). Nach der Mittleren Reife begann sie eine Ausbildung auf einer Hauswirtschaftsfachschule. Den Beruf der Hauswirtschaftsleiterin übte sie nur relativ kurze Zeit aus und wollte dann als Entwicklungshelferin in den Tschad. Wegen der jetzt auftretenden chronischen Glomerulonephritis konnte sie diese Reise und ihr berufliches Ziel nicht verwirklichen. Nach einem Krankenhausaufenthalt faßte sie den Entschluß zu einer neuen Berufsausbildung, zumal sie den erlernten Beruf nicht aus eigenem Interesse ergriffen und nicht mit Freude ausgeübt hatte. Jetzt wollte sie Krankenschwester werden. Sie absolvierte die Ausbildung und arbeitete dann auch in diesem Beruf. Zwei Jahre später faßte sie den Entschluß, in einer Abendschule das Abitur nachzumachen. Die dafür erforderliche Aufnahmeprüfung bestand sie jedoch aus mangelnder Vorbereitung nicht. Anschließend bekam sie eine Lungenembolie. Es folgte eine längere Krankheitszeit, in der die Patientin ohne eine Zukunftsperspektive war. Erst allmählich kristallisierte sich als neues Berufsziel das Studium der Sozialpädagogik heraus. Sie konnte die nötigen Schritte in die Wege leiten und befindet sich zum Zeitpunkt der Therapie noch im Studium.

Das Grundproblem dieser Patientin, die mit zwölf Jahren die erste akute Nierenbeckenentzündung und mit 21 Jahren die zweite Nierenerkrankung in Gestalt einer chronischen Glomerulonephritis und mit 26 Jahren eine Lungenembolie hatte, ist das Grenzerlebnis, das Gewahrwerden des eigenen Selbst und ihrer Grenzen. Sie hatte ein ausgeprägtes sanguinisch-melancholisches Temperament, das allerdings durch die fanatisch strenge Erziehung der Eltern in extremer Weise unterdrückt wurde. Schon als Kind begann sie, sich dagegen aufzulehnen und suchte gegen die Zwänge auf verschiedene Weise anzugehen und die ihr gesetzten Gebote und Grenzen zu übertreten. In dem stark emotional-affektiv und aggressiv gefärbten Seelenerleben und Verhalten der Jugendlichen zeigte sich eine starke

Tendenz der vom Urogenitalsystem rückstrahlenden Seelenqualitäten, die in der präpubertären Phase zur ersten und in der Entwicklungsphase der Empfindungsseele zur zweiten entzündlichen Nierenerkrankung geführt hat. Sie hat die Grenzen ihrer äußeren Lebenssituation oder ihrer eigenen Fähigkeiten entweder nicht erkannt oder nicht erkennen wollen, in jedem Fall kühn übertreten. Zweimal wurde sie durch schwere körperliche Erkrankungen auf ihre Grenzen aufmerksam gemacht. Während der Therapie hat sie dies selbst so erlebt und sich mit den Fragen nach dem Sinn ihrer Krankheiten und der Aufgabe ihrer Biographie auseinandergesetzt.

Das Phänomen der Grenzübertretung, die durch ein starkes Temperament einerseits und die zu stark eingrenzende Erziehung andererseits geradezu herausgefordert wird, macht deutlich, daß hier durch die chronische Nierenerkrankung und ihre Folgen die Aufgabe angeregt wurde, sich selbst Ziele und Grenzen zu setzen, zwischen Affekten und inneren Motiven im Willensleben unterscheiden zu lernen und sich auf neue Gesichtspunkte zu besinnen, die ihr eine Orientierungshilfe für zukunftsweisende Entscheidungen bieten können.

Sich nicht von Affekten, Emotionen und Erregungen überrennen lassen – sich aber auch nicht im Gegenteil von Resignation, Erschöpfung und Depression entmutigen lassen: Das gibt das innere Gleichgewicht, sich durch objektive Weltgegebenheiten wie Naturphänomene oder Kunst neue Empfindungsqualitäten zu erwerben. Das kann in diesem Zusammenhang als ein Ziel gesehen werden.

Psychosomatische Aspekte zu Erkrankungen der Bewegungsorgane

Die Bewegungsorgane sind in besonderem Maße Ausdruck für das seelische Erleben und Verhalten des Menschen. An Körperhaltung und Bewegung, an Gestik und Mimik läßt sich vieles wahrnehmen und verstehen. Die »Gebärdensprache« ist eine vorsprachliche, eine averbale, aber auch die Sprache begleitende Ausdrucks- und Kommunikationsmöglichkeit. Sie kann manchmal eindeutiger als Worte sein, sie ist in der Regel unmittelbarer und spontaner. Im Unterschied zur Sprache, in der das gedankliche Element besonders stark repräsentiert ist, lebt in der Körpersprache unmittelbar das Seelische. Fühlen und Wollen kommen darin zum Ausdruck. Dadurch können wir in unserer Gebärdensprache leicht die kühle Distanziertheit des Gedankenmenschen überwinden. Ein entsprechender Blick, eine Handbewegung, eine Gebärde, ein Lächeln oder eine Wendung des Körpers können unter Umständen mehr sagen als Worte oder können dem Gesagten ein besonderes Gewicht, eine wesentliche Färbung oder mehr Überzeugung geben.

Was wir in Haltung, Bewegung, Gestik und Mimik zeigen, kann bewußt intendiert, kann halbbewußt (unterbewußt) emotional oder spontan und kann ganz unbewußt instinkt- und reflexhaft sein.

Durch seine Haltungs- und Bewegungsorgane drückt sich der Mensch also äußerlich sichtbar in seiner ganzen Wesenheit aus, in Denken, Fühlen und Wollen, bewußt, halbbewußt (unterbewußt) und ganz instinktiv unbewußt. Dies sollte bei der Bewertung und Behandlung von Erkrankungen der Haltungs- oder Bewegungsorgane immer berücksichtigt werden.

Das häufigste Symptom im Bereich der Bewegungsorgane ist der

Schmerz mit oder ohne Bewegungseinschränkung. Bei einem lokal begrenzt erlebten Schmerzempfinden handelt es sich also unter obengenanntem Gesichtspunkt nicht um eine lokale, sondern um eine Erkrankung des ganzen Menschen. Das widerspricht weitgehend der üblichen medizinischen Denkungsweise in bezug auf die Erkrankungen des Bewegungsapparates.

Bewegungseigentümlichkeiten und seelische Qualitäten

Als Beispiel für den engen psycho-somatischen Zusammenhang zwischen Bewegungsleben und Seelenleben soll die nachfolgende Auflistung dienen. Sie enthält Begriffe, mit denen wir gewohnt sind, sowohl Bewegungseigentümlichkeiten wie seelisch geistige Qualitäten zu beschreiben.

Natürlich heißt das nicht, daß eine Einseitigkeit im Haltungs- oder Bewegungsapparat immer die entsprechende Einseitigkeit im Seelischen mit sich brächte. Das ist natürlich nicht der Fall! Auch in umgekehrter Richtung ist es nicht so einfach, obwohl eine der hier genannten seelischen Einseitigkeiten immer zu einer mehr oder weniger ausgeprägten Einseitigkeit im körperlichen Haltungs- und Bewegungsleben führen wird; allerdings nicht im Erscheinungsbild der gleichen Einseitigkeit. Das Wechselverhältnis zwischen Körper und Seele ist auch im Bereich des Bewegungslebens äußerst vielgestaltig. Wir müssen insbesondere in diesem Bereich bedenken, daß der Mensch in leiblichen wie in seelischen Fähigkeiten die Möglichkeit zur Kompensation und Überkompensation hat. Das heißt, wir können zum Beispiel ein körperliches Gebrechen, eine verminderte körperliche Leistungsfähigkeit durch besondere seelisch-geistige Tüchtigkeit kompensieren. Oder umgekehrt: eine seelische Schwäche kann durch körperliche Kraft, durch körperliche Leistung, durch körperliches Verhalten kompensiert werden. Von Überkompensation sprechen wir dann, wenn der an sich natürlich gesunde und normale Vorgang des Kompensierens zu einer Einseitigkeit übertrieben wird. Eine interessante Überkompensation ist es zum Beispiel, wenn sich Menschen aus Unfähigkeit zu zwischenmenschlichen, seelischen Auseinandersetzungen besonders gefährliche Sportarten aussuchen, um ihre Angst auf menschlich-seelischem Felde zu kompensieren und auf einem ganz anderen Gebiet besonderen Mut zur Schau zu stellen. Natürlich wird dadurch ihr ursprüngliches psychisches Problem in keiner Weise bewältigt oder gebessert. Man betrachte einmal folgende Aufstellung:

BEWEGUNGSEIGENSCHAFT SEELISCHE EIGENSCHAFT

Haltung
Beweglichkeit
Standfestigkeit
Starre
Aufrechte, Aufrichtigkeit
Bewegungslosigkeit
Ausdrucksmöglichkeit
Ruhe
Ausgeglichenheit
Kraft
Schwäche
Aktivität
Spannkraft
Schlaffheit
Erschlaffung
Lähmung
Gespanntheit
Spannung
Anspannung
Entspannung
Verspannung
Harmonie
Fixierung
Verkrampfung

Durch Überkompensierungen entstehen häufig besonders spezialisierte einseitige Fähigkeiten, die dann auch den betreffenden Menschen einseitig werden lassen.

Jeder mag vielleicht für sich einmal die rechte und die linke Seite dieser Begriffe ergänzen im Sinne seiner seelischen Eigenschaften und seiner Bewegungseigenschaften. Vielleicht mag der eine oder andere dann auch bemerken, welche Einseitigkeit im Sinne einer Schwäche oder einer Stärke er im Seelischen oder im Leiblichen hat, und wie er diese auf der anderen Ebene kompensiert oder überkompensiert, oder wann auch einmal etwas dekompensiert ist.

Bei der folgenden Besprechung von Krankheitsbildern des Bewegungsorganismus werden Beispiele für gegenseitige Kompensierungsversuche gebracht werden.

Der Schmerz

Die typischste Erscheinung in Zusammenhang mit Erkrankungen der Bewegungsorganisation ist der Schmerz, mit oder ohne Bewegungseinschränkung. Er wird häufig lokal begrenzt, kann aber auch diffus und wandernd erlebt werden. Entscheidend ist, daß er kein bestimmtes physisches oder körperliches Ereignis ist, sondern immer ein seelisch-leibliches, ein psychophysisches oder psychosomatisches Erlebnis. Deshalb ist Schmerz immer ein subjektives Erlebnis und kaum zu objektivieren. Im Schmerzerleben und im Umgang mit dem Schmerz offenbart sich immer ein Wesenszug der Persönlichkeit.

Schmerzen innerhalb der Bewegungsorganisation treten entweder an der Muskulatur, an Knochen, Gelenken oder Sehnen auf. Sie können dort entstehen – oder auch dort hinprojiziert werden. Physisch gesehen sind es meist entweder Muskel- oder Nervenschmerzen, die im Bereich von Knochen oder Gelenken hervorgerufen und deswegen auch an den Organen des festen Stützapparats erlebt werden.

Während die Entstehung des Nervenschmerzes ein äußerst komplexes und schwieriges physio-psychologisches Geschehen ist, scheint die Entstehung des Muskelschmerzes leichter verständlich zu sein. Ebenso wie Atmung und Blutdruck ist auch der Muskeltonus unmittelbares Ergebnis der rhythmisch wechselnden (atmenden) Verbindung des Empfindungs- oder Seelenleibes mit den entsprechenden Organen. Die typischen psycho-physischen Qualitäten, die durch dieses Wechselverhältnis von Seele und Leib entstehen, sind Druck, Spannung und Bewegung. An diesen Phänomenen erkennen wir immer im physischen Organismus, wo und wie der Empfindungsleib harmonisch tätig, zu stark oder zu wenig tätig ist. Bei der harmonischen Tätigkeit ergibt sich eine gesunde Organfunktion und ein entsprechendes Wohlbefinden; bei der zu geringen Tätigkeit resultiert meist eine Verminderung der Organfunktion; und bei zu starker Tätigkeit handelt es sich meistens um schmerzhafte Zustände aus Überdruck, Verspannung oder Verkrampfung. Diese durchweg schmerzhaften Phänomene gehen, je nach Organ, häufig mit entzündlichen Erkrankungen einher.

Rheumatische Muskel- und Gelenkerkrankungen

Unter Rheuma versteht die Medizin heute im weitesten Sinne »Affektionen des Bewegungsapparates und seiner Umgebung, die Schmerz- und Funktionsbehinderung bereiten«.[34]

Der Begriff Rheuma leitet sich von dem griechischen Wort rheein ab, das fließen bedeutet. Die Krankheitsbezeichnung Rheuma meint dementsprechend einen fließenden, d.h. einen kommenden und gehenden Schmerz, der zudem noch von einer Körperregion zu anderen wandern kann. Die rheumatischen Erkrankungen werden heute im wesentlichen in vier Gruppen eingeteilt:

1. Entzündliche Gelenk- und Wirbelsäulenerkrankungen
   Hierzu gehören z.B. die chronische Polyarthritis (PCP) und der Morbus Bechterew.
2. Degenerative Gelenk- und Wirbelsäulenerkrankungen
   Darunter verstehen wir Verschleiß- und Aufbrauchserkrankungen der Gelenke und der Wirbelsäule (z.B. Arthrosen und Bandscheibenleiden)
3. Weichteilrheumatismus
   Darunter verstehen wir eine Vielzahl von schmerzhaften Beschwerden und Erkrankungen nichtentzündlicher Natur in den Weichteilen, d.h. Muskeln, Sehnen und Bänder im Bereich der Extremitäten und des Körperstamms.
4. Pararheumatische bzw. stoffwechselbedingte Erkrankungen
   Darunter verstehen wir z.B. die Gicht oder die Osteoporose.[35]

Der Häufigkeit nach geordnet sind die weichteilrheumatischen Erkrankungen mit 55 % aller rheumatischen Erkrankungen die größte Gruppe. Danach folgen mit 38 % die degenerativen Erkrankungen. Diese beiden Gruppen machen zusammen also schon 92 %. Es bleiben noch die entzündlichen Erkrankungen, worunter mit 5 % die PCP die häufigste ist und der Morbus Bechterew mit 1 % vertreten ist; schließlich bleiben die stoffwechselbedingten Wirbel- und Gelenkerkrankungen noch mit 1 % insgesamt unter allen rheumatischen Erkrankungen. (Die Zahlen sind immer auf die Gesamtzahl aller rheumatischen Erkrankungen = 100 % bezogen.)

Weichteilrheumatismus

Weichteilrheumatismus ist der Oberbegriff für eine Fülle von nichtentzündlichen und nicht degenerativen schmerzhaften Befindensstörungen oder Erkrankungen im Bereich der Bewegungsorganisation, d.h. an Extremitäten oder im Bereich des Brustkorbes und des

Beckens. Dazu gehören Beschwerden und Diagnosen, die wir als psychogenen Rheumatismus, Muskelrheumatismus, funktionellen Rheumatismus, Myalgie-Syndrom, »Hexenschuß« oder »low back-pain« kennen. Das Beschwerdebild ist an Intensität und Lokalisation wechselnd, objektive Entzündungszeichen fehlen, lokale schmerzhafte Muskelverhärtungen finden sich dagegen regelmäßig. In der Gegend der Lenden, Schultern und Nacken treten die Schmerzen am häufigsten auf. Die Patienten haben meist ein Erleben von Angst oder Depression. Im Hinblick auf unsere oben angeführte Tabelle gelten bei diesen Patienten die wichtigsten Fragen der Haltung, der Standfestigkeit, der Beweglichkeit, der Starre, der Aufrechte bzw. Aufrichtigkeit, der Spannkraft, der Fixierung und der Verkrampfung. In diesen Bereichen liegen auf seelischer Ebene mehr oder weniger einseitige Ausprägungen vor: In der seelischen Haltung befinden sich diese Menschen häufig in einem Konflikt zwischen Aufopferung und Selbstbestimmung.

Bezüglich der Standfestigkeit kommen sie in einen Konflikt mit ihrer Tendenz zur Hingabe;

trotz Hingabebereitschaft zeigen sie seelisch eine Tendenz von der Beweglichkeit zur Starre;

was die Aufrichtigkeit, aus der eigenen inneren Haltung heraus der Welt zu begegnen, betrifft, so besteht eine starke Tendenz zur Selbstbeherrschung in dem Sinne, daß möglichst nichts von persönlicher Schwäche sichtbar wird.

Die Spannkraft ist im Seelischen wie auch – damit korrelierend – im Körperlichen deutlich erhöht als Ausdruck der inneren Ambivalenz zwischen Standfestigkeit und Hingabe, zwischen Aufopferung und Selbstbestimmung.

Das psychophysische Erlebnis dieser Patienten wird häufig mit der Situation eines »Boxers vor dem Gong« oder eines »Läufers vor dem Start« – ohne Startsignal! verglichen.

Aus der chronifizierten Spannkraft resultiert schließlich, weil die Entlastung fehlt, eine Verkrampfung, die auch noch aus der inneren Fixierung auf Leistung und Erfüllung genährt wird. Die körperlichen Folgen im Bereich der Bewegungsorganisation sind jetzt leicht nachvollziehbar: Die Körperhaltung wird schmerzhaft, geschont, manchmal schief und verspannt. Die Standfestigkeit kann eingeschränkt sein, die Beweglichkeit wird mindestens teilweise starr, die Starre steigert sich bis zum Hartspann der Muskulatur; die Aufrechte wird schmerzhaft, die Spannkraft ist in der Muskulatur erhöht, die Verkrampfung schmerzhaft und die Fixierung führt zur Einschränkung der Bewegung.

Exemplarische Patientenschilderung:

Ein 43jähriger Patient von kräftiger körperlicher Konstitution kommt wegen eines akuten rheumatischen Schubes zur stationären Behandlung. Die rheumatische Erkrankung besteht bereits seit etwa 10 Jahren, weitgehend im Sinne eines Weichteilrheumatismus; eine Psoriasis (Schuppenflechte) besteht bereits seit 20 Jahren. In diesem Zusammenhang ist es auch zu Gelenkveränderungen im Bereich verschiedener Gelenke gekommen.

Herr G. ist kräftig und körperlich abgehärtet durch eine anstrengende körperliche Arbeit im Freien. Hinter dieser harten Schale verbirgt sich ein sensibler Kern mit Angst vor allem Neuen und Ungewissen. Es bestand eine Diskrepanz zwischen körperlicher Erscheinung und seelischem Erleben, die der Patient selber von sich nicht verstehen konnte, die er aber schon lange von sich kannte.

Er berichtete im Laufe der psychotherapeutischen Gespräche, daß er schon als Kind ein Außenseiter gewesen sei. Von seinen Eltern, insbesondere von seinem Vater, sei er nicht geliebt worden. Zärtlichkeit habe er von den Eltern nicht erfahren. Er habe immer gerne »geschafft« und sei immer »umtriebig« gewesen. Körperliche Tätigkeit und Bewegung sei immer wichtig gewesen für ihn. Furcht oder Angst habe er als Kind oder Jugendlicher nicht gekannt; wohl aber Hemmungen vor Menschen. Zu beiden Eltern besteht jetzt noch eine seelisch belastete Beziehung.

Mit 17 Jahren hat er seine spätere Frau kennengelernt, die er dann mit 20 Jahren heiratete. Ausbildung zu einem praktischen Beruf, der bei seiner Anstellung dann viel Arbeit im Freien mit sich brachte. Vor körperlichen Anstrengungen oder äußeren Mutproben habe er nie irgendeine Furcht oder Hemmung gehabt – aber »im Innersten war ich immer unsicher«. Er habe nie gelernt, für sich selbst einzutreten und »meine Gefühle und seelischen Regungen auszusprechen oder zu zeigen; ich habe immer alles in mir festgehalten. Dadurch wurden meine Probleme immer größer.«

Er war Außenseiter und Einzelgänger und hat sich dabei immer bemüht, es allen recht zu machen. In diesem Zusammenhang hat er aggressive, aber auch andere spontane seelische Äußerungen stets zurückgehalten, verdrängt. Körperliche Anstrengung, Bewegung und Arbeit waren Kompensationsmöglichkeiten. Dadurch entwikkelte sich zu seinem eigenen Innern, zu seinem seelischen Erleben und Empfinden keine vertrauensvolle und sichere Beziehung. »Es fehlt mir daran, an mich selber zu glauben.« Unter den unterschiedlichsten seelischen Belastungen kamen in ihm aggressive Erregungen auf, die äußerlich jedoch vollkommen unsichtbar blieben, ganz verdrängt und nach innen gedrückt wurden, so daß er sich »wie neben der Kapp'« fühlte und in solchen Situationen kaum ansprechbar war, so »verdruckt« war er dann.

Jetzt, in der psychotherapeutischen Situation aufgrund seiner rheumatischen Erkrankung, war es sein Ziel, wie er es selber ausdrückte: »Das Rheuma soll mich nicht kriegen, wenn ich einen Schub kriege; ich will Herr über mein Leiden werden – auch wenn ich es behalte; es soll mich nicht unterkriegen.« Daran wurde psychotherapeutisch gearbeitet, unterstützt durch anthroposophische Medikamente und künstlerische Therapien. Er selbst hat seine Rheumaerkrankung so erlebt und verstanden, daß die Grundlage für dieses Rheuma in seinem Wesen begründet ist und schon in seiner Kindheit unmerklich begonnen habe. Darin, daß er nie für sich selbst eintreten konnte, persönliche Empfindungen immer unterdrückte und seine Selbstbestätigung fast ausschließlich in angepaßter körperlicher Leistung erlebte, sah er selber seine Grundproblematik: »Ich kann nichts vertreten oder verarbeiten, was mich nahe betrifft, was mir unter die Haut geht, was mein Ich betrifft.«

Die psychotherapeutische Aufarbeitung seiner Krankheitssituation, seines Krankheitsverständnisses und seiner biographischen Entwicklung mündete in die Anregung zur Entwicklung neuer Fähigkeiten im Umgang mit sich selbst, insbesondere mit seinen Gefühlen, seinen seelischen Erregungen und seinen körperlichen Empfindungen, sowohl in bezug zu sich selbst als auch mit seinen Mitmenschen. In diesem Zusammenhang bekam der Patient auch Übungen zur Selbsterziehung, wie sie in dem Kapitel »Selbsterziehung und Psychotherapie« (auf S. 421) erwähnt sind.

Die degenerativen rheumatischen Erkrankungen

Den Hauptteil der degenerativen rheumatischen Erkrankungen nehmen wohl die Bandscheibenleiden ein. Auch wenn – ab einem bestimmten Alter regelmäßig mehr oder weniger deutliche organpathologische Befunde vorliegen, sind sie nicht immer wirklich der Grund für die vom Patienten geklagten Beschwerden, z. B. im Falle des typischen Kreuzschmerzes.

Degenerative Wirbelveränderungen oder Hinweise für Wurzelreiz oder Kompressionssyndrome im Bereich der Halswirbelsäule oder der Lendenwirbelsäule können unverändert bestehen, während Schmerzphänomene und unter Umständen sogar neurologische Ausfallserscheinungen stark in ihrem Verlauf wechseln können, vom akuten Erscheinungsbild bis zur vollkommenen Beschwerdefreiheit. Diese Erfahrungen weisen darauf hin, daß es sich kaum um ein lokal begrenztes organpathologisches Geschehen handelt; vielmehr um ein komplexes psychosomatisches Ausdrucks- und Erlebnisgeschehen.[36]

Bei Kreuzschmerzen müssen immer, neben degenerativen Wirbelsäulen- und Bandscheibenveränderungen, auch psychische Faktoren mitbedacht werden. Kreuzschmerzen kommen beim oben beschriebenen Weichteilrheumatismus vor, das heißt als psychogene Kreuzschmerzen oder psychosomatische Kreuzschmerzen; sie kommen auch im Rahmen der degenerativen Veränderungen vor im Zusammenhang mit psychischen Phänomenen (siehe unten). Kreuzschmerzen können als konversionsneurotisches Symptom auftreten und vor allem bei Depressionen, für die sie ein häufiges körperliches Ausdrucksmittel sind.

Bei den degenerativen Erkrankungen (abnutzungsbedingte Bandscheibenleiden) kommen in bezug auf unsere obige tabellarische Auflistung die folgenden Begriffe in Frage: Haltung, Beweglichkeit, Ruhe, Aufrechte, Ausdrucksmöglichkeit, Kraft und Schwäche, Aktivität und Spannkraft, Lähmung, Verspannung.

In psychologischer Hinsicht sehen wir die seelische Haltung bei diesen Patienten eher starr bei einer subjektiv wichtigen Betonung der körperlichen Beweglichkeit und gleichzeitiger Unbeweglichkeit in den Gedanken und Einstellungen. Ruhe findet sich weder im seelischen noch im körperlichen Bereich – d.h. es herrscht Unruhe vor.

Das Verhältnis von Kraft und Schwäche ist auffallend, insofern lange Kraft demonstriert und betont wird und es dann zu einer plötzlichen Umkehr, zu demonstrativer Schwäche kommen kann. Ähnlich ist es im Verhältnis von Aktivität und Spannkraft, die im Psychischen sehr ausgeprägt sein können und als wichtig erlebt werden, dann aber auch plötzlich fehlen können. Das hängt wesentlich mit dem Phänomen der Lähmung zusammen, die häufig im Bereich des Seelischen als Gefühl von Depressivität und Hoffnungslosigkeit im Zusammenhang mit den Schmerzen auftreten kann. Die Verspannung zeigt sich im Psychischen als schmerzhaft erlebte Unfreiheit im eigenen Verhalten. Das Phänomen der »gehemmten Aggression« spielt dabei eine Rolle. Die körperlichen Symptome äußern sich bei den Bandscheiben-/Kreuzschmerzpatienten in lokalisierten und gelegentlich ausstrahlenden Schmerzen im Bereich von oberem Kreuz (HWS-Bereich) oder unterem Kreuz (LWS-Bereich) mit Bewegungseinschränkung, Haltungseinschränkung, Schwäche und unter Umständen Lähmungserscheinungen.

Die chronische Polyarthritis (rheumatoide Arthritis, PCP)

Diese Krankheit betrifft vorwiegend die mittleren und höheren Lebensjahrzehnte und tritt bei Frauen zwei- bis dreimal häufiger auf als bei Männern. Sie beginnt meist schleichend mit morgendlicher Steifigkeit und Schmerzhaftigkeit, mit weicher, fluktuierender schmerzhafter Schwellung, typischerweise im Bereich der Fingergrund- und -mittelgelenke, aber auch in Hand-, Knie- und Fußgelenken. Die Beschwerden sind stärker nach Ruhephasen und bessern sich nach Bewegung. In der Regel lassen sich im Blut die klassischen Entzündungszeichen nachweisen. Heute sucht man bei den entzündlichen rheumatischen Erkrankungen vor allem nach dem sogenannten »Rheumafaktor«. Dabei sollte man bedenken, daß er, wie der Rheumatologe R. Raspe prägnant formuliert, »Rheuma sicher nicht macht«.[37]

Man sollte sich also auf das Vorhandensein dieses sogenannten »Rheumafaktors« nicht allzusehr fixieren, denn die wirkliche Ätiologie der chronischen Polyarthritis ist nach wie vor unbekannt. Im Laufe der Erkrankung kann es zu einer Inaktivitätsatrophie der Muskulatur im Bereich der betroffenen Gelenke kommen.

Da »bis heute der organmedizinische Wissensstand über die Genese der Erkrankung unbefriedigend« ist[38], gibt es zahlreiche Untersuchungen über eine mögliche psychosomatische Genese der chronischen Polyarthritis. Wir wollen uns auch in diesem Fall an der obigen Tabelle orientieren und finden für Patienten mit chronischer Polyarthritis Fragen oder Einseitigkeitstendenzen zu folgenden Qualitäten: Haltung, Beweglichkeit, Aktivität, Standfestigkeit, Starre und Fixierung, Schwäche und Lähmung, Schlaffheit und Verkrampfung, um wenigstens die wichtigsten zu nennen. In die psychische Phänomenologie übertragen, sehen wir in bezug auf die Beweglichkeit eine emotional instabile, gefühlsmäßig gehemmte seelische Haltung; in Standfestigkeit, Starre und Fixierung sehen wir als typische Eigenschaften Übergewissenhaftigkeit, Zwanghaftigkeit und Ausdauer. Die psychischen Ausdrucksmöglichkeiten sind im Sinne einer stark introvertierten Persönlichkeit gehemmt und nach innen gerichtet. Schwäche und Lähmung heißen in diesem Fall auf der psychischen Ebene Angst und Depression. Schlaffheit bedeutet in diesem Zusammenhang eine Tendenz zu Weichheit und Nachgiebigkeit im Seelischen; und mit der Verkrampfung schließen wir wieder an die anfangs schon erwähnte Tendenz zur verkrampften Beherrschung der eigenen Gefühle an. Diese psychische Phänomenologie übersetzt sich bei den Patienten mit einer rheumatischen Arthritis in das vergleichsweise eintönige somatische Beschwerdebild mit schmerzhafter Schwellung und Bewegungseinschränkung im Bereich der kleineren und mittleren Gelenke. Bemerkenswert ist, daß diese Patienten der motorischen Aktivität häufig große Wichtigkeit und Bedeutung beigemessen haben. Oft wurden über sportliche Betätigungen offenbar viele Gefühle abreagiert. Dieses, dem seelischen Erleben im Grunde nicht angemessene Verhalten schlägt dann (in Übereinstimmung mit der Introversion) gewissermaßen nach innen und führt zum Ausbruch der Erkrankung.

Zusammenfassend können wir sagen, daß es bei den Erkrankungen der Bewegungsorganisation um den fehlenden Ausgleich zwischen Polaritäten geht. In erster Linie ist es natürlich die Polarität von Seele und Leib, die sich bei diesen Patienten in der Diskrepanz zwischen Fühlen und Wollen, zwischen innerem Erleben und äußerem Verhalten besonders kraß zeigt. Die Bewegungsorganisation dient ja vorzugsweise den beiden seelischen Qualitäten Emotion und Motivation (Fühlen und Wollen), weshalb wir in den psychopathologischen Beschreibungen vorzugsweise Qualitäten aus diesen Bereichen gefunden haben. Als therapeutisches Ziel können wir für Patienten mit Erkrankungen an den Bewegungsorganen formulieren, daß sie sich um den Ausgleich der Polaritäten zwischen Weichheit und Härte, zwischen Zulassen/Loslassen und Beherrschen, zwischen Annehmen-Können und Meinen-Geben-zu-Müssen, zwischen Erleben und Verhalten, zwischen Emotion und Antrieb bemühen müssen. In unterschiedlicher Gewichtung bei den verschiedenen Erkrankungen hier einen Weg zum Ausgleich einzelner Polaritäten zu finden, wie er für den individuellen Patienten angemessen ist, bedeutet immer auch ein Eingehen auf seine seelische und psychosoziale Situation.

Der Rhythmus in der Bewegung und im täglichen Leben wird in jedem Fall ein entscheidendes therapeutisches Element sein. Darüber hinaus ist das Üben der Selbstwahrnehmung und ein daraus zu entwickelndes Selbstbewußtsein mit der dann langsam reifenden Möglichkeit zur Selbstbestimmung das anspruchsvollste Therapieziel, das mit Hilfe der individuellen persönlichen Fähigkeiten und Möglichkeiten des Patienten angestrebt werden kann.

Psychosomatische Gesichtspunkte zum Essen

Allgemeine Einführung

Das Essen ist für den Menschen nicht nur Nahrungsaufnahme im Sinne einer stofflichen Beziehung zur Welt, die zum Leben notwendig ist. Essen und Trinken ist, wie der Volksmund weiß, dasjenige, was Leib und Seele zusammenhält. Essen ist ein materieller und körperlicher Vorgang, dem mehrere Lebensprozesse des Organismus dienen, so z. B. willkürliche und unwillkürliche muskuläre Arbeit, Absonderungen verschiedener Drüsen, abbauende und aufbauende Stoffwechseltätigkeiten, innere, sehr differenzierte, fließende Bewegungen und schließlich die Ausscheidung der unbrauchbaren materiellen Bestandteile. Darüber hinaus ist das Essen untrennbar von der jeweiligen seelischen Verfassung und Gestimmtheit abhängig. Der naturgegebene triebhafte Drang nach Nahrungsaufnahme, den Tier und Mensch als Hunger erleben können, wird durch seelische Stimmungen und durch zwischenmenschlich soziale und kulturelle Bedürfnisse zum Appetit gesteigert und verfeinert. Lust oder Freude zu essen, eben der Appetit, ist in emminentem Maße von der seelischen Gestimmtheit und der gegenwärtigen menschlichen Beziehungssituation abhängig. Eine gute, angenehme, fröhliche, von Freundschaft und Zuneigung getragene seelische Stimmung regt den Appetit an. Dies veranlaßt dazu, lieber in guter Gesellschaft als allein zu essen. Gern wird deshalb auch eine angenehme Umgebung und Atmosphäre gesucht, wenn man ein Essen genießen möchte.

Beim Essen und Trinken ist nicht nur der Geschmackssinn gefragt, vielmehr werden dabei eine ganze Reihe von Sinnen beschäftigt, die die umgebende Atmosphäre und herrschende Stimmung dabei mit aufnehmen. So können andererseits Ärger oder eine schlechte Stimmung wie auch eine eigene depressive Verstimmung den Appetit gründlich verderben. Tatsächlich ist die Lust am Essen von dem Zusammenspiel von Leib und Seele in Stimmungen und Bedürfnissen ebenso abhängig wie von dem Zusammenstimmen von Seele und Welt in den psychosozialen Beziehungen, in der zwischenmenschlichen Atmosphäre, in der Stimmung einer Situation und in kulturellen und sozialen Bedingungen.

Insbesondere in letzteren zeigen sich absichtsvoll bestimmte Faktoren, die von Menschen unterschiedlicher Weltanschauungen oder Kulturen zum Essen dazugehören wie Tischsitten, Tischgebete oder bestimmte Rituale, die das Essen – im Unterschied zur tierischen Nahrungsaufnahme im Sinne einer Triebbefriedigung – eben zu einer menschlichen, wichtigen und anspruchsvollen und mit viel Bedeutung und Ausdruck versehenen Tätigkeit machen.

Dadurch wird es tatsächlich zu weit mehr als der bloßen Nahrungsaufnahme für den physischen Leib. Im Essen, ganz besonders im gemeinsamen Essen, in der Aufforderung und in der Einladung zum Essen, liegt ein starkes menschliches Ausdrucksverhalten. Es ist ein Zeichen von Verbundenheit und Freundschaft, mit jemandem zusammen zu essen. Die Einladung zu einem gemeinsamen Essen kann Ausdruck für vieles sein. Es bietet viele Gestaltungsmöglichkeit für menschliche Beziehungen. Einen Angehörigen oder Bekannten nicht zum großen Festessen, sei es Hochzeit, Geburtstag oder Jubiläum oder ein anderer Anlaß, einzuladen, ist ein Affront. Es drückt sich darin deutlich eine negative Beziehung aus. Wie umgekehrt die Einladung zum gemütlichen Essen zu zweit bei Kerzenschein der Ausdruck einer freundschaftlichen, intimeren Beziehung sein kann. Andererseits können sich einsame Menschen, die momentan keine Beziehungen haben, entweder in depressiver Appetitlosigkeit zurückziehen oder aber sich gerade allein mit um so mehr Essen, und insbesondere süßem Essen, über die Einsamkeit oder Beziehungslosigkeit hinweghelfen. So kann Essen, aber auch Trinken zur Ersatzbefriedigung werden.

Damit haben wir schon erste neurotische Störungen im Eßverhalten angedeutet: Appetitlosigkeit und Freßsucht. Im Blick auf die menschliche Biographie und Entwicklung kann deutlich werden, wie das Essen vom ersten bis zum letzten Lebenstag ein für Leib und Leben, für die seelische Stimmung und Verfassung, für den eigenen seelischen Ausdruck und für die soziale Beziehung eminent wichtiges Element ist. Natürlich verändert sich einiges am Eßverhalten und an der aufgenommenen Nahrung, aber die wesentlichen, im zusammenfassenden Begriff psychosomatischen Qualitäten des Essens bleiben das ganze Leben über erhalten.

Da nun das Essen interessanterweise, wie wir gesehen haben, mit all den sieben Seinsbereichen des Menschen verbunden ist (mit Leib und Leben, mit seelischer Stimmung und mit geistigem, religiösem, kulturellem Hintergrund, mit persönlichen Ausdrucks- und Beziehungsqualitäten und mit Kontinuität und Wandlungen in der Biographie) und in einem wechselseitigen Verhältnis sowohl abhängig sein, wie auch gestaltend und Ausdruck verleihend wirken kann, so scheint es nicht abwegig zu sein, dem Essen auch in bezug auf Reinkarnation und Karma eine Bedeutung zuzuerkennen. Je nachdem, wie ein Mensch in der Lage ist, in seinem Leben durch Essen und Trinken Leib und Seele, Mensch und Mitmensch, Selbst und Welt zusammenzuhalten oder den Zusammenhang zu verlieren, kann dies Folge einer vorangegangenen karmischen Entwicklung oder auch Anlaß für eine spätere bestimmte karmische Situation sein.

Vor diesem umfassenden menschlichen Hintergrund des Essens kann es nicht verwundern, daß es seelisch bedingte Störungen des Eßverhaltens gibt. Die zwei wichtigsten sollen im folgenden besprochen werden.

Mager an Leib und Seele – die Anorexia nervosa

Anorexie bedeutet wörtlich Appetitlosigkeit. Die *Anorexia nervosa* oder *mentalis* ist also eine seelische Erkrankung des gestörten Appetits. Sie tritt in den meisten Fällen als *Pubertätsmagersucht* auf und hat in den letzten Jahrzehnten an Häufigkeit deutlich zugenommen.

Wir kennen inzwischen auch noch eine zweite Form der Anorexie, die im höheren Lebensalter auftritt und deshalb *Anorexia senilis* genannt wird. Sie zeigt sich in der Regel überwiegend bei Patientinnen mit hirnorganisch begründeten Altersdemenzen und stellt insofern nicht unbedingt ein eigenständiges Krankheitsbild dar, sondern ist in Zusammenhang mit der Grunderkrankung (Altersdemenz, oft auch in Zusammenhang mit Altersdepressionen) zu sehen.

Dagegen ist die *Anorexia nervosa* als Pubertätsmagersucht mit Sicherheit ein eigenständiges Krankheitsbild. Für die Diagnose einer Anorexia nervosa darf bei der Patientin keine andere körperliche oder seelische Erkrankung vorliegen, für welche die Anorexie, d.h. die Appetitlosigkeit verbunden mit Gewichtsabnahme, ein Symptom sein könnte. Dabei muß neben seltenen organischen Befunden im Jugendalter vor allem an depressive Erkrankungen und paranoid halluzinatorische Psychosen gedacht werden.

Auf jeden Fall sollten Jugendliche, die um die Pubertätszeit oder in den Jahren danach, d.h. also ungefähr in den Lebensjahren 14 bis 20 meist über eine längere Zeit hinweg langsam, aber stetig an Gewicht abnehmen, unbedingt einem Arzt und im Zweifelsfall am besten einem Psychiater bzw. Kinder- und Jugendpsychiater vorgestellt werden. Denn eine frühzeitige Diagnosestellung und Behandlung ist für den Verlauf und die Prognose einer Magersucht in jedem Fall besser.

Die Leitsymptome der Pubertätsmagersucht

1. Erkrankungsbeginn um oder nach der Pubertät.
2. Betroffen sind überwiegend Mädchen (zu 95%).
3. Es liegt eine seelisch bedingte Einschränkung oder Verweigerung der Nahrungsaufnahme vor, die als Appetitlosigkeit erscheint oder auch so bezeichnet wird.
4. Oft heimliches, gelegentlich spontanes, meist selbst herbeigeführtes Erbrechen nach dem Essen.
5. Sekundäre Amenorrhoe (d.h. Ausbleiben der Periodenblutung), die meistens vor oder mit der Gewichtsabnahme auftritt.
6. Obstipation (Verstopfung); häufig mit Abführmittelmißbrauch.
7. Motorische Überaktivität aus innerer Unruhe und Rastlosigkeit, d.h. die Mädchen haben einen ständigen Bewegungsdrang.
8. Nivellierung des Seelenlebens.
9. Im Laufe der Zeit tritt mehr eine Ambivalenz, d.h. eine Zwiespältigkeit dem Essen gegenüber auf, mit inneren Kämpfen der Mädchen, ob gegessen werden soll oder nicht, und gelegentlich heimlichen Nasch- oder Freßepisoden.
10. Etwa jede dritte Patientin mit Pubertätsmagersucht neigt zu Diebstählen (im Sinne einer Kleptomanie), meist von Lebensmitteln, die dann im Kleiderschrank oder an ähnlichen unpassenden Orten gehortet und in der Regel nie gegessen werden.
11. Bei den Patientinnen fehlt jegliche Krankheitseinsicht; sie betonen im Gegenteil lange Zeit, daß sie sich je dünner und leichter, um so besser fühlen.
12. Bedrohliche Folgen der Unterernährung, die in ca. 10% im Verlauf einer meist jahrelangen Erkrankungsdauer sogar zum Tode führen können.

Der Beginn der Erkrankung

Wie die meisten Erkrankungen beginnt auch die Anorexia nervosa nicht erst mit ihrem Sichtbarwerden durch die Abmagerung der Betroffenen. Der Erkrankung gehen zwar recht charakteristische, aber nicht eindeutig beweisende Erscheinungen voran. So läßt sich rückblickend erfahren, daß die meisten später anorektisch werdenden Mädchen nur eine abgeschwächte, unzureichende Trotzphase in ihrem 3. Lebensjahr durchgemacht haben. Was sich in dieser Zeit als kindliches Ich-Bewußtsein, als kindliche Ich-Welt-Auseinandersetzung entwickeln soll, ist im Falle von Anorexiepatientinnen im 3. Lebensjahr schon wie in einem Vorgriff auf späteres Versagen deutlich abgeschwächt. Dadurch erscheinen die Kinder ihren Eltern allerdings als besonders lieb und angepaßt; und nur wenige Eltern oder Erzieher werden daran Anstoß nehmen.

Auch bei einem zweiten, dem Trotzalter verwandten Entwicklungsschritt um das 9. bis 10. Lebensjahr zeigen sich wieder Hemmungen und Schwächen in der Entwicklung des Ich-Erlebens, in dem Ausleben einer ersten, kindlich bewußten Ich-Du- oder Ich-Welt-Unterscheidung. Die Menarche ist häufig verfrüht; sie kann über ein Jahr früher einsetzen als erwartet. Der Prozeß der Pubertät verlängert sich. In den Elternhäusern magersüchtiger Mädchen liegen häufig Probleme vor, die allerdings nicht unbedingt einen einheitlichen, typischen Charakter haben müssen. Auffallend ist, daß häufig ein Elternteil, meistens die Mutter, in ihrer Beziehung zur Tochter dominiert, oft ist es ein überfürsorgliches, übertrieben enges Verhältnis zwischen Mutter und Tochter, das nicht selten aus einem schlechten Gewissen entspringt, weil vielleicht beide Elternteile berufstätig sind und dadurch die Eltern wenig Zeit für die Tochter haben. Nicht selten findet man auch eine Erziehungssituation durch eine Großmutter, eben weil beide Eltern berufstätig sind.

Fehlende erzieherische Kontinuität der Eltern wird abwechselnd mit übertriebener Fürsorglichkeit, mit übertriebenem materiellem Ersatz für die fehlende seelische Wärme und mit betontem Beachten und Belohnen von fleißigem, leistungsorientiertem Verhalten seitens der Tochter kompensiert.

Tatsächlich entwickeln sich die Mädchen genau in dieser Richtung: Leistungsorientierung, Fleiß und Ehrgeiz, Gewissenhaftigkeit und zum Teil Perfektionismus in Zusammenhang mit großer Angepaßtheit an die Erwartungen von Elternhaus und Schule fallen auf. Allerdings empfinden die meisten Eltern, Großeltern und Lehrer dies als »positiv«, so daß niemand an etwas Böses denkt oder irgendeinen Verdacht schöpft. Häufig sind die Mädchen auch überdurchschnittlich intellektuell begabt und haben seltener musische Zielsetzungen. Bei vielen beginnt schon früh ein Bedürfnis nach sportlicher Betätigung.

Unter den Gleichaltrigen sind die magersüchtig werdenden Mädchen überangepaßt; echte freundschaftliche, partnerschaftliche Beziehungen und gegenseitiges Anerkennen sind eher selten. Das Finden und Behaupten eines eigenen, altersentsprechenden Standpunktes fällt ihnen vor und während der Erkrankung schwer. Gelegentlich finden sich asketische Idealvorstellungen. In der letzten Zeit vor Ausbruch der Magersucht fällt oft, wenn auch nicht immer, eine zunehmende soziale Isolierung von den Gleichaltrigen auf, zum Teil kompensiert durch verstärkte Bindung und Anpassung an die Eltern. Jetzt kann es sein, daß die Mädchen sich zu Hause besonders bei Back- und Kocharbeiten in der Küche engagieren, daß sie ältere oder jüngere Familienmitglieder mit Essen versorgen und dadurch geschickt über längere Zeit ihre eigene Enthaltsamkeit, ja, ihre Nahrungsverweigerung verbergen können. Dies alles führt zu dem Urteil einer braven, angepaßten, ordentlichen Tochter, mit der die Eltern allen Grund hätten, zufrieden zu sein.

Eine Beziehung zu gleichaltrigen oder älteren Buben ist für die Mädchen meist uninteressant. Oft engagieren sie sich auch im sozialen oder kirchlichen Bereich in Zusammenhang mit kleineren

Kindern: Betreuung von Spielgruppen, Jugendgruppen oder Kinder-/Jugendlager in den Ferien sind ein besonders beliebtes Ziel der Betätigung. Das Kenntlichwerden eines gestörten Eßverhaltens wird in der Regel immer mit bestimmten Bemerkungen, ihre Figur oder ihr Gewicht betreffend, in Zusammenhang gebracht. Es sind sicher harmlose Bemerkungen, die von Eltern, Verwandten, Freundinnen oder Schulkameraden immer mal wieder, völlig unbedacht und ohne jegliche verletzende Absicht, geäußert werden und von den meisten Mädchen auch ohne weitergehende Folgen verkraftet werden. Insofern ist in solchen Äußerungen und in den sich scheinbar daran orientierenden Verhaltensweisen des Diäteinhaltens, des kalorienbewußten Essens und des schlankheitsorientierten Argumentierens nur ein Anlaß, aber keine Ursache für die Erkrankung zu sehen. Schließlich führt diese ja auch nicht, wie anfänglich vorgegeben, zu schlanken, mit sich und ihrer Figur zufriedenen Mädchen. Vielmehr verselbständigt sich die Tendenz, nicht mehr essen zu wollen, sondern um jeden Preis schlank, nein, dünn zu sein, bis zum Extrem: Nahrungsverweigerung und Gewichtsabnahme um jeden Preis. Das körperliche Aussehen eines nur noch mit Haut überzogenen knöchernen Skeletts, das die völlig abgemagerten und untergewichtigen anorektischen Mädchen oder jungen Frauen schließlich darbieten, straft alle Vorstellungen von schlanken, modebewußten Schönheitsidealen Lüge. Die Patientinnen erleben ihre Magerkeit und ihre Dürre an Leib und Seele selbst nicht mehr. Sie sehen sich mit einem Untergewicht von 40 oder 35 kg im Spiegel an und finden sich noch nicht schlank genug. Die Vorstellung der Schwere macht ihnen angst – dünn, leicht, »fliegend« zu sein, ist ihnen Sehnsucht und Bedürfnis.

Im Laufe der Erkrankung, meist während der Behandlung, werden die Patientinnen sich ihrer Ambivalenz dem Essen gegenüber bewußt. Das Essen ist nämlich für sie nicht unwichtig oder nebensächlich, sondern das Wichtigste, ja oft das einzige Thema, mit dem sie sich beschäftigen und über das sie sprechen können und wollen.

Das Essen beherrscht ihre Gedanken; ihr Kopf ist »voll von Essen« – aber in den Magen darf kein Essen hinein. Jeder Stoffwechselvorgang, ja, jede Verbindung mit Erdenstofflichkeit überhaupt wird als beschwerdend, beschmutzend und unangenehm erlebt. Aus diesem Erleben ist willkürliches Erbrechen und dann übertriebene Darmentleerung durch Abführmittelmißbrauch ein »Reinigungsvorgang«, der als angenehm und erleichternd erlebt wird. Auch der Drang nach körperlicher Bewegung, Spazierenrennen, Joggen, Hüpfen, Springen, Tanzen und so fort, ist in erster Linie Ausdruck des Bestrebens nach Leichtigkeit; in zweiter Linie erfüllt es dann auch für die Intellektualität der Patientinnen die Genugtuung, daß durch körperliche Bewegung Kalorien verbraucht werden und sie dadurch auch dem weiteren Abnehmen Vorschub leisten. Allerdings entspringt dieser Bewegungsdrang nicht rationalen Überlegungen, sondern ist typisches Symptom des Krankheitsprozesses: der sich nicht vollziehenden Verbindung von Seele und Leib. Wie bereits dargestellt wurde, ist die Entwicklung des dritten Jahrsiebts, des Jugendalters mit Pubertät und nachfolgender Entwicklungsphase, dadurch gekennzeichnet, daß sich der Empfindungsleib oder Seelenleib (Astralleib) über Atmungsorganisation, Zirkulation, Muskulatur, Gliedmaßen, Stoffwechsel und Geschlechtsorgane schließlich mit dem ganzen physischen Leib verbindet und sich in ihm tätig auf- und abbauend verwirklichen kann. Wir erkennen dieses Eingreifen und Verbinden des Seelenleibes im physischen Leib z.B. an der sich entwickelnden Atemreife um das 10. Lebensjahr, an dem zweiten Gestaltwandel mit Längenwachstum der Extremitäten und Zunahme der Muskulatur, an dem Ausreifen der Funktion der Stoffwechselorgane und schließlich in dem Einsetzen der Funktionstüchtigkeit der Geschlechtsorgane mit der Pubertät. Nach Abschluß dieser sich über mehrere Jahre hinziehenden Phase hört ungefähr mit dem 18. Lebensjahr dann auch das Körperwachstum auf.

Bei der Magersucht handelt es sich um eine schwere Entwicklungsstörung des Seelenleibes, der sich nicht mit der physischen

Leibesorganisation verbindet – bzw. sich aus der schon eingetretenen Verbindung wieder zu lösen versucht. Er ringt sich in unruhigen, krampfhaften, schmerzhaften Bewegungen wieder aus dem Leib heraus. Die leiblichen und seelischen Symptome der Magersucht sind Ausdruck dieses Prozesses. Der Seelenleib »vagabundiert« im Körper herum:

nach innen gerichtet in Verkrampfungen mit häufigen Magen- und Bauchbeschwerden – nach außen gerichtet als Erbrechen;

Rückzug aus den Geschlechtsorganen mit sekundärer Amenorrhoe als leibliches Geschehen und im Psychosozialen das fehlende Interesse am andern Geschlecht;

die Verweigerung der Nahrungsaufnahme bei permanenten Gedanken ans Essen;

die Nivellierung aller seelischen Empfindungen und Interessenverlust an der eigenen Zukunft und möglichen Lebenszielen;

unsinniges, kleptomanisches Klauen von Lebensmitteln oder anderen, meist unbrauchbaren Gegenständen;

die Sehnsucht nach körperlicher Leichte bei oft erlebter seelischer Schwere;

schließlich die von den Patientinnen selbst erlebte Ambivalenz, d.h. Unentschiedenheit zwischen nicht Essen- und Abnehmenwollen – und schließlich doch Essen- und wieder Gesundwerdenwollen. Meist erleben es die Patientinnen in dem Sinne, als ob zwei Stimmen in ihnen sprächen und die eine ihnen immer sagt, sie sollten nicht essen, essen wäre belastend, schwer, unsauber und unnötig – während eine andere ihnen sagt, sie sollten doch vernünftig sein, »normal« essen wie andere Menschen auch. Lange und heftige Kämpfe dieser beiden widerstreitenden Stimmen in ihrem Innern müssen die Patientinnen durchstehen und aushalten; denn lange Zeit ist die Stimme der Verweigerung die stärkere. Dabei ist es, wie inzwischen deutlich sein sollte, nicht nur eine Stimme der Verweigerung des Essens, sondern vielmehr Ausdruck einer Verweigerung der Auseinandersetzung mit der Erde. Die Erdenreife wird verweigert, die Geschlechtsreife wird rückgängig gemacht, die Erdenschwere wird aufgelöst und eine eigene Erdenaufgabe wird nicht gesehen.

Daß bei schweren Formen der Magersucht, in Zusammenhang mit depressivem Erleben, eine Erd- und Leibflüchtigkeit und eine Todessehnsucht auftreten, ist insofern als konsequentes Erleben der Seele verständlich.

Verlauf und Behandlung

Es wurde schon gesagt, daß die Vorerscheinungen der Magersucht zwar charakteristisch, aber in ihrer »auffälligen Unauffälligkeit«, nämlich in ihrer Angepaßtheit, lange Zeit gar nicht als krankhaft, sondern eher als positiv erlebt werden. Deshalb sollten sich Eltern und Erzieher bei Sichtbarwerden von Abmagerungstendenzen im Zusammenhang mit einem ungewöhnlichen Eßverhalten nicht mehr langen Verharmlosungen hingeben, sondern baldmöglichst einen mit dem Krankheitsbild vertrauten Facharzt aufsuchen. Denn eine frühzeitige Diagnosestellung und ein frühzeitiger Behandlungsbeginn verbessern die Heilungsaussichten entscheidend. Dabei wird die Behandlung der Pubertätsmagersucht fast immer eine stationäre Psychotherapie sein müssen. Häufig kommt es infolge zu langen Abwartens leider immer noch zu akut bedrohlichen Untergewichtszuständen und dann erforderlichen, primär internistisch-körperlich orientierten Behandlungsmaßnahmen mit künstlicher Ernährung über Magensonde oder mittels Infusionen.

Was können Eltern oder Erzieher vorbeugend tun?

Eine tolerante Einstellung gegenüber dem Eßverhalten der Kinder in allen Erziehungsphasen ist zunächst einmal zu betonen; denn häufig legen die Eltern, verständlicher-, aber dennoch falscherweise, besonderen Wert auf ein »normales Eßverhalten« ihrer Kinder. Das gestörte Eßverhalten ist aber nicht das Problem der Magersüchtigen, sondern nur ein äußerlich sehr ins Auge springendes Symptom der viel tiefer liegenden seelischen Entwicklungsstörung. Deshalb sollte man sich nie nur an den Symptomen orientieren, sondern gerade da im häuslichen Bereich Toleranz und Verständnis entwickeln und walten lassen.

So früh als möglich sollten die Eltern darauf bedacht sein, Interessen und Begeisterungsfähigkeit bei ihren Kindern anzuregen, zu fördern und sich entwickeln zu lassen. Dies kann in der Schule, aber auch außerhalb der Schule durch Begegnungen mit Kunst oder Kultur, durch Begegnungen mit Menschen oder durch Kennenlernen verschiedener Lebensbereiche gefördert werden. Auch die Beschäftigung mit Entwicklungswegen, wie sie sich in Märchen, Mythen, Erzählungen, Entwicklungsromanen und insbesondere in Biographien darbieten, sind hilfreich. Auf diesen Gebieten kann von Eltern und Erziehern sehr viel Sinnvolles, pädagogisch Vorbeugendes getan werden. Wichtig ist vor allem, daß das Essen in den Gesprächen zu Hause, und vor allem während der Mahlzeiten selber nicht immer im Vordergrund steht! Nicht Leistung, Anpassung und Erfolg sollten von den Erziehern betont werden, es sollte aber auch keine Überfürsorglichkeit oder betonte Strenge walten, vor allem nicht, wenn das eine von der Mutter, das andere vom Vater vertreten wird. Vielmehr sollte eine selbständige, die Entwicklung fördernde Erziehung mit dem Mut zum Risiko der Freiheit gepflegt werden. In einer teilnehmenden, aber freilassenden seelischen Wärme müssen sich die Jugendlichen entwickeln können; sie sollten weder gefangen, noch alleingelassen werden. Sie müssen Gelegenheit haben, sich mit Vorbildern identifizieren zu können und Idealen nachstreben zu dürfen.

Die Jugendlichen sollen nicht funktionieren, sondern sich entwickeln! Und dazu gehört auch immer, daß etwas Neues entstehen, etwas Überraschendes auftauchen, etwas scheinbar Unpassendes auftreten darf. Viel Geduld, Verständnis und Mut, die Jugendlichen sich in Selbstbestimmung üben zu lassen, ohne dabei immer auf dem Besserwissen durch Erfahrung zu beharren, hilft sowohl in der Vorphase als auch in der Therapiephase bei Pubertätsmagersüchtigen. Wobei innerhalb einer stationären Behandlung allerdings zunehmend eine strenge und klare, dabei verständnisvolle, empathische und vor allem offene Führung notwendig ist. Dabei ist es von entscheidender Bedeutung, daß das therapeutische Team (Ärzte, Pflegende und Therapeuten) sich untereinander gut verständigt und abspricht, so daß den Patientinnen gegenüber keine Zweideutigkeiten, Uneinigkeiten oder ambivalente Tendenzen vorhanden sind.

Die Patientinnen haben aus ihrer Krankheit heraus die Neigung, eine besondere Raffinesse zu entwickeln im Austricksen und Hintergehen aller derjenigen, die besonders um ihr leibliches Wohl, um Essen und Gewichtszunahme bemüht sind. Unerfahrene Therapeuten können sich meist gar nicht vorstellen, welche Tricks erfahrene Patientinnen anwenden können, um die bestgemeinten Absichten, die auf eine Erhöhung des Körpergewichts hinzielen, zu hintergehen.

Ist die körperliche Gewichtzunahme gar nicht erst das primäre Ziel der Behandlung, so wird auch viel weniger trickreiches, hintergehendes und damit symptomverstärkendes Verhalten provoziert.

In die psychotherapeutische Behandlung werden auch immer die Eltern mit einbezogen werden müssen. Von ihnen werden Erkenntnis und Umwandlungsprozesse erwartet, die oft schwerfallen und schmerzhaft sein können. Widerstände von seiten der Eltern gegen unangenehme Einsichten oder anstrengende Veränderungen in der Lebenseinstellung, in der Erziehungshandhabung und im familiären Alltagsleben erschweren oft die therapeutische Arbeit und den Behandlungserfolg.

Andererseits bedarf es einer intensiven psychotherapeutischen Unterstützung des Nachreifungs- und Entwicklungsprozesses bei den Patientinnen selbst.

Auch in der stationären Behandlung sollten nicht die Nahrungsaufnahme und das Körpergewicht primäres Behandlungsziel sein, wie es vor allem von verhaltenstherapeutischer Sicht gehandhabt wird. Vielmehr sollten, wie oben bereits angedeutet, Interessen an Leib und Leben, an der Welt und an Menschen angeregt und unterstützt werden. Dies geschieht im Rahmen einer anthroposophischen Behandlung einerseits durch künstlerische Therapien, wobei insbesondere Malen mit Wasserfarben, Musiktherapie und Heileurhythmie zur Anwendung kommen. Außerdem wird, je nach Lebensalter und seelischem Entwicklungsstand, eine angemessene Psychotherapie im engeren Sinn in Form von Gruppengesprächen und anderen Gruppenaktivitäten bei Jugendlichen angewendet, aber auch, individuell abgestimmt, stützende, nicht direktive, Vertrauen, Sinn und Begeisterung vermittelnde psychotherapeutische Einzelgespräche. Unterstützend sollten in jedem Fall auch anthroposophische Medikamente gegeben werden und äußere Maßnahmen, insbesondere Bäder und Einreibungen zur Anwendung kommen.

Nach unseren Erfahrungen sind weder langjährige Analysen noch kurzlebige Verhaltenstherapien diesen in ihrer seelischen Entwicklung beeinträchtigten Menschen angemessen. Eine Therapie, die Leib, Seele und Geist gleichermaßen anspricht und zu Begeisterung und tätigem Interesse an der Welt hinführt, kann schließlich die Seele mit dem Leib wieder soweit verbinden, daß sich ein normales Eßverhalten, das ja auch Ausdruck eines gesunden Verhältnisses von Leib und Seele ist, wieder von allein einzustellen beginnt. Im Vertrauen darauf sollte man ruhig weitgehend auf das Zählen von Kalorien oder das Wiegen von Kilogramm verzichten. (Meist drängen einen die Patientinnen ja selbst dazu, so oft wie möglich gewogen zu werden.) Es bedarf tatsächlich einer großen therapeutischen Anstrengung, sie von ihrer zwanghaften Fixierung auf Essen und Körpergewicht zu befreien. Dies erreicht man am besten durch anfängliche Toleranz und geduldiges Vorleben der »Nebensächlichkeit« von Körpergewicht und Eßverhalten.

Gerade auch im Gesprächsablauf sollte man sich unbedingt davor hüten, immer übers Essen zu sprechen.

Orientierungshilfen und die Vermittlung eines sinnvollen Erdendaseins, wozu wir unseren Leib als Instrument der Seele gebrauchen, sind die wichtigsten Therapieziele.

Die vollkommene Überwindung und Ausheilung einer Anorexia nervosa ist möglich – aber sie kann unter Umständen einige Jahre in Anspruch nehmen. Andererseits gibt es, vor allem auch bei zu spät einsetzender oder unzureichender Behandlung, wenn bei fehlender Motivation der Patientinnen zu lange mit dem Beginn einer Therapie gewartet wird (gewartet werden muß?), einen chronifizierten Verlauf, bei dem zwar ein eingeschränktes Eßverhalten und ein anorektisch mageres Aussehen beibehalten wird, aber dennoch ein mehr oder weniger durchschnittlich normales Leben geführt werden kann.

Eine dritte Verlaufsform zeigt die Tendenz zu einer zunehmenden und schwerer werdenden seelischen Erkrankung mit depressiver und/oder schizophrener Symptomatik. Und tragischerweise gibt es immer noch magersüchtige Patientinnen, die nach mehrjährigem Krankheitsverlauf trotz zahlreicher, aber immer erfolgloser oder insuffizienter Behandlungsversuche schließlich an dieser schweren Form einer seelisch-leiblichen Erkrankung sterben.

Auch wenn es zweifellos in unserer modernen Zivilisation ein weit verbreitetes Schlankheitsideal vor allem für das weibliche Geschlecht gibt und es in den letzten Jahrzehnten zu einer deutlichen Zunahme der Magersucht (oder englisch: weight phobia) gekommen ist und diese beiden Phänomene gerne im Zusammenhang gesehen werden, so scheint für uns in dem schlanken Schönheitsideal, das durch die Medien verbreitet wird, doch keinesfalls die Ursache für diese schwere, sich schon in der frühen Kindheit abzeichnende seelisch-leibliche Entwicklungsstörung zu liegen.

Schon im Mittelalter wie auch im Beginn der Neuzeit gab es bereits das Phänomen des fanatischen, asketischen, heiligen, unaufhaltsamen Fastens gerade auch bei jungen Frauen, die entweder dann starben oder immer wieder auch als vom Teufel besessene Hexen mit Exorzismus (Teufelsaustreibung) behandelt oder gelegentlich als Hexen verbrannt wurden.

Möglicherweise waren diese, damals sich religiös motivierenden Fasterinnen die Magersüchtigen des Mittelalters. Denkbar ist aber vielleicht auch, daß sich, unter einem kulturgeschichtlichen Gesichtspunkt betrachtet, in den Magersüchtigen des Mittelalters eine sich selbst zeitbedingt religiös asketisch erklärende, verneinende Gegenbewegung zu einer sinnlich ausschweifenden und erdverbundenen Tendenz darstellt, wie sie zu jener Zeit ja durchaus auch anzutreffen war.

In diesem Sinne würden die heutigen Anorektikerinnen mit ihrer verneinenden Leib- und Seelengebärde, mit ihrer betonten Magerkeit und Unsinnlichkeit, mit ihrer unirdischen Geschlechtlosigkeit und Interesselosigkeit, die am Sinnlich-Materiellen haftende und auf alles Irdische gerichtete Zivilisation verleugnen, indem sie ihre eigene Erdenreife verdrängen und sich selbst auch in ihrem irdischen Dasein verneinen.

Unter diesem Gesichtspunkt erscheint es als wichtigstes therapeutisches Ziel, Interesse an Leib und Leben, an Mensch und Welt zu entzünden.

Fülle und Leere – die Bulimie

Auch die Bulimie ist eine Erkrankung des gestörten Appetits wie die Anorexie, allerdings mit umgekehrten Vorzeichen. Konnten wir bei der Anorexie feststellen, daß sie im besonderen Maße Ausdruck einer Beziehungsstörung zwischen der individuellen Seele und ihrem Leib einerseits und zwischen Seele und Welt andererseits ist, so werden wir bei der Bulimie finden, daß sie charakteristischerweise Ausdruck einer Beziehungsstörung der individuellen Seele zu ihren eigenen Empfindungs- und Ausdrucksmöglichkeiten einerseits und zu den Mitmenschen andererseits ist.

Wenn der Appetit, wie wir gesehen haben, ein persönlicher Ausdruck der Freude an der Teilnahme an Leben und Welt ist, so kann sich eine Steigerung dieser Welt- und Lebensfreude in einer besonderen Genußsucht ausdrücken; eine Verminderung in einer Appetitlosigkeit oder eben auch in einer entgleisten Überkompensation.

Wir kennen im Pubertätsalter gewissermaßen eine physiologische Pubertätsaskese als Ausdruck einer momentanen, zeitlich begrenzten Entwicklungs- und Beziehungslabilität. Wir kennen auch, im jugendlichen Alter betont, das »Anfuttern« eines sogenannten »Kummerspecks« als Zeichen einer gesuchten, aber noch nicht gefundenen befriedigenden zwischenmenschlichen oder zwischenweltlichen Beziehung.

So erscheinen die Anorexie und die Bulimie als ins Extrem übersteigerte Varianten dieser in Ansätzen häufig anzutreffenden Abweichungen des Appetits.

Noch mehr als die Anorexie ist die Bulimie in den letzten beiden Jahrzehnten zu einer epidemieartigen Erkrankung junger Frauen in den westlichen Überflußgesellschaften geworden. Sie dürfte an Häufigkeit die Anorexie inzwischen überrundet haben. Umfragen in den Vereinigten Staaten schätzen, daß nahezu 10% der Frauen zwischen 15 und 35 Jahren bulimische Episoden durchgemacht haben.

Trotz dieses eindeutigen Bezuges zu unserer modernen Überflußgesellschaft und hemmungslosen Konsumorientierung, die schließlich alle Achtung, Wertschätzung und allen Respekt vor der göttlichen Schöpfung der Natur vermissen läßt, zeigen gerade diese kulturellen Zusammenhänge bei der Bulimie, daß sie durchaus kein Phänomen des ausgehenden 20. Jahrhunderts ist. Denn einem historischen Blick offenbart sich natürlich schnell, daß es Mißachtung der Schöpfung, Raubbau an der Natur, Überfluß und Hemmungslosigkeit im Genuß immer wieder im Laufe der Menschheitsgeschichte gegeben hat.

So finden wir tatsächlich in der Medizingeschichte seit über 2000 Jahren immer wieder Beschreibungen eines Krankheitsbildes, das durch unstillbaren Heißhunger gekennzeichnet war: zeitweilig werden auch ohnmachtsähnliche Schwächezustände als zu diesem Krankheitsbild dazugehörig beschrieben. Seit Homer (um 800 v. Chr.) und später bei Hippokrates (460 bis 370 v. Chr.) und dann bei Galen (129 bis 201 n. Chr.) hießen diese Krankheitsbilder entweder nur Limos (= Hunger) oder schon Bulimos (griechisch Boulimos, bzw. Boulimia). Darin sind die beiden griechischen Worte Bous = Stier, Ochse und Limos = großer Hunger, Heißhunger, zu einer besonderen Steigerung als Stierhunger, Ochsenhunger, riesiger Heißhunger zusammengefaßt. Die heutige Bezeichnung für diese Erkrankung ist also bereits rund 2800 Jahre alt – mindestens so lange ist also auch das Krankheitsbild schon bekannt.

Interessanterweise beziehen sich die antiken Beschreibungen der von Bulimie geplagten Menschen immer auf Männer, während heute das Geschlechtsverhältnis bei der Bulimie genau wie bei der Anorexie zu 95 % das weibliche Geschlecht betrifft.

Die Leitsymptome der Bulimie

1. Übermäßiges, zwanghaftes, meist hastiges Verschlingen großer Mengen hochkalorischer Nahrungsmittel, zumeist Teigwaren, Süßwaren, Fett.
2. Diese Eßanfälle geschehen überwiegend abends und nur, wenn die Betroffene allein ist. Betroffen sind in der Regel Frauen im Alter zwischen 15 und 35 Jahren.
3. Auf die Eßanfälle folgen häufig Magenschmerzen, starke Müdigkeit (vgl. das sog. »Schlangen-Koma«, wenn Schlangen oder Reptilien eine zu große Beute verschlungen haben und dann

betäubt, wie im Koma, lieben bleiben) und ein sehr elendes Gefühl mit Depression, Verzweiflung, Scham, Schuld und starken Selbstvorwürfen.

4. Das häufig an die Eßanfälle sich anschließende, unter Umständen aber auch erst Stunden später praktizierte selbstinduzierte (selbst herbeigeführtes) Erbrechen (das aber nicht bei allen Patienten vorkommen muß), wird oft als Selbstbestrafung und damit ein wenig entlastend erlebt. Außerdem mag es beruhigen, daß das ganze Gegessene nicht zu ständiger enormer Gewichtszunahme führt. Das ist aber nicht der primäre Grund bei vielen Bulimie-Patientinnen für das Erbrechen. Selten wird das Erbrechen auch als betont lustvoll erlebt, »wie ein zweites Mal Essen«.
5. Übermäßiges gedankliches Beschäftigtsein mit Essen.
6. Enorme finanzielle Aufwendungen für Nahrungsmittel, meist werden im Lauf der Zeit nur noch die billigsten Sonderangebote in verschiedenen Supermärkten eingekauft. Oft entstehen finanzielle Folgeprobleme. In ca. 20% Diebstähle.
7. Sekundäre Amenorrhoe in ca. 30%.
8. Abführmittelmißbrauch.
9. Auch unabhängig von den Eßanfällen herrschen depressive Stimmungen vor, die allerdings meistens von den Patientinnen nicht zugelassen und nicht gezeigt werden.
10. Es besteht ein Bewußtsein von dem abnormen Eßverhalten und ein erhebliches Leiden darunter. Dabei besteht oft Unsicherheit, ob es sich um eine Krankheit oder um ein moralisches Versagen handelt.
11. Deshalb meist jahrelanges Verheimlichen der Symptomatik gegenüber allen Mitmenschen. (Wenn die Patientinnen dann einmal erleben, daß es sich dabei tatsächlich um eine Erkrankung handelt, die sogar relativ weit verbreitet ist und oft vorkommt, vielleicht sogar innerhalb des eigenen Bekanntenkreises, so führt das häufig zu einer ersten Entlastung. Diese Entlastung kann auch durch Aufsuchen einer Overeater-Anonymus-Selbsthilfe-Gruppe herbeigeführt werden.

12. Folgen der übermäßigen Nahrungsaufnahme, z. B. Schwellungen der Speicheldrüsen (insbesondere der Ohrspeicheldrüse Parotis), Steinbildungen in den Speicheldrüsen, Zunahme der Backenkaumuskulatur. Bei fehlendem Erbrechen und fehlendem Abführmittelabusus als Folge der Überernährung eine meist deutliche Gewichtszunahme. Gelegentlich auch erhebliche Gewichtsschwankungen, bei seltenen Eßanfällen und zwischenzeitlichen Fastenperioden.

Die Persönlichkeit der Bulimie-Patientinnen

Die Persönlichkeit der Bulimie-Patientinnen ist charakteristischerweise von dem schon angedeuteten Konflikt geprägt, daß die Seele im Laufe ihrer Entwicklung und kulturellen und psychosozialen Prägung zu sich selbst keine offene und freie Beziehung findet und dann natürlich auch sich zu Mitmenschen und Welt nicht frei und selbstbestimmt erleben und verhalten kann. Die Patientinnen haben entsprechend starke Probleme mit ihrem Selbstwertgefühl, ihrem Selbsterleben und ihrer Selbstbehauptung. Sie haben ausgeprägte Abhängigkeitsgefühle von dem Urteil ihrer Mitmenschen. Sie wollen »den anderen nach dem Munde reden«, um gemocht zu werden. Es besteht eine starke Tendenz, die selbst vorgestellten Erwartungen der anderen unbedingt erfüllen zu wollen. Damit zusammenhängend findet man häufig bei Bulimie-Patientinnen die Unfähigkeit, sich abgrenzen zu können, nein sagen zu können.

Konnten wir bei der Anorexie feststellen, daß sich die Seelenorganisation von ihrer leiblichen Verbindung, ja, von ihrer ganzen Inkarnation in diesen Leib zurückziehen möchte, daß der Mensch seelisch kein Interesse an seinem Leib und kein Interesse an der Welt findet, daß er seinen Leib vernachlässigt, asketisch züchtigt und bestraft und seine Geschlechtlichkeit abwehren und verweigern will und natürlich auch die damit zusammenhängende gesellschaftliche

Rolle als Frau und Mutter verdrängen will, wodurch auch jegliches sexuelle Interesse fehlt, verhält es sich bei der Bulimie doch anders: Die seelische Organisation hat sich mit dem Leib verbunden, nur selten kommt es zu Rückzugstendenzen, in deren Zusammenhang dann eine sekundäre Amenorrhoe auftritt. In den meisten Fällen ist das nicht der Fall, es besteht in der Regel ein aktives Sexualverhalten, das sich manchmal sogar in bindungslosen, häufig wechselnden Sexualpartnern ausdrücken kann. Bis auf Leibschmerzen nach den Eßanfällen bestehen keine körperlichen Beschwerden. Das eigene Körperbild und Körpererleben ist nicht gestört. Meistens besteht auch ein Normalgewicht, selten ein Über- oder ein Untergewicht. Untergewicht typischerweise dann, wenn es sich um Mischformen zwischen Anorexie und Bulimie handelt, die als Bulimia nervosa, Anorexia-Bulimia nervosa oder Bulimimarexie bezeichnet werden.

Bei der Bulimie liegt also nicht wie bei der Anorexie eine seelische Entwicklungsstörung mit Rückzugstendenz und mangelndem Leib- und Weltinteresse vor, sondern vielmehr eine Verwirklichungsstörung der Seele in ihren Möglichkeiten des eigenen innerseelischen Erlebens und ihrer zwischenmenschlichen Ausdrucks- und Verhaltensmöglichkeiten. Die Seele ist in ihrem Selbsterleben und in ihren Ausdrucksmöglichkeiten behindert. Die Patientinnen trauen ihren eigenen Gefühlen nicht, sie fühlen sich abhängig von den Beurteilungen ihrer Mitmenschen; sie wollen unbedingt geliebt werden und passen sich deshalb übermäßig an, verzichten auf Abgrenzung und Selbstbehauptung. Sie sind deshalb überwiegend freundlich, lieb, nett, eben angepaßt, unauffällig, ohne Widerstand. Dabei sind sie in den Tiefen ihrer Seele unglücklich, verzweifelt, depressiv, voller Scham und Schuldgefühle, bringen es aber nicht über sich, die eigene innerseelische Grenze zu überschreiten und sich einem Mitmenschen zu öffnen.

Erst im Alleinsein kann die Bulimie-Patientin sich einmal gehen lassen, am Abend oder in der Nacht kann sie, wenn sie allein ist, sich die Liebe, nach der sie sich sehnt, in der Ersatzbefriedigung unmäßigen Essens einverleiben – um dann, in Ekel und Schuldgefühlen, sich dieser unverdaubaren Fülle wieder zu entleeren.

Das Sich-Anfüllen mit Nahrung entsteht durch das Gefühl der inneren Leere – aber es widerspricht ihm auch, deshalb muß die Entleerung wieder herbeigeführt werden. Es beginnt ein für die Betroffene allein kaum zu unterbrechender Teufelskreis.

Charakteristische Krankengeschichte einer Bulimie-Patientin

Die Patientin ist knapp 23 Jahre alt, als sie von einem Psychiater zur stationären Behandlung geschickt wird. Sie ist schlank und von grazilem Körperbau, wirkt beim ersten Kontakt sehr lieb und zu einer stationären Therapie motiviert. Sie hat bereits zwei ambulante Therapieversuche hinter sich. Die Krankheit bestand damals bereits seit sechs Jahren mit häufigen »Freß- und Kotzanfällen«, wie sie sich selber ausdrückte, meist einmal täglich, am Abend, in schlechten Zeiten sogar mehrmals täglich. In ihren Gedanken und ihren »Stimmungen« dreht sich immer alles ums Essen.

Ihre Grundstimmung ist melancholisch bis depressiv, dabei wirkt sie nach außen hin durch ihr Verhalten fröhlich und unkompliziert, sehr angepaßt.

Manchmal bekommt sie Angst- und Panikzustände – wovor? – dann versucht sie, diese Gefühle durch Essen zu betäuben. Essen ist für sie »Zuneigung, Wärme, Schutz; das tut nicht weh – während die Menschen weh tun«. Zum Essen kann sie sich »alleine zurückziehen und muß nicht reden; – denn alles Reden sind ja doch nur Ausreden«.

Sie hat einen Freund, der liebevoll zu ihr hält. Sie ist das älteste von drei Kindern einer Lehrersfamilie und erfährt eine relativ strenge Erziehung, auch mit gelegentlichen Schlägen, von denen allerdings ihre Brüder mehr abbekommen als sie, da sie das Lieblingskind ihres Vaters ist. Bei den Schlägen war für sie weniger der körperliche Schmerz als die seelische Ungerechtigkeit, die sie dabei empfand, bedrückend. Sie versuchte, sich gegen ihre Eltern zu wehren; was nicht den gewünschten Erfolg zeitigte. So stellten sich bei ihr schon relativ früh, mit 12, 13 Jahren die Stimmungen und Gedanken ein, sie wolle von zu Hause abhauen. Sie träumte von einem Leben in der wilden, unberührten Natur. Sie wäre ja auch viel lieber ein Junge gewesen.

Mit 15 Jahren erschien ihr das Leben langweilig und deprimierend. Die gleichaltrigen Jungen schauten sich nach den Mädchen um, aber sie hatte daran kein Interesse, sie fühlte sich häßlich, und nach ihr »drehte sich eh keiner um«. Die Menarche hatte begonnen und ihr Körper entwickelte langsam weibliche Formen, was ihr »sehr lästig war«. »Ich ahnte auch, daß es langsam zu spät war, abzuhauen, langsam wurde ich in den Sog des Erwachsenwerdens gezogen, gegen den ich mich so sehr wehren wollte. Ich träumte immer noch von Pferden und Blockhütten ...« Nach einem Fastnachtsball beschloß sie abzunehmen. »Wenn schon häßlich, dann wenigstens schön schlank. Es hatte für mich etwas Fittes, Jungenhaftes an sich; die dünnen Mannequinfiguren schafften es ja auch. Mich faszinierte damals wohl weniger das gängige Schönheitsideal, sondern vor allem die Tatsache, daß das Leben in der Wildnis nicht dick machen könne. Außerdem wäre man sonst vielleicht zu schwer für irgendwelche Aktivitäten, z.B. Bäume klettern. Dabei war ich damals gar nicht dick.«

Jetzt begann eine Phase des kalorienbewußten Essens, sie sammelte sich verschiedene, ihr angemessen erscheinende Lebensmittel in ihrem Kleiderschrank und bemühte sich, zu den Mahlzeiten mit der Familie immer gerade nicht anwesend zu sein. Außerdem begann sie mit Gymnastik und Joga – sie entdeckte Abführtees und Appetitzügler. So gelang es ihr, über eine längere Zeit hinweg langsam und von den Eltern unbemerkt, abzunehmen.

Als dann ihre Mutter eines Tages feststellte, was die Tochter mit ihrem Mittagessen machte (sie fütterte es der Katze) und ihr dabei auch auffiel, wie dünn sie inzwischen geworden war, begann sofort ein massiver familiärer Druck auf ein »normales« Essen bei Tisch. Einige Zeit schien es ganz gut zu klappen. Dann setzte das Gedankenkreisen ums Essen wieder ein. Und eines Tages war es dann soweit, daß sie nach dem Essen auf die Toilette ging, und nach längerer Anstrengung und Quälerei brachte sie das Essen wieder heraus. »Entsetzt und erschöpft betete ich um Vergebung, ich wollte es nie wieder tun.« Einige Zeit passierte nichts mehr, sie versuchte einfach so, wieder weniger zu essen. »Eines Tages aß ich ziemlich viel Schokolade; ich ging wieder auf die Toilette, wieder war es Quälerei, wieder hatte ich ein schlechtes Gewissen, wieder sollte es nie wieder passieren. – Es passierte immer häufiger, aber nicht regelmäßig.«

In solchen, für sich genommen relativ harmlosen Schritten entwickelte sich aus einer leicht anorektischen Anfangssymptomatik um die Pubertätszeit herum eine klassische Bulimia nervosa, d.h. eine Bulimie mit einer leichten Tendenz zum Untergewicht.

»Langsam entdeckte ich, daß ich eigentlich essen konnte, was ich wollte, ohne zuzunehmen. Ich nahm auch nicht sonderlich ab, obwohl meine Mutter ständig an meiner Figur herumnörgelte. Ich konnte mir nicht vorstellen, diese Perversion mit irgend jemand zu teilen. Obwohl ich aufhören wollte, sobald mein ›Idealgewicht‹ erreicht sei, merkte ich bald, daß ich es damit nicht erreiche. Meinen Eltern fielen meine Eßgewohnheiten kaum auf. Jede Befürchtung, ich könne »Kotzen«, beschwichtigte ich entrüstet. Ich ahnte jedoch langsam, wie es mich im Griff hatte, das Essen. – Warum hörte Gott mich nicht? Warum quälte ich mich? Warum heulte ich jede Nacht? – Wenn alles gut würde, würde ich es auch in den Griff bekommen. In dieser passiven Erwartungshaltung ergab ich mich dem Ganzen immer mehr. Ich war falsch und verlogen, jeder glaubte das Gegenteil von mir.«

Etwa 1 bis 1 ½ Jahre später, als sie 17 war, fiel ihr zum ersten Mal ein Buch über Bulimie in die Hände. Aber sie begriff noch nicht ganz, daß das, was sie tat, Ausdruck einer Erkrankung war; daß Bulimie eine richtige Eßstörung sei, so wie Anorexie, und daß sie eine solche Bulimie haben könnte. »Ich merkte, wie ich dem Ganzen ergeben war, aber daran war ja meine Passivität, meine Faulheit, etwas ›Anständiges‹ tun zu wollen, schuld. Um so erstaunter war ich, eigens ein Buch darüber zu entdecken.« Sie las dieses Buch heimlich nachts unter der Bettdecke unter hemmungslosem Schluchzen – Abend für Abend. So, wie es in diesem Buch beschrieben war, wollte sie es bei sich nicht kommen lassen: »Nein, niemals. Soweit wird es nie kommen. Nie. Ich schaffe es. Zur Mülltonne – nie. Wenn ich groß bin, brauche ich das nicht mehr, wenn ich erst einmal weiß, was ich will. Außerdem bin ich nicht krank. Ich sehe auch nicht so aus. Und depressiv bin ich auch nicht. Nur traurig, faul. Ich will nicht erwachsen werden. Ich bin halt schüchtern. Beim Anblick des Buches verlor ich sofort die Beherrschung, die ich (außer im Zorn auf meine Eltern) so gut im Griff hatte.« Sie fühlte sich machtlos. Ihr »bestgehütetes Geheimnis meines Lebens« hatte sie niemandem erzählen können. »Wem denn? Ich hatte meine Gedanken noch nie jemandem richtig anvertraut. Meine Familie empfand ich als Kontrollorgan, die ein möglichst vorzeigbares Töchterchen erziehen wollten. Ich war ja auch ganz nett.«

Eine ärztliche oder psychotherapeutische Behandlung aufzusuchen, kam ihr damals noch nicht in den Sinn. Sie war immer angepaßt, freundlich, lieb und nett zu allen. »Nein, sagte ich nie (außer zu meinen Eltern). Ich glaubte, allen gegenüber nett sein zu müssen, um ihre Gefühle nicht zu verletzen, schließlich wollte ich auch nicht, daß jemand mich verletzte. Und wenn ich mich verletzt fühlte?! Dann lag das daran, daß ich mir alles eben immer so zu Herzen nahm ...«

In der folgenden Zeit, in der, äußerlich gesehen, die Vorbereitung auf das Abitur im Vordergrund stand, war ihre Hauptbeschäftigung immer: das Essen.

Eltern und Lehrer waren über ihre Faulheit enttäuscht. Aber niemand bemerkte ihr wahres Problem. Nachdem sie das Abitur bestanden hatte, hatte sie »einerseits das Gefühl, die Welt stehe mir offen; andererseits mußte ich, wenn ich ehrlich war, zugeben: Essen schien die einzigste Perspektive«.

Nach dem Abitur zunächst einige Wochen Jobben und dann mit einem Freund eine Ferienreise. »In der ersten Nacht beim Wildcampen wollte er mit mir schlafen. Ich war enttäuscht. Wer A sagt, muß auch B sagen. Ich hatte kein Bedürfnis und schaffte es, das für mich unangenehme Ereignis einen Tag zu verschieben. Dann versuchte ich, mir Gefallen daran einzureden. Ich konnte nicht über die Dinge reden, die mich wirklich beschäftigten. Ich ertrug Schlafen und Essen und konnte insgeheim kaum abwarten, wieder einmal allein zu sein.«

Nach den gemeinsamen Ferien, während des Jahres, wurden Briefe, Liebesbriefe geschrieben. »Ich mußte mich teilweise zwingen, etwas Gefühlvolles zu schreiben; ich wußte nie, wie ich mich ausdrücken sollte. Meine Gefühle spielten sich innerlich ab, ich wollte sie auch mit niemandem teilen.«

Beginn eines Studiums, das sie nicht recht interessierte, »aber irgend etwas mußte ich schließlich vorweisen, und niemand ahnte ja, daß mich Fressen und Kotzen mehr beschäftigte und ängstigte als alles andere auf der Welt.«

Jetzt war sie 19 Jahre alt, »vor 3 Jahren hatte alles schleichend und unschuldig angefangen«. Jetzt offenbarte sie erstmals einer Schulfreundin gegenüber ihr Problem mit dem Essen. Die Freundin riet ihr, etwas zu unternehmen, zu einem Arzt zu gehen. Sie hoffte, daß das Studium ihr helfen würde, und unternahm nichts. Die Studienzeit war unglücklich. Sie hatte kein Interesse an ihrem Studienfach, war faul und fühlte sich blöd. Tagsüber ging es mit dem Essen, aber abends half nichts mehr. »Daheim in meiner Höhle fing ich an zu kochen, suchte alles, was ich finden konnte, rauchte, trank Kaffee und war abends so fertig, daß ich die Lust an jeglichen Aktivitäten verlor ... Es wurde Sommer, aber ich war ständig in meiner Höhle. Ich traute mich nicht auf die große Wiese vor dem Haus, wie eine Ratte saß ich da und nagte am Essen, als gäbe es nichts Wichtigeres, Besseres, Größeres auf der Welt.« Trotz Studium, verschiedener Ferien und anderer Aktivitäten, neuer Freundinnen und eines neuen Freundes änderte sich an ihrem Eßproblem nichts. Essen und Erbrechen waren tägliche, abendlich heimliche Rituale.

»Ich las das Buch über Bulimie, das ich mir 2 bis 3 Jahre vorher gekauft hatte, wieder durch. Es berührte mich kaum noch; ich fühlte mich nicht einmal verzweifelt, zum Heulen. Es war von mir gewählt, dieser Weg. Langsam hatte sich das Essen von einem roten Faden in meinem Leben zu einem roten Netz über das Leben gestülpt. Ich konnte mir nicht mehr vorstellen aufzuhören, sogar meine frühere Vision ›eines Tages‹ wurde von einer schicksalsergebenen Gleichgültigkeit verschluckt.

... Meine Lebensperspektive schien sich aufs Essen zu beschränken, kein Mensch würde es mit mir aushalten. Außerdem glaubte ich, so keine Lebensberechtigung zu haben. Ich war ungerecht, ein solches Leben zu führen; mir das Leben zu nehmen, dazu wäre ich auch nicht berechtigt. Irgend etwas drückte mich herunter, daß ich kaum wagte, den Kopf zu heben oder den Leuten in die Augen zu sehen. War es das Essen? War ich es? Meine Gene? Mein Charakter? Meine Erziehung? Ich war wütend auf mein Verhalten, aber meine Aggressionen schaffte ich nicht in positive Energien umzuwandeln.«

Schließlich bemerkten auch die Eltern während eines Ferienaufenthaltes zu Hause, daß mit der Tochter etwas nicht stimmen konnte. Sie gestand ihrem Vater alles und war über sein Verständnis erstaunt. Als sich aber auch daraufhin im Verhalten und Befinden der Tochter nichts besserte, verschwand das anfängliche Verständnis der Eltern langsam wieder.

Auf Druck der Eltern suchte sie schließlich einen Internisten auf, der ihr eine stationäre Behandlung vorschlug, was sie schockiert ablehnte. Wiederum einige Zeit später begann sie dann eine ambulante Verhaltenstherapie.

Aber weder die Therapie noch längere Auslandsaufenthalte oder der erfolglose Fortgang ihres Studiums änderten etwas an ihrem Hauptproblem. »Ich mußte lernen, ja oder nein zu sagen, Standpunkte einzunehmen; mich zu entscheiden ... Ende des Semesters fiel ich bei einer Klausur durch, ich schmiß alle Hausarbeiten hin und kündigte meine Wohnung. Aus der erhofften Zwischenprüfung wurde nichts, obwohl ich auf dem besten Weg war. Ich wollte und konnte nicht mehr lernen. Alles versank in Essen. Ich fühlte mich als Versager und heulte zwei Tage, eine Gefühlsregung, die ich lange so nicht mehr erlebt hatte: Verzweiflung.«

Ein weiterer längerer Auslandsaufenthalt wurde zum Fluchtziel und zur Möglichkeit, die ambulante Therapie abzubrechen. Doch trotz der veränderten Lebensumstände und vieler neuer Erfahrungen blieb ihr Grundproblem unverändert hartnäckig bestehen: zwanghaftes Essen und Erbrechen beherrschten sie.

Nach einem weiteren Jahr erfolgloser Bemühungen wieder in Deutschland, kam die Patientin dann, wie schon gesagt, 23jährig zur stationären Behandlung.

Wie fühlt sich nun eine Bulimiekranke bei einem solchen Eß- und Brechanfall?

»Ich fühle mich schlecht. Mein Bauch tut weh, und außerdem habe ich das Gefühl, meine Lungen werden zusammengedrückt. Warum, Antonia, warum tust du das?! (Name geändert) Bist du jetzt befriedigt? Ich fühle mich aggressiv und verletzbar. Sprich mich nicht an, faß' mich nicht an, laß' mich in Ruhe. Nichts zählt mehr, nicht die Angst vor der Zukunft, nicht die Angst zu versagen, nicht einmal die Vision, daß es immer so sein müßte. Eigentlich wünschte ich nur, daß ich mich ausknipsen könnte. Einfach so, keiner merkt's. Warum bringe ich mich immer wieder in eine Situation, die mir körperlich so weh tut?

Warum quäle ich mich? Ich mag jetzt nicht dieses Ritual vollziehen. Welche Qual ist größer? Jetzt oder später? Ich glaube, ich will nur Liebe. Gar nicht essen. Aber wenn ich esse, dann will ich keine Liebe. Dann will ich in Ruhe gelassen werden. Wie jetzt. Ich will kein Wort mit irgend jemand wechseln, niemand anlächeln. Ja, ja. Was hast du von alledem?! Sitzt auf dem Bett und leidest vor dich hin. Keiner sieht's, keiner merkt's. Und wenn's sein muß, lächelst du doch wieder und gibst dich scheinbar interessiert, obwohl du gar nicht zuhören kannst. Ob man meine Unaufmerksamkeit merkt?

Ich kann keine klaren Gedanken fassen. Wie eine Droge, das Essen, alle Probleme, Sorgen, Ängste lösen sich auf in etwas materiellem, in körperlichem Schmerz. Darauf beziehen sich alle Empfindungen. Ich fühle mich wie ein lichtscheues Tier. Empfindlich, körperlich, sonst ist mir fast alles egal.

Ich will die Last aus mir draußen haben. Ich will leicht sein, frei. Wenn mir der Magen drückt, merke ich wenigstens nicht, wo es sonst noch drückt. Ich will den Magendruck weg haben. Esse ich, damit mir schlecht wird? Ich esse, bis nichts mehr geht. Bis ich sterben will. Bis es nicht mehr darum geht, was die Zukunft bringt, sondern nur darum, befreit zu sein von allem. Von dem Wahn, den ich nicht beeinflussen kann, will; ist mir im Moment, ehrlich gesagt, auch egal.

Meine Gedanken kommen mir vor wie ein Haufen gasgefüllter Luftballons, ich kann sie nicht halten, sie gehen in alle Richtungen. Es ist wie ein Rausch.

Warum? Du bist noch keinen Schritt weiter. Ja, heul' nur. Aber nicht einmal das geht richtig. Ich fühle mich als Verräter. An Freunden, an denen, die helfen. Ich komme mir so weit weg vor, nichts drängt zu mir. Erst um Hilfe schreien und dann doch untergehen wollen. Ich will wieder zurück in die andere Welt. Sie hat auch schöne Seiten, nicht nur Schreckliches. Meine Welt ist doch einsam. Muß man sich sein ganzes Leben einsam fühlen? Essen ist das Wichtigste in meinem Leben. Immer noch. Wie ein Gott, der keine anderen Götter neben sich duldet. Keinen Platz läßt für anderes. Sehr streng. Selbst gewählt oder dazu verdammt? Egal. Es gibt Kräfte in mir, die dagegen ankommen können. Aber wie kann ich sie sammeln? Ich finde sie nicht. Die Leere, die ich empfinde, wird nun mit Essen ausgefüllt.

Nun ist es vorbei. Mein Puls geht so schnell, aber ich bin schlapp. Wie immer. Ich will schlafen. Dann habe ich wenigstens keine Angst. Immer diese Angst. Zu versagen. Im Leben, nicht im Essen.

Die Angst, im Leben zu versagen, ist größer, als im Essen zu versagen. Das Essen gehört zu meinem Leben, aber es ist nicht das Leben. Nicht das richtige. Es ist die kleine, grausame Version, die das große Leben vergessen läßt, kurzfristig. Es ist einfacher, die Essensversagensangst zu ertragen, wenn man damit die große Lebensangst verdrängt. Dabei ist doch das eine vom anderen abhängig. Mit der kleinen Welt lebe ich in der großen Welt. Ich bin so müde. Am liebsten würde ich mich in Luft auflösen. Meine Willenslosigkeit widert mich an. Jede Anstrengung scheint zu viel. Faulheit?

Gefühllosigkeit? Kein Hoch, kein Tief, nur egal. Aber es gibt kein egal und es ist auch nicht deine wirkliche Lebenseinstellung. Und überhaupt weißt du ja alles besser – und tust nichts. Wie kannst du dich so mit dem Essen unter Druck setzen und anders nicht? Die Macht der Gewohnheit. Die ist sehr mächtig.

Im Moment gibt's nichts, was ich tun möchte. Nur schlafen, vergessen. Mit niemandem reden, niemand und nichts hören, fühlen, meine unkonzentrierten Gedanken wegschieben. Weder traurig noch glücklich, weder voll noch leer, weder schwach noch stark. Nur ein unangenehmes Gefühl von Ignoranz. Aber das bin hoffentlich nicht ich. Hoffentlich. Das Leben ist verwirrend. Ich kann mich nicht entscheiden. Entscheiden bedeutet Verantwortung übernehmen und dazu zu stehen. Normalerweise. Es ist etwas Aktives. Es kann teilweise ungerecht wirken. Aber passives Abwarten doch auch. Ist zu viel Grübeln eine Krankheit? Ist es angeboren? Oder Trägheit? Oder Ein-sich-Drücken vor dem Handeln? Oder eine Folge von zu viel Freiheit? Materieller Freiheit?

Vielleicht sollte ich nicht so viele Fragen haben, ich erwarte auch keine Antwort. Die Antwort findet jeder nur für sich selbst, und manche Antworten findet man nie. Wie weit darf man danach suchen, wann wird es zu viel?«

Verlauf und Prognose

Eine Bulimie verläuft unbehandelt chronischwerdend über viele Jahre und führt zu einem erheblichen Leiden der Betroffenen. Trotzdem wird diese Krankheit, wie auch in der Krankengeschichte deutlich geworden ist, über viele Jahre verheimlicht. Im Vergleich zur Anorexie hat die Bulimie, langfristig gesehen, eher eine bessere Prognose. Hartnäckige Verschlechterungen, Übergang in Psychosen und tödliche Verläufe, wie es bei der Anorexie immer wieder vorkommen kann, gibt es bei der Bulimie nicht.

Trotzdem ist die Bulimie nicht leicht zu behandeln. Auch hier sollte die Behandlung nach Möglichkeit immer stationär erfolgen. Wie für die anorektischen Patientinnen, ist auch für die Bulimie-Patientinnen der Abstand vom Elternhaus wichtig. Im Unterschied zu den Anorexie-Patientinnen, die oft besonders häuslich anhänglich sind, entwickeln Bulimie-Kranke häufig so etwas wie eine Pseudounabhängigkeit, d.h. sie demonstrieren Unabhängigkeit und Selbständigkeit nach außen und überspielen damit doch nur ihre innere Unsicherheit, Schüchternheit und Ängstlichkeit.

Auf den folgenden Seiten findet sich eine Tabelle zur Unterscheidung der wichtigsten Symptome von Anorexie und Bulimie.

Anorexia nervosa	Bulimie
Appetitlosigkeit	Heißhunger
Nahrungsverweigerung; geringe Nahrungsaufnahme, ca. 800 Kalorien / Tag	episodische Freßanfälle, im einzelnen zwischen 5000 bis 20000 Kalorien, insges. bis 55 000 Kalorien am Tag!
(der normale Kalorienbedarf eines gesunden erwachsenen Menschen beträgt zwischen 1500 und 2000 Kalorien am Tag)	
Zwang zum Hungern	Zwang zum Essen
Nicht aufhören können, nicht zu essen	nicht aufhören können zu essen
keine Klagen, kein Leidensgefühl, keine Krankheitseinsicht	Klagen und Leiden über das viel Essen müssen; im Lauf der Zeit Krankheitseinsicht
deutliches Untergewicht, je nach Körpergröße, zwischen 30 und 40 kg	Körpergewicht meist im Normbereich, manchmal leicht erhöht, bei Bulimia nervosa (Bulimarexie) leicht erniedrigt
Streben nach Dünnsein und Leichtsein verbunden mit einer krankhaften Angst vor Gewichtszunahme oder Dicksein	überwiegend unauffällige Einstellung zum eigenen Körpergewicht, bei Bulimarexie wird Übergewicht abgelehnt
gestörtes körperliches Selbsterleben und Unzufriedenheit mit dem eigenen Körperbild	nur bei Bulimarexie mehr oder weniger ausgeprägte Unzufriedenheit mit dem eigenen Körperbild; ansonsten keine bemerkenswerte Störung des körperlichen Selbsterlebens
Amenorrhoe in mindestens 80 %	Amenorrhoe in ca. 25 %

Anorexia nervosa	Bulimie
Keinerlei Anstrengung, den anorektischen Zustand zu verändern	Bemühung um Änderung des eigenen bulimischen Verhaltens (Appetitzügler, Diät, Aufsuchen von Selbsthilfegruppen)
Trotziger Triumph bei weiterer Gewichtsabnahme	Scham, Schuld und Selbstverurteilung bei weiterem Essen und Erbrechen
im Laufe der Zeit auftretende innere Ambivalenz zwischen »vernünftig essen wollen« und unbedingt dünn und leicht sein müssen	am liebsten aufhören wollen mit dem Zwang, essen und erbrechen zu müssen – aber schließlich doch »lieber beim Essen als im Leben versagen«
offensichtliches anorektisches Verhalten und viel über Essen und Diät reden	heimliches bulimisches Eßverhalten und nur heimliche ständige Gedanken ans Essen
Zwang zur Kontrolle bzw. Angst vor Kontrollverlust bezüglich Essen und Körpergewicht	Kontrollverlust beim Essen, ja geradezu Zwang zum Essen, aber häufig auch zum Erbrechen
Asketische Einstellung und sexuelles Desinteresse	aktiveres Sexualverhalten; gel. Mißbrauch von Medikamenten, Alkohol oder Drogen
Anhänglichkeit und Abhängigkeit in der Familie bei trotziger Selbstbehauptung in der Krankheit	Ablösung und Abgrenzung von der Familie, Pseudounabhängigkeit bei innerer Selbstunsicherheit. Nach langer Verheimlichung der Erkrankung schließlich Bemühung um therapeutische Hilfen
bedrohliche körperliche Folgen der Unterernährung	meist harmlosere körperliche Folgen der Eß- und Brechepisoden
Übergang in Psychosen aus der Anorexie immer wieder beobachtet	Übergang in Psychosen aus der Bulimie bisher nicht beobachtet
Mortalitätsfolgen der Anorexie ca. 10%	keine Mortalität in Folge einer Bulimie

Anorexie und Bulimie
in Bezug zu den acht »Leibesorganisationen« des Menschen:

Leibesorganisation	Anorexie	Bulimie
1. phys. Stoffleib	mager, kachektisch, schwach, leicht, kraftlos, aber zäh; ungeliebt und unangemessen erlebt	meist normalgewichtig und unauffällig; funktionstüchtig Instrument / Ersatzmedium für seelisches Empfinden und soziales Verhalten; wird deshalb auch eher gepflegt
2. Lebensleib	mager, vermindert, reduziert, atrophiert und ausgetrocknet, kraftlos, ohne stoffliche Grundlage; flüchtig	entgleist, disloziert: Nahrungsstoffaufnahme gesteigert – Stoffwechsel »getäuscht«, d. h. vermindert – Ausscheidung in gestörter, dislozierter Weise gesteigert
3. Empfindender Seelenleib	ungeordneter Rückzug aus Leib und Leben; im Leib »vagabundierend«; Weigerung, sich mit Leib, Leben und Welt zu verbinden, depressiv sehnsüchtige Seelenstimmung	ängstlicher Rückzug aus der Welt und den sozialen Beziehungen; unangemessenes Austoben im Leib zwischen Füllen und Leeren; Verdrängen seelischer Empfindungen in stofflichleibliche Befriedigungen und Ausscheidungen; depressiv selbstunsicher gehemmte Seelenstimmung
4. Geistleib / Ich	zurückgezogen, motivlos, kraftlos; mangelnder Inkarnationswille; Fluchttendenzen aus jeder Verbindung zu Leib und Welt	aus der Mitwelt zurückgezogen, selbstunsicher und schwach; die Welt wird auf den Stoff, seelisches Erleben auf stofflich, körperliche Ersatzbefriedigung und Ausscheidungsgeste reduziert; Ich-Schwäche

Leibesorganisation	Anorexie	Bulimie
5. Ausdrucks- und Kommunikationsleib	der ganz Leib, der ganze Mensch drückt die Verweigerung der Inkarnation aus; auffallender Ausdruck der Leibgestalt, der Bewegung und des Verhaltens; auffallend gestörte Kommunikation	überangepaßt, unauffälliges Verhalten, unauffällige Leiblichkeit; keine angemessenen Ausdrucksmöglichkeiten für seelisches Erleben und Befinden; körpersprachlicher Ausdruck mißlingt und entgleist in Heimlichkeit
6. Beziehungsleib	auffallend gestörte und eingeengte Beziehungsmöglichkeiten; Rückzug, Abhängigkeiten; die einzige Selbstbehauptung gelingt im Verweigern, Fasten, Kontrollieren	oberflächlich lange funktionierendes Beziehungsleben, im Kern schwer gestört; Verweigerung von Offenheit und Selbstbehauptung – »Rückzugsgefechte« in die stofflich leibliche Abhängigkeit bei zur Schau gestellter Pseudounabhängigkeit
7. Entwicklungsleib / Biographie	behindert, erschwert, verzögert; die Grundstörung liegt primär im Verhältnis zwischen Seele und Leib und in der Folge zwischen Seele und Welt	gestört und beeinträchtigt; primär scheint das Verhältnis zwischen Seele und Welt und in der Folge zwischen Seele und Leib belastet zu sein
8. Schicksalsleib / Karma	anlagebedingt im Schicksalsleib verankerte, d. h. »mitgebrachte« Krankheit	nicht schicksalsmäßig veranlagte, sondern im Schicksal durch Umstände, Einstellungen und Verhaltensweisen erworbene Krankheit

Prophylaktische und therapeutische Möglichkeiten

Eine kulturelle, gesellschaftliche und zwischenmenschliche Atmosphäre, die von einer Achtung vor dem Geistigen und Seelischen des Menschen im Individuellen wie im Allgemeinen geprägt ist, wird am ehesten sowohl gesellschaftliche wie individuelle Möglichkeiten zulassen, ein freies und tolerantes und von Wertschätzung getragenes Verhältnis zu den seelischen und geistigen Beziehungsbereichen des Menschen zu pflegen. Hier, in diesen komplexen und weitläufigen Zusammenhängen liegen wohl die Ansätze für die Entstehung der bulimischen Erkrankung. Wir müssen also in der Erziehung und in der Gesellschaft, in unserem eigenen Umgang mit unseren Mitmenschen und bei uns selbst ausgesprochen darauf achten, der Wirklichkeit den seelischen Lebensraum und Anerkennung zu verschaffen. Nicht nur an Daten und Fakten, Leistung und Erfolg Interesse zeigen, sondern vor allem an dem persönlichen, subjektiven Erleben, an den Stimmungen und Gefühlen. Gerade alles Seelische muß gefördert und gepflegt werden in der Vorbeugung und zur Verhinderung der bulimischen Erkrankung, denn die Bulimie erscheint wie ein epidemieartiger Ausdruck für die Verleugnung und Verdrängung des Seelischen zu einer bloßen Funktion des Lebens.

In der Bulimie ist die Seele zur bloßen Nahrungs- und Stoffwechselfunktion degradiert. Auch hier ist also, wie schon bei der Anorexie, das gestörte Eßverhalten nur äußerlichstes Symptom. Die Grundfrage ist die Wirklichkeit der Seele und des Geistes.

Hier liegen, neben den kulturellen und gesellschaftlichen sowie pädagogischen Möglichkeiten zur allgemeinen Prophylaxe, auch ganz konkrete, individuelle therapeutische Möglichkeiten in der Behandlung bulimiekranker Patientinnen. Ist es doch im Grunde immer ein Gefühl der seelischen Leere, der Enttäuschung, der Ziel- und Orientierungslosigkeit, was zu den bulimischen Freß- und Brechanfällen führt. Dabei scheint es sich um nichts anderes zu handeln als um den Versuch, mit untauglichen Mitteln, nämlich mit Nahrungsmitteln, die seelisch-geistige Leere auszufüllen. Das unklare Erleben des Unangemessenen dieses Verhaltens läßt dann Scham und Ekel aufkommen und das Bedürfnis, all dies unpassend Hereingestopfte wieder los zu werden.

Gelingt es in der Therapie, durch eine entsprechende Achtung vor den Menschen, durch einen entsprechenden Umgang mit ihm in seiner Krankheits- und Lebenssituation und durch künstlerisch-therapeutische Übungen seelisches Erleben anzuregen und in psychotherapeutischen Gesprächen gezielt die seelische Leere und Richtungslosigkeit zu bearbeiten, depressives Erleben bewußt zu machen (und evtl. medikamentös zu behandeln) und für das Auffinden der jeweils individuell und biographisch angemessenen Orientierung, vielleicht Neuorientierung, Anregung, Förderung und Unterstützung zu geben, so kann eine Bulimie erfolgreich behandelt und überwunden werden.

Eine solche Behandlung, das sollte nicht übersehen werden, kann nicht unter irgendeinem Druck stattfinden. Krankhafte Stoffwechselprozesse können behandelt werden – an die Möglichkeit, eine seelische Verdrängung, Verleugnung, Leere oder Orientierungslosigkeit überwinden zu können, an diese Möglichkeit und Fähigkeit im individuellen Menschen kann man als Therapeut nur appellieren – insbesondere mit den Möglichkeiten der künstlerischen Therapien und einer der seelisch-geistigen Wirklichkeit verpflichteten Psychotherapie. Dabei werden dann die in der Tabelle (S. 264) aufgeführten Störungen der »Leibesorganisationen« in die Therapie mit einbezogen.

Psychosomatische Aspekte zur Sexualität

Mit der Sexualität hat es zweifellos eine besondere Bewandtnis. Einerseits ist sie eine biologische Gegebenheit, die in weiblicher oder männlicher Form erscheint. Im Physiologischen, das heißt im Bereich des Lebens, macht sie sich als Trieb geltend (Sexualtrieb, Geschlechtstrieb). Damit gehört sie zu den Urtrieben wie Hunger, Durst oder Bewegungsdrang, die leiblich begründet sind, in der biologischen Entwicklung verschiedene Phasen durchlaufen und natürlicherweise einen wesentlichen Sinn erfüllen. Auch wenn Sexualität ein Trieb ist, so ist sie deshalb nichts Niederes oder Böses, sondern etwas Grundlegendes, für Leib und Leben Unverzichtbares. Es kommt allein darauf an, wie der Mensch damit umgeht.

Darüber hinaus ist Sexualität aber noch mehr. Sie prägt in Erlebnissen, Gefühlen, Vorstellungen, Bedürfnissen, Absichten, Phantasien, Wünschen und Motiven das Seelenleben im Innern, bewußt, unterbewußt oder ganz unbewußt, wie auch im äußeren, zwischenmenschlichen Verhalten.

Sexualität ist als eine Grundgegebenheit des leiblichen Lebens auch Grundlage, das heißt Ansatzort für die seelische und geistige Entwicklung, die durch das Ich geschehen kann.

Wir können also erwarten, daß die Geschlechtlichkeit des Menschen nicht nur ein leibliches Phänomen ist, sondern daß deren Ausdrucks- und Erscheinungsformen auch wahrgenommen werden können.

Tatsächlich finden sich zahlreiche Hinweise, die bezeugen, daß das sexuelle Leben, allein schon in der sexuellen Begegnung zwischen zwei Menschen, nicht nur körperliche, sondern auch seelische und individuell-geistige, ichhafte Aspekte hat.

Was ereignet sich im sexuellen Geschehen?

a) an Leib und Leben,
b) im seelischen Erleben,
c) im geistig-ichhaften Vermögen.

a) An Leib und Leben

Anatomie und Physiologie des Geschlechtsaktes dürfen hier als bekannt vorausgesetzt werden. Es handelt sich dabei um ein körperliches Geschehen, das erlernt bzw. versucht und geübt werden muß wie andere Bewegungsvorgänge auch. Es spielen bewußte, willkürliche und unbewußte wie unwillkürliche Bewegungsanteile und Verhaltensweisen dabei zusammen.

Die Haltungs- und Bewegungsabläufe sind Grundlage und Voraussetzung für einen richtigen Geschlechtsakt. Die geschlechtliche Begegnung darauf zu reduzieren, als wäre es nichts als ein körperlicher Vorgang, hieße, ihm das Wesentliche, das Besondere, das Schöne und Menschliche zu nehmen. Allerdings gibt es pathologische Varianten sexuellen Verhaltens, die einen Teilaspekt der vollen geschlechtlichen Begegnung einseitig zum alleinigen Ereignis machen. Eine solche reduktionistische Vereinseitigung auf das nur Körperliche geschieht zum Beispiel in der Promiskuität, in dem wahllosen geschlechtlichen Befriedigen an ständig wechselnden Partnern ohne Be-Achtung seiner Persönlichkeit. Dabei geht es nur noch um egoistische Triebbefriedigung – eine Begegnung findet gar nicht mehr statt.

b) Im seelischen Erleben

Der seelisch-emotional-erlebnismäßige Aspekt ist subjektiv weitaus wichtiger als der nur körperliche. Innerlich erlebte Phantasien, Wünsche, Hoffnungen, Bedürfnisse, Gefühle, Regungen führen zum sexuellen Geschehen mit teilweise bewußten, teilweise unbewußten Handlungs- und Verhaltensweisen und mit einem sich vom akuten Bedürfnis bis zum befriedigenden Erlebnis modifizierenden und sich steigernden seelisch-körperlichen Geschehen.

Dabei spielen aktive und passive Elemente eine Rolle, ebenso wie Geben und Nehmen, wie Empfangen und Sichhingeben, wie Empfinden und Empfundenwerden, wie Wollen und Gewolltwerden, wie Schenken und Beschenktwerden, wobei diese polaren Anteile gerade nicht unter den beiden Geschlechtspartnern rollentypisch aufgeteilt sein dürfen, sondern alle Phasen wechselseitig aktiv und passiv zu fühlen und zu gestalten sind.

Der Geschlechtsakt ist ein ganzheitliches, in sich Polaritäten umfassendes, sich wechselseitig beeinflussendes und prägend-geprägtes Geschehen. Dabei spielen situative Erfahrungen und Erwartungen, Ängste und Hemmungen, Spontaneität und Aktivität, Wünsche und Ziele eine wesentliche Rolle. Das führt zum nächsten Aspekt:

c) Das geistig-ichhafte Vermögen

Die geistig-ichhaften Vermögensanteile am sexuellen Geschehen sind einerseits bewußt, andererseits aber auch noch vorbewußt, nur ahnungsmäßig gegeben.

Die mehr bewußten Anteile sind: biographische Erfahrungen und Erinnerungen sowie Motive und Entwürfe des Handelns und Lebens, die in den Moment der sexuellen Begegnung hereinwirken. Meine Vergangenheit prägt mich, während meine Zukunft mir ermöglichen soll, mich in der Gegenwart frei, meiner menschlichen Erfüllung entsprechend zu verwirklichen und mich auf meinen Partner einzustimmen.

Die vorbewußten, ahnungsmäßigen Anteile werden von der geisteswissenschaftlichen Forschung erkannt und sind von Rudolf Steiner zwischen 1906 und 1921 in verschiedenen Zusammenhängen dargestellt und veröffentlicht worden.

Mit der Geschlechtsreife in der Pubertätszeit gegen Ende des zweiten Jahrsiebts bildet sich in Komplementarität (das heißt in Ergänzung zum Ganzen) die Organisation des Lebensleibes zum Gegengeschlecht, das heißt zum Komplementärgeschlecht der eigenen Geschlechtlichkeit aus.

Wir kennen in Medizin, Physiologie und Psychologie das Prinzip der Komplementärbildung zum Beispiel beim Sehen im Bildungsvorgang der Komplementärfarben durch das Auge. Komplementärfarben sind zum Beispiel gelb und violett, die in ihrer Mischung (als Lichtfarben) wieder reines weißes Licht ergeben, in dem alle Farben enthalten sind.

Durch das Komplementäre entsteht also die Ganzheit. Bleiben wir noch einen Moment beim Auge: Es ist das Organ unseres Sehsinnes. Mit ihm nehmen wir wahr, was um uns ist, was sich im Sichtbaren dem Auge darbietet. Sichtbar ist, was in Licht getaucht ist. In der Finsternis kann unser Auge nichts sehen. Das Auge benötigt das Licht zum Sehen.

»Das Licht ist da«, wie Goethe am 26. Februar 1824 zu Eckermann sagte, »und die Farben umgeben uns, allein, trügen wir kein Licht und keine Farben im eigenen Auge, so würden wir außer uns dergleichen nicht wahrnehmen.«

Darin klingt die alte griechisch-ionische Erkenntnis Plotins an, die in der »Farbenlehre« Goethes so formuliert ist: »Das Auge hat sein Dasein dem Licht zu danken. Aus gleichgültigen tierischen Hilfsorganen ruft sich das Licht ein Organ hervor, das seinesgleichen werde, und so bildet sich das Auge am Lichte, fürs Licht, damit das innere Licht dem äußeren entgegentrete.«

Ist es nicht mit dem Geschlecht ähnlich?

Die differenzierten geschlechtlichen Phänomene wirken in leiblichen, psychischen, sozialen und anderen Aspekten auf den Menschen. Allein, hätten wir nicht das Sexuelle als Ganzes in differenzierter Gestalt in uns, wie könnten wir es außer uns wahrnehmen und erkennen? Es gilt eben auch hier der alte Grundsatz: »Gleiches kann nur von Gleichem erkannt werden.«[39]

Wo aber ist das Weibliche im männlichen Geschlecht – und das Männliche im weiblichen? Physisch ist es nicht vorhanden, aber in der Lebensorganisation, im Ätherischen. Da ist die Komplementierung, die Ergänzung in uns, die uns das Erkennen und Lieben des anderen Geschlechts erst ermöglicht.

Die sich anziehende und ergänzende Beziehung und Zusammengehörigkeit des weiblichen und des männlichen Geschlechts wird niemand bezweifeln oder leugnen – aber beide in einem Menschen zu denken, bereitet vielleicht noch ungewohnte Schwierigkeiten. Allerdings müssen im Interesse einer echten Gleichberechtigung der Geschlechter, im Interesse einer charakterisierenden Beschreibung ohne moralische Bewertung der Unterschiede zwischen Frau und Mann, diese Schwierigkeiten abgebaut und überwunden werden.

Versuchen wir uns über die Phänomene der Sache anzunähern: Der physische Leib ist in seiner Gestalt und seiner Physiologie von seinem Geschlecht geprägt. Mit der physischen Geschlechtsreife um die Pubertät erwacht im Seelischen das neuartige Interesse am andern Geschlecht in einer bisher so nicht dagewesenen Qualität. Das Seelenleben in Erleben und Verhalten wird nahezu vollständig umgeworfen und neu orientiert im Verlauf einer jahrelangen Unsicherheitsphase, die, wie wir gesehen haben, in der Pubertätskrise dramatische Formen annehmen kann.

Eine zweite so radikale, dramatische, tiefgehende, das innere Leben wie das Verhalten und auch die Gestalt und Physiologie des Leibes betreffende Umwandlung gibt es kein zweites Mal in der menschlichen Biographie. Das Klimakterium der Frau (damit am ehesten zu vergleichen) ist doch bei weitem nicht so einschneidend wie die Pubertät. Kann das aber nur auf die hormonelle Umstellung zurückzuführen sein? Ist es nicht auch denkbar, daß die Umwandlung im Überphysischen ihren Ursprung hat, nämlich in der Lebensorganisation (dem Lebensleib, dem Ätherleib)? Und von da ausstrahlend in Leib und Seele hereinwirkt? (Schließlich haben sich die Bildekräfte des Lebensleibes schon einmal metamorphosiert: von der organischen Leibgebundenheit zu leibfreien Denkkräften, was man wohl auch eine komplementäre Entwicklung nennen kann, die vom Wachsen zum Denken führt.)

Umwandlung des Lebensleibes nach der Geschlechtsreife heißt, daß er sein dem physischen Leib entsprechendes Geschlecht dort in das Komplementärgeschlecht verwandelt; beim Mann also in das weibliche Geschlecht und umgekehrt. Dadurch erwacht dann das Interesse, das Bedürfnis, die Liebefähigkeit und die volle Erkenntnis der Andersartigkeit des weiblichen bzw. männlichen Geschlechts. Und alles weitere mit der Sexualität Zusammenhängende ist die Folge dieses Vorgangs.

Jetzt ist der Mensch auch deshalb »erdenreif« geworden, weil er die Einseitigkeit seines physischen Geschlechts im Überphysischen ergänzt hat.

Der Astralleib wird in seelischer Hinsicht vom Ätherleib genährt und belebt. Daraus ergibt sich, daß er mehr weiblich gefärbt und getönt ist – nicht in dem Bereich, wie er ins Physisch-Leibliche einwirkt, sondern in der Weise, wie sich seine Inhalte aus den ins Seelische metamorphosierten Bildekräften – den Gedanken und Vorstellungskräften – bilden. Daraus ergeben sich zum Beispiel sexuell getönte Phantasie- und Wunschvorstellungen, die ein unterschiedliches und jetzt geschlechtstypisches Verhalten zur Folge haben. So ist das Sexualverhalten der Frau zum Beispiel stark wunsch- und zielorientiert. Ihre sexuellen Phantasien sind mehr romantisch auf den idealen Partner, die ideale Beziehung und besonders schöne Verhältnisse gerichtet. Dazu kann sie sich von literarischen oder journalistischen Schilderungen und Berichten Anregungen holen, die sie in ihrer eigenen Seele ergänzt und vervollständigt, das heißt produktiv, kreativ weiter verarbeitet.

Ganz anders der Mann: »Er trägt ein Sexualbild der Frau in sich, das fetisch-artig ›anspringt‹, wenn er mit einem realen optischen Eindruck geringer Ähnlichkeit konfrontiert wird.«[40] Entsprechend funktioniert die ganze sexuell-erotisierend gefärbte Werbung mit weiblichen Darstellungen, die Sexualität in Film, im Striptease oder ähnlichen Darbietungen und in der Pornographie. Alles zielt darauf hin, den Mann durch optische Darstellung sexuell anzuregen. All diese Erfindungen dienen fast nur dem Mann, aber Frauen stellen sich dafür zur Verfügung. Der Mann konsumiert Sexualität. Er ist der eigentlich aufnehmende, passive, phantasielose Partner, während die Frau solche optischen Darstellungen zur Anregung ihrer sexuellen Wünsche nicht braucht. Sie spricht auch gar nicht in dieser Weise darauf an. Dagegen setzt sie sich selbst mit ihrem Körper und ihrem aktiven Verhalten als anregendes Objekt für den Mann ein. Sie ist aktiv, bewegt sich, zeigt sich und was sie hat – während der Mann passiv aufnehmend für solche optischen Reize sehr empfänglich ist.

Die Mode der weiblichen Bekleidung spiegelt das auch wider: Sie zeigt – er schaut.

Wäre das seelische Erleben nicht so eindeutig geschlechtsspezifisch verschieden, so gäbe es in gleicher Weise auch Striptease, Filme, Magazine etc. für die weibliche Kundschaft – wenn es sie gäbe. (Ansätze dafür gibt es natürlich, aber vergleichsweise minimal, eben weil die psychische Erlebnis- und Bedürfnissituation der Frau anders ist.)

Was die Frau seit Jahrtausenden immer beherrscht hat, eine gekonnte und gezielte, kontrollierte exhibitionistische Tendenz in der Bekleidung auszuleben und damit den Mann anzusprechen, gelingt dem Mann in keiner vergleichbaren Weise – und es ist auch nicht gefragt. Dagegen kommt die krankhafte Entgleisung, der Exhibitionismus in seiner primitiven Art, fast nur bei Männern vor.[41]

Gibt es auch in geistiger Hinsicht geschlechtstypische Unterschiede?

Auch da kann man beobachten, daß es Verschiedenheiten zwischen dem weiblichen und dem männlichen Geschlecht gibt. Unsere Kultur ist von Männern geprägt und bestimmt. Die Technik, das Machen und Beherrschen spielen eine große Rolle. Die Männer haben sich im Handhaben und Herrschen von Technik und Mensch geübt. Dazu bedarf es kühler analytischer und praktischer Erkenntnis- und Verstandesfähigkeit. Diese besitzt der Mann dadurch, daß er sehen, wahrnehmen, erkennen und ergreifen kann, was um ihn ist. Das sind eindeutig *aufnehmende* Qualitäten.

Demgegenüber zeigt sich wahre Produktivität und Kreativität, echtes schöpferisches Vermögen und Gestalten nicht im Erkennen oder im Machen, was machbar ist – vielmehr im Anerkennen des anderen Menschen oder der Schöpfung als Partner, mit dem *gemeinsam* etwas Neues entstehen, hervorgebracht werden kann.

Das eine ist Verstehen und Erkennen durch Wahrnehmen und dann Machen im Physischen. Das andere ist intuitiv-schöpferisches Gestalten aus dem Erleben, was sich entwickeln kann und will. Das eine scheint mir mehr männlich, das andere mehr weiblich zu sein. Dahinter wirkt das Prinzip, daß sich das Aufnehmende im Körperlichen bei der Frau und das Gebende im Körperlichen beim Mann im geschlechtlichen Geschehen durch die komplementäre Geschlechtlichkeit der Lebensorganisation und deren Hereinwirken ins Seelisch-Geistige metamorphosieren zu den eben oben geschilderten seelisch-geistigen Qualitäten, die so gesehen bei der Frau männlichen Charakter und beim Mann weiblichen Charakter haben.

Was es also an geschlechtlichen Unterschieden, Vorzügen oder Nachteilen, Stärken oder Schwächen geben mag: Wir haben es gerade aus der Eigenart des anderen Geschlechts in uns selber.

Rudolf Steiner war wohl der erste, der aus seiner geisteswissenschaftlichen Forschung heraus auf diese Zusammenhänge aufmerksam gemacht hat.[42]

Im Bereich der menschlichen Ausdrucks- oder Kommunikationsfähigkeiten, die wesentlich prägend in das Beziehungsleben hereinwirken, scheint gerade diese innermenschliche Polarität von physischer Geschlechtlichkeit und ätherischer Gegengeschlechtlichkeit unser Sozialverhalten zu bestimmen. Aus dem unbewußten inneren Erleben des andern Geschlechts in uns fühlen wir uns äußerlich zu eben diesem anderen Geschlecht hingezogen, das uns dann im geschlechtlichen Geschehen die Ergänzung und Erfüllung bieten kann.

In seiner Biographie ist der Mensch durch sein biologisches Geschlecht geprägt und vorbestimmt, in der geistigen Entwicklung und Lebensgestaltung aber auch wiederum weitgehend frei von einer geschlechtlichen Gebundenheit.

Im Bereich des Schicksalsleibes, des Karmas, zeigt sich, daß alle geschlechtliche Einseitigkeit in einem neuen Erdenleben durch einen physischen Körper mit dem anderen Geschlecht ausgeglichen wird. Hier entsteht im karmischen Sinn die Freiheit durch den rhythmischen Ausgleich der Geschlechtlichkeit.

Die Sexualität ist also ein den ganzen Menschen erfassendes Phänomen. Es entspringt in seinen variablen Erscheinungsformen der Komplementarität der Geschlechtlichkeit von physischem und Lebensleib ab der Geschlechtsreife. Das zeigt sich bis in seelisch-geistige Begabungen und Fähigkeiten. Am auffälligsten ist dies im psychischen Verhalten als Ausdruck des Seelenleibes. Alle Bedürfnisse, Wünsche, Begehrungen, Interessen und Leidenschaften kommen durch ihn zur Erscheinung. Dabei kann die Seele ihre »Motive« vom Leib oder vom Geist bekommen. Das ist an den Phänomenen zu erkennen. Die seelischen Bedürfnisse richten sich deswegen auf das »andere« Geschlecht, weil sie durch das komplementäre Geschlecht in einem selbst angeregt werden.

Sind bei einem Menschen über die Pubertät hinaus bisexuelle Bedürfnisse vorhanden, so ist das komplementäre Geschlecht innerhalb der Lebensorganisation nicht voll ausgebildet. Dadurch werden die Bedürfnisse unsicher, unbestimmt und können nicht eindeutig auf das andere Geschlecht gerichtet sein.

Homosexualität bedeutet entweder, daß sich die Geschlechtsumwandlung der Lebensorganisation ab der Pubertät nicht vollzogen hat, so daß die Interessen und Bedürfnisse des Seelenleibes aus einer Lebensorganisation herkommen, die das Geschlecht des physischen Leibes hat; oder aber der seelische Bedürfnisleib ist zu stark mit dem physischen Leib und dessen Geschlecht verbunden und erlebt zu wenig die eigene Lebensorganisation. Diese letztere Form wäre eindeutig ein pathologischer Fall; dagegen ist die Homosexualität aus der ersten Möglichkeit eher eine ungewöhnliche Variante von der Norm, ohne daß ihr ein Krankheitswert zukäme.

Sexualität und Entwicklung

Die Sexualität entwickelt sich erst mit der Pubertät zur vollen Funktions- und Lebensreife.

In den Epochen des Empfindungs- oder Seelenleibes und der Empfindungsseele, das heißt in den zwanziger Jahren, hat sie für den Menschen eine besonders unmittelbar Leib und Erleben ansprechende Bedeutung. Mit dem Schritt zur Verstandesseele im Verlauf der dreißiger Jahre ändert sich nichts an der Sexualität, möglicherweise aber an ihrem Erleben, das nicht mehr so unmittelbar, einfach gegeben ist, mit allen Ängsten, Hemmungen, Abenteuern, Gefahren und Genüssen – wie das vorher sein konnte. Es kann sich jetzt auch ein reflektierendes, abwägendes, überlegendes Element im Zusammenhang mit der Sexualität bemerkbar machen. Um diese Zeit können die Fragen nach dem Partner ein anderes Gewicht bekommen, das kann zu einer Vertiefung, aber auch zu einer Lockerung oder gar Lösung der Verbindung führen.

Mit dem Schritt zur Bewußtseinsseele, ungefähr ab den vierziger Jahren, tritt jetzt oft eine interessante Situation ein, insofern einerseits die Kräfte des physischen Leibes wieder aufleben, andererseits aber auch neue, weniger sinnliche Bedürfnisse entwickelt werden können. Da die Bewußtseinsseele nur gebildet werden kann auf dem Boden einer gut entwickelten Empfindungsseele, bedeutet dies oft ein notwendiges Nachholen von Empfindungsseelenbedürfnissen und -qualitäten in den vierziger Jahren, die eigentlich in den zwanziger Jahren »drangewesen« wären. Daher tritt in der Entwicklungsphase zur Bewußtseinsseele auch die Gefahr der Regressionskrise auf, des Hängenbleibens in den – jetzt bewußt und wach erlebten – schönen Erfahrungen der Empfindungsseele und des Empfindungsleibes.

Die Möglichkeit zu Regression oder Weiterentwicklung wird in der nächsten Stufe noch deutlicher. Es ist, wie bereits dargestellt wurde (S. 131), die geistige Entwicklung, die durch die Führung des Gefühlslebens angestrebt wird.

In diesem Zusammenhang sprachen wir von einer qualitativ neuen Reife der Empfindungen, von Feinfühligkeit und neuen sozialen Fähigkeiten. Von dieser Verwandlung des Empfindungs- und Gefühlslebens ist naturgemäß in besonderer Weise auch die Sexualität betroffen.

Im Klimakterium der Frau deutet sich im Physiologischen eine Veränderung an, insofern die Möglichkeit zur Schwangerschaft zu Ende geht. Die Sexualität hört damit natürlich nicht auf, sondern bekommt einen anderen, für die Frau freieren Charakter. Diesen freien, von Befruchtung und Schwangerschaft abgelösten, unabhängigen Charakter hat die Sexualität für den modernen Menschen schon seit einiger Zeit in zunehmendem Maße gewonnen. Und das ist auch richtig und notwendig. Ist doch damit gleichzeitig die Möglichkeit und Aufgabe gegeben, in selbstverantwortlicher Weise mit seinem Empfindungsleben und seinem Sexualitätsbedürfnis umzugehen. In dieser Situation scheinen wir in unserer Zeit noch am Anfang zu stehen; das heißt die Möglichkeiten sind schon gegeben, das Verantwortungsgefühl und -bewußtsein können oder müssen aber noch wachsen.

Was nun die Sexualität ab den fünfziger Jahren betrifft, so kann sie auffallende Wandlungen erfahren. Sie reichen von einem ganz neuen Erwachen bisher unausgelebter Sexualität und sexueller Empfindungen (dem sogenannten zweiten Frühling) über kaum merkliche Veränderungen bis zu einem Nachlassen oder vollkommenen Versiegen der sexuellen Bedürfnisse im Alter.

Weder das Neubeleben noch das Versiegen der Sexualität ab den fünfziger Jahren zeigen allein irgendeinen Entwicklungsschritt an. Ja, das stärkere, aktivere Wiedererwachen der sexuellen Wünsche und Bedürfnisse im sogenannten zweiten Frühling kann sogar, nachträglich – oder durch die Mitwelt unter Umständen – als krisenhaft erlebt werden, dadurch aber auch weitere Reifungsschritte anregen, die dann bewußt ergriffen werden können.

Sexualität ist also offenbar ein wichtiger und sensibler Bereich menschlichen Erlebens und Verhaltens, der Entwicklungsschritte und Reifungsstadien des Menschen mit bewirkt. Deshalb sollte man der eigenen Sexualität die ihr gebührende Aufmerksamkeit schenken, um ihre Möglichkeiten und Gefahren erkennen und sich ihr gegenüber frei verhalten zu können. Verleugnen, Ignorieren oder Verdrängen der Sexualität ist keine angemessene Handlungsweise. Denn auch zur Sublimierung, das heißt der Verwandlung und Erhöhung der Sexualität in kreative, geistige Schaffenskräfte sollte der Mensch wissen, was er tut und woher er die Kräfte nimmt.

Aus dem Dargestellten ist sicher aber auch deutlich geworden, daß zahlreiche psychische Erkrankungen mit dem Bereich der Sexualität zu tun haben können.

III. Psychiatrische Krankheitsbilder

Der objektive Geist kann in seiner gültigen Substanz
nicht erkranken.
Aber der einzelne Mensch kann erkranken in der Weise,
wie er am Geist teilhat und wie er Geistiges hervorbringt ...
Durch Mängel, Ausfälle, Verzerrungen und Verkehrungen,
durch alle Normwidrigkeiten in der Verwirklichung
der Teilnahme am Geist.
Dann durch eine Produktivität spezifischer Art,
die nicht im Ergebnis,
aber in der Ursache krank ist ...

Karl Jaspers

Psychosen, Neurosen und andere Unterscheidungen

Die Psychiatrie umfaßt in ihrer Systematik drei große Gruppen seelischer Störungen:

1. die Erkrankungen, die durch die seelische Entwicklung oder durch besondere seelische Erlebnisse hervorgerufen werden. Wir nennen sie im weitesten Sinne psychogene seelische Erkrankungen. Dazu gehören reaktive seelische Erkrankungen (Konfliktreaktionen, abnorme seelische Reaktionen), die Neurosen (als entwicklungsbedingte seelische Erkrankungen) und die Psychopathien im Sinne von charaktermäßigen Persönlichkeitsstörungen;
2. die Gruppe der endogenen oder endomorphen Psychosen (schizophrene und affektive Psychosen);
3. die Gruppe der hirnorganischen Erkrankungen, die sich überwiegend oder ausschließlich in einer psychischen Symptomatik äußern.

Die Psychosen bilden die wichtigste und größte Gruppe in der Psychiatrie.

Die hirnorganischen Erkrankungen spielen in der Kinderpsychiatrie eine gewisse Rolle (wie frühkindliche Hirnschädigungen oder die minimale zerebrale Dysfunktion) und prägen dann in großem Maße das Gebiet der Alterspsychiatrie in Form von arteriosklerotischen und degenerativen Erkrankungen des Gehirns mit überwiegend psychischer Symptomatik.

Die erste Gruppe der psychogenen, erlebnis- oder entwicklungsbedingten seelischen Erkrankungen spielen in der Psychiatrie überraschenderweise eine kleinere Rolle. Das hängt damit zusammen, daß die Grenzen zwischen erlebnisbedingten, noch normalen oder schon krankhaften Reaktionen oder entwicklungsbedingten Störungen, die noch vertretbar oder schon abnorm erlebt werden, fließend sind und oft mit einer ziemlichen Willkür gezogen werden. Hier müssen soziale, kulturelle, historische und persönliche Faktoren mit berücksichtigt werden.

Im folgenden sei eine Einteilung seelischer Krankheiten nach den möglichen Ursachen versucht, die sie hervorrufen.

1. Eine Gruppe von Krankheiten hat ganz äußerliche Ursachen. Hier führen substantielle stoffliche Einwirkungen wie Gifte, Genußmittel, Drogen, Medikamente oder toxisch wirkende Stoffe aus der Umwelt durch eine entsprechende Stoffwechselstörung bzw. durch eine Beeinträchtigung des Zentralnervensystems über eine Stoffwechselstörung zu psychiatrischen Krankheitsbildern. Wir wollen diese Gruppe als *exogene* psychiatrische Krankheiten bezeichnen.
2. Krankheiten, die durch psychische Einflüsse oder Erlebnisse aus der Umwelt oder durch die Mitwelt des Menschen entstehen, sind mit dem Oberbegriff *psychogen* zu umreißen.
   Hierunter wiederum lassen sich zwei Gruppen unterscheiden:
   a. erstens jene, die als Reaktion auf ein einmaliges, akutes, beeindruckendes psychisches Erlebnis zustande kommen, was man als abnorme Erlebnisreaktion bezeichnen könnte;
   b. zum anderen zählen wir zu den psychogenen Erkrankungen der Seele jene, die sich im Laufe der Entwicklung langsam herausbilden, meistens Vorläufererscheinungen haben und dann oft durch ein unter Umständen harmlos anmutendes Erlebnis hervorgerufen werden, das aber auf einen über lange Jahre hinweg durch ähnliche oder vergleichbare Erlebnisse vorbereiteten Boden fällt, so daß die »Saat« jetzt in Form einer Neurose aufgeht. Diese psychogenen Erkrankungen, die wir deswegen auch als *neurotische Entwicklung* bezeichnen, zeigen schon eine deutlich

engere Beziehung zum inneren Wesen des Menschen als die reaktiven psychischen Erkrankungen. Wir werden noch sehen, daß sich die Faktoren, die zur Entstehung einer Neurose beitragen, noch weiter differenzieren lassen.

3. Gehen wir zunächst noch einen Schritt weiter auf unserem Weg von äußeren zu inneren Ursachen, so erreichen wir jetzt die Krankheitsgruppe, die wir, weil sie »von innen« kommt, mit einem zwar älteren, aber hilfreichen Begriff *endogen* nennen. Zu den endogenen Psychosen rechnen wir die schizophrenen und die affektiven Psychosen, die Depression, die Manie und die manisch-depressive Erkrankung.
Dieses Innere, das »Endogene«, das sich vom griechischen endo = innen ableitet, ist im Verständnis der klassischen Psychiatrie nichts Physisch-Körperliches. Auf dieser Ebene hat man auch keine Ursachen dieser Psychosen finden können. Dieses Innere, das die alten Psychiater noch kannten, und das in der modernen Psychiatrie zunehmend vergessen wird, ist nichts anderes als dasjenige, was den Leib von innen belebt. In unserer bisher gebräuchlichen Terminologie ist es also die Lebensorganisation. Aus diesem Bereich des Lebens also, zwischen Leib und Seele, entstammen die Psychosen.

4. Vom physischen Leib ausgehend gibt es ebenfalls Krankheiten, die sich überwiegend in einer seelischen Symptomatik darstellen. Diese Gruppe psychiatrischer Erkrankungen sind *somatogen*, das heißt, sie kommen vom Körper. Sie sind in dieser Gliederung von den exogenen Krankheiten insofern abzugrenzen, als sie primär durch körperliche Erkrankungen und nicht durch stoffliche Einwirkungen hervorgerufen werden.

Zu solchen somatogenen psychiatrischen Erkrankungen würden solche aus dem Bereich des Gehirns ebenso zählen (zum Beispiel Hirntumoren, -entzündungen, -vernarbungen oder atrophische und degenerative Hirnerkrankungen) wie auch Erkrankungen der inneren Organe, die dann auf bekannten oder unbekannten Wegen zu psychiatrischen Phänomenen führen (zum Beispiel Lebererkrankungen, Nierenerkrankungen, Herzrhythmusstörungen, Pankreaskarzinom).

Übersicht zu den Ursachen psychiatrischer Erkrankungen

exogen	psychogen		endogen	somatogen
	reaktiv	neurotisch		
stoffliche Ursachen	Erlebnis	Entwicklung	Lebensorganisation	körperliche Krankheiten

←———— umweltabhängig ⟷ innenweltabhängig ————→

Für eine phänomenologische Betrachtung der psychiatrischen Krankheiten sei an die verschiedenen Bereiche des Seelenlebens erinnert, wie sie im vorangegangenen und im folgenden beschrieben sind (S. 71 f., S. 102 f., S. 411 ff.). Wir beginnen wiederum außen und erkennen im Wahrnehmungsleben die Brücke zwischen Welt und Mensch. Hier findet die aufnehmende Beziehung des Menschen der Welt gegenüber statt: Er nimmt die Welt als Bild in sich, in seine Seele herein. Innerhalb der Seele kommen dann die drei eigentlichen Seelenfähigkeiten hinzu: Denken, Fühlen und Wollen.

Das Vorstellen, Denken, Finden von Begriffen und Erkennen von Gesetzen schließt sich an die Sinneswahrnehmung an.

Gefühle, zwischen Sympathie und Antipathie schwankend, atmend und wechselnd, antworten als subjektive seelische Reaktion aus dem eigenen Innern.

Wie die Seele dann aufgrund ihres Erlebens der Welt gegenüber antworten will, das findet im Wollen seinen innerseelischen Ausdruck. Erst wenn es sich der Welt gegenüber bis ins Physisch-Sichtbare hinein äußert, zeigt sich in der Handlung, der Tat, die andere Beziehung des Menschen zur Welt, in der sein Bild wiederum zur Welt wird.

In diesen Grundbereichen des Seelischen offenbart sich gesundes wie krankes Seelenleben. Und es zeigt sich gleichzeitig die Beziehung der Seele zu Leib und Geist. Wir erkennen die Mittelstellung der Seele in ihrer vermittelnden und verbindenden Fähigkeit zwischen der physischen und der geistigen Welt.

phys. Welt		geistige Welt		phys. Welt
Sensation	Imagination	Inspiration	Intuition	Motivation
↕	↑	↑	↑	↕
Wahrneh-mungsleben ⟷	Denken wachen ⟷	Fühlen träumen ⟷	Wollen schlafen ⟷	Handlungs-leben
Physischer Leib	Lebensleib		Seelenleib	Ichorganisation
Sinnes-system	Nerven-system	rhythmisches System	Stoffwechsel-system	Gliedmaßen-system
Gewordenes kommt aus der Welt; Welt wird Bild		Bild wird Erlebnis; Vergegen-wärtigen		Werdendes geht in die Welt; Bild wird Welt
Vergangenheit		Gegenwart		Zukunft

Krankhafte *Störungen des Wahrnehmungslebens* sind in der Psychiatrie vor allem die Halluzinationen. Den Übergang zwischen Wahrnehmungsleben und Gedankenleben bilden Phänomene wie Aufmerksamkeit und Vigilanz (Wachheit). Auch diese beiden Fähigkeiten können bei psychiatrischen Krankheiten beeinträchtigt oder gestört sein.

Störungen des Gedankenlebens im eigentlichen Sinne sind zum Beispiel verlangsamtes oder sprunghaftes Denken, alogisches Denken, assoziatives Denken nach Wortklängen, ohne Berücksichtigung des inhaltlichen Zusammenhangs, und vor allem das wahnhafte Denken.

Zu den *Störungen des Gefühlslebens* gehören natürlich auch die Störungen des Stimmungslebens. Hier sind vor allem depressive und manische Stimmungen, ängstliche und euphorisch-kritiklose, gereizte und aggressive Stimmungen zu nennen.

Im Bereich des *Willenslebens* können wir Entschlußfreudigkeit und Entschlußlosigkeit unterscheiden, Antriebsstärke und Antriebsschwäche, Willensfreude und Willensverzagtheit; Willenshemmung und Willensstärke.

Im *Handlungsleben* schließlich zeigen sich pathologische Erscheinungen zwischen Willenslähmung und Überaktivität, zwischen Erregung und Stupor; zwischen Aktivität und Passivität.

Bei der Besprechung der einzelnen psychiatrischen Krankheitsbilder, von denen natürlich nur eine ganz kleine Auswahl vorgestellt werden kann, soll immer wieder auf diese verschiedenen Phänomenbereiche zurückgekommen werden. Dabei läßt sich dann auch anhand des obigen Schemas im Sinne der Dreigliederung eine erste leiblich-seelische Zuordnung erkennen – nicht was die ursächliche Entstehung der Erkrankung, sondern was den menschenkundlichen Ort der phänomenologischen Erscheinung betrifft.

Was erleben depressive Menschen?

»Vielleicht, daß ich durch schwere Berge gehe…«

Wer hat sich nicht schon einmal so gefühlt, als ob er durch einen schweren Berg gehen müsse, zum Beispiel in einer Partnerkrise oder in einer schwierigen beruflichen Situation, in einer aufopfernden Pflegesituation eines Angehörigen oder in einer Trennungsphase, nach einem schweren Schicksalsschlag oder vor einer besonderen Belastung – oder einfach einmal so morgens, ohne besonderen Grund, so daß man am liebsten im Bett liegenbliebe …

Vielleicht ist es eine depressive Verstimmung gewesen, die sich in einem solchen Schweregefühl bemerkbar macht. Vielleicht war sie nur kurz, Stunden anhaltend, und hat sich dann wieder aufgelöst im Lauf des Tages; man mußte ja auch an die Arbeit, ob im Haushalt oder im Büro; die Verpflichtungen sind schließlich da. Aber manchmal nützt es nichts mehr, daß es etwas zu tun gibt. Manchmal schafft man seine Arbeit kaum noch, es geht alles viel schwerer, dauert länger, braucht die letzten Kräfte und gelingt doch nie zur Zufriedenheit.

Und wenn wir dann auch noch meinen, es sei schon immer so gewesen, daß uns nichts gelungen sei, daß wir versagt hätten und daß es deshalb auch nicht anders zu erwarten sei, als daß es so weitergehe … dann ist die Aussicht recht hoffnungslos. Dann kann es schon mal sein, daß man das Erleben hat, als stünde man an einem Abgrund. Und dieser Abgrund hat etwas Anziehendes, einen Sog, sich hinabzustürzen, weil man nicht mehr darüber hinwegsehen kann. Man sieht nichts mehr vor sich – nur noch das Tiefe, Dunkle, Schwere. Dann kommt unweigerlich der Gedanke, sich in den erschreckend anziehenden Abgrund hinunterzustürzen. Dem lähmenden schrecklichen Dasein im Anblick der Tiefe ein Ende zu bereiten.

In einer ersten Charakterisierung läßt sich das Erleben einer depressiven Stimmung so beschreiben, wie wenn man die Schwerkraft der Erde an Leib und Seele spürbar erlebt und sich deshalb in die Tiefe gezogen fühlt.

Daraus ergibt sich unmittelbar die große Gefahr, die jeder schweren Depression innewohnt: der Schwerkraft, dem Sog in die Tiefe nachzugeben und stürzen zu wollen, und wenn es nicht von allein geschieht, dann durch einen verzweifelten Sprung den Sturz selbst herbeizuführen.

Es ist der Suizid, die Selbsttötung, die aus diesem Erleben der depressiven Stimmung geradezu als Erlösung erscheinen kann. Deshalb muß jede depressive Erkrankung ernst genommen werden, denn es ist eine seelische Erkrankung auf Leben und Tod. Sie kann tödlich enden, wenn sie nicht rechtzeitig erkannt oder nicht angemessen behandelt wird, vor allem auch, wenn es keine tragfähige zwischenmenschliche Beziehung für den Patienten gibt.

Die älteste uns bekannte und überlieferte Bezeichnung für diese Krankheit, die wohl so alt ist wie die Menschheit selbst, ist der griechische Ausdruck *Melancholie*. Es ist die Benennung für einen Krankheitszustand, der aus der leibbedingten Schwarzgalligkeit, aus dem Überwiegen des Festen, Schweren und Kalten in der Seele entsteht.

Eine ältere deutschsprachige Bezeichnung lautet *Schwermut* und läßt ein wesentliches Element des Krankheitszustandes nacherleben: die Schwere, die auf dem Gemüt und auf dem Mut des Menschen lastet.

Der Mut ist die Außenseite des Weltzugewandtseins der menschlichen Seele, ist dasjenige, was sich einer zutraut, zu tun. Mut ist die Qualität, mit der ich auf die Welt zugehen kann. Demgegenüber ist das Gemüt die Innenseite meiner Seele, wie ich mich fühle in meinem Verhältnis zur Welt. Es ist deutlich, daß sich beide Seiten, Gemüt und Mut, wechselseitig bedingen, sich gegenseitig stärken oder schwächen können.

Der Philosoph und Theologe Romano Guardini hat eine kleine Schrift verfaßt: »Vom Sinn der Schwermut«. Darin lautet der erste Satz »Die Schwermut ist etwas zu Schmerzliches, und sie reicht zu tief in die Wurzeln unseres menschlichen Daseins hinab, als daß wir sie den Psychiatern überlassen dürften.«

Das ist sicher richtig: Die Schwermut, die Depression ist etwas zu Schmerzliches und etwas zu existentiell Menschliches, als daß es nur ein Gegenstand psychologischer oder psychiatrischer Arbeit sein dürfte. Sie muß Gegenstand unseres mitmenschlichen Denkens und Handelns sein. Wir müssen sie erkennen und sie überwinden helfen, wo immer wir ihr bei unseren Mitmenschen begegnen.

Häufigkeit depressiver Erkrankungen

Die depressiven Stimmungen und Verstimmungen, depressiven Gefühle und depressiven Erkrankungen, deren es verschiedene Arten gibt, gehören mit Abstand zu den häufigsten psychischen Krankheitserscheinungen. Die Weltgesundheitsorganisation schätzt, daß es weltweit 200 Millionen depressive Menschen gibt. In den alten Ländern der Bundesrepublik sind weit über 3 Millionen Menschen wegen depressiver Erkrankungen in Behandlung. Davon sind zwei Drittel Frauen und ein Drittel Männer. Daneben ist dann noch jene sogenannte Dunkelziffer zu berücksichtigen all derjenigen Menschen, die auch depressiv sind, aber sich nicht in Behandlung begeben. Sei es, weil sie sich nicht trauen, »wegen so etwas« zum Arzt zu gehen, sei es, weil sie ihren Zustand gar nicht als Krankheit erkennen oder anerkennen.

Es gibt eine Schätzung, daß in einer Gesellschaft wie der unseren, also in einer hochindustrialisierten, technisierten, sogenannten zivilisierten Gesellschaft, jeder dritte Mensch mindestens einmal im

Leben eine behandlungsbedürftige Depression durchmacht. Wenn diese Schätzung auch nur einigermaßen zutrifft, dann gibt es tatsächlich viele Menschen, denen zu helfen wäre, wenn sie selbst – oder ihre Angehörigen – ihren Zustand von Lustlosigkeit, Antriebslosigkeit, Interesselosigkeit oder Schwermütigkeit als Ausdruck einer depressiven Erkrankung erkennen.

Es gilt heute noch zahlreiche Vorurteile im Zusammenhang mit psychischen Krankheiten zu überwinden. Seelische Krankheiten sind weder Ausdruck für Charaktermängel noch für seelische Verfehlungen. Sie sind vielmehr Ausdruck eines zu starken Wirksamwerdens leiblicher Gesetzmäßigkeiten im Seelischen. Der Depression kommt dabei gewissermaßen die Bedeutung eines Urbildes für alle seelischen Krankheiten zu, insofern in der Depression die Schwerkraft der Erde, die Schwere des Physisch-Materiellen am Leib, vor allem aber in der Seele erlebt und empfunden wird.

Damit wird auch schon die erste, allgemeine Formulierung eines Behandlungsziels der Depression möglich, nämlich die Überwindung des Erlebnisses dieser Schwerkraft.

In jedem Fall kann man depressive Erkrankungen behandeln. Es gibt verschiedene Wege und Möglichkeiten der Behandlung, und darüber sollte man als Betroffener oder Mitbetroffener mit jemandem reden, der sich darin auskennt. In keinem Fall sollte man eine depressive Erkrankung einfach auf sich beruhen lassen und nichts tun.

Psychogene Depressionen

a. Die reaktive Depression

Wird eine Depression durch ein besonderes, einmaliges Ereignis ausgelöst, wie zum Beispiel Verlust oder Trennung von einem geliebten Menschen, so nennen wir diese Form der Depression *reaktive Depression.*

Sie ist wegen dieses aktuellen auslösenden Ereignisses für die Mitmenschen nachvollziehbar und verständlich. Dabei fällt natürlich auf, daß nicht alle Menschen, denen ein solches schmerzliches Ereignis widerfährt, mit einer reaktiven Depression darauf antworten. Es muß also, außerhalb des Ereignisses, in dem erlebenden Menschen noch ein entscheidender Grund für deren Entstehen vorhanden sein. Diese Bereitschaft oder Disposition zu einer depressiven Reaktion läßt sich häufig mit bestimmten Wesensmerkmalen in Zusammenhang bringen, wozu eine gewisse Empfindsamkeit, eine Selbstunsicherheit und Übergewissenhaftigkeit gehören. Diese Eigenschaften kumulieren dann im Zusammenhang mit besonders nahegehenden Erlebnissen zu der ausgeprägten Tendenz des Schwernehmens.

Die reaktive Depression ist die häufigste Form der »abnormen seelischen Reaktionsweisen«. Das unschöne Wort abnorm meint in diesem Zusammenhang, daß wohl die Mehrzahl der Menschen bei einem entsprechenden Ereignis nicht mit einer Depression reagiert hätten. Die »normale« Reaktion wäre vielleicht eine traurige Verstimmung gewesen, die man im Zweifelsfall von einer reaktiven Depression unterscheiden müßte. Es ist sicher richtig, in diesem Fall darauf hinzuweisen, daß die Unterscheidung zwischen einer normalen Traurigkeit und einer abnormen reaktiven Depression fließend ist.

b. Die neurotische Depression

Bei einer nächsten Form depressiver Erkrankungen sehen wir, wie das auslösende Ereignis objektiv gesehen immer kleiner, das heißt unbedeutender, alltäglicher wird. Es handelt sich dann nicht mehr darum, daß ich einen mir nahestehenden, wichtigen Menschen verloren habe, sondern daß ich zum Beispiel von einem Freund einen Anruf erwarte – und er ruft nicht an. Oder daß ich von mir nahestehenden oder irgendwie in einer Beziehung wichtigen Menschen ein bestimmtes Verhalten mir gegenüber erwarte, ohne allerdings meine Erwartung auszusprechen. Wird das dann durch das Verhalten des anderen, der von meiner Erwartung womöglich gar nichts weiß, nicht erfüllt oder dem vielleicht sogar grob zuwidergehandelt, so kann das für mich – als neurotischen Menschen – subjektiv schwerwiegende Folgen haben, die objektiv gar nicht nachvollziehbar sind. Denn die neurotische Reaktion hängt viel weniger mit dem Mitmenschen oder dessen Verhalten zusammen als vielmehr mit meinen unausgesprochenen Erwartungen und meinen lebensgeschichtlich mir eingeprägten Erfahrungen, daß bestimmte Verhaltensweisen oder mir widerfahrene Enttäuschungen auf einen wunden Punkt in mir treffen. Jetzt werde ich mich von einer Bagatelle tief verletzt fühlen, nicht weil diese alltägliche Angelegenheit an sich so bedeutsam wäre, sondern weil es gewissermaßen das Salz in meiner Wunde ist.

Die jetzt zum Beispiel entstehende neurotische Depression ist also nicht die Reaktion auf ein Körnchen Salz, sondern auf das wieder entfachte Brennen einer alten Wunde in der Seele.

Dies kann für die Mitmenschen kaum verständlich sein. Ist es doch meistens nicht einmal für den Betroffenen und darunter Leidenden deutlich, warum er jetzt so reagiert.

Wir nennen diese Form der depressiven Erkrankung *neurotische Depression* und bemerken deutlich, daß es hierbei eine Ursache im Sinne eines äußeren Ereignisses nicht geben muß. Die wesentlichen Faktoren für die Entstehung einer solchen Erkrankung liegen in der seelischen Entwicklung des Menschen und in seinen Möglichkeiten, mit Konflikten umzugehen oder in Konflikten unterzugehen.

Die beiden bisher genannten Formen depressiven Krankseins können unter dem Oberbegriff *psychogene Depression* zusammengefaßt werden. Denn bei diesen beiden Formen spielen psychische Erlebnisse eine – wenn auch unterschiedliche – Rolle in der Entstehung der Depression.

Die endogene Depression

Gehen wir noch einen Schritt weiter auf unserer Suche nach Anlässen oder Ursachen für depressive Erkrankungen, so kommen wir jetzt zu einer Form, die typischerweise gar keinen Anlaß durch ein äußeres Geschehen oder Erleben benötigt. Sie befällt den Kranken aus heiterem Himmel. Das ist für den Betroffenen wie auch für seine Angehörigen besonders rätselhaft und erschreckend. Die Patienten klagen über unerklärliche Traurigkeit, Unglücklichkeit, Freudlosigkeit, Verzweiflung und Sorgen bei objektiver Grundlosigkeit für all diese seelischen Symptome. Es ist die klassische Form der sogenannten *endogenen Depression*, die wir eben auch Schwermut oder Melancholie nennen können. Diese gewissermaßen aus eigener Kraft entstandene endogene Depression hat, im Vergleich zu den beiden anderen Formen, die stärkste Eigengesetzlichkeit in ihrem Erscheinungsbild. Das heißt, sie verläuft am gesetzmäßigsten und sollte damit auch am sichersten erkannt werden können. Bei dieser Form der Depression ist die Gefahr des Suizides am größten. Sie ist am besten mit Medikamenten (anthroposophischen, homöopathischen oder allopathischen) zu behandeln. Dabei kommt man in schweren Fällen um eine Behandlung mit den sogenannten Antidepressiva nicht oder nur mit größten Anstrengungen aller Beteiligten (des Kranken selber sowie seiner Angehörigen und der Therapeuten) herum.

Man sollte sich in Fällen schwerer Depressionen darüber im klaren sein, daß dieser seelische Schmerz für den Kranken weit schwerer zu ertragen und auszuhalten ist als jeder noch so heftige körperliche Schmerz. Erschwerend kommt hinzu, daß er nicht objektiv oder distanziert erlebt werden kann wie ein körperlicher Schmerz, sondern daß er den Kranken immer wie eine Schwäche, eine Verfehlung oder eine Schuld anspricht. Das heißt, es trifft ihn existentiell in seinem seelischen Selbsterleben. Deshalb kann der Patient kaum glauben, und deshalb auch nicht annehmen, daß ihm in dieser Not mit Medikamenten zu helfen wäre. Er erlebt vielmehr, daß ihm überhaupt nicht mehr zu helfen ist. Und am wenigsten mit diesen Tabletten. So bedarf es vieler geduldiger Gespräche mit dem Kranken, um ihn zu einer auch für ihn hilfreichen Behandlung mit antidepressiv wirksamen Medikamenten zu motivieren. Gelingt dies allerdings nicht, so sollte man den Willen und die Einstellung des Kranken unbedingt respektieren und alles versuchen, ihn ohne solche Medikamente den schweren Weg durch die Depression zu begleiten. Eine intensive mitmenschliche und therapeutische Betreuung, die unter Umständen nur in einer stationären Behandlung geleistet werden kann, ist dabei unverzichtbar.

Neben einer medikamentösen Behandlung sind äußere Anwendungen, Kunsttherapie und Psychotherapie bei einer Depression immer sinnvoll und erforderlich.

Die exogene und die somatogene Depression

Neben diesen drei häufigen Formen depressiven Krankseins gibt es noch weitere Verursachungsmöglichkeiten. Eine Form sogenannter exogener Depressionen kann zum Beispiel durch Medikamente ausgelöst werden und nach deren Absetzen wieder abklingen. Daneben gibt es auch die Möglichkeit, durch eine körperliche Erkrankung innerer Organe oder des Gehirns an einer sogenannten *somatogenen* oder *symptomatischen Depression* zu erkranken. In diesen Fällen ist natürlich in erster Linie die körperliche Grunderkrankung zu behandeln. Die äußerlich und körperlich begründeten Depressionen haben im Vergleich zu den drei anderen Formen relativ am wenigsten mit der Persönlichkeit des Erkrankten zu tun.

Die Erschöpfungsdepression

Als eine Sonderform sei noch die sogenannte *Erschöpfungsdepression* genannt, die als eine psychogene Form der Depression in der Regel nach einer länger dauernden psychischen und physischen Belastung im Sinne einer Überanstrengung und Überforderung auftritt.

Das Erscheinungsbild der Depression

Prinzipiell können Depressionen in einem so vielgestaltigen Erscheinungsbild auftreten, daß sich viele depressive Menschen wundern, die gleiche Erkrankung zu haben wie Bekannte von ihnen, bei denen es doch ganz anders aussieht. Deshalb können hier gewissermaßen nur Kardinalsymptome der Depression genannt werden.

In diesem Sinne sehen wir im Denken des Depressiven eine Verlangsamung und inhaltliche Einengung auf Negatives, Dunkles und Schuldhaftes. Die Gedanken kreisen und grübeln um diese Inhalte und kommen aus eigener Kraft nicht mehr frei davon. Solches Denken belastet das Gemüt mit Zweifeln, mit Gefühlen der Sinnlosigkeit, der Schuld und mit Hoffnungslosigkeit. Dagegen etwas unternehmen zu wollen, scheint von vornherein zum Scheitern verurteilt zu sein.

Im Fühlen lebt der tiefe dunkle Schmerz des Allein- und Verlassenseins, die Angst, aus dieser Dunkelheit und Schwere nicht mehr herauszukommen und keine Aussicht zu sehen, jemals wieder ein fröhliches, freudiges und unbeschwertes Leben führen zu können.

Diese Gefühle wären Anlaß genug, Selbstmordabsichten bei depressiven Menschen verstehen zu können. Tatsächlich sind die Suizidgedanken aber nicht solche, die der Mensch sich macht – sondern es sind Gedanken, die von allein, aus dem Innern herauskommen. Manche Menschen erschrecken zunächst darüber, dann aber, bei zunehmend schwerer Depression, erscheinen sie ihnen schließlich wie eine Erleichterung und Erlösung, wie der einzige und letzte Ausweg.

Das schwerste und unerträglichste Gefühl des depressiven Menschen ist allerdings nicht die Traurigkeit oder die Verzweiflung, sondern das Gefühl der Gefühllosigkeit. Es ist für den gesunden Menschen unvorstellbar, wie sich gerade ein solches Fehlen des Fühlens insgesamt so katastrophal auswirken kann. Aber ist es nicht doch verständlich und sogar naheliegend, wenn wir bedenken, daß im Gefühlsleben der Mittelpunkt unserer Seele für uns erlebbar wird? Im Fehlen dieses Erlebens, im Verlust des eigenen seelischen Mittelpunkts kann die außermenschliche, die physische Schwerkraft über uns, über unsere Seele Gewalt bekommen und versucht, uns hinabzureißen.

Im Willensleben drückt sich die Hoffnungslosigkeit und die Ziellosigkeit, die Interesselosigkeit und die Freudlosigkeit, die Entschlußlosigkeit und die Zukunftslosigkeit als Hemmung und Lähmung der Willenskraft aus. Tatsächlich ist es sogar so, daß die Schwerkraft als erstes das Willensleben ergreift und hier zu Nachlassen und Insuffizienz der gewohnten Leistungen führt. Es folgen Inaktivität und Passivität, Verlangsamung und Entscheidungsunfähigkeit und schließlich Adynamie und Antriebslosigkeit, im schwersten Fall eine regelrechte Willenslähmung. Die damit einhergehenden seelischen Erlebnisse und Empfindungen werden als vitale Traurigkeit beschrieben. Sie gehen mit mannigfaltigen vegetativen Beschwerden einher: Appetitlosigkeit und Ermüdung; Verdauungsträgheit und Schlafstörung, meist in Form eines frühmorgendlichen Erwachens zwischen zwei und vier Uhr; einer ausgeprägten morgendlichen Antriebshemmung, die sich im Laufe des Tages bessern kann (aber nicht muß), einem Kloßgefühl im Hals, einem Druckgefühl in der Brust; einem Schmerzgefühl im Kopf, Nacken oder Rücken; einem nächtlichen Schwitzen und häufigen unbestimmten oder bestimmten Angstzuständen.

Eine Sonderform der Depression, ganz gleich aus welcher Ursache sie entstanden ist, ist die sogenannte *larvierte* oder *maskierte*

Depression. Es ist ein depressives Erscheinungsbild, bei dem der Kranke sich selbst nicht als depressiv erlebt und auch objektiv zunächst nicht als solcher erkannt werden kann. Worunter er leidet und worüber er klagt, sind ausschließlich körperliche Beschwerden in dem Sinne, wie sie eben genannt wurden. Es gibt kaum ein körperliches Beschwerdebild, das nicht durch eine solche larvierte Depression hervorgerufen werden könnte.

Die Diagnose und die Behandlung einer solchen larvierten Depression, die in den letzten Jahren und an Häufigkeit stetig zunimmt, gehört unbedingt in die Hand eines Psychiaters.

Der anthroposophische Psychiater wird immer bemüht sein, bei einer seelischen Erkrankung aufgrund der beobachtbaren Phänomene die zugrundeliegenden somatopsychischen Zusammenhänge zu finden. Aus der Erkenntnis, von welcher organischen Lebenskräfteorganisation die seelische Erkrankung und ihre Symptomatologie bestimmt und gefärbt ist, ergibt sich dann die spezifische anthroposophische medikamentöse und künstlerische Therapie, die gezielt und differenziert auf diese somatopsychischen Zusammenhänge einwirken kann.

Depression als Zeitkrankheit

In einer großen, über mehrere Jahre hinweg weltweit durchgeführten Untersuchung zur Häufigkeit der Depression zeigt sich, daß die depressiven Erkrankungen insgesamt noch immer in einer rasenden Zunahme begriffen sind. So vervielfachten sich zum Beispiel die depressiven Neuerkrankungen bei jungen Menschen zwischen 15 und 25 Jahren gerade in den Städten weltweit innerhalb von 10 Jahren. In diesem Maße hat wohl noch keine Krankheit an Häufigkeit zugenommen, daß sie sich innerhalb von 10 Jahren durch immer jünger werdende Betroffene mehr als verdoppelt hat. Die Untersuchung selbst nennt keine Gründe für dieses Phänomen.

Aber was könnte es für Gründe geben? Darüber haben sich natürlich schon viele Psychiater Gedanken gemacht. Und die bisherigen Überlegungen scheinen durch die neuesten Daten bestätigt zu werden.

So muß man wohl in der wachsenden Bedeutung und Wertigkeit alles Materiellen in unserer von Technisierung, Industrialisierung und Konsum – gerade in den Städten – geprägten Welt einen Grund für die Zunahme depressiver Erkrankungen sehen. Damit hängt zweifellos ein Verlust an inneren, haltgebenden Kräften zusammen, wie es Religion, traditionelle Werte, kulturelle Überlieferungen, geistige Ideen und Ziele für den Menschen sein können. Dem äußerlichen Leben, dem Erfolg, der Karriere, dem materiellen Fortschritt, der Wertigkeit des Habens wird sehr viel mehr Gewicht gegeben als inneren Werten, als der Entwicklung des eigenen Seins, der eigenen, individuellen seelischen Qualitäten. Was damit zusammengeht, ist eine zunehmende Isolierung und Vereinsamung des modernen Menschen, gerade in den Städten. Hier herrscht, was wir so nennen können, Kontakt- und Beziehungslosigkeit, Einsamkeit im Gedränge.

Das führt zu einer inneren Leere, zu einem seelisch-geistigen Unausgefülltsein, zu geistiger Inaktivität, die über die Bequemlichkeit und die immer leichter werdende Konsumierbarkeit gerade auch durch die Medien eine zunehmende körperliche Inaktivität zur Folge haben.

Gesunderweise sollten seelisch-geistige Inhalte, Vorstellungen, Gefühle, Gedanken und Entschlüsse zu Motiven des Handelns werden. Aus dem inneren Erleben der Welt sollten Handlungsimpulse und Taten des Menschen in die Welt führen.

Heute wird das Bedürfnis nach Bildern, Inhalten und Anregungen für die Seele im Übermaß durch Medienbilder und Informationen aus aller Welt befriedigt, die aber kaum in der Lage sind, Motive zum Handeln anzuregen oder für eine Aktivität, für ein Tun zu begeistern. Vielmehr scheint die geistige Leere größer zu werden, das Vakuum an Begeisterungslosigkeit dehnt sich aus und wird aufgefüllt mit leblosen, im Innern kaltlassenden Informationen und Bildern aus den Medien. Alles kann, gewissermaßen vorverdaut, im Wohnzimmer aufgenommen werden, was in der Welt geschieht. Man braucht sich um nichts zu bemühen. Bedeutende und bedeutungslose Ereignisse, menschliche Katastrophen und Naturkatastrophen, Berichte aus dem Intimleben oder politische Entscheidungen, alles wird gewissermaßen als Sensation frei Haus geliefert. Und kaum eine dieser Wahrnehmungen (deren es ja auch viel zu viele sind) führt zu einer inneren Regsamkeit oder zu einer äußeren Tätigkeit.

So abwechslungsreich sensationell das Wahrnehmungsleben ist, so sehr stagniert dessen Verarbeitung, der seelische und physische »Stoffwechsel« der Eindrücke. Äußerlich wird das Leben unmerklich immer eintöniger und gleichförmiger, während das Seelenleben passiv aufgefüllt wird mit unverdaubaren Bildern und Inhalten, die in der Seele liegenbleiben und hier zu psychosomatischen »Verdauungsschwierigkeiten«, zu Stauungen und Stagnationen, zu Ablagerung und Beschwerung führen.

Das läßt sich mit dem Begriff der »Psychisierung« des modernen Menschen umschreiben, womit der geschilderte Tatbestand gemeint ist, daß die Psyche aufgefüllt wird »mit dem Schutt der Welt« und dieser Zustand nicht zu begeisterten Handlungen führt, sondern den Menschen vielmehr beschwert dem Eigenleben einer entgeisteten materiellen Welt überläßt. Deren Gesetz ist die Schwere, die Anziehungskraft.

Die Depression, die Melancholie, die Schwermut sind, wie gezeigt wurde, gekennzeichnet durch eben dieses Erleben der Schwere, der Anziehungskraft nach unten, ins Tiefe und Dunkle, sowohl im Denken, Fühlen und Wollen wie auch im leiblichen Befinden. Dadurch kommt es zu einer oft tiefgreifenden Störung des Zusammenklingens der Seelentätigkeiten Denken, Fühlen und Wollen untereinander und im Zusammenhang mit dem Leib, weil in allen diesen Bereichen die sich verselbständigende Tendenz zur Schwere dominiert. Anregungen, Ideen, Entschlüsse, lebendig fließender, rhythmischer Austausch, Mitteilung, Impulsierung oder Ansporn, Motive und Gestaltungskraft verkümmern in der Seele. Die Schwere aber isoliert, sie trennt, vereinzelt, lähmt und führt zu Stagnation. Auch dies wird von den depressiv Kranken so empfunden.

Daraus ergeben sich schon einige grundlegende mitmenschliche Hilfsmöglichkeiten:
Anteilnahme und Begleitung;
vertrauensvoller, mitfühlender und beständiger Kontakt;
Verständnis und geduldiger Austausch im Gespräch;
Hilfestellung und konkrete Unterstützung bei der praktischen Verwirklichung zunächst kleiner, sinnvoller, positiver Vorsätze (keine Überforderung, keine Unterforderung!);
rhythmische Gestaltung des Tagesablaufs;
Anregung und vielleicht Begleitung zu vor allem morgendlichen körperlichen Aktivitäten (Waldlauf oder Schwimmen zum Beispiel);
Anregung und Ermöglichung einer für den Betreffenden ausgleichenden Betätigung gegenüber seiner gewohnten Tätigkeit, zur Erweiterung seines aktiven Erfahrungshorizonts.

Vom Sinn der Depression

Ist es nicht verwegen – oder ist es eher naheliegend –, angesichts einer so bedrückenden Erkrankung von einem Sinn sprechen zu wollen? Sicherlich wäre es verwegen, so ohne weiteres für jeden depressiven Menschen einen Sinn angeben zu wollen. Den Sinn des individuellen Krankheitsschicksals zu ergründen, ist immer unabdingbare Aufgabe des Kranken, und er stellt sich ihr am besten nicht allein, sondern mit mitmenschlicher und therapeutischer Unterstützung. Dabei darf niemand eine zu schnelle Antwort auf die Sinnfrage erwarten oder erzwingen wollen.

Aber gibt es nicht über das individuelle Krankheitsschicksal hinaus, angesichts der weltweiten Zunahme dieses Krankheitsphänomens, auch noch so etwas wie ein Zeitenschicksal, also einen überindividuellen, menschheitlichen Sinn in der Depression unserer Zeit?

Vielleicht sind viele Menschen, die im psychiatrischen Sinne an irgendeiner Form von Depression erkrankt sind, nicht in erster Linie als Ausdruck ihres individuellen Wesens und Schicksals krank, sondern in einem überindividuellen Schicksal Symptomträger einer Zeitsignatur unseres Jahrhunderts. Diese Zeitsignatur ist geprägt durch die im ersten Kapitel dieses Buches beschriebene seelische Situation der Trennung und Vereinzelung der menschlichen Seelenfähigkeiten Denken, Fühlen und Wollen. Diese Vereinzelung und Isolierung wird durch das Erlebnis der Schwere besonders betont und auffällig. Und es entstehen dadurch die genannten besonderen Probleme und Schwierigkeiten der depressiven Menschen, die in Verzweiflung zu Suizidgedanken kommen können.

Unter diesem Aspekt ist das depressive Erleben der Schwere eine Aufforderung im doppelten Sinne: zum einen der dunklen Schwerkraft der Materie die Lichtkraft geistiger Erkenntnis gegenüberzustellen, um so die verantwortliche Führung über die sich trennenden Seelenfähigkeiten bewußt wieder zu erreichen; und um dadurch aus der Erkenntnis auch der Qualität der Materie, des Wirkens des Geistes in der Materie, im Leben wieder zu einer eigenen Tätigkeit an der Materie zu kommen. In diesem Sinne ist diese Krankheit ein Aufruf, positiv verwandelnd in das Schicksal des Menschen und der Erde einzugreifen.

Ein 50jähriger depressiver Patient faßte sein Erleben nach monatelanger Depression in folgende Worte zusammen: »Was ich in den letzten Monaten an Erkenntnis und Bewußtseinserweiterung erlebt habe, habe ich mein ganzes Leben vorher nicht erlebt – und das ist es auf jeden Fall wert gewesen!«

Die Depression ist das schmerzhafte Gewahrwerden der Verwandlungsaufgabe des Menschen auf der Erde. Wir müssen uns mit allen Möglichkeiten und aller Kraft unserer geistigen Erkenntnis der Materie und der Erde zuwenden, um sie und uns aus dem Bann der Schwerkraft und dem Sog in die Schwere und in die Tiefe zu befreien.

»Vielleicht, daß ich durch schwere Berge gehe,
in harten Adern, wie ein Erz allein;
und bin so tief, daß ich kein Ende sehe
und keine Ferne: Alles wurde Nähe,
und alle Nähe wurde Stein.

Ich bin ja noch kein Wissender im Wehe –
so macht mich dieses große Dunkel klein;
bist *du* es aber: Mach dich schwer, brich ein:
daß deine ganze Hand an mir geschehe
und ich an dir mit meinem ganzen Schrein.«

Rainer Maria Rilke

Was sind Halluzinationen?

Unter Halluzinationen verstehen wir in der Psychiatrie Sinneswahrnehmungen, die ein Mensch erlebt, während ein anderer in der gleichen Situation diese Sinneswahrnehmung nicht hat.

Halluzinationen sind streng genommen keine Sinnestäuschungen, denn die Sinnesorgane funktionieren fehlerfrei – und mit den Sinnesorganen wahrgenommene Gegenstände werden korrekt wahrgenommen. Halluzinationen sind Wahrnehmungen auf einem Sinnesgebiet, das heißt also z. B. Hören, Sehen, Riechen, Schmekken, am Leib (Tasten) oder im Leib etwas spüren oder fühlen (Wärme, Kälte, Schmerz oder Gegenstände oder besondere Veränderungen innerhalb des Leibes).

Um eine krankhafte Halluzination bei einem Menschen zu diagnostizieren, genügt es in keinem Fall, nur festzustellen, daß für die geschilderte Wahrnehmung kein äußerer, nachprüfbarer Anlaß, das heißt keine objektiv nachprüfbare Reizquelle vorhanden ist. Denn sonst könnten auch Gedanken, Stimmungen, leibliche Befindensstörungen wie Müdigkeit, Schmerz, Organfunktionsstörungen oder die »innere Stimme des Gewissens« oder ähnliche Phänomene, die wohl jeder Mensch von sich selber kennt, und erst recht jede besonders sensible atmosphärische Wahrnehmung, jedes sensible gefühlsmäßige Mitschwingen und schließlich jede übersinnliche Wahrnehmung in einem erweiterten Bewußtseinszustand als krankhaft bezeichnet werden. Damit würde man aber vielen Menschen Unrecht tun. Man würde gesunde, sensible und spirituell strebende Menschen zu kranken stempeln und damit schwerwiegende Mißverständnisse schaffen und schließlich auch der Psychiatrie erheblichen Schaden zufügen.

Um eine krankhafte Halluzination eindeutig diagnostizieren zu können, muß die Qualität der Wahrnehmung, die Qualität des Erlebnisbewußtseins, der Erfahrung und der Bedeutung der Wahrnehmung für den betreffenden Menschen berücksichtigt und mit anderen, leichter nachvollziehbaren Wahrnehmungen und Erlebnissen und deren Bedeutung verglichen werden.

Wir sind normalerweise in unserem Wahrnehmungs- und Erfahrungsbewußtsein so organisiert, daß wir uns selten, wenn wir uns einer Sache sicher sein wollen, nur auf eine Sinnesqualität verlassen. In den meisten Fällen suchen wir z. B. eine akkustische Wahrnehmung durch visuelle Kontrolle abzusichern oder uns einer optischen Wahrnehmung durch Tasten oder Riechen zu vergewissern. Wir sind in unserem Erkenntnisleben so eingestellt, daß eine Erfahrung, deren wir uns sicher sind, in der Regel immer durch zwei Sinnesqualitäten getragen sein muß. Vorher sind wir unsicher, zweifeln und versuchen uns eben durch eine weitere Sinnesqualität mehr Sicherheit zu verschaffen.

Ganz anders ist es bei den Halluzinationen: Hier genügt unter Umständen schon die einmalige Wahrnehmung auf einem einzigen Sinnesgebiet, um dem Betreffenden ein Erlebnis von absoluter und unerschütterlicher Sicherheit zu vermitteln. Eine optische Halluzination im Sinne des Sehens einer Erscheinung wird von dem Betreffenden als eindrückliche und unbezweifelbare Wahrnehmung erlebt und gedeutet. Normalerweise wird bei einer optischen Wahrnehmung oder auch bei Sinnestäuschungen im Rahmen beispielsweise optischer Experimente (in Physik oder in der Gestaltpsychologie) vorsichtig ausgedrückt, erlebt, daß das Wahrgenommene so sein könnte, aber auch anders sein könnte. Wir sind uns darüber im klaren, daß es sich um eine Täuschung handeln könnte und erleben unaufdringlich, aber doch deutlich das Unsichere, vielleicht Mögliche, vielleicht aber auch das Getäuschte. Der wirklich im krankhaften Sinne halluzinierende Mensch dagegen ist auf einem einzigen Sinnesgebiet vollkommen und restlos sicher und überzeugt von der tatsächlichen und unbezweifelbaren Realität des Wahrnehmungserlebnisses. Er bedarf zu seiner Sicherheit keiner zweiten Sinnesqualität, keines Nachfragens oder Kontrollierens und auch keiner Bestätigung durch seine Mitmenschen. Der Halluzinierende ist sich sicher, fraglos, zweifellos und unerschütterlich.

Während wir normalerweise mit unseren Wahrnehmungserlebnissen so umgehen, daß wir sie durch unsere Gedanken prüfen, kritisch hinterfragen, abwägen und schließlich bestätigen oder widerlegen lassen, stellt auch hier der Halluzinierende die Angelegenheit auf den Kopf: Eine halluzinierte Wahrnehmung muß, ja, kann nicht durch Gedanken hinterfragt, bestätigt oder widerlegt werden – einer halluzinierten Wahrnehmung gegenüber hat das Denken Folge zu leisten, auch wenn es ungewöhnlich, unlogisch oder gar irrational ist. Das Denken wird nicht, wie im normalen Erkenntnisleben, angeregt, um zu einem angemessenen Urteil über die Wahrnehmung zu kommen. Im Falle einer Halluzination wird das Denken überrumpelt, es wird festgelegt, determiniert: es war mit Gewißheit so, lautet das einzig mögliche Urteil des Denkens nach einer halluzinatorischen Wahrnehmung. Alles Unerklärliche oder noch nie Dagewesene führt zu keiner Erschütterung des Urteils; eher zu einer Bestärkung der ungewöhnlichen Wichtigkeit des eigenen Erlebnisses.

So erlebte eine schizophrene Patientin, während sie mit mir im Gespräch war, wie sich ihr früherer, inzwischen verstorbener Psychiater an ihrem Leib zu schaffen machte. Obwohl sie wußte, daß ihre am und im Leib erlebten Berührungsempfindungen nicht real sein konnten, hatten diese Leibhalluzinationen einen für sie unbezweifelbaren – wie wohl unerklärlichen – Realitätscharakter. Auf meine Frage, nachdem sie mir von diesen Berührungshalluzinationen erzählt hatte, was denn für sie jetzt mehr Realität habe, diese Empfindungen oder der Stuhl und der Tisch, an dem wir saßen, und das Gespräch mit mir, sagte sie, daß Stuhl und Tisch und die Unterhaltung natürlich real für sie seien, wie für mich auch; aber: diese anderen Empfindungen seien »noch realer« für sie. Eine solche Antwort bekommt man auch von Menschen, meist schizophrenen Patienten, die während eines Gespräches gleichzeitig noch ihre »Stimmen« hören (also akustische Halluzinationen haben). Auch diese »Stimmen« haben für den Halluzinierenden einen stärkeren Realitätswert als die gewöhnlichen akustischen und anderen Wahrnehmungen. Halluzinationen sind eben »leibhaftig« im wahrsten Sinn des Wortes.

Eine zweite wichtige Differenzierung zwischen Halluzination, normaler Wahrnehmung und eventuell echter Vision (übersinnliche Wahrnehmung) ist die Qualität und Fruchtbarkeit des auf die Halluzination folgenden Handelns.

Auf eine normale Wahrnehmung erwarten wir eine angemessene und nachvollziehbare Reaktion oder Antwort im Denken und Handeln. Auf eine Vision im Sinne einer übersinnlichen Wahrnehmung, wie sie bei den Heiligen früherer Zeiten vorgekommen sind, folgte immer eine außergewöhnliche und bedeutende Handlung im Leben des Visionärs. Es ist ja auch für die Beurteilung eines Visionärs im Sinne eines Heiligen oder eines Kranken weniger die Tatsache der außergewöhnlichen, vielleicht übersinnlichen Wahrnehmung entscheidend als vielmehr die Bedeutung und Fruchtbarkeit dessen, was der betreffende Mensch danach, aufgrund dieser Wahrnehmung, in seinem Leben damit angefangen hat.

In dieser Hinsicht zeichnen sich die krankhaften halluzinatorischen Erlebnisse durch eine auffallende Unfruchtbarkeit und reale Folgenlosigkeit im Handeln des Menschen aus.

Von Halluzinationen kann erzählt werden, es kann darüber gesprochen werden (was schon selten ist), und Halluzinationen können häufig auch Anlaß für bestimmte Handlungen und Verhaltensweisen des Halluzinierenden sein. Diese sind dann aber meist in ihrer Unangemessenheit und Unfruchtbarkeit deutlich für das Leben des Halluzinierenden als krankhaft erkennbar.

Gegenüber allen nicht nachvollziehbaren und nicht nachprüfbaren sinneswahrnehmungsähnlichen Erlebnissen, wie es Halluzinationen und Visionen sind, sollten wir gemäß dem Goetheschen Ausspruch: »Das was bedenke – mehr bedenke wie«, verfahren, und nicht die bloße ungewöhnliche Wahrnehmung an sich als krankhaft oder visionär verurteilen oder beurteilen, sondern vielmer *Wie* sich solche Wahrnehmungen im Leben des betreffenden Menschen auswirken.

Woher kommen Halluzinationen?

Phänomene wie Zahnschmerzen, aber auch eine Nierenkolik oder eine Migräne sind leibliche Wahrnehmungen, von denen wir uns im Falle des Betroffenseins nicht so leicht distanzieren können. Sie können auch nicht in jedem Falle objektiv nachgeprüft werden, vor allem aber sind es ganz subjektive Erlebnisse, von denen selbst der nächste Mitmensch nicht betroffen ist. Die Mitmenschen haben meine Zahnschmerzen nicht und auch meine Migräne nicht, aber sie glauben mir meine Schmerzen. Und ich selbst zweifle nicht daran, daß es mir schlecht geht, wenn ich eine Migräne habe.

Von ganz vergleichbarer Qualität ist das Erleben einer Halluzination. Auch sie wird von so starker, unbezweifelbarer und sicherer Realität erlebt wie ein körperlicher Schmerz, wenn er eine bestimmte Intensität erreicht hat. Starke körperliche Schmerzen haben auf uns immer einen bestimmenden Charakter. Das heißt wir »richten uns« nach dem Schmerz, wir verhalten uns dem Schmerz entsprechend, in der Regel so, daß es für uns erträglich ist, daß wir Linderung, Hilfe suchen. Halluzinationen sind ihrer Herkunft und ihrer Qualität nach vergleichbar körperlichen Schmerzen. Es sind leibhaftige Wahrnehmungen, die von innen nach außen, das heißt aus dem Leibesinnern, von inneren Organen herkommend nach außen in den Bereich der Sinnesorgane projiziert werden (bei Leibhalluzinationen auch im Innern verbleiben können). Dabei verlieren sie nicht ihren leibhaftigen Charakter, wodurch sie die Eigenschaft des Unbezweifelbaren und absolut Sicheren haben.

Halluzinationen sind also in das Gebiet der Sinnesorgane projizierte leiblich-organische Vorgänge, die im gesunden Leben unbewußt organbildend und dem Leben dienend tätig sind, und im Falle einer Erkrankung als aus dem Leib aufsteigende und unbezweifelbare Sinneswahrnehmung erlebt werden.

Je nachdem aus welchem Organbereich eine Halluzination kommt, hat sie einen unterschiedlichen Charakter und verschiedene Qualitäten. Hier lassen sich dann unter Umständen auch wieder psychosomatische Zusammenhänge aufdecken, zwischen Temperament, seelischen Qualitäten und einer latenten Organschwäche, aus der die Organbildekräfte leibfrei, das heißt im Bewußtsein als Wahrnehmung von außen erlebt werden.

Halluzinationen können im Prinzip auf allen Sinnesgebieten auftreten. Die häufigsten Halluzinationen sind akkustischer Natur im Sinne von »Stimmen hören«, wie es bei schizophrenen Menschen vorkommt. Relativ häufig sind auch noch die optischen Halluzinationen, deutlich seltener dann Geruchs- oder Geschmackshalluzinationen und die schon erwähnten Leibhalluzinationen, die besonders bei einer speziellen Form der schizophrenen Erkrankung, der sogenannten coenästhetischen Schizophrenie vorkommen.

Halluzinatorisches Erleben ist in der Regel ein äußerst wichtiges und den Patienten sehr beeindruckendes Symptom bei verschiedenen psychiatrischen Erkrankungen: in erster Linie bei der schizophrenen Psychose, und hier vor allem bei der paranoid-halluzinatorischen Form. Bei depressiven Menschen sind Halluzinationen nicht üblich und kommen nur sehr selten vor. Im Rahmen von Epilepsien kommt es unter Umständen zu halluzinatorischen Erlebnissen, meist im Sinne von optischen oder Leib-Halluzinationen. Dann sind vor allem noch exogen begründete Psychosen zu nennen, wobei das Delirium tremens im Rahmen eines chronischen Alkoholmißbrauchs an erster Stelle zu nennen wäre, mit den typischen optischen Halluzinationen der »weißen Mäuse«, weiterhin die optischen Halluzinationen im Rahmen der halluzinogenen Drogen. Auch hirnorganisch begründete, d.h. arteriosklerotische oder atrophische Erkrankungen können mit Halluzinationen einhergehen.

Unabhängig von psychiatrischen Erkrankungen können Halluzinationen im Rahmen von außergewöhnlichen Umständen, wie z. B. Einzelhaft mit Sinnesisolierung, auftreten.

Schließlich kennen wir auch bei vollkommen gesunden Menschen halluzinatorische Erlebnisse in Zusammenhang mit dem Einschlafen oder dem Aufwachen. Dabei sind es meist akkustische oder optische Halluzinationen, die stark gefühlsbetont und gefühlsbestimmt sind. Inhaltlich sind sie meist, wie auch manche Träume, aus dem Leben und unmittelbar vorangegangenen Erleben der betreffenden Menschen abzuleiten und nachzuvollziehen. Diese Form von Halluzinationen in Zusammenhang mit Einschlafen oder Aufwachen ist ohne jegliche krankhafte Bedeutung. Sie werden deswegen meist auch gar nicht als Halluzinationen bezeichnet und auch nicht mit der oben beschriebenen Absolutheit erlebt. Wahrscheinlich haben sie mehr Verwandtschaft mit den Träumen als mit echten krankhaften Halluzinationen.

Was wir im Umgang mit halluzinierenden Menschen uns angewöhnen und immer bedenken sollten, ist der Umstand, daß es sich bei ihren Erlebnissen um leibhaftige, subjektive Eindrücke handelt, die von niemandem geteilt werden können, aber auch von niemandem bezweifelt oder bewertet werden dürfen. Halluzinationen haben den gleichen Realitätscharakter wie körperliche Schmerzen. Und genauso müssen wir sie bei den psychisch kranken halluzinierenden Menschen annehmen und ernsthaft damit umgehen. Es hilft kein Einreden auf den Patienten, daß seine geschilderte halluzinatorische Wahrnehmung doch ganz und gar unmöglich sei und so gar nicht sein könne und der Betreffende es sich offensichtlich nur einbilde. Eine Halluzination ist keine Einbildung, sondern genau so eine subjektive und deswegen nicht weniger tatsächliche Realität wie andere körperliche Wahrnehmungen. Wir dürfen sie nicht als »bloß subjektiv« abtun oder gar deshalb bezweifeln.

Halluzinationen sind, für die Menschen, die sie haben, wie für diejenigen, die sie nicht haben, eine Aufgabe, gerade die ausschließlich subjektive Realität individueller Wahrnehmungen und Erlebnisweisen als vollgültig zu akzeptieren, seien sie noch so unwahrscheinlich, unvorstellbar und unbeweisbar. Nur im Einmaligen zeigt sich das Individuelle. Und im Zeitalter der Vervielfältigung, der Reproduzierbarkeit und Objektivierbarkeit können uns gerade die unerklärlichen Halluzinationen und Visionen Hinweis sein auf den Subjektivitätscharakter der Wirklichkeit.

Was ist Wahn?

Wahn ist eine veränderte Beziehung des Menschen zur Welt. Wahnhaftes Erleben drückt sich in Vorstellungen, in Urteilen, in Wahnideen aus. Der wahnkranke Mensch setzt Urteile, Interpretationen und Bedeutungen von normalen Erlebnissen oder Erinnerungen in einer besonderen, für seine Mitmenschen nicht nachvollziehbaren Weise. So bildet er sich seine eigene Welt, in die andere Menschen kaum oder keinen Zugang mehr finden. In seinen wahnhaften Vorstellungen und Urteilen baut der Mensch sich ein Gehäuse, in dem nur er allein zu Hause ist. Je länger eine Wahnkrankheit besteht, um so verschlossener sind die Türen, durch die Mitmenschen oder Mitwelt noch in die Wohnung des Wahnkranken eintreten könnten.

Wahnideen werden mit einer unerschütterlichen subjektiven Gewißheit erlebt. Wahnerlebnisse erweisen sich als unbeeinflußbar durch andere Erfahrungen oder durch kritische Argumente an ihren Inhalten. Auch wenn für alle die Unmöglichkeit des Inhaltes eines wahnhaften Erlebnisses deutlich erkennbar ist, so bleibt für den Wahnkranken die absolute Überzeugung von seinem Erleben und Urteilen bestehen. In dieser unerschütterlichen Überzeugung ist das wahnhafte Erleben den halluzinatorischen Wahrnehmungen verwandt.

In beiden Fällen, bei Halluzination und Wahn, ist das Erkenntnisvermögen des Menschen verändert: Bei den Halluzinationen ist es der Bezug zur Welt des Wahrnehmbaren, Gegebenen, der durch »Neubildungen« von Wahrnehmungen überwertig und unbeeinflußbar wird im Vergleich zu abwägenden, kritischen Gedanken.

Im Falle des Wahns ist es das Urteilen, das Interpretieren und Bedeutungsetzen der (meist korrekten) Wahrnehmungen und Erlebnisse, die der Mensch aus sich selbst heraussetzt und Welt und Mitmenschen entgegenstellt. Halluzinationen teilen sich in Wahrnehmungen mit, die mit leibhaftigem und deshalb unbezweifelbarem Charakter auf die vorhandene Welt projiziert werden. Deshalb stehen sie auch immer mit der kulturell und sozial konkret vorhandenen Welt in einem Zusammenhang. Dies gilt in noch stärkerem Maße auch für den Wahn.

Im Unterschied zu den Halluzinationen drückt sich der Wahn in Urteilen aus über die vorhandene, erlebte, erinnerte oder auch ersehnte oder gefürchtete oder auch zum Teil halluzinierte Welt. Wahn ist eine Störung der Mitweltlichkeit. Der Wahnkranke setzt sich durch seine unerschütterlichen und weder durch Wahrnehmung noch durch kritische Einwände oder Argumente korrigierbaren oder auch nur modifizierbaren Urteile in seiner Eigenwelt fest. Das kann in hartnäckigen Fällen zu weitgehender Isolation führen; es kann aber auch sein, daß der Wahnkranke noch guten Kontakt und Kommunikation zu seiner Mitwelt halten kann und der wahnhafte Bereich selbst ein isoliertes Element in seinem Seelenleben ist. Am Wahn selbst ist aber auch in diesen Fällen von außen nichts zu korrigieren. Er bleibt in seiner Eigenart: unerschütterliche, subjektive Überzeugung.

Wie kann Wahn entstehen?

Unser normales Erkenntnisvermögen setzt sich aus zwei verschiedenen Tätigkeiten zusammen:

1. der Wahrnehmung.
   In der Wahrnehmung offenbart sich uns (wenn wir wachen und offenen Sinnes sind) die Welt. In der reinen Wahrnehmung, d.h. ohne anschließende Gedankentätigkeit, wäre die Welt für uns zusammenhanglos und bedeutungslos. Wir würden sehen und

hören und nichts erkennen, nichts verstehen. Es wäre ungefähr so, wie wenn wir zum ersten Mal in unserem Leben, in einem fremden Land, eine uns völlig fremde Sprache hören. Wir könnten dem Gehörten keinerlei Sinn entnehmen; es wäre für uns bedeutungslos.

Wir müssen also noch ein zweites Instrument zur Verfügung haben, mit dem wir uns dem Wahrgenommenen nähern, ein Instrument, mit dem wir ihm entgegentreten und die Wahrnehmungen ergänzen können zu dem Ganzen, das für uns erst die wirkliche Welt ist. Nämlich die mit Sinn und Bedeutung erlebte Wirklichkeit.

Dieses Instrument ist unser Denken, durch das wir uns Vorstellungen von der Welt machen, durch das wir Begriffe den Wahrnehmungen hinzufügen, die zusammenhanglosen Wahrnehmungen dadurch ordnen, der bedeutungslosen Welt Sinn und Bedeutung für uns geben und, alles zusammen genommen, dadurch die Welt erkennen können.

An dieser Stelle unserer bewußten gedanklichen Auseinandersetzung mit der Welt – wenn wir uns unsere Vorstellungen bilden, wenn wir über die Welt urteilen, wenn wir den Wahrnehmungen eine subjektive, für uns gültige Bedeutung geben – kann Wahn entstehen. Wenn sich im Urteilen der Charakter des Subjektiven, des nur Persönlichen, Privaten durchsetzt und verselbständigt, ist schon ein Anfang gesetzt. Welterkennen ist ein Begegnungsprozeß zwischen Welt und Mensch. Für ein richtiges Erkennen bedarf es einer Ausgewogenheit, eines Gleichgewichtes zwischen der Welt, die sich zu erkennen gibt, und dem Menschen, der sie erkennen will. Jeder Erkenntnisakt muß dieser Ausgewogenheit Rechnung tragen. Wenn sich die Welt als Wahrnehmung verselbständigt, auf Kosten des Erkennens, so drohen wir orientierungslos in einem Meer der bedeutungslosen Wahrnehmungen unterzugehen. Unsicherheit, Angst und Verzweiflung wären die Begleitumstände. Verselbständigt sich im Gegensatz zur Wahrnehmungswelt der subjektiv Bedeutung setzende Mensch, das heißt setzt sich das subjektiv urteilende Element auf Kosten der Welt durch, so entstehen subjektive, das heißt nur noch persönlich gültige Interpretationen der Wirklichkeit.

In einem weiteren Schritt ereignet sich dann die nächste Konsequenz aus der Verselbständigung subjektiver Interpretationen: Bald ist es nicht mehr der Mensch, der seinen Wahrnehmungen Bedeutungen beimißt – sondern es sind die Bedeutungen, die sich verselbständigen. Sie begrenzen die Möglichkeiten des Menschen, die Welt wahrzunehmen und mit ihr umzugehen. Der Mensch wird zum Gefangenen der aus ihm gebildeten Bedeutungen. Jetzt ist er wahnkrank geworden.

Wir kennen aus dem normal-psychologischen Bereich einen Übergang zum wahnhaften Erleben hin, der deutlich macht, daß wir als Menschen alle sozusagen wahnfähig sind, das heißt aber nichts anderes, als daß der Wahn, z. B. eines schizophrenen Menschen, für uns nicht unbegreiflich und fremd sein muß, sondern zumindest in Ansätzen nachvollziehbar und verständlich sein kann.

Ähnlich wie Instinkte und Triebe im willenshaften Weltbezug Tier und Mensch unbewußt zu einem organisch begründeten, vom Leben ausgehenden und dem Leben dienenden Verhalten zwingen, so können heftige Affekte und Emotionen, die einem ebenso leibhaften Ursprung entstammen wie Instinkte und Triebe, wenn sie sich in das Vorstellungsleben des Menschen einmischen, sein klares Denken trüben und »umwölken« und so den Betroffenen in die unerschütterliche Gewißheit eines geahnten (gewähnten) Dunkels tauchen, das wie »Wahnsinn« anmuten kann, aber nur für die Dauer der »affektiven Bewölkung« vorhanden ist und eben deshalb kein echter Wahn ist.

Wahnbildung ist wie Organbildung

Überwiegt in der Begegnung von Mensch und Welt das subjektive Erleben und Bedeutunggeben, so entstehen schließlich wirklichkeitsfremde Interpretationen und Urteile über das Wahrgenommene, was wir dann Wahn nennen. Es ist der von dem Betroffenen »gewähnte Sinn« der Welt, eben sein »Wahnsinn«. Dieser Prozeß wirklichkeitsfremder Sinngebungen führt schließlich zu einem Entfremdungsprozeß zwischen Mensch und Welt.

Die Begegnungsfähigkeit des Menschen verkümmert und ist zuletzt, in der schweren Wahnkrankheit, in der schizophrenen Psychose, ganz auf sich selbst bezogen. In dieser autistischen Begegnung zieht sich das Selbst des wahnkranken Menschen zurück in den Innenraum des eigenen belebten Leibes, aus dem scheinbar einzig noch ein sicheres Selbsterleben kommen kann: im unbewußtbewußten Empfinden der eigenen Lebendigkeit, der Lebens-Bilde-Kräfte, die die Organe bilden und beleben.

Auch das Weltvertrauen ist im Rahmen einer wahnhaften Erkrankung natürlich deutlich gestört. Wahrscheinlich sind Weltvertrauen wie Begegnungsfähigkeit bereits vor Ausbruch einer wahnhaften Erkrankung konstitutionell geschwächt und leichter verletzlich als bei anderen Menschen, so daß sich daraus schon eine gewisse Disposition zu einer späteren psychischen Erkrankung, die mit wahnhaftem Erleben einhergehen kann, bildet.

Ist eine wahnhafte Symptomatik im Rahmen einer psychischen Erkrankung manifest geworden, so können wir den paranoiden (wahnhaften) Prozeß »in gewissen Grenzen als einen Organbildungsprozeß (mit zunächst nur verdrängtem, dann auch desorganisierendem Wachstum) … verstehen«.[43]

In dem Rückzug von Weltvertrauen und Begegnungsfähigkeit beim wahnkranken (meist schizophrenen) Menschen entwickelt sich gewissermaßen als noch einzig sicherer Hort eines begründeten Selbsterlebens und Vertrauens der Rückzug in das Erleben des eigenen Lebendigseins, ja noch mehr: in das unbewußt-bewußte

Empfinden der organbildenden Kräfte, die offensichtlich einmal am Werk waren. Diese organbildenden Kräfte, denen im innersten Rückzug das letzte Vertrauen geschenkt wird, projizieren jetzt unbewußt Urteilsbildungen über äußere, zwischenmenschliche, mitweltliche Erlebnisse in das Bewußtsein des Wahnkranken. Dadurch wird er in seinem Seelenleben von diesen quasi »organischen« Neubildungen in Gestalt von Vorstellungen und Interpretationen mit einer vorher nicht gekannten Lebendigkeit übermannt.

Diese unbewußt entstehenden Urteils-Neubildungen beginnen tatsächlich zu wachsen und zu wuchern und – im Falle einer akuten Erkrankung mit wahnhafter Symptomatik – die anderen, bewußten Urteile aus dem Seelenleben des Betreffenden zu verdrängen. Die paranoiden (d. h. wahnhaften) Ideen greifen um sich und breiten sich aus mit einer expansiven, desorganisierenden Wachstumskraft, vergleichbar einer Wucherung im organischen Wachstum.

So wie auch unsere physiologischen Wachstumsprozesse von uns nicht bewußt empfunden und erlebt werden, bemerkt auch der Wahnkranke diesen jetzt ins Seelenleben projizierten, entgleisten, unkontrollierten, verdrängenden und sich verselbständigenden, ausufernden Wachstumsprozeß nicht. Da heißt, er kann keine Krankheitseinsicht, keine Einsicht in die subjektiven Verirrungen seiner wahnhaften Urteilsbildungen haben.

Wahn ist einerseits ein zwischenmenschliches-mitweltliches Phänomen, das sich in Begegnungs- und Weltvertrauensschwäche ausdrückt und so den Rückzug von Welt und Mitmenschen ins eigene Selbst nahelegt. Andererseits ist Wahn auch ein Phänomen des individuellen Menschseins. Indem der Mensch sich sein bewußtes Seelenleben abringen muß und seine Lebensbildekräfte sich metamorphosieren müssen, das heißt von ihrer Leibhaftigkeit und Organgebundenheit befreit werden müssen, um sie dann seinem Beseeltsein und Begeistetsein zur Verfügung zu stellen, ist er in diesem lebendigen und wandlungsabhängigen Bewußtseinsprozeß verletzlich und störanfällig.

Dieser Prozeß des »Abringens« und des Metamorphosierens vom physischen Leben zum lebendigen seelischen Urteil gelingt bei der Entstehung eines Wahns nicht mehr genügend: Es kommt – als unlebendiger Ersatz, als zwanghaftes Surrogat eines lebendigen Urteils – zur Projektion leibhaftiger (d.h. unmetamorphosierter) Bildekräfte ins Gedankenleben, die hier die (oft symbolhafte) Gestalt scheinbar echter Urteile annehmen. Diese Urteile oder Vorstellungen sind nun aber nicht in der Welt, nicht in der Begegnung und nicht im freien bewußten Denken, sondern nur in der eigenen physischen Lebendigkeit begründet, das heißt in der Projektion organischer Bildekräfte in die Urteilsbildung.

Welcher dieser beiden wahnbildenden Faktoren der primäre und welcher der sekundäre ist, läßt sich bisher nicht mit Sicherheit sagen. Wahrscheinlich bedingen und beeinflussen sie sich gegenseitig und führen gemeinsam zum Phänomen des Wahns.

Woher kommt die unerschütterliche Gewißheit des Wahns?

Wahn ist, wie wir gesehen haben, ein unbewußt auftauchendes, »leibhaftiges« Urteil. In dieser Leibhaftigkeit gründet sein zwingender, unfreier Charakter. Der wahnkranke Mensch ist in seinem seelischen Einmaligsein unsicher in der Begegnung und Abgrenzung von anderen Menschen. Er hat zu wenig Glaube, Zuversicht, Selbst- und Weltvertrauen. Deshalb will er alles beweisen und bewiesen haben, um seinen Selbstzweifel, seine Selbstunsicherheit, letztlich sein Gewissen von seiner seelisch-geistigen Eigenverantwortlichkeit durch faktisches »physisches« Wissen zu beruhigen. Dabei werden leibhaftige, leibbildende Kräfte (eben Bildekräfte, die in Organbildung und -erhaltung tätig waren und sind) ins Bewußtsein zu Urteilsbildekräften projiziert. Ihr leibhaftiger Charakter drückt sich aus in der unerschütterlichen Gewißheit des Erlebens und der subjektiven Überzeugung.

Charakteristische Patientenschilderung

Eine 35jährige Patientin aus einem kleinen Dorf der Schwäbischen Alb wird von ihrer Hausärztin zur stationären Aufnahme geschickt. Vor ungefähr drei Monaten waren bei der jungen Frau, die beim ersten Gespräch sehr unglücklich und unsicher wirkte, erstmals Auffälligkeiten aufgetreten. Sie wohnte seit mehreren Jahren mit ihrem Mann und den beiden Kindern im Haus ihrer Schwiegereltern. Eine Schwägerin wohnte wenige Häuser weiter. Das Verhältnis zu Schwiegermutter und Schwägerin war nie besonders gut. Aber jetzt war eben, vor ungefähr drei Monaten, etwas Neues aufgetreten: Die Schwiegermutter hatte plötzlich eine Macht über sie, »wie eine Hexe«; die Schwiegermutter konnte sie beeinflussen und sie dazu bringen, bestimmte Dinge zu tun oder etwas Bestimmtes zu denken, was sie selbst im Haushalt noch zu tun hätte oder nicht gut genug gemacht hätte, wenn sie nur die Schwiegermutter zum Fenster herausschauen sah oder über ihr in der Wohnung ihre Schritte hörte.

Es war der jungen Frau deutlich, daß die Schwiegermutter und auch die Schwägerin, die offensichtlich mit der Schwiegermutter unter einer Decke steckte, etwas gegen sie hatten und sie beeinflussen wollten. Schließlich waren ihre Schwiegermutter und auch die Schwägerin noch nie mit ihr zufrieden gewesen; immer hatten sie etwas zu kritisieren und an ihr auszusetzen gehabt. Auch der Mann und die Familie wurden immer mehr von der Schwiegermutter beeinflußt, schließlich lebten sie in deren Haus. Nach und nach wußte das ganze Dorf Bescheid, was die Schwiegermutter von der jungen Frau hielt, was sie alles im Haus nicht recht machte, und was sie überhaupt alles nicht konnte. Alle im Dorf guckten sie aber nur komisch an, auf der Straße, beim Bäcker, beim Metzger, aber keiner sprach zu ihr davon, daß sie Bescheid wußten über sie ...

Es war schließlich ein unerträglicher Zustand für die junge Frau, und sie beschwerte sich recht verzweifelt und wütend bei ihrem Mann, daß er das alles zulasse und nichts dagegen unternehme, ihr gar nicht helfe gegen seine übermächtige Mutter, die sie inzwischen schon ganz und gar beherrsche. In ihren Gedanken und Handlungen müsse sie immer das tun, was die Schwiegermutter gerade von ihr erwarte.

Was die Schwiegermutter auch tat, was der Ehemann auch sagte, wie sich die anderen Leute im Dorf auch verhielten, für die Patientin war deutlich, daß alle über sie Bescheid wußten und von der Schwiegermutter instruiert waren, sich so und nicht anders ihr gegenüber zu verhalten.

Zur Vorgeschichte: Die Patientin war eine Zwillingsgeburt, an einem Tag geboren, als auch im Stall bei einer Kuh Zwillinge zur Welt kamen (wie sie mir berichtete). So war sie in einer kleinen Landwirtschaft, in einem kleinen Bauerndorf aufgewachsen, von der harten Arbeit eines einfachen ländlichen Lebens geprägt: der Vater ungeduldig und leicht reizbar, sehr streng und dabei ungerecht in der Erziehung der insgesamt drei Kinder; die Mutter schwach und zurückhaltend, hat sich nie für die Kinder beim Vater eingesetzt.

Die Patientin ist selten und nie weiter als bis in die nächste Kreisstadt aus ihrem Dorf herausgekommen. Dafür hat sie um so intensiver das Dorfleben mitbekommen, insofern sie schon als Kind in dem einzigen Gasthof des Dorfes beim Bedienen mitgeholfen hat.

Nach Abschluß der Grundschule besuchte sie eine Haushaltsschule in der Kreisstadt. Dabei schnupperte sie ein wenig Freiheit und ging mit Freundinnen ins Kino oder zum Tanzen. Als Kind und Jugendliche sei sie fröhlich und ausgelassen gewesen, habe jedoch immer nachgegeben, sich nie durchsetzen können und immer ein großes Harmoniebedürfnis gehabt, was allerdings im Elternhaus nie befriedigt wurde. Dagegen erlebte sie bei der Arbeit in dem Gasthof Wohlwollen und Zufriedenheit, was ihr gut tat; sie suchte in naiver Anhänglichkeit und Zutraulichkeit Harmonie und Bestätigung und erlebte dadurch bei den natürlich überwiegend männlichen Besuchern des Gasthofes etliche unangenehme Überraschungen.

Nach Haushaltsschule und einem Jahr in einem Haushalt arbeitete sie in einer Fabrik. Als sie ihren Mann kennenlernte, »war es nicht die große Liebe«. Er trank zu dieser Zeit schon ziemlich viel und hatte kein Verständnis für ihre etwas über die dörflichen Grenzen hinausgehenden Interessen und Bedürfnisse. Trotzdem kam es bald zur Heirat. Und nach der Geburt des ersten Kindes zog die junge Familie in das Haus ihrer Schwiegereltern im Nachbardorf des eigenen Geburtsortes.

Schwiegermutter und Schwägerin seien flinke, praktische Leute, die immer etwas an ihr auszusetzen hatten und nie mit ihrer Arbeit im Haushalt zufrieden waren. Sie wurde kontrolliert und kritisiert, und auch der Mann war nicht zufrieden, wenn das Essen nicht immer pünktlich auf dem Tisch stand. Auch er hatte, wie die übrige Verwandtschaft und Bekanntschaft der Familie, kein Verständnis für andere Interessen oder Bedürfnisse als Essen, Trinken, Haus und Garten.

Die junge Frau wurde unglücklich, depressiv und zurückgezogen. Sie getraute sich immer weniger, sich zu äußern, etwas anderes zu sagen oder schließlich auch nur zu denken, als es im Haus ihres Mannes und ihrer Schwiegereltern erwartet wurde. Sie konnte bei ihrer begrenzten Lebenserfahrung für sich keine Möglichkeit sehen, aus diesem engen Lebensumfeld auszubrechen. Durch die ihr entgegentretende Verständnislosigkeit und – wie sie es erlebte – rücksichtslose, immerwährende Kritik und Unzufriedenheit, zog sie sich immer mehr in sich zurück. Schließlich kam sie, nach Ansicht der Schwiegermutter, auch mit der Erziehung ihrer Kinder (inzwischen waren es zwei geworden), nicht mehr zurecht. Die Unsicherheit gegenüber der Schwiegermutter wuchs, und die Begrenztheit des kleinen Dorfes schrumpfte für sie zur Enge der eigenen vier Wände zusammen, und auch in diese wirkten jetzt noch, allgegenwärtig, die Beobachtung, Unzufriedenheit und Befehle der Schwiegermutter herein.

Jetzt ist sie wahnhaft geworden. Die Verständnislosigkeit ihrer Umgebung nahm zu. Und ihr jetzt offensichtlich werdender Leidenszustand führte sie schließlich zum Arzt und zu einer stationären Behandlung.

Danach konnte sie, gebessert und keimhaft mit einem neuen Selbstbewußtsein begabt, wieder in ihre Familie zurückkehren. Seitdem gelingt es ihr, mit kleinen, und deshalb von ihrer Mitwelt akzeptierten Schritten, eine neue vorsichtige Eigenständigkeit zu behaupten und ein wenig zu pflegen. Der Mann konnte dabei in bescheidenem Maße in die Therapie mit einbezogen werden. Ein Einbeziehen der Schwiegermutter wollte die Patientin selbst nicht.

Neben einer meist notwendigen medikamentösen Behandlung (mit anthroposophischen und zum Teil auch allopathischen Medikamenten) von Wahnzuständen bzw. Wahnkrankheiten, besonders im Rahmen schizophrener Psychosen, ist aus psychologischer Sicht, entsprechend der vorgenannten seelischen Umstände, eine behutsame, auf Kenntnis der biographischen Entwicklung und der aktuellen psychosozialen Situation des Patienten aufbauende psychische Stärkung des Selbstgefühls wichtiges therapeutisches Ziel einer psychotherapeutischen Führung und Begleitung dieser Patienten. Dabei sollen die Qualitäten der zwischenmenschlichen und mitweltlichen Begegnung so erlebt und in der Therapie besprochen werden, daß sie das Selbstwertgefühl durchaus beeinflussen, stärken oder schwächen können. Deshalb sollen in der Therapie bewußt stärkende und stützende Begegnungen ermöglicht und gepflegt werden.

Der Kern der Individualität selbst ist unzerstörbar – und eben aus diesem Umstand heraus soll ein Selbstgefühl erwachsen, das durch Glaubens- und Vertrauenskräfte gebildet und genährt werden kann. Begegnungsqualitäten und Vertrauenskräfte zu üben und zu pflegen, sind die mitmenschlichen und auch die psychotherapeutischen Aufgaben und Möglichkeiten im Umgang mit wahnhaften, wahnkranken Menschen.

Schizophrenie

Die Schizophrenie gehört zu den endogenen (= endomorphen) Psychosen. Sie ist die häufigste Psychose. Man schätzt, daß ungefähr 1 % der Bevölkerung einmal im Leben eine Erkrankung aus dem schizophrenen Formenkreis durchmacht.

Der Begriff Schizophrenie stammt von dem Schweizer Psychiater Eugen Bleuler, der damit den früheren Begriff der Dementia praecox (was so viel bedeutete wie »vorzeitiger Schwachsinn«) ablöste. Der neue Begriff sagt so viel wie »Spaltungsirresein« und will damit zum Ausdruck bringen, daß es sich bei den schizophrenen Erkrankungen nicht um Formen von Schwachsinn oder einen anderen rein intellektuellen Abbau handelt, sondern daß eine Spaltung zwischen den seelischen Qualitäten des Denkens, der Gefühle und des Willens vorliegt. Das heißt, bei schizophrenen Menschen können Denkstörungen vorkommen, eine Verflachung und Verarmung des Gefühlslebens sowie Störungen im Willensleben im Sinn von Antriebsschwächen bis zu apathisch bewegungslosen Zuständen, wie auch gegensätzliche Bilder, die als heftige Erregungszustände imponieren.

Dabei können wir eben jene auffällige Spaltung im Seelenleben beobachten, das heißt Gedankeninhalte und Gefühlsstimmungen können ohne Zusammenhang extrem verschieden sein, ebenso können Willensantriebe und Gefühle ohne Übereinstimmung sein, wie auch bewußte Denkinhalte und Willensimpulse zusammenhanglos nebeneinander vorhanden sein können.

In der akuten Erkrankungssituation kann man den Eindruck eines Auseinanderfallens der Gesamtpersönlichkeit haben. Denken, Fühlen und Wollen folgen nicht mehr der einheitlichen Kontrolle des Ichs. Das Ich scheint in der akuten schizophrenen Psychose keinen ordnenden Zugriff mehr auf das bewußte Seelenleben zu haben. Trotzdem ist das Ich auch dieses Menschen geistbegabt in diesem Leib inkarniert. Es kann aber in seiner Ausdrucksmöglichkeit, in seiner individuellen Gestaltungskraft, im persönlichen seelischen Leben behindert sein, obwohl es in seinem geistigen Vermögen als unbehindert und gesund angesehen werden muß. Nur seine Erscheinungsmöglichkeiten sind – meist vorübergehend – durch verschiedene Ursachen behindert.

Wir können es uns so vorstellen, wie wenn an einem schönen, warmen Sommertag plötzlich schwarze Gewitterwolken auftreten, den Himmel bedecken, die Sonne verdunkeln, plötzliche Kühle hereinbricht und dann mit Blitz und Donner ein von Hagel und Regengüssen begleitetes Unwetter, das alle vorherige Wärme und Gemütlichkeit vertreibt. Dennoch wissen wir in einem solchen Fall, daß hinter den Wolken die Sonne noch vorhanden ist und auch wieder einmal hervorkommen und Helligkeit und Wärme spenden wird.

Eine akute schizophrene Psychose ist wie ein kurzes Gewitter oder auch mal wie ein längeres Unwetter – oder auch wie wiederholte Unwetter – im Leben eines Menschen zu verstehen. Die Krankheit kann tatsächlich scheinbar plötzlich, wie aus heiterem Himmel in das Leben eines Menschen hereinbrechen, weil mögliche Vorläufererscheinungen unspezifisch sind und meist übersehen werden.

Der jähe Einbruch einer schizophrenen Psychose kann so erlebt werden, wie es Gottfried Benn (Arzt und Dichter) in dem folgenden Gedicht schildert:

Ein Wort

Ein Wort, ein Satz –: aus Chiffren steigen
Erkanntes Leben, jäher Sinn,
Die Sonne steht, die Sphären schweigen
Und alles ballt sich zu ihm hin.

Ein Wort – ein Glanz, ein Flug, ein Feuer,
Ein Flammenwurf, ein Sternenstrich –
Und wieder dunkel, ungeheuer,
Im leeren Raum um Welt und Ich.

Gottfried Benn

Die paranoid-halluzinatorische Psychose

Patientenschilderung: Eine 30jährige Frau, verheiratet, kinderlos, lebt mit ihrem Mann in einem Dorf in der Nähe einer größeren Stadt. Beide sind berufstätig. Sie arbeitet in einem Bekleidungsfachgeschäft in der Stadt. Eines Morgens, im Frühling, sie ist gerade dabei, das Frühstück zu bereiten, hört sie nicht, wie normalerweise, die Vögel vor dem Küchenfenster pfeifen, sondern sie hört Stimmen, die zu ihr sprechen – als wenn sie die Vogelstimmen verstehen könnte. Außer ihr ist niemand in der Küche, und dennoch hört sie deutliche Stimmen zu ihr sprechen, die kommentieren, was sie gerade bei der Zubereitung des Frühstücks zu tun im Begriff ist.

Diese Situation ist für sie vollkommen überraschend und unerklärlich: Wie kann sie plötzlich Stimmen, vielleicht Vogelstimmen, wie menschliche Sprache hören und verstehen? Sie weiß es nicht, kann es sich nicht erklären, geht aber der Frage nicht weiter nach, denn es ist ja einfach so, daß sie diese Stimmen hört, die zu ihr sprechen. Sie erzählt niemandem davon und verhält sich wie bisher. Die Stimmen begleiten sie in ihrer kommentierenden Weise, auch wenn sie nicht in ihrer Wohnung ist.

Einige Zeit darauf: Es ist Sonntag, und die junge Frau bereitet in der Küche das Mittagessen zu. Es gibt Gulasch, wie seit Jahren, jeden Sonntag. Sie weiß genau, was sie dafür zu tun hat. Doch jetzt passiert etwas Neues: Die Stimmen verändern sich; sie kommentieren jetzt nicht mehr, sondern sagen ihr, was sie zu tun hat: »Nimm jetzt nicht Salz, sondern Zucker, und statt Pfeffer Zimt« usw.... Es wird offensichtlich ein ganz neues Gulaschrezept, das sie an diesem Sonntag auf Geheiß ihrer Stimmen ihrem Mann vorsetzt. Dieser ist hell entsetzt und fragt seine Frau, was mit ihr los sei. Sie erzählt bereitwillig und über die Wut ihres Mannes verwundert, die Ereignisse des Vormittags und der zurückliegenden Tage. Dabei kommt heraus, daß sie sich bereits seit einigen Tagen an ihrer Arbeitsstelle in einem Bekleidungsgeschäft von den Kameras in den großen Verkaufsräumen sowie von den Lichtschranken an den Eingängen beobachtet fühlte. »Diese Lichtschranken und Kameras waren nur für mich da. Auch meine Kolleginnen beobachteten mich, sprachen nicht mehr mit mir wie früher. Auch wildfremde Kunden wollten sich nicht von mir bedienen lassen, sondern beobachteten mich, was ich tat.«

Obwohl sie dadurch deutlich beunruhigt war, hatte sie ihrem Mann bisher noch nichts davon berichtet. Jetzt, nach diesem Sonntag, ging alles ziemlich schnell. Der Mann brachte seine Frau zum Hausarzt, und dieser veranlaßte die Einweisung in eine psychiatrische Klinik. In der Klinik berichtete sie wiederum bereitwillig von den ihr wiederfahrenen Ereignissen der letzten Tage; von den Stimmen, die wahrscheinlich Vogelstimmen waren, was sie sich aber beim besten Willen auch nicht erklären könne, woher sie plötzlich das Vogelzwitschern verstehen konnte, während ihr Mann die Vogelstimmen weder gehört noch verstanden hatte. Und daß dann auch noch die Beobachtungen im Geschäft hinzu kamen, und daß dahinter natürlich ein Geheimdienst steckte, so viel war zwar deutlich, aber warum das Ganze, konnte sie sich nicht einmal selbst erklären. Dennoch hatte sie keinerlei Zweifel an ihren Erlebnissen.

Auf diese Weise begann bei ihr eine *paranoid-halluzinatorische Psychose*, die zum schizophrenen Formenkreis gehört. Die paranoid-halluzinatorische Psychose ist die häufigste und typischste Erscheinungsform der Schizophrenie. Bei ihr treten insbesondere die beiden in den vorigen Kapiteln erwähnten Symptome Wahn und Halluzinationen auf, weshalb man sie beschreibend heute paranoid-halluzinatorische Psychose nennt. Wie schon erwähnt, ist das »Stimmenhören« die häufigst halluzinatorische Form bei schizophrenen Menschen. Die Stimmen können aus der Umgebung kommen oder im eigenen Körper erlebt werden, sie können als eine bestimmte, bekannte Stimme identifiziert werden oder auch unbekannt und unbestimmbar bleiben. Häufig sind es kommentierende Stimmen und oft auch befehlende.

Auch wenn die Menschen im Laufe ihrer Erkrankung wissen, daß es sich dabei um eine Krankheitserscheinung handelt, fällt es ihnen doch schwer, sich soweit von den Stimmen zu distanzieren, daß sie nicht mehr tun, was die Stimmen ihnen auftragen, oder sich nicht mehr über die ständigen Kommentare ärgern. Es ist sehr schwer und gelingt nur selten, daß sich ein schizophrener Mensch von seinen Stimmen soweit distanzieren kann, daß er die Stimmen zwar hört, diese ihn aber nicht mehr im Griff, nicht in ihrer Gewalt haben.

Der Wahn ist als schizophrenes Symptom wohl noch häufiger als Halluzinationen.

Verbunden mit einer Halluzination ergibt sich mit dem Stimmenhören jenes von Gottfried Benn beschriebene jähe und neuartige Bedeutungserleben.

Im Rahmen einer schizophrenen Psychose gibt es heutzutage vor allem den Verfolgungswahn, wie er sich auch bei der oben genannten Patientin eingestellt hat. Außerdem gibt es den Beziehungswahn und Beeinträchtigungswahn, den Größenwahn, den Liebeswahn, den Krankheitswahn, den Untergangswahn, Verarmungswahn oder Bestehlungswahn, den Versündigungswahn, Verdammungswahn, Bestrafungswahn, nihilistischen Wahn, Eifersuchtswahn oder Querulantenwahn, Weltverbesserungs- oder Welterneuerungswahn, Omnipotenzwahn oder religiösen Wahn.

Diese verschiedenen Wahnthemen können zum größeren Teil im Rahmen von schizophrenen Psychosen auftreten, aber zum Teil auch bei manischen Erkrankungen oder bei endogenen Depressionen. Außerdem bei hirnorganisch begründeten atrophischen Prozessen, bei Alkohol oder anderem chronischem Drogenabusus; im alkoholischen Delirium tremens und im epileptischen Dämmerzustand können sich wahnhafte Situationen einstellen; und schließlich auch im Rahmen besonderer extremer Lebensumstände wie Vereinsamung und Behinderung im Alter, Versetzung in eine sprachfremde Umgebung oder Einzelhaft. Als eine besondere Form kann der sogenannte sensitive Beziehungswahn angesehen werden.

Gerade beim halluzinatorischen Erleben – wie dem Stimmenhören – tritt die seelische Spaltung deutlich zutage: auf der einen Seite ein ungewöhnliches und unerklärliches Wahrnehmungsereignis, auf der anderen Seite nicht die geringste Tendenz, sich damit gedanklich auseinanderzusetzen. Dagegen gibt es häufig gefühlsmäßige Reaktionen auf die Inhalte der Stimmen; und, wiederum besonders typisch, die ohne gedankliche Kontrolle ablaufenden Verhaltensweisen entsprechend den »Befehlen« der Stimmen, wobei diese Handlungen dann wieder nicht von adäquaten Gefühlen begleitet werden. So kommt es immer wieder vor, daß eine halluzinierte Stimme dem Patienten den Selbstmord aufträgt und der betroffene Patient dies dann unternimmt, ohne eigentlich lebensmüde, depressiv oder sonst wie verzweifelt zu sein (dies läßt sich jedenfalls dann feststellen, wenn die suizidalen Handlungen nicht zum Tode geführt haben). Das Auffallende an solchen suizidalen Handlungen schizophrener Patienten ist das Plötzliche, Unvorhersehbare und eben aus der Stimmung und dem vorherigen Verhalten in keiner Weise Nachvollziehbare einer plötzlichen selbstmörderischen Tat.

Neben den beiden Hauptsymptomen Wahn und Halluzination bei der paranoid-halluzinatorischen Psychose seien nur noch feinere Denkstörungen erwähnt, die als formale Denkstörungen, als alogisches Denken, als Gedankensprünge und als nach Wortklängen assoziatives Denken auftreten können. Im Sinne eines solchen klang-assoziativen Denkens prägte ein schizophrener Patient die für ihn inhaltlich zusammengehörende Steigerungsreihe: »Rose – Neurose – Gürtelrose«.

Die Hebephrenie

Ein weiteres Erkrankungsbild aus dem schizophrenen Formenkreis ist die Jugendschizophrenie, die Hebephrenie. Sie tritt in der Regel um die Pubertät oder danach auf und kann zunächst unter dem Bild einer prolongierten Pubertätskrise längere Zeit unerkannt bleiben.

Eine Veränderung des Gefühlslebens, der Stimmungslage und der emotionalen Mitschwingungsfähigkeit stehen im Vordergrund. Die jugendlichen Patienten werden albern und wurstig, verhalten sich lümmelhaft, lustlos und nachlässig, benehmen sich läppisch und nehmen nichts mehr ernst; sie können flegelhaft, distanzlos aufdringlich werden, aber auch ängstlich, mißtrauisch und von Langeweile und innerer Leere gequält; häufig mißmutig und lustlos, inaktiv, apathisch, interesselos, begleitet auch von nachlassenden körperlich-sinnlichen Bedürfnissen; nur ausnahmsweise sind sie auch ernst bis depressiv, eher dysphorisch und leicht reizbar, dabei kann es auch gelegentlich zu aggressivem Verhalten kommen, wenn sie gereizt werden. Auffallend überzogene Ansprüche und vorgegebene Leistungen, meist auf intellektuellem Gebiet, können mit Phasen dumpf-apathischen Vegetierens abwechseln. Es kann zu Leibhalluzinationen im Sinne einer coenaesthetischen Schizophrenie kommen, und irgendwann einmal im Verlauf einer hebephrenen Erkrankung, einmalig, selten, oder immer wiederkehrend, kommt es auch zu halluzinatorischen oder paranoid-halluzinatorischen Erlebnissen. Diese Erlebnisse führen dann, durch entsprechende Verhaltensauffälligkeiten, häufig zu einer einschneidenden Veränderung: oft kommt es jetzt zur ersten stationären Klinikeinweisung, zur Diagnosestellung und zur ersten psychiatrischen Behandlung. Im Verlauf einer hebephrenen Psychose, das heißt einer im jugendlichen Alter begonnenen schizophrenen Erkrankung, können sich relativ symptomarme, intellektuell, emotional und willensmäßig inaktive und verflachende mit sogenannten produktiven, das heißt paranoid-halluzinatorischen Phasen abwechseln.

Auch zur Hebephrenie gehören die innerseelischen Spaltungsphänomene, das Auseinanderfallen von Denken, Fühlen und Wollen mit Vereinzelungs- und Verselbständigungstendenzen.

Kurze Krankenschilderung: Ein 21jähriger Student, der nach längerer Zeit des lustlosen Nichtstuns und Unterbrechens seines Studiums sich in sein altes Kinderzimmer im Hause der Eltern zurückgezogen hatte, bereitete seinen Eltern verständlicherweise stillen Kummer. Sie wußten nicht, wie sie sich dem Sohne gegenüber verhalten sollten, wie sie ihn wieder aus seiner verstiegenen Zurückgezogenheit ins Leben und ans Studium zurückbringen sollten. Sie wußten nicht, was ihrem Sohn eigentlich fehlt. Da geschah es eines Tages: Der Sohn schloß sich in seinem Zimmer ein, er rückte den Kleiderschrank vor die Zimmertür, setzte sich auf sein Bett und zündete, einer Stimme folgend, sein Bett an.

Glücklicherweise bemerkten die Eltern sehr schnell den Qualm und die Flammen und verständigten die Feuerwehr. Das Feuer richtete zum Glück keinen großen Schaden an, der Sohn jedoch kam, nachdem er ohne Skrupel von seinem Tun und seiner Stimme erzählt hatte, in eine psychiatrische Klinik. Dort, während der stationären Behandlung, versuchte er sich an einer wissenschaftlichen Arbeit für sein Studium an der Pädagogischen Hochschule. In dieser Arbeit finden sich typische Beispiele schizophrener Störungen, wie formale Denkstörungen, Wortneuschöpfungen (Neologismen), assoziatives Denken und eine sich verselbständigende Fremdwörter-Intellektualität ohne gedankliche Aussage. Daraus nur einige Sätze: »Die Konsumerabilität führt beim gerade zu untersuchenden Autoren in romantisierend gestandenes Metier. Versponnen in einen Hauch von materiellem Wohnbefindlichkeitsplüsch, Wein – Weib – Gesang – Motiv. Positiv daran, man strebt danach, sich Kiosk- und Snackbar-Stimmung ins Haus zu holen. ... Reißender Raubbau am Erinnerungsgut wird einem zum imitierten Ebenbild nicht artikulierbarer Machenschaften. ... Kleinigkeiten halten einen an zu selbstbeherrschtem Tun. Flegel- wie Dreschflegeljahre werden materialisiert. ... Man arbeitet auf eine Grundmatrix hin, um bei einem einfachen Sachverhalt durch Assoziation, Metaphorik, Symbolik zu einer romantisierten Perspektive zu kommen, einer allerdings stimmigen, exakten, d.h. zur bereits angedeuteten Kulturfähigkeit eines dezivilisierten Individums. Solches Romancier-Dasein kann einen zumindest insofern inspirieren, als man einen Rollentausch mit dem Beschriebenen vornimmt und in einfacher Übernahme die aufgezeigten, am Subjekt orientierten Recherchen auf sich anwendet. Entlarvt seiner formal-logischen Vorgehensweise, bezichtigt romantischen Schwelgens, kommt doch immer wieder etwas, das auf niveauvolles Tun zurückdeutet.« Soweit das Beispiel dieses Patienten.

Von einem großen deutschen expressionistischen Dichter, Hans Davidson, der sich 21jährig, nach dem Tod seines Vaters, die Buchstaben seines Namens anagrammatisch umstellend, van Hoddis, Jakob van Hoddis nennt und bald darauf an einer Hebephrenie erkrankt, stammt jenes ergreifende, »Galgenlied« genannte Gedicht, das die Spaltung seines Ichs thematisiert:

Galgenlied
Das Ur-Ich und die Ich-Idee
gingen selbander im grünen Klee:
Die Ichidee fiel hin ins Gras,
das Ur-Ich wurde vor Schreck ganz blaß.

Da sprach das Ur- zur Ichidee:
»Was wandelst Du im grünen Klee?«
Da sprach die Ichidee zum Ur-:
»Ich wandle nur auf Deiner Spur.« –
Da, Freunde, hub sich große Not:
Ich schlug mich gegenseitig tot.

Jakob van Hoddis

Nach dem Beginn seiner Erkrankung konnte er noch einige Jahre dichten, war aber immer wieder in psychiatrischen Kliniken zu stationären Behandlungen. In der Krankengeschichte einer Klinik wird er als »ein harmloser, verschrobener, autistischer und untätiger, für die Umgebung uninteressierter Kranker« beschrieben. Er tat keinem Menschen etwas zuleide. »Er ist ein guter Schachspieler, sonst hat er keine Interessen.« Am 30. April 1942 wurde Jakob van Hoddis unter der Nummer 8 aus der psychiatrischen Anstalt, die ihn zuletzt beherbergte, von den Nationalsozialisten deportiert und anschließend ermordet. Er hinterließ uns einen Schatz bedeutendster expressionistischer Lyrik deutscher Sprache.

Die Katatonie

Eine dritte Variante schizophrenen Krankseins ist in der *Katatonie* gegeben. Hier wird das Bild durch Veränderungen im Bereich des Willenslebens, des Bewegungslebens, des Antriebs, der Willkürmotorik beherrscht.

Es kommen zwei polare Extremzustände vor: Ausgehend von dem Kontrollverlust über die willkürlichen Bewegungsabläufe, kommt es zu schweren Erregungszuständen, in denen sich die Patienten unkontrollierbar und unbeherrscht aggressiv, ja, tobsüchtig gegen sich selbst und gegen ihre Umwelt verhalten und dabei sich selbst sowie Menschen und Gegenständen ihrer Umgebung schweren Schaden zufügen können. Zum Glück sind diese schweren Erregungszustände im Rahmen einer Katatonie recht selten. Selten sind auch die polaren Erscheinungen des katatonen (schizophrenen) Stupors, bei dem die, sich in dem Erregungszustand nach außen entladende unvorstellbare, unbeherrschte Kraft jetzt ganz im Gegenteil nach innen, in einer absoluten Verkrampfung und Erstarrung gebunden ist. Die Patienten sind in diesem Zustand unansprechbar und vollkommen regungslos. In besonders schlimmen Fällen kann dabei auch noch Fieber auftreten. Diese Zustände müssen intensiv psychiatrisch medikamentös behandelt werden.

Im Zwischenbereich dieser beiden Extremzustände gibt es Übergänge von merkwürdiger Gestalt: Bewegungshemmungen der willkürlichen Bewegungsorgane, die plötzlich eintreten und den Patienten unter Umständen in einer bizarren Körperhaltung verharren lassen. Die Körperhaltung und zur Ruhe gekommene Bewegung kann wie erstarrt sein, fast wie aus Stein, so daß man von außen daran nichts verändern kann, weil der Widerstand der Gliedmaßen-Muskulatur so stark ist.

Eine andere Variante imponiert als sogenannte »wächserne Biegsamkeit«: Der Patient wird urplötzlich, von einer Sekunde auf die nächste, regungslos und bewegungslos verharren und in seiner zuletzt innegehabten Körperhaltung verbleiben. Versuchen wir in diesem Zustand die Körperhaltung eines solchen Patienten zu verändern, so geben seine Gliedmaßen nach wie bei einer wächsernen Marionette; jede beliebige, noch so bizarre oder groteske Körperhaltung kann dem Patienten gegeben werden; er verharrt, selbst regungslos, wie eine Wachspuppe. In beiden Zuständen, dem erstarrten, wie dem wächsernen sind die Patienten bei vollkommen wachem Bewußtsein, zeigen aber keinerlei Reaktion auf irgendeine Ansprache oder dasjenige, was in ihrer Umgebung geschieht. Ohne eine Bewegung, ohne ein Wort, ohne auch nur einen Blick, der eine seelische Regung verraten könnte (bei offenen Augen), geht alles, was in ihrer Umgebung geschieht oder gesprochen wird, wie durch ein großes Sinnesorgan in sie hinein und wird im Innern detaillgetreu gespeichert. Wie lange ein solcher Zustand auch dauert, nach seinem Abklingen weiß der Patient alles zu berichten, kann alles, bis in die letzte Einzelheit wiedergeben, was um ihn herum gesagt und getan wurde.

Solche katatonen Erscheinungen können auch im Rahmen einer primär paranoid-halluzinatorischen Psychose auftreten. Prinzipiell können alle drei Erscheinungsformen aus dem schizophrenen Formenkreis ineinander übergehen.

Die drei geschilderten hauptsächlichsten Erscheinungsformen der Psychosen aus dem schizophrenen Formenkreis, die, wie gesagt, nicht getrennt, sondern im Verlauf einer Erkrankung über viele Jahre hinweg phasen- oder episodenweise ineinander übergehen können, zeigen, wie das Ich in der schizophrenen Psychose seine ordnende und gestaltende Kraft über die Seelenqualitäten von Denken, Fühlen und Wollen verliert. Als Gegenkraft gegen die ordnende und gestaltende Tendenz vom Ich erkennen wir, vor allem anhand einiger Begleitphänomene der schizophrenen Psychosen, einen über die leiblichen wie auch die seelischen Grenzen ausfließenden und damit sich verlierenden Strom von Lebens- und Bildekräften. Die Organisation der Bildekräfte ist defekt, aufgrund einer offensichtlich karmisch veranlagten geschwächten Disposition. Mehrere verschiedene, innere und äußere, das heißt individuelle und umweltabhängige Faktoren müssen jetzt zusammenwirken, wenn es im Laufe eines Lebens zum Ausbruch einer schizophrenen Erkrankung kommt. Ist dies eingetreten, so bemerken wir in der akuten schizophrenen Psychose, die als paranoid-halluzinatorische Psychose imponiert, ein sogenanntes produktives »über die Ufer Treten« von leibhaften Organbildekräften, die jetzt das bewußte Seelenleben mit halluzinatorischen und wahnhaften Neubildungen überschwemmen.

Im weiteren Verlauf, nach einer abgeklungenen akuten Psychose, machen diese Patienten eine häufig depressiv gefärbte deutliche Erschöpfungsphase durch mit Kraftlosigkeit bei intellektueller, emotionaler und willensmäßiger Schwäche. Chronische Verläufe schizophrener Psychosen, die ohne akute Krankheitsschübe, dafür schleichend progredient verlaufen, sind durch einen langsam fortschreitenden Verarmungsprozeß im intellektuellen Gedankenleben gekennzeichnet, durch einen Verflachungsprozeß im Bereich des Gefühlslebens und durch einen Versandungsprozeß im Bereich von Antrieb und Willensleben.

Wir können in diesen Phänomenen insgesamt einen Prozeß des über die Ufer Tretens und dann langsamen und allmählichen Versandens sehen. Dabei kann es im Zusammenhang mit der Überflutungsphase zu einer Fülle von Neubildungen im Wahrnehmungs- und Gedankenleben kommen, wobei die eigentlichen organischen Bildekräfte, die im gesunden Falle ein Lebensgefühl von Kraft, Vitalität und Ausdauer vermitteln können, nachlassen, versiegen und damit für eine bewußte Willensanstrengung, für ein seelisch-geistiges Motiv, für alle Intentionalität nicht mehr erreichbar sind

Das Entsprechende gilt auch für die zur leibfreien seelischen Tätigkeit des Gedanken- und Urteilbildens metamorphosierten Bildekräfte; hier wird der Strom geordneter Gedankengänge in der akuten paranoid-halluzinatorischen Psychose überflutet, das eingeübte Flußbett logischen Denkens wird zerstört, und der Strom der Gedankenkräfte kann mehr und mehr versanden.

Bei der hebephrenen, primär das Gefühlsleben verflachenden schizophrenen Verlaufsform beginnt die Erkrankung biographisch gerade in dem Moment, in dem sich das Empfindungsvermögen aus der Leibwahrnehmung und Leibverbundenheit in das seelische Empfindungsvermögen der Um- und Mitwelt metamorphosiert. Tritt die Versandung, der Verlust der Bildekräfte, in diesem biographischen Moment der Verwandlung in leibfreie, seelische Qualität auf, so muß das Empfindungs- und Gefühlsleben verflachen und Interesselosigkeit erzeugen, wie es bei der hebephrenen Verlaufsform der Fall ist.

Je nach seelischer Qualität und Färbung sind nun im Verlauf einer schizophrenen Psychose auch verschiedene der vier inneren Organsysteme beteiligt. Die feinere Symptomatik deutet dabei jeweils auf dasjenige Organsystem hin, in dem wir den primären Bildekräftedefekt zu vermuten haben. Darauf wendet sich dann eine gezielte anthroposophisch-medikamentöse Therapie wie auch kunsttherapeutische und heileurythmische Anwendungen. Auch die äußeren Anwendungen haben einen festen Platz in der Therapie schizophrener Menschen.

Unter einem psychotherapeutischen Gesichtspunkt kommt es bei schizophrenen Menschen sehr darauf an, wie sie bei einer ihnen angemessenen medikamentösen Behandlung – die in der Regel mindestens wohl zeitweise allopathische Medikamente aus dem Bereich der Neuroleptika erforderlich macht, ansonsten aber mit Medikamenten aus der anthroposophischen Medizin mit- und weiterbehandelt werden sollte – lernen können, mit dieser schweren psychischen Erkrankung umzugehen.

Auf diesem Gebiet können erfahrene Psychiater ihren Patienten gute Hilfestellungen geben. Darüber hinaus brauchen aber auch die Angehörigen Hilfe und Unterstützung im Umgang mit den schizophrenen Menschen.

Dabei sollte man unbedingt bedenken, daß die Diagnose einer Schizophrenie heute nicht mehr bedeutet, daß eine unbehandelbare und unheilbare Erkrankung vorliegt. Vielmehr sind die allermeisten schizophrenen Erkrankungen heute, dank der Neuroleptika, zwar nicht zu heilen, doch gut und meist erfolgreich zu behandeln in dem Sinne, daß im Rahmen von Einschränkungen und gewissen Verzichten eine persönliche Lebensgestaltung ohne ständige Hospitalisierung in den meisten Fällen doch möglich ist.

Etwas verallgemeinernd kann man sagen, daß der Verlauf schizophrener Erkrankungen ungefähr so beurteilt werden kann, daß ungefähr ein Drittel der einmal schizophren Erkrankten mehr oder weniger ganz ausheilt und gesund wird; ein zweites Drittel zeigt einen wechselhaften Verlauf mit Besserungen und Verschlechterungen, während das letzte Drittel eine ungünstige Prognose mit einem progredient schlechter werdenden Verlauf aufweist.

Diagnose und Behandlung dieser rätselvollen Erkrankung sollte nach Möglichkeit immer in der Hand eines erfahrenen Psychiaters liegen. In den meisten Fällen wird eine stationärer Aufenthalt in einer entsprechenden Fachklinik notwendig und auch sinnvoll sein.

Vom Sinn der Psychose

Wir haben die schizophrene Psychose kennengelernt als eine seelische Erkrankung, die den Menschen in seinem Gesamtseelenleben betreffen kann, indem es zu einem Auseinanderfallen der Seelentätigkeiten Denken, Fühlen und Wollen mit Verselbständigungstendenzen einzelner Bereiche kommen kann. Das Seelenleben, das sich in der gesunden Entwicklung aus in der Kindheit noch leibgebundenen Kräften der Lebens- und Empfindungsorganisation immer mehr in leibfreie, rein seelische Fähigkeiten metamorphosiert und emanzipiert, wird im Falle der schizophrenen Psychose von eben jenen Kräften überflutet und beherrscht, die sich nicht aus ihrer Leibgebundenheit befreit haben und im gesunden Falle organbildend und organerhaltend tätig sein sollten. Die Seele fällt also in ihren Fähigkeiten auseinander und vereinzelt sich, den Gesetzmäßigkeiten eines desorganisierenden, physischen Wachstums folgend.

Zu Beginn dieses Buches war die seelische Situation der Gegenwart in ihrer krisenhaften Zuspitzung in ähnlichen Formulierungen beschrieben worden: Die menschheitliche seelische Situation unserer Zeit ist eben auch durch ein Auseinanderfallen der Seelenqualitäten gekennzeichnet. Eine Verselbständigung in den westlichen, industrialisierten und technisierten Zivilisationen, insbesondere des intellektuellen Kopfpoles, mit einer entsprechenden Verleugnung und Verdrängung der Gefühle und einem Verkümmern von Willenskraft und Willensimpulsen, hatten wir als Signatur unserer Gegenwart erkannt.

Die schizophrene Psychose kann uns in der individuellen Vereinzelung, im persönlichen Schicksal besonders deutlich und erschütternd die globale menschheitliche Zeitsituation vor Augen stellen.

Die Schizophrenie ist eine psychische Signatur der einseitig pathologischen Entwicklung der Menschheit in unserem Jahrhundert.

Was zur Überwindung dieses Zivilisationsphänomens der Spaltung getan werden kann und geübt werden sollte, kann dann auch als eine individuelle Prophylaxe einer schizophrenen Entwicklung im Einzelschicksal gesehen werden. (Die Therapie bei einer manifest gewordenen schizophrenen Erkrankung muß allerdings einen anderen Ansatz haben):

Bewußte Pflege aller drei Seelenqualitäten, ohne Bevorzugung einer der drei Bereiche;

bei vorliegender einseitiger Begabung besondere Betonung auch auf die Pflege der anderen Bereiche legen;

den Zusammenhalt des Seelenlebens zur individuellen Entwicklung und Gestalt der seelisch-geistigen Persönlichkeit anstreben, wie es durch die verschiedenen Übungen, die im Kapitel über Selbsterziehung und Biographie angedeutet sind, geübt werden kann;

schließlich eine Pflege des praktischen, tätigen Lebens auf der einen Seite wie auch eine Pflege des geistigen, kontemplativen Lebens andererseits. Dadurch kann es in besonderem Maße gelingen, die eigenen physischen und überphysischen (seelisch-geistigen) Gestaltungskräfte unseres Ich zu stärken, so daß auch bei einer zeitgegebenen Trennungstendenz der Seelenqualitäten die ganzheitliche Gestalt und Zusammengehörigkeit der individuellen Seele durch das in ihr wirkende Ich erhalten wird.

Der Sinn einer individuellen psychotischen Erkrankung könnte vielleicht auch darin gesehen werden, daß die Schizophrenie einerseits auf das Pathologische und Gefährliche unserer menschheitlichen Zeitsituation aufmerksam macht, andererseits auf die Chance und Aufgabe unserer modernen Zeit hinweist – auch durch die Verwandtschaft mancher schizophrener Phänomene mit übersinnlichen Phänomenen –, nämlich die Möglichkeit, sich durch bewußt durchgeführte Seelenübungen der seelischen Einzelqualitäten von Denken, Fühlen oder Wollen zu einem Wahrnehmen, Erleben und Erkennen der übersinnlichen geistigen Welt zu schulen.

Die schizophrene Psychose ist eine Erkrankung mit einem besonders starken und erschütternden Signalcharakter für die individuelle Entwicklung der Angehörigen eines schizophrenen Menschen wie auch für die gesellschaftliche, kulturelle und menschheitliche Situation.

Neurosen

Von Neurosen war bereits mehrfach die Rede. In der Psychiatrie versteht man darunter entwicklungs- und erlebnismäßig bedingte psychische Erkrankungen, bei denen aber auch die individuelle Anlage wie Konstitution, Disposition, Temperament und Charakter eine ebenso wichtige Rolle spielen wie die im Laufe der Entwicklungszeit stattfindenden psychischen, charakterlichen Prägungen, Einstellungen und Gewohnheiten, die sich aus Erziehung, Bildung, Sozialisation und kulturell weltanschaulichen Einflüssen und Bindungen ergeben.

Neurotische Erkrankungen sind also ihrer Entstehung nach sehr viel komplexer als die einfachen abnormen Reaktionen. Entsprechend komplizierter und langwieriger sind sie auch in ihrem Verlauf und ihrer Therapiebedürftigkeit.

Neurosen sind von den Psychosen zu unterscheiden, insofern bei letzteren dem in einer psychologischen Anamnese schwer bis kaum zu fassenden Faktor des Endogenen, d.h. einer somato-psychischen Vitalitätsschicht, eine größere Bedeutung zukommt.

Während man lange Zeit Neurosen und Psychosen geradezu als polar angesehen hat und die Neurosen ganz als entwicklungs- und erlebnisbedingte Phänomene, die endogenen Psychosen dagegen ganz leiblich bedingt betrachtete, ist nach dem heutigen Stand der psychiatrischen Kenntnis bei beiden Krankheitsgruppen immer ein ganzer Strauß ursächlicher Faktoren für die Manifestation der Erkrankung verantwortlich. Beide Krankheitsgruppen sehen wir heute als multifaktoriell bedingt an, und bei beiden spielen sowohl psychogene wie endogene (somatogene) Faktoren eine wesentliche, wenn auch quantitativ und qualitativ unterschiedliche Rolle (vgl. auch S. 48 ff. und S. 283 ff.).

Das seit einigen Jahren zunehmend diagnostizierte Krankheitsbild mit der Bezeichnung *»Borderline-Syndrom«* deutet darauf hin, daß es zwischen Neurosen und Psychosen ein »Grenzgebiet« (besser als »Grenzlinie«) gibt, auf dem sich Krankheitsbilder oder, genauer gesagt Persönlichkeitsstörungen entwickeln, die in ihrer Symptomatik zwischen schizophrenen (also psychotischen), depressiven und meist angst-phobischen oder zwangsneurotischen Erscheinungen variieren können. Typischerweise haben sie einen langfristigen, chronischen Verlauf im Sinne mehr oder weniger dauerhafter Persönlichkeitszüge.[44] Es gibt aber auch kurzfristige akute Krankheitsepisoden mit Borderline-Symptomatik.

Bei den neurotischen Erkrankungen sind *Psychoneurosen* und *Organneurosen* zu unterscheiden, je nachdem, ob die das Erscheinungsbild bestimmenden Symptome seelisch oder körperlich sind. Ausgehend von dieser Differenzierung beschreibt und benennt man die konkrete Erkrankung eines Patienten nach der bestimmenden Symptomatik, also z.B. Angstneurose, Zwangsneurose, Herzneurose, Magenneurose und so fort.

Gerade das Phänomen, daß es im Rahmen der neurotischen Erkrankungen körperlich und seelisch erscheinende Krankheitsbilder gibt, kann uns in besonderem Maße auf das lebendige, labile, verletzliche, sich entwickelnde und metamorphosierende Verhältnis von Leib und Seele aufmerksam machen.

Zwischen Leib und Seele ist das Leben mit seinen Kräften der Leibgestaltung, der Organbildung und der Lebensfunktionen organisiert. Diese Organisation der Lebenskräfte entwickelt, modifiziert und metamorphosiert sich im Laufe der menschlichen Biographie: In der Embryonalperiode und Kleinkindheit rein bis überwiegend leiborientiert tätig, vollzieht sich ungefähr ab der Schulreife ein deutlicher Verwandlungsschritt im Sinne einer zunehmenden Entwicklung und Differenzierung eines psychischen Lebens, das sich zuerst dem eigenen Leib gegenüber empfindungsmäßig öffnet und sich dann der Welt empfindend und erkennend zuwenden kann. Aus freien Stücken kann sich der Mensch schließlich auch für das Geistige interessieren, sich zum Geistigen hin entwickeln.

Auf diesem Entwicklungsweg wandeln sich die ursprünglich leibgebundenen Lebenskräfte in leibfreie Seelenfähigkeiten, die sich, wie gesagt, bis hin zu geistigen Fähigkeiten weiter verfeinern können.

Die Organisation dieses sich entwickelnden »Lebensstroms« ist für das Verhältnis zwischen Leib und Seele entscheidend und damit auch für die Entstehung von Krankheiten oder die Erhaltung bzw. immer wieder Neubildung von Gesundheit (vgl. S. 48 ff.).

Diese Organisation des »Lebensstroms« ist wie ein fließender Strom anzusehen, der auf ihn eintreffende Erlebnisse sowohl speichern als auch spiegeln kann. Speichern bedeutet in diesem Zusammenhang in Erinnerung behalten, sowohl unbewußt als auch dem Bewußtsein zugänglich; spiegeln bedeutet den Vorgang zu einem bewußten seelischen Gefühls- oder Gedankenerlebnis zu machen.

Tieferes Eingraben, als es für eine bewußte Erinnerung notwendig ist, führt zu einer Versenkung oder Verdrängung in unbewußte und damit schon sehr viel leibnähere Regionen, so daß auf diese Weise tatsächlich funktionelle körperliche Erkrankungen entstehen können. Sie weisen darauf hin, daß seelische Regungen eigentlich immer mehr oder weniger mit körperlichen Veränderungen einhergehen, und zwar nicht nur des Zentralnervensystems, sondern je nach der seelischen Qualität sind auch die Organe des rhythmischen Systems (Atmung, Puls, Blutdruck, Drüsensekretion) sowie die des Stoffwechsels und der Bewegung mit einbezogen.

Auf diesem Wege des physiologischen Mitgehens bestimmter Organfunktionen mit seelischen Empfindungen und Erlebnissen können sich durch akute oder chronische psychische Belastungen, aktuelle markante Ereignisse oder sich wiederholende ähnliche Belastungen organneurotische Erkrankungen entwickeln.

Gewissermaßen umgekehrt ist die Entstehungsweise von Psychoneurosen: Psychische Erlebnisse und sich wiederholende Entwicklungsmomente werden durch den Erfahrungs- und Erinnerungslebensstrom wachgerufen und können so verstärkt zu unerwarteten, für die Mitwelt zunächst unverständlichen und überraschenden psychischen Verhaltensweisen eines Menschen führen, bei dem jetzt eine Psychoneurose zu diagnostizieren wäre.

Bei der Entstehung jeder Art von Neurosen spielen unbewußte Inhalte, Erinnerungen, Verdrängungen, Gewohnheiten, Einstellungen und Erwartungen, die sich im Laufe der Biographie in den organisierten Lebensstrom eingeprägt haben oder darin versunken sind, eine wesentliche Rolle. Dieser Anteil des unbewußten Seelenlebens ist bei der Entstehung der Psychosen, soweit wir das heute beurteilen können, nicht von so wesentlicher Bedeutung. Bei der Neurosenentstehung postuliert die Tiefenpsychologie als wesentlichen Faktor noch einen Konflikt zwischen zwei widerstreitenden psychischen Bereichen, die in der Freudschen Terminologie mit dem Es und dem Über-Ich bezeichnet werden.

Nach unserem Neurosenverständnis auf der Grundlage des Spiegel-Modells muß ein notwendigerweise vorhandener, innerseelischer unbewußter Konflikt nicht angenommen werden. Ein zu einem neurotischen Erleben und Verhalten modifiziertes psychisches Erleben und Verhalten ist auch ohne unbewußten Konflikt, allein durch den Vorgang unbewußter Projektionen, unbewußter Färbungen und Beeinflussungen des seelischen Erlebens und Verhaltens möglich und sowohl gut erklärbar als auch therapeutisch angehbar. Das heißt, daß auch das Dogma von der notwendigen therapeutischen Aufdeckung des innerseelischen, unbewußten Konfliktes im Rahmen einer Neurosen-Psychotherapie revidiert werden kann. Wohl aber spielen, wie schon gesagt, unbewußte psychische Prozesse im Widerstreit zu bewußten seelischen Inhalten oder auch nur deren »Verfärbung« eine entscheidende Rolle bei der Entstehung von Neurosen.

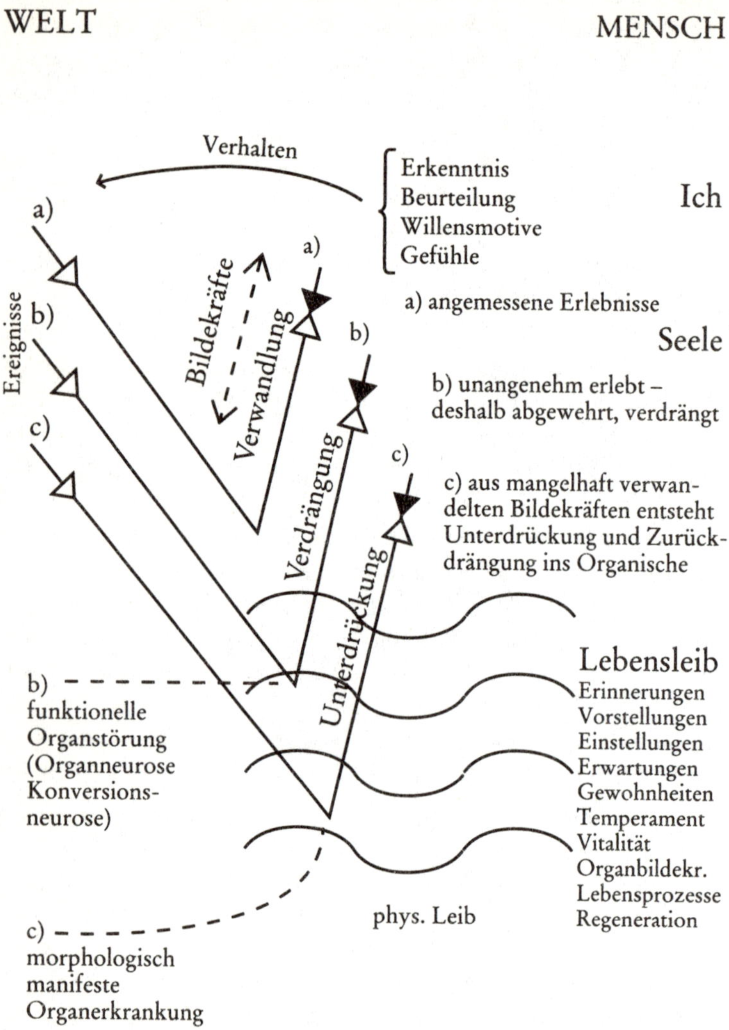

Schematische Darstellung der Entstehung des erkrankten Lebens (b) und des kranken Leibes (c) (vgl. Abb zu S. 49)

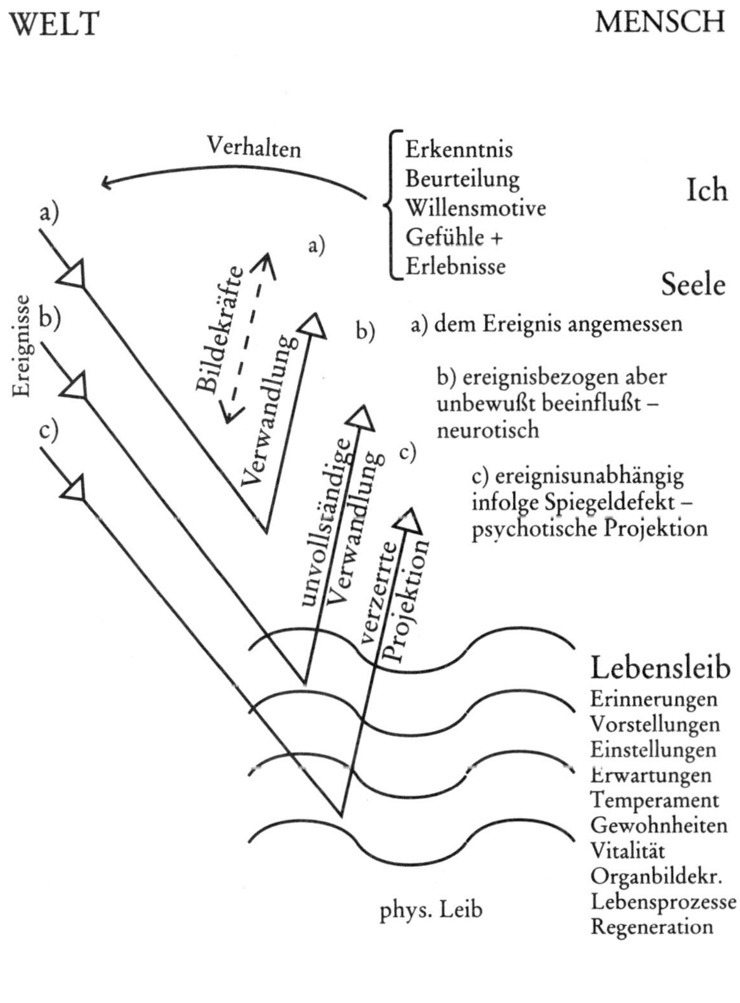

Schematische Darstellung der Entstehung des gekränkten Seelenlebens (vgl. Abb zu S. 49)

Biographische Gesichtspunkte zur Neurosen-Entstehung

Vom Standpunkt anthroposophischer Entwicklungspsychologie aus gesehen, hängen neurotische Entwicklungen und manifeste Neurosen mit den Entwicklungsschritten der Empfindungsseele, der Verstandesseele und der Bewußtseinsseele zusammen (vgl. S. 125 ff. u. S. 150 ff.). Dabei gibt es jeweils biographisch typischerweise auftretende neurotische Erscheinungen, wie z. B. Ängste, Phobien und Zwänge als ein Erkrankungsphänomen vornehmlich der sich entwickelnden Empfindungsseele; Ängste, Phobien und Zwangsneurosen treten typischerweise in den zwanziger Jahren auf.

Neurotische Depressionen, die unter Umständen auch mit zwanghaften Phänomenen vergesellschaftet auftreten, finden sich auffallend häufig bei stark reflektierenden, fragenden, suchenden, dabei unsicheren und oft gehemmten Menschen. Das gesamte Erscheinungsbild verrät in seinem Ausdruck eine Entwicklungsstörung der Verstandesseele oder auch des nächsten Schrittes, der Entwicklung von der Verstandesseele zur Bewußtseinsseele.

Hypochondrische Neurosen gehören zum Übergang von der Empfindungsseele zur Verstandesseele, was ja, wie alle Entwicklungsschritte, auch früher oder später im Lebenslauf auftreten kann.

Die neurasthenische Neurose ist – wenn sie nicht Ergebnis einer entsprechend einseitigen Konstitution ist – Ausdruck der schwierigen Entwicklungsphase zur Bewußtseinsseele.

Demgegenüber ist die hysterische Neurose eine entwicklungspsychologisch frühere neurotische Form, die zur Erscheinungsqualität von Empfindungsleib und Empfindungsseele gehört.

Die häufigsten Psychoneurosen sind Angstneurosen, Phobien, Zwangsneurosen, depressive Neurose und hysterische Neurosen (Konversionsneurosen) und die neurasthenische Neurose; heute seltenere Neurosen sind hypochondrische Neurosen und schizoide Neurosen. Die weitaus häufigste neurotische Erkrankung ist die depressive Neurose oder neurotische Depression. (s. S. 293).

Zwangsneurosen

Beispiel einer zwangsneurotischen Erkrankung

Ein 24jähriger Patient von kräftiger, gesunder körperlicher Konstitution kommt sehr unglücklich und verzweifelt in die Sprechstunde und sucht ganz dringend Hilfe, denn er hat zu Hause plötzlich einen ihm selbst völlig unerklärlichen Drang verspürt, seinem kleinen, damals knapp zweijährigen Sohn mit dem großen Küchenmesser etwas anzutun. Der junge Vater ist vollkommen entsetzt über diesen Gedanken, ja, diesen Drang, etwas so Schreckliches tun zu sollen, was er doch überhaupt nicht tun will!

Obwohl er genau weiß, daß er so etwas nie tun würde und könnte, weil er sich unter Kontrolle hat, ist er dennoch im Zweifel, ob es nicht doch einmal dazu kommen könnte, daß er seine Beherrschung verliert und diesem schrecklichen Drang nachgibt.

Aus der Vorgeschichte ist zu erwähnen, daß der Mann eine schwierige Kindheit hatte, in sehr ärmlichen Verhältnissen aufgewachsen ist und sein Vater Alkoholiker war.

Als Kind habe er viel Angst gehabt, insbesondere vor aggressiven Tätlichkeiten seines Vaters und seines Onkels, die beide ihn und seine älteren Brüder häufig schlugen. In seiner Jugendzeit war er selbst als aggressiv bekannt. Zur Zeit seiner Pubertät trennten sich die Eltern. Er blieb bei seiner Mutter. Bald löste sich jedoch die Familie auf, und er verlor im Laufe der Jahre den Kontakt zu seinen Geschwistern. Nach der Grundschule Berufsausbildung. Dabei sehr nachlässig, faul und lustlos gewesen. Viel Alkohol- und auch Drogenkonsum; ausschweifendes Nachtleben. Nach der Berufsausbildung zunächst arbeitslos und eine insgesamt sehr lustlose und antriebslose Phase, die hauptsächlich in nächtlichen Ablenkungen bestand. Eines Tages lernte er ein Mädchen kennen, die kurz darauf von ihm schwanger war. Jetzt kommen ihm, entsprechend seinem melancholischen Temperament und einer Weichheit und Empfindsamkeit seines Wesens (bisher durch Alkohol und Aggressionen verdeckt und überspielt) doch erhebliche Gewissensbisse und Schuldgefühle im Erleben seiner auf ihn zukommenden Verantwortung einem Kind und einer Frau gegenüber. Er enschließt sich zu arbeiten und das Mädchen zu heiraten und fühlt sich unter starkem moralischem Druck, die Verantwortung für seine Familie zu übernehmen und auf jeden Fall für einen gesicherten materiellen Wohlstand zu sorgen. Er arbeitet Tag und Nacht, um die Schulden für die neue Wohnungseinrichtung und dergleichen abbezahlen zu können.

Er stürzt sich gewissermaßen blindwütig unter dem moralischen Druck der Verantwortung in seine neue Lebenssituation, die ihn offenbar zunehmend verschlingt.

Vor lauter Arbeit hat er gar keine Zeit, sich Fragen zu stellen oder auch nur für einen Moment bewußt zu erleben, wie es ihm eigentlich in seiner Situation geht und wie er sich fühlt, bis er eines Tages, angesichts des großen Küchenmessers, eben den erschreckenden Drang verspürt, seinem kleinen Sohn etwas antun zu müssen. Später weitete sich dieser zwanghafte Impuls auch auf seine Frau und dann auch auf sich selbst aus. Am gefährlichsten war die Situation aber immer dann, wenn er mit seinem Sohn allein zu Hause war.

In der psychiatrischen Fachsprache nennt man dieses Krankheitsbild eine Zwangskrankheit, und zwar eine Zwangsimpulskrankheit, weil ungewollt und unwillkürlich ein heftiger Impuls erlebt wird angesichts eines bestimmten Gegenstandes, einem besonders nahestehenden Menschen oder auch sich selbst mit diesem Gegenstand etwas antun zu müssen.

Glücklicherweise kommt es im Rahmen von Zwangsimpulsen so gut wie nie zur Ausführung dieser Impulse. Das Leiden der Patienten bezieht sich auf die Unsicherheit und Angst, ob nicht doch einmal etwas passieren könnte. Mit diesen Impulsen und den Ängsten davor treten auch vegetative Begleiterscheinungen wie Schwindel, Herzklopfen und Schweißausbruch auf. Auch deutlich depressive Verstimmungen mit Schlaf- und Appetitstörungen können damit einhergehen.

Wie können wir ein solches Geschehen verstehen, was drückt sich darin aus?

Im Entwicklungsalter der Empfindungsseele, mit Anfang 20, war der junge Mann gerade in einer kritischen Lebenssituation, in der er eigentlich nur nach Lust und Laune zu leben versuchte, ohne Regelmäßigkeit, ohne Arbeit, ohne Verantwortungsbewußtsein. Da geschah es, daß durch sein – verantwortungsloses – Verhalten eine große Verantwortung und ein mächtiges Schuldgefühl auf ihn zukamen. Von dem Schuldgefühl gedrückt, versuchte er, sich seiner Verantwortung zu stellen und stürzte, ja, flüchtete sich in ein Übermaß von Arbeit, um auf der Ebene materiellen Wohlstands seine Aufgabe als Familienvater zu erfüllen. Dies tat er offenbar schon sehr zwanghaft, eingeengt und fixiert auf die materielle Ebene.

Vollkommen unterdrückt und negiert blieb sein ursprüngliches seelisches Bedürfnis nach dem Erlebnis von Freiheit und Ungebundenheit, von Abenteuer, Lust und möglichst unbegrenzten Erlebnissen.

Zwei Jahre hielt er es durch, die Qualitäten und Bedürfnisse seiner Empfindungsseele zu unterdrücken und sich vorzeitig, in unangemessener und melancholisch zwanghaft übertriebener Weise nach einem anderen Lebensziel zu richten, als es ursprünglich sein eigenes gewesen war.

Diese Situation legte es nahe, in der psychotherapeutischen Behandlung auf seine biographische Entwicklungssituation, auf seine Lebensziele und Erwartungen vorher und jetzt, auf seine verdrängten Wünsche und Sehnsüchte, auf neue Hoffnungen und Ziele einzugehen und seinem Wesen und seinen Möglichkeiten entsprechend neue Gesichtspunkte und neue Orientierungsmöglichkeiten zu entwickeln.

Begleitend wurden homöopathische Medikamente und Heileurythmie angewandt.

Der Patient konnte neue Orientierungsmöglichkeiten für sich erkennen und sich, über einige kritische Momente hinweg, schließlich mit seiner neu ergriffenen Schicksalssituation identifizieren.

Die depressiven, phobischen und zwanghaften Symptome bildeten sich im Laufe einer einjährigen Behandlung vollkommen zurück.

Zur Ergänzung sei noch erwähnt, daß es im Rahmen der Zwangskrankheiten neben der hier geschilderten Zwangsimpulskrankheit noch das Phänomen der Zwangsgedanken gibt derart, daß man in einer bestimmten Situation jeweils dazu vollkommen unpassende Gedanken zwanghaft denken muß. Diese Form der Zwangskrankheit ist zwar für die Betroffenen auch sehr lästig, kann aber lange für die anderen unbemerkt verlaufen.

Die häufigste Erscheinung der Zwangskrankheit sind die Zwangshandlungen, am meisten als Kontrollzwang, Waschzwang oder Ordnungszwang bekannt. Auf einen solchen Fall wurde bereits hingewiesen (s. S. 49). Hierbei kommt es zu dem zwanghaften Wiederholen eines eben vollbrachten Geschehens, wie z.B. des Händewaschens oder des Schrank-Aufräumens oder des Licht-Ausmachens. Jeweils der gleiche Vorgang muß dann zwanghaft immer wiederholt werden, weil der Zwangskranke nicht »für wahr nehmen kann, was er wahrnimmt«.

Dieses »Nicht-für-wahr-Nehmen, was man wahrnimmt« ist ein Grundphänomen aller Zwangsphänomene. Denn solange ein Eindruck, ein Erlebnis oder eine Tätigkeit nicht »für wahr genommen wird«, kann der Vorgang im Seelenleben nicht abgeschlossen werden; das führt zu den ständigen Wiederholungen der immer gleichen Phänomene (auch der immer gleiche Impuls beim Anblick eines Küchenmessers ist eine Wiederholung). Die äußere Wiederholung ist ein Versuch, mit untauglichen Mitteln den innerseelischen, unvollständigen Prozeß von Wahrnehmen – Annehmen und Verarbeiten endlich zu Ende zu bringen. Das kann natürlich nicht gelingen, da sich die Wiederholungen auf einer anderen Ebene abspielen, nämlich äußerlich, während der zu vervollständigende Prozeß ein innerseelischer ist. Die zwanghafte Wiederholung der immer gleichen Gedanken, Gefühle und Impulse ist wie ein sich ständig wiederholender Einatmungsprozeß; und bei den Zwangshandlungen wie ein sich zwanghaft wiederholender Ausatmungsprozeß.

Dabei sollte die psychische Verarbeitung der wahrgenommenen und ein Zwangsphänomen auslösenden Situation im Innerseelischen unter der Gestaltung des Ich vollzogen werden. Statt dessen schiebt sich bei der Zwangskrankheit ein vom Atmungsorgan herkommender zwanghafter Wiederholungsvorgang in den Vordergrund. So, wie wir atmen müssen, ob wir es wollen oder nicht, so muß der Zwangskranke immer wieder sein Symptom wiederholen – ob es ihm Angst macht oder ob es nur unnötig ist, ob es störend ist oder zeitraubend; er muß es immer wieder tun, so, wie wir immer weiteratmen müssen. Doch während die Luft, in unser Blut aufgenommen, dem ganzen Organismus dient, fehlt seinem zwanghaften Tun dieses Aufnehmen und dem Ganzen Dienen im Sinne einer bewußten Verarbeitung und willentlichen Tat, sei sie innerlich psychisch oder äußerlich physisch. Nur durch einen seelischen Verarbeitungsprozeß kann etwas abgeschlossen und be-*wahrt* werden. Er ist dann für den Menschen und vielleicht auch für die Welt wahr geworden. Die Zwangskrankheit ist ein Zurückschaudern, ein Erschrecken, ein Ausweichen vor der Wahrheit.

Es ist, wie wenn dem Zwangskranken ständig eine Stimme sagt: »Es kann doch nicht wahr sein ... es kann doch nicht wahr sein ...« Und weil nun der zwanghafte Mensch es genau wissen will, ja, wissen muß, ob es wahr ist, kann er nicht anders, als immer wieder dieselbe Situation zu wiederholen, um es schließlich herauszubekommen, zu erleben, »ob es doch wahr ist«.

Phobien

Mit den Zwangsphänomenen in einer gewissen Weise verwandt sind die *Phobien*. Sie gehören im weiteren Sinne zu den Angstkrankheiten. Deshalb sollen sie an dieser Stelle gemeinsam mit der Angst besprochen werden.

Beispiel einer phobischen Erkrankung

Eine 48jährige Patientin erlebte ein Jahr nach dem tragischen Tod ihres damals 18jährigen Sohnes, der zu Hause starb, als die Eltern nicht zugegen waren, beim Verlassenwollen ihrer Wohnung eine plötzlich aufkommende Angst, es könne ihr etwas Furchtbares passieren, wenn sie jetzt das Haus verlasse und zum Einkaufen über die Straße gehen müsse. Allein die Vorstellung, außer Haus zu sein, irgendwo auf der Straße oder in einer Straßenbahn zu sein, löste bei ihr sofort eine solche panische Furcht aus, daß ein Schwindelgefühl sie überkam, ein Gefühl von Atemnot und Erstickungsangst, Zittern und Hitzewellen sie überwältigten und die Furcht, es könne ihr etwas Schreckliches zustoßen, sie derart übermannte, daß sie das Haus nicht verlassen konnte. Sie mußte ihren Mann im Geschäft anrufen, daß er komme und ihr beistehe.

Diese Situationen der Furcht vor dem Verlassen des Hauses steigerten sich in der nächsten Zeit derart, daß sie die Wohnung nur noch gemeinsam mit ihrem Mann verlassen konnte. Allein konnte sie weder einkaufen gehen noch Besuche unternehmen.

Wollte sie dies aus irgendwelchen Gründen doch tun, dann verselbständigte sich sofort in ihr eine Kette von Vorstellungen, was passieren könnte, und es war ihr unmöglich, sich davon zu distanzieren. Sie war diesen Vorstellungen und der Angst mit den begleitenden körperlichen Symptomen vollständig ausgeliefert. Ein normales Leben wie vorher, mit den selbstverständlichen Tätigkeiten des Alltags, wie allein einkaufen zu gehen oder andere Besorgungen zu verrichten, war von diesem Tag an nicht mehr möglich. Sehr schnell wurde deshalb eine stationäre Behandlung notwendig.

Dieser geschilderte Fall einer Agoraphobie mit Panikattacken hat nur ein etwas untypisches Moment, insofern bei der Mehrzahl der entstehenden phobischen Erkrankungen in der Vorgeschichte der Patienten keine tatsächliche Gefahrensituation bestanden haben muß. Auch bei dieser Patientin war ja keine Gefahr für ihr eigenes

Leben in der Vorgeschichte vorhanden, wohl aber das tragische Ereignis, das ihren Sohn betraf.

Bei der Entstehung dieser Agoraphobie mit Panikattacken hat sich gewissermaßen eine psychische Verschiebung von innen nach außen entwickelt, insofern ein unbewußtes Schuldgefühl (auch wenn es unbegründet war) sich in die Furcht vor dem Verlassen des Hauses, das heißt also in eine äußere Situation projiziert hat. Dieser Vorgang der Verschiebung oder Projektion wurde an früherer Stelle im Bild der Spiegelung bereits allgemein beschrieben (vgl. S. 343). Anläßlich eines aktuellen, harmlosen Ereignisses mischen sich unbewußte oder auch bewußte Vorerfahrungen, Erwartungen, Einstellungen aus dem Lebensstrom in das aktuelle seelische Empfinden mit herein und überschatten das harmlose aktuelle Ereignis mit angstgetönten Farben.

Es hat sich in der Psychiatrie als sinnvoll erwiesen, zwischen Angst und Phobie zu unterscheiden.

Phobien sind immer thematisch begrenzte, zwanghafte Befürchtungen, die an Räume, Gegenstände oder Lebewesen gebunden sind. Die Situation des Alleinseins kann die phobische Angst jeweils verstärken.

Die häufigsten Phobien sind die Agoraphobie (Platzangst) und ihr Gegenbild, die Claustrophobie, die Furcht vor engen, geschlossenen oder beengten Räumlichkeiten.

Bei der Agoraphobie besteht eine unbegründete Furcht, sich auf offenem Gelände, auf Plätzen oder Straßen, oder auch in großen Menschenmengen zu bewegen. Das kann wie bei der geschilderten Patientin dazu führen, daß die betreffenden Menschen nicht mehr in der Lage sind, allein ihr Haus oder ihre Wohnung zu verlassen, um einkaufen zu gehen. Manche agoraphobischen Patienten schaffen es gerade noch, zum Bäcker nebenan zu gehen, wenn sie dabei ihr eigenes Haus nicht aus den Augen verlieren und nicht die Straße überqueren müssen. Andere haben sehr viel weniger Furcht, wenn sie in Begleitung eines Menschen sind, wieder andere können sogar allein in der Begleitung eines Hundes zum Einkaufen gehen.

Bei dem Gegenbild der Agoraphobie, der Claustrophobie, besteht gewissermaßen die gleiche Furcht vor kleinen, engen, geschlossenen Räumen wie kleinen Zimmern, Toiletten oder Aufzugskabinen, aber auch vor großen, vollbesetzten Räumen mit engen Sitzreihen wie Theater oder Konzertsäle, Kinos, aber auch großen Kaufhäusern, in denen nicht immer ein Ausgang unmittelbar zu sehen und zu erreichen ist.

Bei beiden Phobieformen ist in der Regel beim Patienten die Vorstellung vorhanden, in der entsprechenden, gefürchteten Situation plötzlich das Bewußtsein zu verlieren, ohnmächtig zu werden, hinzufallen und in dieser Situation hilflos ausgeliefert zu sein (deshalb hilft häufig – aber nicht immer – die Anwesenheit eines begleitenden Menschen, der ja dann helfen könnte). In der Vorahnung und Erwartung dieser ihnen drohenden – aber in der Realität nie eingetretenen und auch nie eintretenden! – Gefahr entwickelt sich dieses spezifische Angstgefühl, das von einer Fülle vegetativer Erscheinungen wie Herzrasen, Beklemmungsgefühl in der Brust, Atemnot, Hyperventilation, Schwitzen, Hitzewallungen oder Kälteschauern, Übelkeit, Schwindel und Unsicherheit begleitet wird. Diese psychovegetativen Begleitphänomene deuten für das Erleben des betreffenden Menschen natürlich zwangsläufig darauf hin, daß die befürchtete Ohnmacht, vielleicht sogar der befürchtete Herzschlag unmittelbar bevorsteht. Dieses »sichere Empfinden der nahenden Katastrophe« kann sich dann bei den Patienten bis zur Panik steigern, so daß sie alles tun, um diese ihnen so furchterregende, panikauslösende Situation auf alle Fälle zu vermeiden.

Gelingt es einem phobischen Menschen, seine spezielle phobieauslösende Situation zu vermeiden, so kann er, unter Berücksichtigung dieser Einschränkung, ein normales und angstfreies Leben führen.

Das Vermeiden ist für den phobischen Patienten ein wesentlicher Gesichtspunkt in seinem Leben.

Ähnlich wie bei diesen beiden wichtigsten Phobien, ist es auch bei den anderen phobischen Symptomen, der Brückenangst, der

Angst vor dem Sog in die Tiefe (auch Höhenschwindel genannt), der Angst vor dem Fliegen, der Phobie vor bestimmten Tieren wie Spinnen, Mäusen, Ratten, Hunden, Würmern oder Schlangen. Wir kennen auch eine Kellerphobie, die meist verbunden ist mit einer Phobie vor Dunkelheit, die bei Kindern relativ häufig ist und quasi noch als normal angesehen werden kann, während sie dann im Erwachsenenalter doch als ausgesprochene Phobie betrachtet werden muß. Dann gibt es noch Phobien vor bestimmten Gegenständen wie Messer, Scheren, Streichhölzern, Nadeln, Asche, Waffen und ähnlichen Geräten, die im Zweifelsfalle auch gefährlich sein können, es aber normalerweise und bei normalem Gebrauch nicht sind.

Phobien vor Gegenständen vergesellschaften sich dann häufig mit einer Zwangssymptomatik im Sinne eines Zwangsimpulses, wie es bereits geschildert wurde.

Manchmal begegnen uns auch in der Klinik Patienten, die eine Phobie vor Nadeln haben und dann, wenn der Arzt mit einer Spritze in der Hand zu ihnen kommt, plötzlich fluchtartig aus dem Bett springen.

Als weitere phobische Formen kennen wir noch die vor allem bei jugendlichen Menschen zu beobachtende Erythrophobie (Errötungsfurcht), die vorzugsweise bei jugendlichen Männern auftritt und mit dem subjektiven Gefühl einhergeht, bei einer Begegnung oder in einem Gespräch plötzlich einen roten und heißen Kopf zu bekommen. Vor dieser Errötung, die ja die anderen Menschen dann sofort sehen würden und entsprechend als Ausdruck eines schlechten Gewissens oder einer Scham deuten würden, fürchten sich die betreffenden Patienten so sehr, daß sie entsprechenden Begegnungen oder Gesprächen versuchen aus dem Weg zu gehen, also die Situation einer möglichen Errötung vermeiden. Dabei ist es in der Regel so, daß dieses Erröten entweder gar nicht wirklich eintritt, sondern von den Patienten nur befürchtet und deshalb fast schon gefühlt wird, oder aber es ist in einem so geringen Ausmaß, daß die beteiligten Mitmenschen es überhaupt nie wahrgenommen und registriert haben.

Eine weitere Form phobischer Erkrankung ist die Phobie vor lebensbedrohlichen und meist unheilbaren Krankheiten. Heute kennen wir vor allem die Herzphobie als Furcht, an einem Herzinfarkt zu sterben, die Phobie vor einem Schlaganfall, die Carcinophobie (Krebsangst) und, seit einigen Jahren, die AIDS-Phobie.

Eine Variante zu diesen spezifischen Krankheitsphobien stellt dann die allgemeine Furcht vor Krankheit überhaupt dar, die hypochondrische Phobie oder hypochondrische Neurose.

Wie bei den Zwängen, so ist auch bei den Phobien eine Einsicht in das Krankhafte und, objektiv realistisch betrachtet, Unsinnige und Unnötige der phobischen oder zwanghaften Reaktion und des entsprechenden Verhaltens gegeben. Trotzdem ist das subjektive Erleben eines Zwangs oder einer Phobie so stark und beherrschend, daß keine Einsicht und keine intellektuelle Distanz in dieser Situation dem Menschen etwas nützen. Zunächst scheint diesen Patienten nur das Vermeiden zu helfen.

Entscheidend für die Therapie solcher Erkrankungen ist allerdings das Ziel, daß der Patient lernt, sich andere Vorstellungen und andere Erwartungen als die befürchtet katastrophalen zu machen. Es muß gelingen, daß er eine positive, vertrauensvolle und damit letztlich furchtlose Einstellung entwickelt, daß er Vertrauen und Sicherheit zu sich und zum Leben gewinnt. Dies kann in der Psychotherapie phobischer Patienten auf verschiedene Weise angegangen und erreicht werden.

Als Betroffener sollte man versuchen, das Vermeidungsverhalten von Anfang an gar nicht erst aufkommen zu lassen. Man sollte sein Problem Freunden anvertrauen, um damit schon Vertrauensfähigkeit zu üben. Die Vertrauenswürdigkeit läßt sich dann erleben, wenn diese Freunde mit dem Betroffenen gemeinsam die phobischen Situationen angehen und bewältigen und ihm nicht die befürchteten Probleme abnehmen und damit sein Vermeidungsverhalten nur verstärken.

Es wird immer sinnvoll und hilfreich sein, sich die Entstehung und Entwicklung einer phobischen Angst zu vergegenwärtigen und somit die Biographie und die Krankheitsvorgeschichte daraufhin entsprechend aufzuarbeiten. Allerdings reicht diese Erkenntnisarbeit in der Regel nicht zur Überwindung einer manifesten phobischen Symptomatik aus. Vielmehr bedarf es, ausgehend von der biographischen Erkenntnis und dem gegenwärtigen Verständnis der Krankheitssymptomatik, in entscheidendem Maße des intentionalen, bewußten und willentlichen Ergreifens der Gegenwart, verbunden und getragen von einem vertrauensvollen Blick und einer sicheren Hinwendung auf die eigene Zukunftsgestaltung.

Alle Möglichkeiten, Vertrauen zu entwickeln und ein Gefühl der Sicherheit aufzubauen, kommen als therapeutische Maßnahmen in Betracht; dazu gehören innerhalb der anthroposophischen Medizin insbesondere die Kunsttherapien, die eine Psychotherapie der Phobien immer ergänzen sollten. Selbstverständlich ist auf die Anwendung anthroposophischer Medikamente zur Anregung und Unterstützung des Heilungsverlaufes nicht zu verzichten, während man nur in schweren Fällen Medikamente aus der Gruppe der Psychopharmaka anwenden muß, wobei diese unbedingt von einem erfahrenen Fachmann eingesetzt werden sollten.

In der Therapie phobischer Menschen sollte auch immer berücksichtigt werden, daß sie im Rahmen ihrer Erkrankung sehr stark in Vorstellungen leben, die sich verselbständigen bis zur Phobie oder dem Zwang, von denen sie dann beherrscht werden. Es sollte also auch ein therapeutisches Ziel sein, nicht nur im Gedanklichen, Verbalen oder Vorstellungsmäßigen zu bleiben, sondern die Patienten gerade dort abzuholen und sie hinzuführen zu einem bewußten, von Empfindung getragenen und selbst-mitverantworteten Tun. Das ist unmittelbar in den anthroposophischen Kunsttherapien wie dem plastisch-therapeutischen Gestalten oder der Heileurythmie gegeben, aber auch in psychotherapeutisch-selbsterzieherischen Übungen.

Angst

Von den bisher besprochenen Phobien oder »Furchtneurosen« sind die eigentlichen Angstphänomene zu unterscheiden: Angstneurosen oder Angstzustände im Rahmen anderer seelischer oder auch körperlicher Erkrankungen.

Angst ist heute ein so weit verbreitetes Phänomen – offenbar im Gegensatz zu früher –, daß man unser Jahrhundert auch schon das »Jahrhundert der Angst« genannt hat. Angst entsteht psychologisch aus Unsicherheit vor dem Kommenden, aus Beunruhigung, aus der Erwartung von etwas Schlimmem, Gefährlichem, vor Strafe, aus dem Gefühl des Ausgesetztseins, aus einem sich Ausgeliefertfühlen bei mangelndem Vertrauen, aus einer Einengung, aus dem Gefühl, in die Enge getrieben zu sein.

Physiologisch kommt die Angst von erlebter Enge, Bedrängung, Atemnot, das heißt aus dem Erleben, zu wenig Luft zum Leben zu haben. Etymologisch stammt das Wort Angst aus dem Griechischen und Lateinischen mit den ursprünglichen Bedeutungen von Enge, Zusammenziehen, Würgen.

Woher kommt die Angst des Menschen?

»Wäre der Mensch ein Tier oder ein Engel, würde er sich nicht ängstigen können.«[45] Der Mensch ängstigt sich. Das Phänomen der Angst gehört zu den Urempfindungen der menschlichen Seele. Keine Zeit und keine Kultur des Menschen ist ohne Angst gewesen. Woher hat der Mensch die Angst mitgebracht? In der Genesis, der biblischen Schöpfungsgeschichte des Menschengeschlechts, lesen wir von dem Sündenfall, wie Adam und Eva, trotz Gottes Gebot, von dem verbotenen Baum der Erkenntnis des Guten und Bösen essen und hernach aus dem paradiesischen Zustand verwiesen werden auf die Erde. Dabei heißt es zu Adam: »In Angst und Not«

um das tägliche Brot soll er auf der Erde sich mühen; und zu Eva sagt der Engel: »Mit Schmerzen sollst du Kinder gebären.« Und für beide gilt, daß sie in Vertrauen dieses Schicksal auf sich nehmen sollen, dann werde ihnen Gott ihre Schuld, ihre Sünde verzeihen. Wir können daraus sehen, welche Mitgift Adam und Eva mitgegeben wurde auf ihrem Weg zum irdischen Leben. Eine Dreiheit an seelischen Grunderlebnissen: Schuld, Schmerz und Angst.

Schuldig fühlen wir uns nur in bezug auf etwas, das wir getan haben, was unsere Vergangenheit geworden ist.

Schmerz erleben wir in der Gegenwart. Ein vergangener Schmerz tut uns so wenig weh, wie ein erst zukünftiger uns heute weh tut.

Dafür können wir nur vor dem Zukünftigen, vor dem, was auf uns zukommt, Angst haben. Die Angst ist immer auf das Kommende, auf die Zukunft gerichtet.

In bezug auf ein vergangenes Unglück oder eine vergangene Schuld ängstigt sich der Mensch nur, insofern sie sich in der Zukunft wiederholen können; in bezug auf die Vergangenheit kann der Mensch Schuld empfinden und bereuen, aber nicht Angst empfinden (natürlich kann man sich an eine vergangene Angst erinnern; aber dann hat man auch schon eine Distanz zu ihr). So hat dieses Drillingspaar seelischer Urphänomene eine eindeutige Beziehung zu den Zeitströmungen:

Vergangenheit – Schuld
Gegenwart – Schmerz
Zukunft – Angst

Aber der Mensch hat die Angst nicht zufällig bekommen; und wir können gerade in unserer angstbetonten Zeit erleben, wie der Mensch nicht nur Angst hat, sondern auch anmaßend und überheblich ist, wodurch die Angst über ihn gekommen ist. Dieser Aspekt wird in allen Angstgesprächen meist zu wenig beachtet bzw. gern übersehen, aber diese Anmaßung oder Überheblichkeit ist der Boden, auf dem die Angst entsteht. In der Möglichkeit zur Anmaßung und in der Gelegenheit zur Überheblichkeit erkennen wir allerdings Erscheinungsformen der menschlichen Freiheit. Eben der Freiheit, die der Mensch durch seine Erkenntnis und sein Verwiesenwerden aus dem paradiesischen Zustand auf die Erde gewonnen hat.

Formen der Angst

Ängste treten im Rahmen von körperlichen Erkrankungen auf, bei morphologisch bedingten oder funktionell erlebten Beengungen des Brustkorbs (Herz und Lunge) und der Atemwege mit Einschränkungen der Möglichkeit des Atemholens. Unübersehbar ist der Zusammenhang von Angst und Atmung beim Menschen. Im Ein- und Ausatmen spiegelt sich die seelische Beziehung zur Welt wider. Bei den meisten sich dann in der Atmung ausdrückenden Beziehungsstörungen ist im Atmungsprozeß die Ausatmung behindert oder vermindert und die Einatmung betont oder beschleunigt. Dadurch fehlt das befreiende und erlösende Moment der Ausatmung; der Mensch bleibt, bildlich gesprochen, in dem anfangs zwar angenehmen, später aber dann bedrängenden Vorgang der Einatmung stecken und erlebt das Bedrängende zunehmend als Enge – als Angst.

Bei jedem Angstzustand kann unmittelbar eine Hyperventilation beobachtet werden (das heißt zu viel und zu schnelles Atmen, wobei immer die Einatmung betont ist).

Im Rahmen einer psychologisch-psychiatrischen Betrachtung ist es sinnvoll – wenn auch in der Umgangssprache nicht immer einfach und üblich –, zwischen Angst und Furcht zu unterscheiden.[46]

Die Furcht ist immer auf ein Objekt, einen Gegenstand gerichtet, immer konkret und in diesem Sinne objektiv. Angst dagegen ist gegenstandslos, frei, unbestimmt, subjektiv, ungebunden in der Seele. Furcht vor einer konkreten Gefahr finden wir entsprechend bei Mensch und Tier; Angst dagegen kann nur der Mensch haben. Es ist eine Empfindung, die nicht nur durch eine objektive Gefahr ausgelöst wird, sondern aus einer Seelenstimmung, aus einem körperlich-seelisch-geistigen Zustandsgefühl hervorgeht.

Furcht zu empfinden vor einer drohenden, gefährlichen Situation für Leib und Leben, ist eine normale seelische Reaktion mit bestimmten vegetativen und motorischen Begleiterscheinungen, die sich von den schreckhaft erweiterten Pupillen, Hautblässe, Schweißausbruch und allgemeiner Anspannung bis zu den großen Furcht- und Schreckreaktionen steigern können: dem Fluchtreflex mit unüberlegtem, kopflosem Wegrennen oder dem heftigen Bewegungssturm, bei dem es dem Menschen geht wie einem Vogel, der sich in ein Zimmer verflogen hat und nun reflexartig schnelle Flügelschläge unternimmt, um aus der Gefahr herauszukommen.

Eine weitere Form instinktiver Schreckreaktionen ist die *psychomotorische Hemmung* bis zum *Stupor*. Dabei befindet sich der Mensch in einer apathischen Stimmung, meist mit einer Einschränkung des Bewußtseins und mit einer Hemmung aller willkürlichen Bewegungen verbunden. Die schwerste Form dieses Erscheinungsbildes entspricht dem Totstellreflex der Tiere, bei dem sich das Tier in lebensgefährlicher Situation totstellt, um so der Aufmerksamkeit des gegnerischen Tieres zu entgehen. Entsprechend gibt es auch einen psychologischen »Totstellreflex«, bei dem sich der Mensch in einer gefährlichen Situation in scheinbarer Seelenruhe vollkommen unangemessen der realen Gefahr gegenüber verhält, indem er entweder die Gefahr vollkommen negiert, ignoriert und verniedlicht oder das Verhängnis für unabwendbar erklärt und damit alle Hilfe für ihn sinnlos und vergebens ist.

Furcht ist also bei Mensch und Tier eine sinnvolle, zweckgerichtete seelische Empfindung mit körperlichen Begleiterscheinungen bei einer real drohenden Gefahr. Bei den Furchtkrankheiten, den Phobien, haben wir gesehen, daß die pathologische Furcht sich genau so konkret, gegenstandsgebunden und objektiv verhält wie die gesunde Furcht, dabei allerdings in objektiv ungefährlichen, allgemein als harmlos bewerteten Situationen auftritt.

Angst-Krankheiten

Darunter sind im wesentlichen zwei psychologisch und phänomenologisch zu unterscheidende Erscheinungsbilder zu verstehen:

1. die Angstzustände des modernen Menschen, der, im »Zeitalter der Angst« lebend, offensichtlich kultur- und zivilisationsbedingt verschiedene Ängste erlebt. Immerhin sind es nach statistischen Umfragen mindestens zwei Drittel der Menschen in Deutschland, die vor etwas Angst haben. Die Ängste des modernen Menschen sind allgemeiner und existentieller Natur, es sind Existenzängste und eine unbestimmte Lebensangst, Zukunftsängste und Todesangst; dazu noch viele kleinere konkreter anmutende Ängste vor teils bestimmten, teils wenig bestimmbaren Entwicklungstendenzen, die aus einer gegenwärtigen Situation in die Zukunft extrapoliert werden: Angst vor der weiteren Zerstörung der Natur, Angst vor einer Ausbreitung von Kriegen, Angst vor einer Zunahme der Technisierung und Industrialisierung, Angst vor einer Zunahme der Brutalisierung, Angst vor einer Zunahme der menschlichen Isolierung und Vereinsamung und vieles mehr.
2. Als Angstkrankheit im engeren Sinne ist die *Angstneurose* zu nennen.

   Im Gegensatz zu der konkreten und begrenzten Furcht bei den Phobien haben angstneurotische Menschen immer mehr oder weniger Angst.

   Ihre Angst richtet sich nicht auf konkrete Gegenstände, Räume oder Lebewesen; sie kann zwar thematisch oder situativ orientiert sein, aber sie kann auch ganz frei und unbestimmt sein, ebenso wie die angstbesetzten Themen oder Situationen so allgemein sein können, daß der ängstliche Mensch ihnen nicht entgehen, sie im normalen Leben nicht vermeiden kann.

   Solche angstneurotischen Themen oder Situationen sind z. B.

die Angst vor dem Alleinsein, Angst vor Menschen, Angst vor Nähe, die Angst vor einer Katastrophe, Beziehungsangst, die Angst, aus dem Schlaf nicht mehr aufzuwachen, die Angst, »verrückt zu werden«, sowie auch die oben schon genannten Phänomene der Existenzangst, der Zukunftsangst, Angst vor Krankheiten sowie die Angst vor dem Sterben.

Die akute Angstsymptomatik ist bei einem angstneurotischen Menschen starken Schwankungen unterworfen. Entsprechend seiner ängstlichen Grundstimmung und Erwartungshaltung ist der angstneurotische Mensch so gut wie nie angstfrei; die Ausprägung und Intensität des Angstgefühles hängt jeweils von verschiedenen situativen und individuellen Umständen ab. Dazu kommt eine im Laufe der Zeit immer geringer werdende Fähigkeit, Angst überhaupt tolerieren und ertragen zu können, was zu der typischen »Angst vor der Angst« führt, wodurch sehr bald ein »Teufelskreis« entsteht, der sich selbst in ständiger Bewegung hält und zu einer sicheren Steigerung der Angst führt. Aus diesem Zustand der »Angst vor der Angst« ist ohne fachkundige Hilfe nur schwer ein Entkommen möglich. Als ob diese ständige »Angst vor der Angst« nicht genug wäre, können durch zusätzliche belastende Erlebnisse auch noch regelrechte Panikattacken auftreten, die dann mit der gleichen akuten Symptomatik ablaufen wie bei den Phobien.

Neben den allgemeinen Angstphänomenen und den angstneurotischen Erkrankungen gibt es Angsterscheinungen auch noch im Rahmen der Psychosen, also bei Schizophrenien und Depressionen. Die psychotischen Ängste sind in ihren Erscheinungsformen vielfältiger Art, oft verbunden mit Halluzinationen und wahnhaftem Erleben, wodurch sie für den gesunden Mitmenschen nur noch sehr schwer nachvollziehbar sind. Gerade die psychotischen Ängste können aber von heftigster Intensität sein und den darunter leidenden Menschen zu einer Verzweiflung bringen, die das Erleben schwerster körperlicher Schmerzzustände noch bei weitem übertrifft. Psychotische Ängste werden als Bedrohung »der ganzen Person« erlebt: »Ich weiß nicht, ob ich noch lebe. – Ich fühle kein Leben mehr in mir. – Ich habe Angst, daß ich tot bin und es nicht spüre.«

Gliederung der Angst

Versuchen wir eine Einteilung der Variationen menschlicher Ängste, so können wir zu folgender Gliederung kommen:

1. Die Ängste des modernen Menschen im 20. Jahrhundert, die phänomenologisch offen und unbestimmt sind, deren Symptomologie sich fast ausschließlich im seelisch-geistigen Bereich ausdrückt. Hinter diesen Ängsten steht weniger eine persönliche Krankheit als vielmehr die Pathologie einer Zeitströmung. Es ist die Schwellenangst des modernen Menschen, die sich in den Masken der verschiedenen Angstzustände zeigt.
2. Zum Erlebnisspektrum des gesunden Menschen gehört die Furcht vor einer konkreten, objektiven Gefahr. Verselbständigt sich eine solche Vorstellung und breitet sich zu einem allgemeinen Lebensgefühl aus, besteht ein fließender Übergang zu den unter 1 erwähnten zeitbedingten Angststimmungen.
3. Fixiert und verfestigt sich die normale, gesunde objektabhängige Furcht vor einer echten Gefahr in ein krankhaft gesteigertes furchtsames Erleben angesichts ganz oder relativ ungefährlicher konkreter Gegebenheiten (Gegenstände, Räume, Lebewesen), so sprechen wir von den phobischen Neurosen. Ihr unter Umständen plötzliches Auftauchen und das sich dann langsam einstellende zwanghafte Vermeidungsverhalten der Phobiker ist für die Mitmenschen meist unverständlich; es scheint aber die Bereitschaft zu einem Verständnis dieser Phänomene in der Bevölkerung zuzunehmen.

Im Unterschied dazu hat es der angstneurotische Mensch schwer, seine Angst erfolgreich in sein Alltagsleben zu integrieren bzw. sie zu vermeiden, weil er nie ganz angstfrei ist.

4. Als letzte und tiefste Schicht der menschlichen Angst erscheint uns die psychotische Angst von depressiven oder schizophrenen Menschen. Diese steigt plötzlich unbestimmt und unberechenbar aus den Tiefen der Lebenslandschaft auf und beherrscht in den grellsten Farben ihr Seelenleben.
   Die akute Todesangst bei schweren, lebensbedrohlichen Erkrankungen von Herz, Lunge und Atemwegen (z. B. bei Herzinfarkt oder Asthma) kann fast wie ein physiologisches Pendant zu den psychotischen Ängsten verstanden werden: auf der einen Seite die unbegreifliche, »die ganze Person« betreffende Angst aus der endogenen Psychose – auf der anderen Seite die überwältigende, organisch begreifbare Angst bei körperlicher Krankheit.

Überwindung der Angst

Die geschilderten krankhaften Angstphänomene im Rahmen von Neurosen, Psychosen oder körperlichen Erkrankungen gehören in die Hand eines fachkundigen Arztes, der diese Zustände ernst nimmt. Die Behandlungsergebnisse werden um so günstiger sein, je früher eine Therapie beginnt. Als Angehörige, als Mitmenschen, als Zeitgenossen müssen wir den unter Angst oder unter einer Phobie leidenden Menschen in seinem Zustand annehmen und ernst nehmen. Wir dürfen ihn in seiner Not nicht allein lassen, wir sollten bei ihm sein, ihn begleiten (das ist nicht nur physisch, sondern vor allem psychisch gemeint); wir sollten echtes Interesse für ihn und seine Situation entwickeln. So können gemeinsam mit ihm Beobachtungen in der Natur gemacht werden, um sich mit ihm darüber auszutauschen mit dem Ziel, Vertrauen in das Wahrgenommene zu entwickeln und einen Sinn für Ästhetik, für das Schöne in Natur und Kultur zu üben und zu pflegen. Dabei sollte man nach Möglichkeit immer vom Einzelfall, vom Individuellen zum Allgemeinen, zum Gesetzmäßigen fortschreiten. Darin liegt eine außerordentlich beruhigende Kraft, die sich gerade bei ängstlichen Menschen außerordentlich heilsam auswirken kann.

Nach ärztlicher Verordnung werden bei den verschiedenen Angstkrankheiten auch gezielt heileurythmische oder künstlerisch-therapeutische Übungen angewendet.

Daß es natürlich auch medikamentöse Hilfen aus der anthroposophisch erweiterten Medizin, der Homöopathie und der Phytotherapie gibt, darf in diesem Zusammenhang nicht unerwähnt bleiben. Mit den entsprechenden Mitteln, von einem erfahrenen Arzt verordnet, kann dem Patienten wesentlich geholfen werden. Auf die immer wieder bei Angstzuständen verordneten Tranquilizer sollte nach Möglichkeit ganz verzichtet werden.

Gegen die großen, existentiellen Angstgefühle unserer Zeit wie auch gegen die Grundstimmung der »Angst vor der Angst«, in denen der Mensch die Bedrohung erlebt, aus den schwindelnden Höhen seiner Existenz in tiefe Abgründe zu fallen, hilft weder ein Verschließen der Augen vor der Gefahr, noch das Verdrängen der Angst, noch übermütiger Aktionismus. Es hilft aber auch kein zwanghaft fixiertes Hinstarren auf die bedrohliche Situation. Nur wer von der Bedrohung auch absehen kann, wer auch das Rettende sieht in der Gefahr und sich deshalb darauf einlassen kann, in dem sicheren Gefühl, sie zu bestehen, weil es Rettung und Hilfe gibt, nur der braucht keine Angst vor der Angst zu haben.

Angstfrei zu sein, kann und soll gar nicht unser Ziel sein. Wohl aber, uns die Angst zum Freund zu machen, der uns sagen kann, wo wir fehl gehen, ohne daß wir ihm böse sind.

So, wie der Mensch der Antike gegen die Furcht die Tugend des Mutes übte, so kann der heutige Mensch gegen die modernen Ängste eine neue Tugend des Vertrauens entwickeln und einüben. Er kann sich darum bemühen, Vertrauen in den geistigen Ursprung und den in geistigen Gesetzen wirksamen Zusammenhang von

Mensch und Kosmos zu finden. In den Ängsten unseres Jahrhunderts verrät sich der Charakter des modernen Menschen: der ist frei und unbestimmt. Darin liegt der Grund seiner Angst, denn die Angst ist nichts anderes als der Geburtsschmerz der Erkenntnis von der Freiheit des Menschen, und das sollte kein Grund zur Angst vor der Angst sein.

Hysterie und Neurasthenie

Unter den beiden Bezeichnungen Hysterie und Neurasthenie verstehen wir zwei polare psychische Erlebnis- und Verhaltensweisen, die in ihren Extremformen klassische neurotische Krankheitsbilder darstellen.

Dabei muß erwähnt werden, daß mit dem Begriff »hysterisch« in keiner Weise etwas Abwertendes oder Beleidigendes gemeint sein kann. Da diesem Begriff heute in der allgemeinen Umgangssprache so etwas anhaftet, hat die Psychiatrie für die hysterische Neurose eine neue Bezeichnung eingeführt: *Konversionsneurose*.

Zur besseren Verständlichkeit der Polarität sollen hier zunächst die alten Begriffe von Hysterie und Neurasthenie verwendet werden.

Hysterie leitet sich von dem griechischen Wort Hystera = Gebärmutter ab. In medizingeschichtlich ältesten, etwa 3000 Jahre alten Beschreibungen aus dem alten Ägypten finden wir das Krankheitsbild der Hysterie zurückgeführt auf krankhafte Zustände und »Wanderungen der Gebärmutter«. Auch in dem platonischen Werk »Timaios« ist die Beziehung zwischen Hysterie und Gebärmutter in besonders bildhaft drastischer Weise beschrieben: »Die Gebärmutter ist ein Tier, das glühend nach Kindern verlangt. Bleibt dasselbe nach der Pubertät lange Zeit unfruchtbar, so erzürnt es sich, durchzieht den ganzen Körper, verstopft die Luftwege, hemmt die Atmung und drängt auf diese Weise den Körper in die größten Gefahren und erzeugt allerlei Krankheiten.«

Wir erwähnen dieses Zitat von Platon, weil es in klassischer Weise die Beziehung zwischen der Hysterie und Sexualität beschreibt, wobei wir mit Sexualität allerdings nicht nur im engeren Sinne ein sexuelles Bedürfnis oder den Geschlechtsverkehr meinen, sondern vielmehr eine von da ausgehende gefühlsmäßige, fast instinkthafte, ganz elementar leiblich-seelisch orientierte Erlebnisqualität und Sensibilität. Wir gehen in unserem Verständnis also von einer *positiven Bedeutung und Qualität der hysterischen Erlebnisweise* aus. Dabei scheint die »hysterische Qualität« tatsächlich etwas »typisch Weibliches« zu sein. Es ist zunächst einmal die Fähigkeit, von seinem leiblichen Erleben aus das Verhältnis zur Welt einzugehen. Dabei wird immer der Leib selbst als Instrument der Welt- und Menschenbegegnung eingesetzt. Die Empfindungs-, Erlebnis- und Äußerungsmöglichkeiten gehen unmittelbar vom Leib aus, gehen durch den Leib, bedienen sich des Leibes. Dabei wird dieser in besonders deutlicher Ausprägung zum Instrument, zum Werkzeug, zu einem Ausdrucksorgan des ganzen Menschen. Dies ist natürlich bei jedem Menschen der Fall, beim hysterisch konstituierten aber besonders ausgeprägt.

Aus dem Leib kommende, leiblich geprägte Empfindungen und Gefühle werden besonders elementar und stark erlebt. Sie haben einen ausgeprägten Bedürfnis- und Wunschcharakter. Entsprechend ist das von ihnen ausgehende Verhältnis zu den Mitmenschen und zur Welt im weiteren Sinne wunsch- und bedürfnisorientiert; es ist auf Befriedigung der Bedürfnisse und Erreichen der Wünsche ausgerichtet. Dabei ist es durchaus zielhaft, aber auch inkonstant schwankend wie die Wünsche und Bedürfnisse selbst, die jeweils einer momentan leiblich-seelischen Verfassung entsprechend wechseln können. Diese leiblich-seelische Verfassung ist selbst wiederum beeinflußbar und abhängig von den anregenden oder hemmenden Wahrnehmungen und Erlebnissen der persönlichen Umwelt und Mitwelt des Menschen.

Jetzt erst tritt aber die besondere Fähigkeit der hysterischen Konstitution in Erscheinung, im wahrsten Sinn des Wortes, indem sich jetzt der ganze empfindende, fühlende und wollende Mensch seines Leibes als Instrument zur Durchsetzung seiner bewußten oder vielfach unbewußten Wünsche, Absichten und Bedürfnisse bedient.

Der hysterisch konstituierte Mensch wird zum »Darsteller«, zum »Interpreten« seiner selbst, im Sinne seiner eigenen, oft unbewußten und daher nicht immer kontrollierbaren Wünsche und Bedürfnisse. Der Leib gehorcht diesen unbewußten seelischen Inhalten total, so daß es wirklich zu besonderen Ausdrucksformen und körperlichen »Leistungen« kommen kann. Diese Qualität, den Leib als unmittelbares Ausdrucks- und Verwirklichungsinstrument der Seele und des Geistes einsetzen zu können, ist häufig Voraussetzung für besondere künstlerische Begabungen und Leistungen.

Wir können die Qualitäten der hysterischen Konstitution, wie wir sie verstehen und die in dieser Ausprägung keinerlei krankhafte Bedeutung haben, folgendermaßen zusammenfassen:

1. Es besteht eine besondere Beziehung und Fähigkeit zur körperlichen Darstellungsgabe. Das heißt, der Körper ist das Instrument zur eigenen Darstellung.
2. Es besteht eine besondere Qualität in der seelischen Ausdrucksmöglichkeit, bezogen auf die jeweils eigenen Wünsche, Gefühle und Bedürfnisse, seien sie bewußt oder unbewußt.
3. Finden wir ein besonders ausgeprägtes Durchsetzungsvermögen der Gesamtpersönlichkeit im zwischenmenschlichen Beziehungsleben.
4. Bemerken wir bei den genannten Qualitäten in ihren Erscheinungsformen immer eine ausgeprägte Leichtigkeit und Luftigkeit, eine nur dem Unbewußten eigene Unbekümmertheit und »schlafwandlerische« Sicherheit. Das führt
5. bei hysterisch konstituierten Persönlichkeiten oft, wie schon erwähnt, zu besonderen künstlerischen Begabungen, vorwiegend im Bereich der darstellenden Künste, zum Teil auch im Bereich der bildenden Künste.

In einem Wort zusammengefaßt ist die Qualität des gesunden hysterisch konstituierten Menschen die Fähigkeit der *Äußerung*. Er äußert durch seinen Leib, was in seiner Seele vorgeht, was er bewußt oder unbewußt erreichen will, worauf er, als Reaktion auf seine Umwelt, antworten will.

Die hysterische Neurose = Konversionsneurose

Das Erscheinungsbild der klassischen hysterischen oder Konversionsneurose drückt sich jetzt in einer unter Umständen besonders krassen und sich unkontrolliert verselbständigenden Weise vorher genannter Qualitäten aus.

1. Die hysterischen Krankheitssymptome manifestieren sich ausschließlich im Bereich der willkürlichen Muskulatur, also gerade dem vorzüglichsten Bereich der Darstellungs- und Ausdrucksorgane. Im Gegensatz dazu betreffen psychosomatische Erkrankungen vor allem die inneren Organe mit der glatten, unwillkürlichen Muskulatur.
2. Die hysterische Symptomatik ist sehr stark umgebungsbezogen und von Zuschauern abhängig. Sie ist tatsächlich oft eine »Darstellung«, die die Mitmenschen beeindrucken und überzeugen soll.
3. Dabei gilt die hysterische Symptomdarstellung gar nicht nur den Zuschauern, sondern, vielleicht sogar in erster Linie, dem hysterisch leidenden Menschen selbst: Er soll auch selbst überzeugt und beeindruckt werden von seiner Situation des Leidens, von der Berechtigung seiner Wünsche und Gefühle.
4. Zeigen die hysterischen Symptome oft in »symbolischer Darstellung« unbewußte Wünsche oder Konflikte der Patienten.
5. Finden sich hysterische Erkrankungen häufig bei Menschen, die, aufgrund ihrer hysterischen Konstitution, schon vor der Erkrankung dazu neigen, besonders empfindlich, emotional, leicht erregbar und theatralisch zu reagieren.
6. Kann man bei hysterischen Patienten immer wieder bemerken,

daß sie im Vergleich zu gesunden übermäßig stark von ihren elementaren, leibhaften Wünschen, Gefühlen und Bedürfnissen bestimmt werden und dabei Teile ihres Denkens, Fühlens und Wollens mehr und mehr ihrer bewußten, ichhaften Kontrolle und Gestaltung entgleiten.
7. Finden sich hysterische Neurosen mehr bei Frauen, aber keineswegs ausschließlich.

Insgesamt ist die Symptomatik einer hysterischen neurotischen Erkrankung äußerst vielgestaltig. Die berühmtesten hysterischen Phänomene sind zweifellos der hysterische, epileptieforme Anfall, die hysterische Lähmung, die hysterische Ohnmacht, der hysterische Erregungszustand sowie die hysterische Schwangerschaft. Dazwischen sind alle möglichen Schwächen und Beschwerdebilder möglich, die vorzugsweise die Organbereiche der quergestreiften Muskulatur betreffen (neben der willkürlichen Gliedmaßenmuskulatur auch Herz und Uterus) sowie die großen Sinnesorgane des Kopfes.

Exemplarische Patientenschilderung

Eine 27jährige Patientin kommt zur stationären Aufnahme, nachdem sie bereits ein Jahr lang unter verschiedenen Beschwerden und Diagnosen krank gewesen war und drei stationäre Behandlungen in verschiedenen Kliniken durchgemacht hatte. Trotzdem hatte sich an ihrem Befinden keine wesentliche Änderung oder Besserung gezeigt, so daß schließlich ein »therapieresistenter, psychophysischer Erschöpfungszustand« diagnostiziert wurde. Nach einer Phase wechselnden Befindens wurde die jugendliche Patientin schließlich komplett bettlägerig und konnte nicht einmal mehr die Verrichtungen der eigenen Körperhygiene selbst vollbringen. Nachdem sie in diesem Zustand mehrere Monate zu Hause bei ihrem Mann verbrachte, kam sie schließlich in einem allgemein reduzierten Zustand in die Klinik.

Die Beschwerden bestanden in einer so ausgeprägten körperlichen Schwäche, daß sie das Bett mit eigener Kraft nicht verlassen konnte, bereits bei dem Versuch, zur Toilette aufzustehen, einen Schwächezustand erlitt und über Herz-Rhythmus-Störungen klagte und sogar beim kaum hörbaren Sprechen ermüdete, so daß sie oft mitten im Satz abbrechen mußte. Zeitweilig bestand das Bild einer halbseitigen Lähmung, so, als hätte sie im Alter von 27 Jahren schon einen Schlaganfall erlitten. Dabei war der Appetit gut, das Gewicht unauffällig. Die körperliche internistische und neurologische Untersuchung ergab keinen pathologischen Befund, bis auf die zeitweilig inkonstante Halbseitenschwäche links. Auch die durchgeführte apparative Diagnostik bei den früheren Krankenhausaufenthalten wie auch bei dem jetzigen Aufenthalt ergaben keine, die Beschwerden erklärenden krankhaften Befunde.

Zur Vorgeschichte: Als Kind sei sie immer kräftig und lebhaft gewesen. Erst ab der Pubertätszeit habe sie gelegentliche körperliche Schwächezustände gekannt. Mit 15 Jahren lernte sie ihren späteren Mann kennen. Als sie mit 25 Jahren heiratete, kannten sie sich also bereits seit 10 Jahren und waren diese Zeit über immer befreundet gewesen. Allerdings war es mehr eine geschwisterliche Beziehung. Als sie dann geheiratet hatten und zusammen im Haus der Eltern wohnten, führten sie bereits eine Ehe »wie Achtzigjährige«. Das bedeutet in diesem Zusammenhang, daß sich sexuelle Gefühle und Interessen schon verloren hatten und kein Sexualverkehr mehr stattfand.

Während sie von ihrem Wesen her gefühlsbetont, schwärmerisch und mit »Zigeunerblut« temperamentvoll war, hatte der Mann ein intellektuell nüchternes, trockenes und eher phlegmatisches Wesen. Sie war phantasievoll und in ihrer Jugendzeit extrovertiert. Jetzt, in der Ehe und der gemeinsamen Wohnung – davor hatten sie nicht zusammen gewohnt, hatten Ausbildungen an verschiedenen Orten besucht – verkümmerten ihre emotionalen und sozialen Fähigkeiten in der trocken nüchternen, intellektuell gefühllosen Atmosphäre des Ehemannes. Sie hatte das Gefühl und Bedürfnis, ihn immer schieben und mitreißen zu müssen, was ihr aber, angesichts seines stark hemmenden Wesens (»er erstickt das Leben, die Jugend«) immer weniger gelang. Die dann einsetzende Krankheitsgeschichte, zunächst unter dem Bild verschiedener körperlicher Beschwerden, die immer eine Bettlägerigkeit bzw. Bettruhe verlangten und dann schließlich in den oben beschriebenen »therapieresistenten psychophysischen Erschöpfungszustand« übergingen, in beeindruckender Weise ergänzt und kompliziert durch eine echte hysterische Halbseitenlähmung (es gab dafür kein neurologisches Korrelat, sie war in ihrer Erscheinungsweise flüchtig und wechselhaft und bildete sich, ohne darauf gerichtete Therapie, einfach wieder zurück), kann deutlich als unbewußt *symbolhafte Äußerung* ihrer seelisch körperlichen Empfindung von Resignation erlebt werden, mit dem appellativen Charakter: »Jetzt sorge mal du für mich, tu du etwas für mich!« Diesem unbewußt körperlich vorgetragenen Appell der jungen Frau kam der Ehemann selbstverständlich nach, indem er sich in rührend naiver Weise, aber im Grunde hilflos um die vermeintlich körperlich kranke Frau kümmerte.

Im Verlauf der stationären Therapie zeigte sich bald eine auffällige Diskrepanz: Während die Umgebung des Paares die Beziehungsschwierigkeiten der beiden deutlich sah, meinten die Betroffenen selbst, sie hätten »doch keine Probleme«. Eine seelische Komponente bei der Entstehung des Krankheitsbildes wurde von beiden energisch zurückgewiesen. Erst durch längere, intensive, vertrauensbildende therapeutische Maßnahmen konnte allmählich und zunehmend eine Einsicht in die bestehende seelische Problematik entwickelt und dann schließlich auch therapeutisch angegangen werden. Selbstverständlich wurde die psychotherapeutische Behandlung ergänzt und unterstützt durch künstlerische Therapie, Heileurythmie, anthroposophisch medikamentöse Behandlung und äußere Anwendungen.

Das vorliegende hysterische Krankheitsbild im Sinne eines allgemeinen Schwächezustandes, der sich dramatischerweise bis zu einem Nicht-mehr-sprechen-Können steigerte und sich in Herzrhythmusstörungen, Übelkeit, Bettlägerigkeit, totaler Pflegebedürftigkeit und zeitweiliger hysterischer Halbseitenlähmung ausdrückte, hatte einen unübersehbar theatralisch appellativen Charakter.

Wichtig im Umgang mit hysterisch kranken Menschen, die in dieser klassischen Ausprägung heute seltener sind als im Beginn unseres Jahrhunderts, ist die unbedingte innere therapeutische Haltung, den Menschen in seiner Not und seiner Krankheit, in seinem Erleben anzunehmen. Dabei soll die Patientin erleben, daß man sie in ihrer Lebenssituation, in ihren Bedürfnissen, Wünschen, Gefühlen und Problemen ernst nimmt und bei der Lösung unterstützen will. Die therapeutische Haltung muß ihr zuallererst mal ein »Ja« vermitteln – und dann im Laufe eines vertrauensvollen therapeutischen Verhältnisses zeigen: »Ja – aber nicht so, sondern auf eine bessere, das heißt der Persönlichkeit und der Situation angemesseneren Weise.« Wichtig ist dabei, daß die Patientin selbst erkennt und bestimmt, welches der ihr angemessene Weg zur Befreiung aus dieser sie beherrschenden und unfrei machenden Krankheitssymptomatik ist. Gerade in der Anwendung künstlerischer Therapien können die Patienten eine starke Seite ihres Wesens, nämlich Empfindungsfähigkeit und Ausdruckskraft, Phantasie und Gefühlsstärke als positiv und »ausbaufähig«, das heißt auch sinnvoll, kreativ und erfolgreich einsetzbar erleben. Auf diesen Wegen können sie sich aus dem Bann der Verselbständigung ihrer unbewußten Äußerungen und körperlichen Darstellungen befreien und zu einer bewußten Selbstgestaltung ihrer Persönlichkeit und ihres Schicksals finden.

Die neurasthenische Neurose

Exemplarische Patientenbeschreibung

Ein 31jähriger Patient wird zur stationären Behandlung aufgenommen, nachdem er bereits eine eineinhalbjährige Krankengeschichte und mehrere stationäre Behandlungen hinter sich hat. Sein Beschwerdebild ist recht vielgestaltig. Es reicht von diffusem Schwindel, Ohrgeräuschen, Konzentrationsstörungen, Gedächtnisstörungen, Mattigkeit, allgemeiner Interesselosigkeit und Lustlosigkeit, leichter Reizbarkeit und Erschöpftheit, Augenbrennen, Kopfschmerzen, Schluckbeschwerden und Schwierigkeiten, räumliche Distanzen abzuschätzen, bis zu wechselnden körperlichen Beschwerden wie Herzklopfen, Unwohlsein, Verdauungsunregelmäßigkeiten, Nierenschmerzen, Heiß-Kalt-Gefühle an den Extremitäten und depressiver Stimmung bis zu Parästhesien und gelegentlichen Koordinationsstörungen.

In seinem Wesen wirkt er nervös, unruhig, angespannt, innerlich vibrierend, überempfindlich auf Sinnesreize, insbesondere auf akustische, er fühlt sich »total daneben«, wirkt matt, ängstlich, insbesondere auf seine vielgestaltige körperliche Symptomatik gerichtet, hat bei jedem neuen Symptom schnell Angst, jetzt an einer schweren Krankheit erkrankt zu sein, ist korrekt, ordentlich bis zwanghaft, schwernehmend und sensitiv überempfindlich, sehr stark intellektuell betont und habe »immer zwei linke Hände gehabt«. Er ist von schwacher, asthenischer körperlicher Konstitution, mittelgroß und ausgesprochen schlank und feingliederig.

Zur Vorgeschichte: Er ist das erste Kind einer sozial und wirtschaftlich sehr einfach gestellten Familie. Seine Geburt war schwierig; seine Kindheit wohl noch schwieriger, jedenfalls hat er keine guten Erinnerungen daran: Er habe wenig Zuneigung von seinen Eltern bekommen, kaum Zärtlichkeit und überhaupt keine seelisch-geistige Förderung. Er wurde in Unfreiheit und zu Unselbständigkeit mehr unterdrückt als erzogen.

Er sei schon immer, seit der Schulzeit, ein Einzelgänger und zurückgezogen gewesen. Er habe zwar inzwischen eine Reihe von Bekannten, aber keine echten Freunde. Er fühle sich nirgends dazugehörig, habe sich aber selbst überall ausgegrenzt. Er kann lustige, laute Gesellschaften nicht aushalten.

Obwohl er, nach erfolgreicher, aber sehr unglücklicher Berufsausbildung in seiner beruflichen Stellung durchaus erfolgreich ist und in einer guten Partnerbeziehung lebt, hat er das Gefühl, »nicht richtig gelebt zu haben«. Er fühlt sich »fehl auf der Welt«, von seinen »körperlichen Beschwerden abhängig«, ohne Freude und Initiative, depressiv und unfähig, sich von seiner Mitwelt, Anforderungen und Erwartungen der anderen zu distanzieren. Es gehe ihm alles unmittelbar nah, er kann sich nicht abgrenzen, nicht erwehren: »Ich nehme alles in mich auf – ich habe das Gefühl, morgen habe ich auch die Krankheiten, die meine Mitpatienten im Nebenzimmer haben.« Er sei von Pessimismus durchzogen und geprägt, Optimismus kenne er kaum. Er fühlt sich von den »Situationen und Problemen seiner Mitwelt beherrscht – nicht er beherrschte seine Probleme oder Situationen«. Es geht sogar so weit, daß »meine Gedanken mich beherrschen – nicht ich beherrsche mein Denken«.

Wir können an dieser Krankheitsschilderung, trotz einzelner scheinbarer Ähnlichkeiten mit hysterischen Symptomen, doch das geradezu Polare erkennen:

1. Von der neurasthenischen Konstitution und dem dazugehörigen typischen Krankheitsbild, dem neurasthenisch-depressiven Erschöpfungssyndrom oder der neurasthenisch-depressiven Hypochondrie, werden mehr Männer betroffen, aber nicht ausschließlich.
2. Menschen mit einer neurasthenischen Konstitution sind, unabhängig von einer Erkrankung, wach, bewußt und intellektuell begabt, Bewußtsein und bewußte Kontrolle über ihr Seelenleben, Wahrnehmen, Denken, Fühlen, Wollen und ihr Handeln

ist ihnen besonders wichtig; das betonte, wachbewußte Erleben wirkt sich organisch abbauend aus.

3. Sie sind von ihren Sinneswahrnehmungen leicht erregbar, leicht erschöpfbar, übermäßig beeindruckbar und unter Umständen bis zur totalen Wehrlosigkeit und Erschöpfung ihren Sinneseindrücken ausgeliefert.
4. Sie können sich aufgrund ihrer übersensiblen-sensitiven Natur nur wenig und in besonderen Situationen gar nicht von ihren Wahrnehmungen oder Erlebnissen ebenso wie von den Erwartungen und Anforderungen ihrer Umgebung distanzieren und abgrenzen. Sie verinnerlichen ihre Erlebnisse sehr stark, um sie seelisch-geistig bewußt verarbeiten zu können; zu einer Äußerung oder Darstellung ihrer Gefühle sind sie überhaupt nicht in der Lage.
5. Neurasthenische Menschen erleben schneller und häufiger als anders konstituierte Menschen eine übermäßige Erschöpfbarkeit und Depression infolge ihrer sinnes- und gemütsmäßigen Überempfindlichkeit und gesteigerten Sensibilität auf Welt und Leib. Damit hängen dann die diffusen körperlichen Beschwerden und Mißempfindungen im Rahmen eines neurasthenischen Erschöpfungssyndroms zusammen. Neurasthenische Patienten sind entsprechend sensitiv, hypochondrisch, depressiv.
6. Entsprechend ihrem Wesen suchen sie nach Möglichkeit zu einem Rückzug aus mitmenschlichen, sozialen Zusammenhängen und Kontakten. Ihre Sehnsucht ist es, in Ruhe und allein zu sein.
7. Neurasthenische Menschen sind »ganz Nerv«, sind seelisch und »organisch intellektuell«. Ihre Vitalität ist auf Kosten eines überwachen Bewußtseins herabgesetzt. Sie leben in der Verinnerlichung und nicht in der Äußerung.

Der neurasthenische Mensch ist ein »sensibler Nervenmensch«. Seine Stärke und Qualität ist zu der des hysterischen Menschen polar: Seine besondere Fähigkeit ist die der sensiblen Wahrnehmung und Verinnerlichung dessen, was in der Welt geschieht. Im Rahmen der neurasthenischen Hypochondrie wird daraus auch eine übersensible Wahrnehmung körperlicher Vorgänge. Seine weitere Stärke ist die bewußte und gedankliche Verarbeitung und Verdichtung seiner Wahrnehmungen und Empfindungen. Er lebt nicht in der Äußerung und Darstellung, sondern in der Verinnerlichung und Erinnerung. Er lebt nicht – wie der hysterische Mensch – aus Gefühlen, Wünschen und Bedürfnissen heraus, sondern im Gegenteil, aus Wahrnehmungen, Vorstellungen und Gedanken. Seine Stärke ist das Bewußtsein, das eben im Körperlichen zu seiner Schwäche wird, zur nervenbedingten Schwäche (Neurasthenie).

Aus einer neurasthenischen Konstitution heraus, ihre Qualitäten und Fähigkeiten besonders zur Geltung bringend, erwachsen vor allem gedankliche, intellektuelle, philosophische und dichterische Persönlichkeiten.

Aus einer typisch neurasthenischen Überempfindlichkeit und Ausgeliefertheit allen Sinneseindrücken gegenüber sehnte sich Rainer Maria Rilke nach Einsamkeit und Alleinsein: »Ich muß sehen, nach und nach zu einem Kloster auszuwachsen und so dazustehen in der Welt mit Mauern um mich...«

Die Grenzen zwischen Welt und Mensch verschwimmen, verlieren sich, und die Welt dringt durch die Sinnesorgane, »wie Golfe« in die Innerlichkeit des Menschen herein und durch ihn durch. Er ist wehrlos und ausgeliefert. »Ist da ein Geräusch, so gebe ich mich auf und bin das Geräusch« (Rilke). In seinem Arbeitszimmer in Schloß Muzot konnte Rilke kein Bild an der Wand ertragen, »damit es mich nicht zur Unzeit anrede«. »Ich bin so heillos nach außen gekehrt... Meine Sinne gehen, ohne mich zu fragen, zu allem Störenden über...« Und schließlich finden wir in Rilkes Stundenbuch die Zeilen, die am deutlichsten die Weltausgeliefertheit der neurasthenischen Persönlichkeit bis hin zu seinem schutzlosen Ich ausdrücken:

»Ich war zerstreut; an Widersacher
in Stücken war verteilt mein Ich.
O Gott, mich lachten alle Lacher
und alle Trinker tranken mich.«

Während der hysterische Mensch seine Grenzen erleben und seine ihm selbst und seiner Situation angemessenen Fähigkeiten entwickeln und erüben soll, braucht der neurasthenische Mensch Schutz und Hülle, in denen er selbst leben und sich entwickeln kann. Er braucht Rhythmus in der Tages- und Lebensgestaltung, um seine geschwächten Lebenskräfte zu unterstützen. Er braucht medikamentöse Unterstützung der physischen und der Lebensorganisation ebenso wie vorsichtige äußere Anwendungen als stärkende Maßnahmen. Er braucht behutsame, leise individuell abgestimmt seelische Anregung in Form künstlerischer Therapien, und schließlich hilft ihm, wozu er selbst schon häufig eine Neigung besitzt: nämlich das Aufschreiben und gedanklich schriftstellerische Verarbeiten seiner inneren Seelenzustände, um dann übergehen zu können zur Beschreibung und vielleicht Verdichtung gezielter Naturbeobachtungen. Auf diese Weise kann er über seine eigene Stärke wieder Vertrauen und Zugang zur Welt gewinnen.

Das Burnout-Syndrom

Das seit knapp 10 Jahren unter dem Begriff *Burnout-Syndrom* beschriebene Phänomen eines psychophysischen Abbaus mit Erschöpfung, Motivationsverlust, Depression, Reizbarkeit, Rückzug und Verflachung des emotionalen und sozialen Lebens sowie verschiedenster psychosomatischer Beschwerden, das zunächst ausschließlich bei Angehörigen der sogenannten helfenden Berufe beobachtet und beschrieben wurde, gehört nach meinem Kenntnisstand auch zum Bereich der neurasthenischen Persönlichkeitsstörungen.[47]

Man kann die Neurasthenie auch als ein Phänomen der zu früh entwickelten Verstandesseele sehen. Bei den biographischen Aufarbeitungen neurasthenischer Patienten fällt auf, daß bei ihrer besonderen intellektuellen, verstandesmäßigen Betonung die Grundlage einer sich ausreichend entwickelten Empfindungsseele, das heißt ein gesundes Empfindungsleben in der Vorgeschichte und in der jeweiligen aktuellen Krankheitssituation fehlt. Das gilt auch, wenn die neurasthenische Erkrankung erst im biographischen Zeitalter der Bewußtseinsseele manifest wird; denn erstens geht dieser Manifestation dann eine viele Jahre währende und wirkende neurasthenische Konstitution voraus; und zweitens stellt der Schritt von der Verstandes- zur Bewußtseinsseele eine Neuanforderung an das Vorhandensein eines ausgereiften und lebensvollen Empfindungslebens.

Auch dieser Aspekt muß bei der Therapie neurasthenischer Patienten im Sinne einer Nachreifung der Empfindungsseele mit berücksichtigt werden.

Alterspsychiatrische Erkrankungen

Die alterspsychiatrischen Erkrankungen können im Rahmen dieses Buches nicht in der ihnen angemessenen Ausführlichkeit besprochen werden – andererseits dürfen sie aber auf keinen Fall fehlen. Deshalb soll ihnen wenigstens ein orientierendes Kapitel gewidmet sein.

Es sind im wesentlichen drei seelische Phänomene, die im Rahmen der Psychiatrie älterer Menschen von besonderer Wichtigkeit sind:

1. Die Altersdepression
2. Der Alterswahn
3. Die Altersverwirrtheit

Die alterspsychiatrischen Erkrankungen machen uns noch einmal in besonderer Weise deutlich, daß es unter einem bestimmten Gesichtspunkt zwei verschiedene Krankheitsweisen gibt: die eine Gruppe der Krankheiten, die in ihrem Erscheinen eine Aufforderung und Aufgabe für den Kranken selbst darstellen – und eine andere Gruppe von Krankheiten, die durch ihr Auftreten nicht für die Kranken, sondern für die Angehörigen, für die Mitbetroffenen, für die Helfer und für die ganze Gesellschaft eine Aufgabe und Aufforderung sind, umzudenken und zu anderen als den bisher gepflogenen Einstellungen und Verhaltensweisen zu kommen.

Zu der ersten Gruppe von Krankheiten gehören vor allem die akuten und chronischen körperlichen Krankheiten, unter denen die Patienten selbst leiden. Außerdem auch jene seelischen Erkrankungen, die mit einem Leidensgefühl und Leidensdruck beim Patienten einhergehen.

Dagegen gehören zur zweiten Krankheitsgruppe all jene Krankheitsbilder, unter denen die Patienten selbst kaum oder gar nicht zu leiden haben. Dafür leidet darunter in besonderem Maße die Umgebung, die Mitwelt. Dazu gehören einige psychiatrische Krankheitsbilder wie die Manie und manche Formen der Schizophrenie und dann vor allem auch die hier zu besprechenden alterspsychiatrischen Krankheitsbilder, Alterswahn und Altersverwirrtheit.

Unsere alten Mitmenschen, die an einer typischen psychiatrischen Erkrankung des höheren Lebensalters leiden, wie es insbesondere die Altersverwirrtheiten sind, leben uns jüngeren eine Aufgabe vor, die nicht sie selbst, sondern wir zu erfüllen haben: nämlich für uns und unsere Nachwelt ein klares Verhältnis zum Geistigen zu finden und die Qualitäten der menschlichen Entwicklung im Lebenslauf unter erweiterten Gesichtspunkten zu betrachten. Im Umgang mit ihnen

1. gilt es, nicht nur auf die Quantität und Qualität leiblicher Begabungen und Fähigkeiten zu schauen, die ja bekanntermaßen im Laufe eines langen Lebens abnehmen;
2. sind auch die seelisch-geistigen Fähigkeiten und Leistungen, die mit Erkenntnis, Gedächtnis und Orientierungsvermögen zusammenhängen, nicht die wesentlichsten, geschweige denn die einzigen Erscheinungsformen des menschlichen Geistes;
3. müssen wir gerade unseren alten Mitmenschen zuliebe jenen bisher zu wenig anerkannten und berücksichtigten Bereich typisch menschlicher Qualitäten anerkennen und pflegen, den uns gerade sie unter dem Kleid ihrer Verwirrtheit und Desorientiertheit in so verschlüsselter Form vorleben: Es sind die von aller äußeren Welt unabhängigen, weil davon schon absehenden, schon darüberstehenden Qualitäten der geistigen Verinnerlichung; nicht der intellektuell wachbewußten begrifflichen Erkenntnis – sondern eines traumhaft-fühlenden Erlebens und Erkennens, das nur schwer, manchmal gar nicht mehr in Worte zu fassen ist; ein Interesse, das sich nicht mehr intellektuell und wachbewußt auf die äußere physische Welt richtet, sondern vielmehr nach in-

nen auf die geistige Welt hin; und schließlich eine Orientierung, die nicht mehr Raum, Zeit und Situation sieht, sondern ausschließlich auf die geistige Welt hin ausgerichtet ist, auch wenn dies für die Mitmenschen nicht zu erkennen ist. Wir müssen es für denkbar halten, daß die Abnahme intellektueller Gedächtnis- und Orientierungsleistung nicht nur einen Verlust, sondern auch einen Gewinn auf einer anderen Ebene, für eine andere Welt bedeuten kann.

Die Altersdepression

Im wesentlichen ist das Bild der Altersdepression dem depressiven Erscheinungsbild des Erwachsenenalters ähnlich (vgl. S. 297). Dennoch gibt es einige Besonderheiten, die Erwähnung finden sollen. Die rein depressive Verstimmung steht beim alten Menschen nicht immer im Vordergrund, sondern kann durch körperliche Beschwerden und insbesondere auch durch hypochondrische Ängste überschattet werden. Es entsteht in diesem Zusammenhang häufig auch das Bild einer sogenannten »Jammerdepression«, wenn ältere depressive Menschen unruhig bis agitiert und laut jammernd durch die Wohnung oder über die Station laufen und über ihre vermeintlichen und vor allem befürchteten körperlichen Erkrankungen klagen. Ein angemessenes und unterstützendes Auf-die-Patienten-Zugehen ist bei einem solchen Erscheinungsbild besonders schwer.

Eine weitere Variante der typischen Altersdepression im Vergleich zur gewöhnlichen Depression ist das Auftreten von wahnhaftem Erleben. Die Inhalte solchen Wahns hängen vor allem mit Krankheit, Untergang und Tod zusammen. Entsprechend können Gemütsäußerungen und zwischenmenschliches Verhalten der Patienten beeinträchtigt sein.

Da das Wahrnehmungs- und Gedankenleben im Rahmen der Altersdepression häufig stark verlangsamt ist, vielleicht auch noch in

Zusammenhang mit einer zusätzlich bestehenden arteriosklerotischen Erkrankung, kann auch das Bild eines demenzähnlichen Zustandes vorübergehend auftreten.

Ein Anlaß für das Auftreten und die Entstehung der Altersdepression ist mit Sicherheit auch die Situation der sozialen Isolierung, der Einsamkeit und des von den betroffenen Alten so erlebten »Abschiebens« aus dem eigenen Zuhause in ein Alten- oder Pflegeheim.

Unter Berücksichtigung dieses Umstandes sollten alte Menschen mit einer Depression nie nur medikamentös behandelt werden; es sollte vielmehr ihre familiäre bzw. soziale Situation mit einbezogen und nach Möglichkeit im Sinne einer therapeutischen Verbesserung beeinflußt werden. Außerdem sollten die alten depressiven Menschen in besonderem Maße motiviert werden, sich am Leben ihrer Umgebung wieder mit zu beteiligen. Dazu können Einladungen zu gemeinsamen Aktivitäten, aber auch das Übertragen von kleinen, aber sinnvollen Aufgaben hilfreich sein.

In besonderem Maße muß auch der alte Mensch erleben, daß er anerkannt und geliebt wird.

Der Alterswahn

Der Alterswahn, oder das Altersparanoid, stellt im Rahmen der wahnhaften Erkrankungen eine Besonderheit dar, insofern normalerweise wahnhaftes Erleben nur im Zusammenhang mit einer psychiatrischen Erkrankung und nicht allein als einziges Krankheitssymptom vorkommt. Dies ist nun aber beim Alterswahn der Fall. Das heißt wahnhafte Erlebnisweisen können bei alten Menschen auftreten, ohne im Zusammenhang zu stehen mit einer schizophrenen, depressiven oder einer anderen psychiatrischen Erkrankung. Dieser typische Alterswahn hat immer eine spezifische Thematik, die ihn charakterisiert. Es ist in erster Linie der Bestehlungswahn, weiterhin der ebenfalls bezeichnende Verarmungswahn. Darüber hinaus Themen wie Krankheitswahn, Untergangswahn, Todeswahn, Vernichtungswahn, Eifersuchtswahn, Versündigungswahn und der Schuldwahn. Alle der jetzt genannten Wahnthemen können auch, wie bereits angedeutet, im Rahmen einer Altersdepression auftreten. Sie können aber auch isoliert als Alterswahn in Erscheinung treten. Die typischsten Ausprägungen, der Bestehlungs- und der Verarmungswahn, deuten dabei auf einen entscheidenden, menschenkundlich-pathogenetischen Tatbestand hin. Es ist das jedermann bekannte und alltäglich erlebbare Phänomen der nachlassenden Lebenskräfte im Alter. Diese haben sich, wie in früheren Kapiteln schon erwähnt, im Laufe der biographischen Entwicklung in seelisch-geistige Gedankenkräfte verwandelt, wobei sowohl die Quantität wie auch die Qualität dieser Verwandlung natürlich immer eine sehr individuelle Angelegenheit ist.

Ein vorzeitiger, beschleunigter oder übermäßiger Alterungsprozeß kann sich so in einem Übermaß von Abbauprozessen und damit in einer Abnahme von Lebensprozessen und Lebenskräften manifestieren.

In einer bestimmten Weise besonders sensible oder empfindsame Menschen können nun dieses beschleunigte Abnehmen ihrer Lebenskräfte seelisch als Mangel, als Verlust, als Verarmung oder sogar in dem Gefühl oder der Gewißheit des Bestohlenwerdens erleben. Es findet ja tatsächlich ein Verlust und eine Verarmung statt, wenigstens aus der Sicht des irdisch-physischen Lebens.

Versuchen wir einen Blick in die jenseitige Welt, nach dem Tode, zu richten, so können wir es vielleicht für denkbar halten, daß gerade jene vom Physischen freigewordenen und vom Bewußtsein nicht mehr benötigten Lebenskräfte, die hier als Mangel und Verlust erlebt werden, dort, unter einem jenseitigen Gesichtspunkt, als Zuwachs und Gewinn angesehen werden. Was Verlust auf der einen Seite ist, kann Gewinn für die andere Seite sein. Das gilt vielleicht in ähnlicher Weise für die Orientierungsstörungen alter Menschen. Ist es nicht denkbar, daß das Reich jener hochbetagten verwirrten Menschen gar nicht mehr in dieser Welt liegt, daß sie sich gar nicht mehr im Diesseits orientieren müssen, sondern jene Kraft und Fähigkeit sich schon auf ein Jenseits einrichtet?

Jedenfalls kann uns dieser Gedanke für das Verständnis des Alterswahns und seiner typischen Thematik eine Hilfe sein. Hochbetagte Menschen mit einem wahnhaften Erleben sind weder verrückt, noch bilden sie sich etwas ein – vielmehr erleben sie einen tatsächlichen Vorgang, nämlich das Abnehmen ihrer Lebenskräfte, die bereits dem physischen Leib wie auch dem leiblichen Bewußtsein entschwinden; und genau dieser Vorgang kann als realer Vorgang in wahnhafter Interpretation als physische Verarmung oder gar Bestehlung gedeutet werden.

Selbstverständlich hilft es nicht, alten, wahnhaften Menschen ihren Wahn einfach ausreden oder sie überzeugen zu wollen, daß sie irren. Vielmehr sollte man mit Geduld auf sie eingehen und sie in ihrem Erleben ernst nehmen. Durchaus eingedenk des tatsächlichen Vorganges, der auch für alte Menschen einsichtig sein und sogar etwas Tröstliches haben kann.

Darüber hinaus ist die besondere Form der »Erinnerungstherapie im Alter«[48] nicht nur für depressive, sondern auch für wahnhafte und schließlich sogar verwirrte alte Menschen eines der sinnvollsten und angemessensten psychotherapeutischen Verfahren. Gerade der Wahnkranke mit seinem Verarmungs- oder Bestehlungswahnerleben kann eine neue und ungeahnte Bereicherung durch die in der Erinnerungstherapie lebendig werdenden Bilder seines Lebens erfahren.

Die Altersverwirrtheit (Alzheimer-Krankheit)

Verwirrtheitszustände im Alter können verschiedene Ursachen haben. Sie sind Ausdruck einer Demenz-Erkrankung, deren häufigste Ursache mit 45 % die Alzheimersche Erkrankung ist. 20 % der dementiellen Erkrankungen sind durch eine arterielle Durchblutungsstörung des Gehirns bedingt, 10 % stellen eine Kombination von durchblutungsbedingter und Alzheimerscher Demenzerkrankung dar, darüber hinaus gibt es noch verschiedene seltenere Ursachen.

Eine *cerebrale Gefäßsklerose* macht sich zunächst auf psychischem Gebiet bemerkbar mit Müdigkeit, Schlafumkehr, Nachlassen der Merkfähigkeit, Namens- und Wortfindungsstörungen, Verstimmtheiten mit Gereiztheiten und depressiven Stimmungen, sodann Schwindel und Kopfschmerzen. Im weiteren Verlauf werden Stimmungen und Gefühle immer labiler und unkontrollierbarer, die Wortfindungsstörungen auffallender, und es treten sogenannte konfabulatorische Überbrückungen auf, das heißt auf so eine harmlose Frage wie »Was haben Sie heute vormittag gemacht?«, beginnt der Betreffende eine ganz unwahrscheinliche Geschichte zu erzählen, weil sein psychischer Zustand es ihm nicht erlaubt, sich selbst und dem Frager gegenüber zuzugeben, daß er es nicht mehr weiß. Bei diesen konfabulatorischen Überbrückungen handelt es sich aber nicht um ein bewußtes Sich-Herausreden, sondern um eine unbewußte, gewissermaßen automatisch ablaufende Reaktion. Bei der *arteriosklerotischen Demenz* bleibt die Persönlichkeit des Kranken länger und besser erhalten als bei primär *atrophischen Demenzen,* wie es die Alzheimersche Erkrankung ist.

Außerdem ist der klinische Verlauf bei der cerebralsklerotischen Demenz wechselhaft mit besseren und schlechteren Phasen, während er bei einer primär atrophischen Demenz kontinuierlich fortschreitend ist. Im Endzustand sehen sich aber alle Demenzen so ähnlich, daß aus dem klinischen Erscheinungsbild keine Unterscheidung mehr möglich ist. Die *Alzheimersche Demenz* ist heute, wie schon gesagt, neben anderen senilen Demenzen der Häufigkeit und dem Erscheinungsbild nach die wichtigste Demenz. Sie kann in seltenen Ausnahmefällen bereits schon vor dem 40. Lebensjahr einsetzen, kann auch in dem Lebensabschnitt zwischen dem 40. und dem 60. Lebensjahr auftreten, beginnt aber meistens erst jenseits des 60. Lebensjahres. Sie gehört zu den primär degenerativen oder atrophischen Demenzen. Über ihre Ursache gibt es verschiedene Hypothesen und Theorien: eine genetische Hypothese, die eine Vererbbarkeit annimmt, eine toxische Hypothese, die von Vergiftungen ausgeht, eine Infektionshypothese, bei der man eine anstekkende Erkrankung diskutiert, und eine traumatische Hypothese, bei der man Schädel-Hirn-Verletzungen im Zusammenhang mit einer späteren Alzheimerschen Erkrankung sieht.

Keine dieser Hypothesen oder Theorien ist bisher bewiesen. »Beim gegenwärtigen Stand des Wissens wird man über die relativ vage Annahme einer multifaktoriellen Genese nicht hinausgelangen.«[49]

Bei der Alzheimerschen Erkrankung handelt es sich um eine diffuse Hirnatrophie, deren Befund häufig, aber nicht immer, im Computertomogramm des Schädels zu sehen ist.

Histologisch findet man bei Alzheimer-Patienten im Gehirn faserige Ablagerungen in den Nervenzellen wie auch in kleinen Gehirnblutgefäßen, die aus einer Substanz bestehen, die man Amyloid-Protein nennt. Woher dieses Amyloid-Protein im Gehirn kommt, konnte bisher noch nicht geklärt werden. Zwei Möglichkeiten stehen zur Diskussion: entweder entsteht es im Gehirn selbst, oder es kommt auf dem Blutwege dorthin. Unklar scheint noch zu sein, ob dieses Amyloid-Protein auch in anderen Regionen des Körpers in der gleichen Zusammensetzung zu finden ist.

Eine noch ungeklärte Rolle im Zusammenhang mit der genetischen Hypothese spielt das Chromosom 21, das in einer dreifachen (anstatt doppelten) Ausführung für die mongoloide Krankheit (Down Syndrom) verantwortlich ist und das möglicherweise eine für die Alzheimersche Erkrankung ursächliche Gen-Anomalie enthält. Die bisher vorhandenen Befunde liefern aber noch keine Sicherheit dieser Hypothese.

Entscheidend ist das klinische Bild, das heißt die Symptomatologie der Alzheimerschen Erkrankung, die fast ausschließlich psychische Phänomene zeitigt und nur im Vergleich dazu relativ geringe neurologische Symptome aufweist, die allerdings im Verlauf der Erkrankung, bis zu ihrem Spätstadium, deutlich zunehmen können.

Betroffen ist als erstes die Merkfähigkeit, später das Kurzzeitgedächtnis und erst ganz zuletzt das Altgedächtnis. Die Krankheit verläuft in drei Stadien von jeweils mindestens zwei bis drei Jahren Dauer.

Das erste Krankheitsstadium ist gekennzeichnet durch Merkfähigkeitsstörungen und räumliche Orientierungsstörungen. Die Patienten finden sich zwar in ihrer gewohnten, nicht mehr aber in einer neuen, fremden Umgebung zurecht. Auch die Raumauffassung selbst kann gestört sein im Sinne sehr ungenauer Abschätzungen von Richtungen und Entfernungen sowie räumlicher Beziehungen von Gegenständen zum eigenen Körper. In vielen Fällen ist auch eine Antriebsverminderung zu bemerken. Die Stimmung ist ängstlich und ratlos, häufig depressiv. In diesem ersten Krankheitsstadium ist eine Krankheitseinsicht und ein entsprechendes Leidensgefühl vorhanden. Es besteht ein deutliches Bedürfnis nach partnerschaftlichen Beziehungen und zwischenmenschlicher Kommunikation.

In der zweiten Krankheitsperiode schreitet die Krankheit weiter fort, das Gedächtnis für etwas weiter zurückliegende Erinnerungen schwindet, Wortfindungs-, Wortverwechslungs- und Wortverstehensstörungen treten auf. Dazu Erkennungsstörungen von bekannten Gegenständen; das heißt ein Kranker mit einer optischen Agnosie (= optische Erkennungsstörung) weiß nicht, was er mit einer Gabel oder mit einem Kamm anfangen soll. Möglicherweise kann man es ihm auch mit Worten nicht verständlich machen, wenn er eine entsprechende sensorische Aphasie hat. Zeigt man ihm aber, ohne weitere verbale Erläuterungen, was mit der Gabel oder dem Kamm anzufangen ist, so wird er den Gegenstand sinnvoll benützen können. Es treten Bewegungsstörungen und Störungen der Körperwahrnehmung auf, das heißt Verhältnis und Lage der Körperteile zueinander können nicht mehr richtig beurteilt werden. Harmlose Tätigkeiten wie Ankleiden fallen dem Kranken in diesem Stadium schon sehr schwer. Es können Unruhe- und Verwirrtheitszustände, besondes nachts, auftreten, und die örtliche Orientierung verliert sich jetzt auch für die gewohnte Umgebung. Die Menschen fühlen sich an einem fremden Ort und drängen ständig »nach Hause«. Die Fähigkeit zum abstrakten Denken ist geschwunden; die Fähigkeit des Erkennens und Verstehens erheblich eingeschränkt. Eine so einfache Aufforderung wie »machen Sie bitte ihr Bett«, kann nicht mehr richtig verstanden und ausgeführt werden, weil ein »Bett machen« doch eine sehr schwierige und den Menschen in dieser Situation vollkommen überfordernde Tätigkeit wäre. Das heißt, die uns selbstverständliche Abstraktion des Wortes »machen«, in dem übertragenen Sinne nur die Bettdecke auszuschütteln und glatt hinzulegen, kann nicht mehr geleistet werden; das Wort »machen« kann nur wörtlich verstanden werden – und damit ergibt ein so einfacher Satz keine sinnvolle Aufforderung mehr.

Im dritten Krankheitsstadium schließlich ist der Intelligenzabbau inzwischen weiter fortgeschritten, ebenso wie Merkfähigkeit, Kurz- und Langzeitgedächtnis. Die sprachlichen Äußerungen der Patienten werden unverständlich und beschränken sich schließlich nur noch auf unartikulierte Laute. Auch das Verstehen von sprachlichen oder schriftlichen Äußerungen schwindet jetzt vollends, während im zweiten Stadium z.B. viele Alzheimer-Kranke noch fließend laut lesen, aber nicht mehr verstehen können, was sie lesen. Es ist jetzt im dritten Stadium also gar keine verbale, intellektuelle Verständigung mehr möglich. Damit ist natürlich auch jede angemessene Beurteilungsfähigkeit, auch alltäglicher Situationen, unmöglich geworden. Die Patienten handeln und verhalten sich unangemessen, solange das Verstehen einer Situation über Worte und Begriffe geht.

Gegen Ende der Erkrankung treten nun zunehmend auch neurologische Störungen auf im Sinne von Wiederholungen stereotyper Grundbewegungen, Automatismen und schließlich einer extremen Bewegungsarmut mit zunehmenden Beugekontrakturen der Gliedmaßen. Schließlich ist ein körperlich kachektischer Zustand erreicht. Die alten Menschen sterben meist an einer Lungenentzündung, da sie keine Widerstandskräfte mehr haben.

Die Alzheimersche Demenz macht uns wie keine zweite Erkrankung unserer Zeit auf unseren »Zivilisationsdefekt« aufmerksam: Die Überbewertung und Hypertrophie all dessen, was mit der kopfigen, intellektuellen Leistungsfähigkeit, mit Wachbewußtsein und Orientierungsvermögen, mit begrifflicher und intellektueller Selbstbestimmung und bewußtem Durchsetzungsvermögen und mit bewußter, eigenverantwortlicher Persönlichkeitsverwirklichung zu tun hat, repräsentiert nur einen Teil des menschlichen Wesens, sicherlich einen wichtigen, aber nicht den einzigen, an den die Würde des Menschen gebunden ist. Genau diese Seite aber produziert und fördert unsere westliche intellektualisierte und technisierte Zivilisation. Andere Kulturen können uns auch noch auf andere menschliche Werte aufmerksam machen. Angesichts der zunehmenden Zahl von Alzheimerkranken können und müssen wir heutigen, westlichen Menschen uns auf diese anderen Werte und Qualitäten besinnen.

Gemeint ist vor allem das non-verbale oder prä-verbale (vorsprachliche) Verstehen und Kommunizieren; das Erleben und Empfinden von Gefühlen, nicht durch sprachliche-begriffliche Vermittlung, sondern durch körperliches Verhalten, durch Gesten und Taten. Aber auch in wesentlichem Maße das Ausstrahlen einer inneren, geistig-moralischen Haltung dem Mitmenschen gegenüber, ungeachtet jeder Äußerung und jeden Verhaltens.

Auch wenn der Alzheimer-Kranke seine nächsten Angehörigen nicht mehr erkennt, so kann er doch empfinden, was für eine seelische Ausstrahlung und Haltung dieser ihm fremd gewordene Anverwandte ihm entgegenbringt, in jedem einzelnen Moment der Begegnung – und immer wieder aufs neue, denn die Erinnerung trägt nicht mehr, auch nicht das Wissen und auch nicht das Verstehen. Was jetzt noch tragen kann, ist die unmittelbar gegenwärtige seelische Ausstrahlung; was dabei zählt, ist der innerste Wesenskern des Menschen, nicht sein Reden oder Schreiben, nicht sein Wissen oder sein Tun, sondern sein innerstes Bild. Die Würde des Menschen sitzt nicht im Kopf und nicht in den Händen. Sie liegt in seinem unteilbaren *Menschsein* begründet. Deshalb lebt selbst der verwirrteste Alzheimer-Patient (wie auch jeder andere bewußtseinsgestörte Patient) in einem menschenwürdigen Dasein, und wir sind als Mitmenschen aufgerufen, diesem Menschsein, so behindert und beschränkt es uns auch erscheinen mag, mit der gleichen Achtung vor seiner Würde entgegenzutreten.

Was die Alzheimer-Krankheit uns beibringen will und kann, ist zweifellos eine harte Lektion und bedarf größter Anstrengungen von uns allen. Aber es steht die Würde des Menschen auf dem Spiel, und dafür sollte uns kein Preis zu hoch sein.

Dies sollte man auch bei den therapeutischen Bemühungen im Auge behalten. Auch wenn die Schulmedizin und, so weit zu sehen, bisher auch keine alternative Medizin, eine irgendwie erfolgversprechende Therapie gegen die Alzheimersche Erkrankung vorzuweisen hat, gibt es dennoch sinnvolle therapeutische Maßnahmen, die, wenn sie die Krankheit vielleicht auch nicht aufhalten oder bessern können, dennoch dem Menschen helfend gerecht werden können.

Dazu gehört vor allem das Ansprechen, Anregen und Fördern der trotz aller Störungen noch verbliebenen Kräfte und Fähigkeiten. So können die Wahrnehmungsfunktionen, die zwar eingeschränkt, aber nicht aufgehoben sind, dem Patienten noch gute und verläßliche Dienste leisten, wenn man beachtet, daß ein Gegenstand nicht nur durch einen Sinn, sondern durch mehrere Sinne zum eventuellen Gebrauchen verständlich gemacht werden kann. Wenn es z. B. um das Mittagessen geht, so frage man nicht, ob der Betreffende vegetarisch oder Fleisch essen will, sondern zeige ihm die in Frage kommenden Lebensmittel, so daß er sie sehen, anfassen, riechen und vielleicht sogar schmecken kann und dabei hört, wie sie heißen, und daß sie zum Mittagessen zubereitet werden sollen. Am besten wäre es, wenn der Patient auch bei der Zubereitung dabei sein und vielleicht sogar noch entsprechend seinen Fähigkeiten mit kleinen Aufgaben beteiligt werden könnte. Auch bei den Aufgaben, die man einem Alzheimer-Patienten übertragen möchte, ist es ganz wichtig, ihn nicht nur verbal anzuleiten, sondern ihm durch Vormachen oder Mitmachen oder Nachmachenlassen schlichtweg zu zeigen, was er tun kann. Dabei empfiehlt es sich, Tätigkeiten auszusuchen, die wiederholt und am besten in einer rhythmischen Bewegungsabfolge ausgeübt werden können. Denn rhythmisches Empfinden und Bewegen ist etwas, was bei Alzheimer-Patienten sehr lange bestehen bleibt und deshalb auf den verschiedensten Ebenen angewandt werden kann. Nicht nur bei praktischen Tätigkeiten und Verrichtungen, sondern auch im Musikalischen, beim Musikvorspielen, beim Singen und beim Tanzen oder anderen rhythmischen Bewegungen zur Musik.

Ein wichtiger, oben schon angesprochener Bereich ist die Vermittlung von Gefühlen auf einer vorsprachlichen Ebene, die besonders leicht zu erreichen ist bei einer inneren Übereinstimmung von Haltung, Blick, Mimik, Gestik und körperlicher Berührung mit dem Patienten und vielleicht noch dem gleichzeitigen Singen eines ihm bekannten passenden Liedes. Der Kranke muß auch in dieser Situation der Gefühlsvermittlung auf mehreren Sinnen gleichzeitig angesprochen werden. Dabei sollte man auch bedenken, daß das Erleben von sympathischen, positiven Gefühlen das Selbstwertgefühl und Selbstbewußtsein auch von Alzheimerkranken positiv unterstützen kann. Schließlich sollte auch die oben schon erwähnte Erinnerungstherapie, insbesondere in den ersten beiden Krankheitsstadien gepflegt werden. Dabei sollten die Patienten aufgefordert werden und Gelegenheit bekommen, möglichst viel aus ihrem

Leben zu erinnern, Bilder aufsteigen zu lassen und davon zu erzählen, eventuell unterstützt durch Musik und Lieder aus ihrer Kindheits- und Jugendzeit. Solche künstlerisch bildhaften Anregungen wecken die Erinnerungen an Vergangenes und lassen auch frühere Gefühle wieder wach werden. Dadurch festigt und rundet sich auf einer vorbegrifflichen, künstlerisch bildhaften Gefühlsebene das Persönlichkeitserleben und das Selbstgefühl der Kranken.

Psychopharmaka

Psychopharmaka sind synthetisch hergestellte Medikamente, die »auf die Seele wirken«. Tatsächlich wirken sie über einen neurobiologischen Angriffsort – nämlich die sogenannten Neurotransmitter im Gehirn – auf psychische Funktionen, die im Rahmen von psychiatrischen Krankheitsbildern gestört sein können. Die Psychopharmaka sollen die krankhaften psychischen Symptome günstig beeinflussen. Wie diese Wirkung auf psychische Funktionen im einzelnen geschieht, und ob damit gar eine ursächliche Behandlung psychischer Krankheiten möglich ist, ist bisher vollkommen offen und ungeklärt.

Dennoch zeigen Psychopharmaka in der Anwendung bei psychiatrischen Krankheitsbildern eine Wirksamkeit, der man oft positive Seiten abgewinnen kann – aber nicht immer, und es gibt auch nicht nur positive Effekte. Deshalb gilt es, über die Anwendung von Psychopharmaka in jedem einzelnen Fall, das heißt bei jedem kranken Menschen individuell zu entscheiden. Diese Entscheidung sollte zumindest zwischen Patient und Arzt in Übereinstimmung gefunden werden. Je nach den Umständen können oder sollten auch noch Menschen, die das Vertrauen des Patienten genießen, mit einbezogen werden. (Natürlich gibt es in der Akutpsychiatrie Notfallsituationen, in denen diese Abstimmung nicht so ohne weiteres möglich ist; aber dann sollte sie so bald wie möglich nach der Akutbehandlung nachgeholt werden.)

Es kann im Rahmen dieses Buches unmöglich eine kritische Würdigung der Möglichkeiten und Gefahren der modernen Psychopharmaka vorgenommen werden. Es sollen hier nur einige wenige Gesichtspunkte angesprochen werden.

Wir unterscheiden unter den Psychopharmaka vier große Gruppen von Medikamenten:

1. die Antidepressiva,
2. die Neuroleptika,
3. die Tranquilizer und Hypnotika,
4. die Antiepileptika.

(Eine Sonderstellung nimmt das Lithium ein als Prophylaktikum bei manischen und manisch-depressiven Erkrankungen.)

Die Antidepressiva

Unter den Antidepressiva gibt es verschiedene Medikamente mit unterschiedlicher Wirkung. Allen gemeinsam ist, daß sie die depressiv-niedergedrückte Stimmung im Rahmen einer Depression aufhellen sollen. Darüber hinaus gibt es Medikamente, die neben diesem aufhellenden Effekt beruhigend wirken. Sie können eingesetzt werden, wenn bei einer Depression Schlafstörungen oder Unruhezustände bestehen.

Demgegenüber gibt es antidepressive Medikamente, die nicht beruhigend, sondern im Gegenteil antriebssteigernd wirken. Sie sind indiziert bei ausgesprochener Apathie und Antriebslosigkeit im Rahmen der Depression.

Wenn ein Antidepressivum richtig verordnet wird, beginnt die stimmungsaufhellende Wirksamkeit erst nach 10 bis 20 Tagen. Solange müssen Patient, Angehörige und der Arzt Geduld haben. Antidepressiva können die Symptome einer Depression (insbesondere einer endogenen Depression) lindern und damit das Leiden leichter und erträglicher machen. Sie können aber eine Depression nicht heilen und wahrscheinlich nicht einmal die Dauer einer depressiven Erkrankung verkürzen. Da Antidepressiva auch Nebenwirkungen haben bzw. haben können, ist schon deshalb die Anwendung immer gegenüber dem angestrebten und erwarteten Ziel abzuwägen.

Bei schwer depressiven und vor allem selbstmordgefährdeten depressiven Patienten wird man wohl kaum auf die Anwendung beruhigender Antidepressiva verzichten können. Es bedürfte eines sehr engagierten personellen Einsatzes, unter Umständen rund um die Uhr – und das auf unbestimmte Zeit, was nur in einer geschlossenen psychiatrischen Station möglich ist –, wollte man in einem solchen Fall auf Antidepressiva verzichten. Bei leichteren Formen depressiver Erkrankungen sollte man die Einnahme von Antidepressiva immer abwägen im Vergleich zu dem Maß an Schmerz und Leiden, das der Patient zu ertragen willens und in der Lage ist.

Ganz fatal wäre es, wollte man durch den schnellen Griff zur Tablette alle Leiden, Probleme und Schmerzen mühelos beseitigen. Zum Glück geht dies gar nicht; aber man sollte schon den Gedanken daran und eine möglicherweise sich dahin entwickelnde Tendenz von vornherein abwehren.

Andererseits wird den Antidepressiva von vielen Patienten ein zu negatives Vorurteil entgegengebracht. Antidepressiva sind in jedem Fall sinnvoller als Beruhigungs-, Schlaf- oder Schmerzmittel. Und viele Patienten nehmen relativ bedenkenlos Schlaf- oder Schmerzmittel ein und lehnen dann bei einer depressiven Erkrankung die Behandlung mit Antidepressiva ab. Mit Antidepressiva kann man schwerkranken Menschen eine wesentliche Hilfe geben, die als Patient abzulehnen oder als Arzt zu verweigern, eine folgenschwere Entscheidung ist. Allerdings sollte man bedenken, daß Antidepressiva im Rahmen einer endogenen Depression meist zeitlich begrenzt gegeben werden – und daß sie nicht abhängig machen.

Die Neuroleptika

Unter Neuroleptika verstehen wir eine Gruppe von Medikamenten, die »antipsychotisch« wirken. Sie werden bei der schizophrenen Psychose und auch bei der manischen Psychose angewandt.

Man kann verschiedene Wirkungsspektren bei den Neuroleptika unterscheiden: die einen wirken primär gegen Wahnvorstellungen und Halluzinationen und haben dabei nur einen relativ geringen beruhigenden Effekt. Eine zweite Gruppe wirkt dagegen sehr stark beruhigend mit nur einer geringen Wirksamkeit gegen die produktiven psychotischen Symptome (Wahn und Halluzination). Eine mittlere Gruppe schließlich wirkt sowohl ein wenig antipsychotisch wie auch mäßig beruhigend. Die Auswahl und Anwendung eines bestimmten Neuroleptikums richtet sich nach den Symptomen des Patienten. Die Neuroleptika machen nicht abhängig, haben aber Nebenwirkungen, die zum Teil als sehr unangenehm von den Patienten erlebt werden (z. Teil gibt es dagegen wiederum lindernde Medikamente).

Aufgrund dieser Nebenwirkungen und der möglichen Spätwirkungen ist die Anwendung von Neuroleptika in jedem Fall kritisch abzuwägen gegenüber der Schwere der Erkrankung und den Möglichkeiten alternativer Therapiemethoden. Auch für die Neuroleptika gilt, was schon bei den Antidepressiva gesagt wurde, daß man durch ihre Anwendung vielen schizophrenen Menschen wesentlich hat helfen können, ohne ständige oder immer wieder notwendige Hospitalisierung ein deutlich freieres und selbstbestimmbareres Leben zu führen, als dies unter einer chronischen Hospitalisierung möglich wäre.

Ob ein berufstätiges Leben unter neuroleptischer Medikation oder ein berufsunfähiges Leben in häuslicher oder klinischer Pflege für einen Menschen erstrebenswerter ist, sollte nicht unüberlegt von den Ärzten entschieden werden, sondern kritisch bedacht und mit dem Patienten und den Menschen seines Vertrauens besprochen und gemeinsam beschlossen werden. Man sollte nach Möglichkeit von jeglichem Zwang zur Einnahme von Psychopharmaka absehen, wobei nur extreme Notsituationen innerhalb der Akutpsychiatrie eine vertretbare Ausnahme darstellen können.

Immer sollte man bei Anwendung von Psychopharmaka an die möglichen, (aber nicht zwangsläufigen) Nebenwirkungen denken und deshalb notwendige – meist Labor-Untersuchungen durchführen. Denn manche Nebenwirkungen werden nicht gleich spürbar, sind aber am Blut schon zu erkennen.

Tranquilizer und Hypnotika

Tranquilizer sind Beruhigungsmittel, Hypnotika Schlafmittel. Ihre Anwendung sollte noch viel kritischer gehandhabt werden als die der Antidepressiva und Neuroleptika. Denn während die Antidepressiva und Neuroleptika spezifische Medikamente für schwere Krankheitsbilder sind, trifft dies für Tranquilizer und Hypnotika nicht zu. Beide Medikamente haben zwar durch ihren sedierenden Effekt eine mitunter günstige und angestrebte Wirkung, können damit aber höchstens kurzfristig helfen und überhaupt nicht heilen. Heilen freilich konnten auch weder die Antidepressiva noch die Neuroleptika im Rahmen der depressiven, der manischen oder der schizophrenen Psychosen.

Tranquilizer und Hypnotika werden häufig bei Unruhezuständen und Schlafstörungen eingesetzt. Dafür gibt es aber immer auch noch andere medikamentöse oder nichtmedikamentöse therapeutische Möglichkeiten.

Im Grunde sollte man auf die Anwendung und Einnahme von Tranquilizern und Hypnotika vollkommen verzichten. Und wenn man einmal meint, nicht darum herumkommen zu können, so sollte man die Einnahme zeitlich eng befristen und nicht länger als zwei Wochen durchführen. Denn alle Medikamente dieser Gruppe der Tranquilizer und Hypnotika, der Beruhigungs- und der Schlafmittel können zu einer Abhängigkeit führen.

Es ist geradezu eine Katastrophe, daß diese Medikamente die am meisten verordneten aus dem ganzen Bereich der Psychopharmaka sind. Sowohl Ärzte wie Patienten sind den Tranquilizern gegenüber weitaus weniger kritisch als den oft wirklich indizierten Antidepressiva und Neuroleptika gegenüber.

Antiepileptika

Antiepileptika werden gegen epileptische Anfallsleiden angewandt. Sie können die epileptische Krampfneigung erniedrigen und damit die Anfallshäufigkeit bei Patienten mit einer Epilepsie vermindern. Ob und wieweit sie im Rahmen einer epileptischen Erkrankung angezeigt sind, sollte in jedem Fall ein erfahrener Facharzt beurteilen. Auch ihre Anwendung sollte man kritisch abwägen im Vergleich zu anderen therapeutischen Möglichkeiten.

Lithium

Das Lithium nimmt unter den Psychopharmaka eine Sonderstellung ein, insofern es nur bei der Manie als therapeutisches Medikament angewandt wird, ansonsten wird es bei manischen Psychosen und bei manisch-depressiven Psychosen (selten auch bei reinen Depressionen) prophylaktisch verordnet, zur Vermeidung wiederholter Krankheitsphasen.

Auch das Lithium hat erhebliche Nebenwirkungen, die vor Beginn einer Lithium-Behandlung mit dem Patienten ausführlich zu besprechen sind, zumal eine Behandlung mit Lithium, soll sie prophylaktischen Erfolg haben, über viele Jahre durchzuführen ist.

Vor allem vor einem plötzlichen Absetzen von Lithium nach jahrelanger Einnahme muß gewarnt werden. Dadurch könnte leicht eine neue Krankheitsphase ausgelöst werden.

Allgemein sollte man in der Verschreibung und in der Einnahme von Psychopharmaka vorsichtig und kritisch sein. Man sollte sie weder leichtfertig verordnen, noch leichtfertig einnehmen, um damit auf scheinbar elegante Weise einem seelischen Schmerz oder einem Leid zu entgehen. Wir müssen uns als Menschen, als Patienten wie Ärzte, zu unserer Leidensfähigkeit positiv einstellen. Diese positive Einstellung sollte immer ein therapeutisches Ziel ersten Ranges sein – vor der Verordnung irgendwelcher Medikamente. Wenn Medikamente anzuwenden sind, dann nach Möglichkeit solche, die eine heilende Wirksamkeit ausüben können. Das sind nach unserer Erfahrung eher Medikamente aus der anthroposophisch erweiterten Medizin und nicht die Psychopharmaka. Denn es ist unbestritten, daß Psychopharmaka zwar eine lindernde und helfende Wirksamkeit haben, in keinem Fall aber eine psychiatrische Erkrankung heilen können.

Unter diesem Gesichtspunkt spricht nichts dagegen, anthroposophische oder auch homöopathische Medikamente mit Psychopharmaka zu kombinieren. Sie haben ganz verschiedene Ansatzpunkte und ergänzen sich in ihren Wirkungen.

Anthroposophische Medikamente versuchen gezielt und organspezifisch die Selbstheilungskräfte des Organismus anzuregen, um so eine Erkrankung überwinden zu können. Die Wirksamkeit der anthroposophischen Heilmittel ist differenziert. Ein wesentlicher Gesichtspunkt dabei ist, daß dem Organismus dadurch eine Hilfe angeboten wird, deren sich der Organismus bedienen kann – oder auch nicht. Es gibt keinen zwangsläufigen Effekt. Das bedeutet in einem weiteren Sinn, daß bei der Behandlung mit anthroposophischen Heilmitteln trotz der Aufnahme einer Arzneisubstanz in den menschlichen Organismus dessen Freiheit gewahrt bleibt: Er kann die therapeutische Wirkung der Substanz annehmen oder sie »verweigern«. Dann kann und muß natürlich nach anderen therapeutischen Möglichkeiten gesucht werden.

Bei der Behandlung mit allopathischen Medikamenten verhält es sich mit der Freiheit des Organismus etwas anders: Hierbei ist die Freiheit deutlich eingeschränkter, es wird mehr »Druck auf den Organismus ausgeübt«, sich einer biochemischen Wirkung der Arzneisubstanz zu beugen. Aber auch bei den stärksten allopathischen Medikamenten ist eine Wirkung nicht mit hundertprozentiger Sicherheit vorauszusagen – einen letzten Rest von Freiheit läßt sich der Organismus nicht nehmen. Dennoch ist durch die Psychopharmaka die Gefahr der Manipulation natürlich größer als durch Naturheilmittel, homöopathische Medikamente oder anthroposophische Medikamente. Bei allen Nebenwirkungen, Abhängigkeiten, Manipulationen und Verführungen, die durch Psychopharmaka möglich sind, sei zum Abschluß doch noch einmal auf einen positiven Aspekt hingedeutet. Antidepressiva, Neuroleptika und Antiepileptika können durch ihre spezifische, Krankheitssymptome unterdrückende und damit Krankheit begrenzende und Leiden lindernde Wirksamkeit neben allen Gefahren und Verführungen dem Menschen auch einen Freiraum vermitteln. Einen Freiraum in dem Sinne, daß der Kranke von der Bindung an seine Krankheit nicht geheilt und befreit, aber doch etwas freier wird, so daß er in die Lage kommen kann, mit diesem neugewonnenen Freiraum in bewußter Entscheidung und Verantwortung etwas anzufangen. Was er damit anfängt, ist seine Sache, ganz allein die Sache des Kranken. Er kann die neue Freiheit und Möglichkeit sinnvoll nutzen, er kann sie ausbeuten, verschlafen oder verprassen. Als Arzt soll man nicht manipulativ auf die Gestaltung dieses Freiraumes einwirken. Als Arzt soll und darf man nur auf diesen Freiraum hinweisen und auf die Möglichkeit und Verantwortung, ihn zu nutzen, aufmerksam machen.

Die anthroposophisch medikamentöse Therapie in der Psychiatrie

Aufgrund der im Kapitel »Von der Physiologie zur Psychologie der Organe« geschilderten Zusammenhänge zwischen physischen Organen und den verschiedenen Qualitäten des Seelenlebens hat sich in der anthroposophisch erweiterten Psychiatrie eine eigenständige Richtung der medikamentösen Behandlung psychiatrischer Krankheiten entwickelt. Diese Therapie geht von den erwähnten Zusammenhängen mit den leiblichen Organen aus und zielt mit pflanzlichen und mineralischen Heilmitteln, zum Teil auch mit tierischen Organpräparaten, auf die spezifische Unterstützung der Vitalität und somit auf die Anregung jeweils desjenigen Organes, das aufgrund der psychischen Krankheitserscheinungen dafür in Frage kommt.

Wir sehen in dieser Organbehandlung mit Medikamenten der anthroposophisch erweiterten Medizin einen ersten Ansatz in der ursächlichen Behandlung psychiatrischer Krankheitsbilder. Wenn es durch diese medikamentöse Therapie gelingt, die aus einem Organ freiwerdenden Bildekräfte, die durch ihre Projektion in das Seelenleben zu den psychiatrischen Symptomen führen, wieder an ihr Organ und in ihre organisch gebundene Tätigkeit zurückzuführen, kann die seelische Erkrankung langsam, aber sicher und nachhaltig gebessert, im günstigsten Verlauf sogar geheilt werden.

Die Erfahrung innerhalb der anthroposophischen Psychiatrie mit dieser Richtung der medikamentösen Behandlung zeigt, daß man zwar bei weitem noch nicht auf den Einsatz von Psychopharmaka, vor allem in der Akutpsychiatrie, verzichten kann, daß wir aber in vielen Fällen sehr viel weniger Psychopharmaka verschreiben müssen, wenn wir mit anthroposophischen Medikamenten behandeln. Diese sollten jedoch nicht nur auf die akute Erkrankungssituation begrenzt sein, sondern lange Zeit darüber hinaus gegeben werden, um einen wirklichen organischen Heilungsprozeß im Bereich der Bildekräfte anregen und langfristig unterstützen zu können.

Im Rahmen subakuter und leichterer bzw. einer nicht extrem schwerwiegenden Erscheinung psychiatrischer Erkrankung kann eine ausschließlich anthroposophisch medikamentöse Behandlung, die selbstverständlich immer durch anthroposophische Kunsttherapien, äußere Anwendungen und eine unterstützende Gesprächstherapie flankiert werden soll, vollkommen ausreichend sein und damit das Verordnen und Einnehmen von Psychopharmaka doch häufig überflüssig machen.

Auf diesem Wege einer auf vier Säulen aufbauenden anthroposophischen psychiatrischen Behandlung – äußere Anwendungen, anthroposophische Medikamente, Kunsttherapien und begleitende/stützende Psychotherapie – kann den Menschen mit seelischen Krankheiten in vielen Fällen gut geholfen werden, so daß sich eine Weiterverfolgung und weitere Erforschung und Anwendung dieses therapeutischen Ansatzes für die Psychiatrie sicher lohnt.[50]

IV. Psychotherapie aus Anthroposophie

Nicht die sachliche, objektive Realität,
sondern die persönliche, subjektiv erlebte Wirklichkeit
entscheidet über Gesundsein und Kranksein des Menschen.
Sie entscheidet über das Vertrauen oder Mißtrauen
der Patienten zu ihren Therapeuten –
und über die Möglichkeiten und Erfolge
therapeutischer Maßnahmen.
Mithin über das Schicksal des Kranken.
Deshalb sollten wir die subjektive Wirklichkeit
mehr achten und respektieren.
Die sachliche Realität kann verändert werden.
An das bewußte Erleben der Wirklichkeit
können wir nur appellieren.

Markus Treichler

Was ist Psychotherapie?

Psychotherapie ist: Dienen der Seele.

Dienen wir der Seele eines Menschen, indem wir sie verehren, ihr helfen und sie begleiten, so ist es dieser Seele zum Heil, und wir haben den Menschen geheilt.

Wir haben bisher nichts anderes getan, als das griechische Wort therapeuein, das dem Begriff Therapie zugrunde liegt, ins Deutsche zu übertragen: Es bedeutet verehren, helfen, dienen, begleiten. Psychotherapie so verstanden, ist eine wunderbare, schöne, wichtige und anspruchsvolle menschliche Tätigkeit. Sie hat mit heutiger wissenschaftlicher Psychotherapie nicht viel gemein.

Psychotherapie im modernen wissenschaftlichen Sinn heißt: Behandlung abnormer oder krankhafter Zustände der Psyche oder des Körpers durch gezielte psychische Maßnahmen. Dazu gehören ganz unterschiedliche Dinge wie Gespräche, Traumdeutung, Verhaltenstraining, freie Assoziationen zur Analyse unbewußter, verdrängter psychischer Inhalte, Hypnose, Suggestion, Besinnungsarbeit, Psychodrama, Urschrei, Biofeedback, kognitive Therapie, Familientherapie, Gruppentherapie, autogenes Training, neurolinguistisches Programmieren, Meditation.

Diese Aufzählung stellt nur eine kleine Auswahl aus den verschiedensten modernen psychotherapeutischen Ansätzen dar. Bis in die sechziger Jahre hinein bedeutete Psychotherapie immer ein tiefenpsychologisch fundiertes Verfahren. Es handelte sich entweder um die analytische Psychotherapie im Sinne C. G. Jungs oder um die Psychoanalyse im Sinne Sigmund Freuds, jeweils weiterentwickelt durch deren Schüler und deren neue Schulen.

Inzwischen hat sich die Situation radikal gewandelt. Man schätzt heute, daß es bereits weit über 300 verschiedene psychotherapeutische Richtungen gibt. Und es werden immer noch mehr.

Diese enorme Zunahme an psychotherapeutischen Verfahren hat sicherlich mehrere Gründe. Daß Krankheiten und Krisen, die mit psychotherapeutischen Mitteln behandelt werden können, zunehmen, ist sicher nur ein Grund. Ein vielleicht wichtigerer Grund könnte darin liegen, daß immer mehr Menschen mit den bisherigen Hilfen und Behandlungen bei Krisen und Krankheiten nicht zufrieden waren, sich nicht ausreichend behandelt fühlten und deshalb nach anderen Wegen suchten. Die Vielzahl psychotherapeutischer Richtungen kann aber auch ein positives Zeichen für die Lebendigkeit und Vielgestaltigkeit der Menschen im Umgang mit psychischen Fragen, Problemen und Krankheiten sein.

Denn schließlich drückt sich in jeder psychotherapeutischen Behandlungsweise, ob ausgesprochen oder unausgesprochen, immer auch ein verschiedenartiges Menschenbild und ein anderes Verständnis von der menschlichen Seele aus. Und so gesehen ist es gut, wenn es viele Zugehensweisen dafür gibt.

Wenn im folgenden von einer »Psychotherapie aus Anthroposophie« gesprochen werden soll, so ist an die beiden eben erwähnten Punkte zu erinnern: das Menschenbild im allgemeinen und das Verständnis von der menschlichen Seele im besonderen, das die Grundlage für eine Psychotherapie aus Anthroposophie gibt.

Für ein Kennenlernen des Menschen wie auch des Seelenbildes aus der Anthroposophie sollte aus diesem Buch schon einiges deutlich geworden sein, so daß jetzt nur noch weniges, spezifisch Psychologisch-Psychotherapeutisches ergänzt zu werden braucht.

Psychologie aus Anthroposophie

Ein Bild und Verständnis von der menschlichen Seele ist für die Anthroposophie von zentraler Bedeutung. Denn in seiner Seele kann der Mensch als erstes ein unmittelbares, bewußtes Erleben vom Geistigen haben. Und eine erkennende Beziehung zum Geistigen in Mensch und Welt ist die spezifische Aufgabe, die die Anthroposophie als eine Geisteswissenschaft hat. Insofern ist die Psychologie für die Anthroposophie gewissermaßen die »Eintrittswissenschaft« für eine geistige Erkenntnis.

Die Seele hat eine Mittelstellung zwischen Leib und Geist. Sie entwickelt sich aus der naturgegebenen und vererbten leiblichen Grundlage. Dabei gewinnt sie an Eigenständigkeit und Freiheit gegenüber ihren leiblichen Bedingungen.

In der fühlenden Seelenqualität ist sie am unmittelbarsten mit ihrem Leib verbunden. In den willenshaften Kräften, in Antrieb und Motivation, bedient sich die Seele ihres Leibes als Instrument. In ihrer erkennenden Qualität des Wachbewußtseins kann die Seele leibfrei werden. Hier kann sie sich auf das Geistige hinorientieren. Der Mensch kann sich seine seelischen Gedankeninhalte aus dem Leib, aus seiner Mitwelt oder aus der geistigen Welt nehmen.

In unserem normalen Tages-Wach-Bewußtsein unterscheiden wir die drei Seelentätigkeiten Denken, Fühlen und Wollen. Was geschieht beim Vorgang des Denkens, wenn ich mir eine Vorstellung bilde? Ich wende mich mit meinem Bewußtsein und meiner Intentionalität einer Sache, einem sinnlichen Gegenstand oder einem geistigen Inhalt zu, verbinde mich mit meinem Bewußtsein mit diesem Gegenstand und bilde mir im Anschluß an die durch meine Sinnesorgane vermittelte Wahrnehmung, an diese anschließend und durch sie angeregt, eine Vorstellung von dem Wahrgenommenen. Das ist das konkrete Bild, das ich mir von dem Wahrnehmungsinhalt mache. Kann ich dabei von den einzelnen individuellen und akzidentellen Eigenschaften des Wahrnehmunsgegenstandes absehen, so komme ich mit meiner Erkenntnis über die individualisierte Vorstellung hinaus zu einem allgemeinen Begriff, d.h. zur Erkenntnis des Typus, der mich schon etwas Überindividuelles, also z.B. eines Baumes, eines Tieres oder eines Menschen, erkennen läßt. Kann ich in meinem Erkenntnisbemühen noch einen Schritt weitergehen und von der sinnlichen Erscheinungsform noch weiter absehen, komme ich schließlich zur Erkenntnis der Idee oder des geistigen Gesetzes, das in der Pflanze, dem Tier oder dem Menschen wirksam ist. Ich bin jetzt bei diesem Erkenntnisschritt auf dem Wege, das Geistige selbst in dem sinnlichen Erkenntnisgegenstand zu erkennen. Ein letzter Schritt an geistiger Erkenntnis ist dann vollbracht, wenn ich aus der Erkenntnis der Idee zum Wahrnehmen des geistigen Wesens selber komme. Mit dem geistigen Wesen ist gewissermaßen der Ursprung des in dem konkreten Wahrnehmungsgegenstand erahnten oder schließlich erkannten Gesetzes gemeint.

Wenn wir zunächst als wesentliches Merkmal des Denkens sehen, daß wir uns dadurch bewußt mit unserem Geist einem bestimmten Gegenstand zuwenden, so kann uns offenbar werden, daß dieser Vorgang des Gedankenbildens ein kleines Abbild dessen ist, was wir tagtäglich beim Aufwachen erleben: denn im Aufwachen, im Vorgang des sich wachbewußt der Welt Zuwendens, machen wir in größerem und stärkerem unmittelbarem Maße durch, was wir als Bestandteil des Gedankenbildens im Kleinen beschrieben haben: Wir wenden uns mit einer neu entstandenen, wachen, intentionalen und bewußten Aufmerksamkeit unserer Umgebung zu. Wir nehmen die physische Welt durch unsere Sinnesorgane wahr und kommen in die Lage, das Wahrgenommene mit den dazu gebildeten Vorstellungsinhalten in unserem Bewußtsein miteinander zu verbinden und in Zusammenhänge zu bringen, auch mit anderen Vorstellungen oder Begriffen aus unserer Erinnerung. Diesen komplexen Vorgang nennen wir insgesamt Denken.

Das Aufwachen, der Schritt vom Schlafbewußtsein zum Wachbewußtsein, geschieht aus dem Unbewußten heraus. Unser Bewußtsein, das die Qualitäten von wachbewußt, traumhaft unterbewußt und schlafend unbewußt hat, vollzieht aus sich selbst heraus diesen Schritt, sich vom schlafenden unbewußten Zustand in die Qualität des wachen Bewußtseins zu verwandeln. Es ist offenbar ein unbewußt, intentionaler Akt zur Modifizierung des Bewußtseins in seinen wachen Zustand, womit sich dann das Bewußtsein der Welt zuwenden kann.

Genau dieselbe Kraft ist es, die wir im Laufe eines Tages mehrmals, aber nun nicht aus dem Unbewußten, sondern aus dem Wachbewußtsein selbst heraus anwenden müssen, wenn wir uns eine Vorstellung oder Gedanken bilden. Unser Erkenntnisleben im Wahrnehmen und Gedankenbilden ist also ein Abbild des Aufwachens. In beiden Fällen ist es eine Hinwendung des Wachbewußtseins zur Welt. Tatsächlich konstituiert sich das Wachbewußtsein wesentlich erst in der Begegnung mit der Welt. Dabei kann es, im Normalfalle, die physische Außenwelt sein, an der unser Bewußtsein erwacht; es kann aber in Sondersituationen auch die eigene Innenwelt unseres Leibes sein, an der das Bewußtsein wach teilnehmen kann, z. B. in mystischer Versenkung; oder es kann durch eine besondere intentionale Anstrengung auch die geistige Welt sein, durch deren Begegnung ich mein Wachbewußtsein zu einer noch höheren Wachheit steigern kann.

So wie das Gedankenbilden also ein Abbild des Aufwachens ist, so können wir in einem noch größeren menschlichen Vorgange das Urbild dieser beiden Prozesse erkennen: im Geborenwerden, in der Inkarnation. Dieses ist ja der Urschritt, die Voraussetzung für die Entwicklung eines weltorientierten Wachbewußtseins. Indem wir im Gedankenbilden gewissermaßen einen schattenhaften Abglanz einer Erkenntnis des Geistes haben, der in den Dingen und Wesen der Welt wirkt, und wir diese schattenhafte Erkenntnis durch gesteigerte Anstrengung in eine immer klarere Erkenntnis, bis zur höchsten Wesenserkenntnis steigern können, so erkennen wir, wie dieses Verbinden des erkennenden Menschengeistes mit der physischen Welt das Abbild der Verbindung des Menschengeistes selbst aus einem vorgeburtlichen, leibfreien Dasein mit seinem physischen Leibe ist. Das Urbild ist die Inkarnation des Menschen, das Sich-Verbinden des Menschengeistes mit einer physischen Leiblichkeit.

In dieser psychologischen Metamorphose des Erkenntnislebens, in der die farbige, lebendige, vielgestaltige Welt zum schattenhaften Bilde abblaßt, haben wir einen sozusagen gerade noch mit dem Leben zu vereinbarenden Vorgang in uns, der, wenn er nicht nur ein blasses psychologisches Abbild wäre, sondern wirklich in voller Kraft in unserem Leben aufträte, dieses Leben vollkommen und sofort zum Absterben bringen würde. Der psychologische Erkenntnisprozeß, der sich uns in seiner Verwandtschaft mit unserem vorgeburtlichen, leibfreien geistigen Leben offenbart, würde uns, träte er ungefiltert in unserem Leben auf, sofort töten. Das Vorstellungsleben als bildhafte Abschwächung unseres vorgeburtlichen Lebens dient unserem seelischen Erkenntnisvermögen; der damit verbundene physiologische Vorgang ist ein Abbau, ein langsamer Absterbeprozeß (vgl. S. 34). Als rein leiblicher Vorgang vorgestellt, wäre es ein vollkommener Sterbeprozeß.

Wenden wir uns der polaren Seelentätigkeit zum Denken, dem Wollen zu: Was geschieht im Wollen? Zunächst haben wir in der Regel eine Vorstellung dessen, was wir wollen, begleitet von einer Empfindung, und konzentrieren diese in unserer Seele zu einem Willensentschluß. Soweit handelt es sich im eigentlichen Sinne noch um Vorstellungsleben, noch gar nicht um das echte Willensleben. Und soweit sind wir auch noch mit unserem wachen Bewußtsein dabei. Aber wenn wir uns jetzt anschicken, aus dem vorgestellten Willensentschluß einen Willensimpuls werden zu lassen und diesen dann in die Tat umzusetzen, tauchen wir mit unserem Bewußtsein in unseren Organismus hinein, und zwar tauchen wir in unsere Stoffwechsel- und Gliedmaßenorganisation unter. Hier wird dann dasjenige, was vorher Vorstellungsbild in unserem Wachbewußtsein war, zu einem unbewußten körperlichen Vorgang, zu unserer Handlung. Im Vollzug der leiblichen Handlung sind wir uns dessen, was da in unserer Stoffwechsel- und Gliedmaßenorganisation an Energietransfer, an Stoffwechselvorgängen und Bewegungsabläufen geschieht, in keiner Weise bewußt. Wir schlafen im Wollen mit unserem Bewußtsein in unsere Leibesorganisation hinein. Das Wachbewußtsein verwandelt sich in ein schlafendes Unbewußtsein zugunsten der leiblichen Stoffwechsel- und Bewegungsvorgänge, die die Grundlage unserer Willenshandlungen sind.

Zum Glück ist dies so. Was müßte man alles bedenken, was müßte bei so relativ harmlosen Willkürbewegungen wie dem Schreiben beispielsweise alles an körperlichen Funktionen koordiniert werden! Wäre dieser Weg des Wollens beim Schreiben tatsächlich Inhalt unseres Wachbewußtseins, so wüßten wir nach wenigen Bewegungen sicherlich nicht mehr, was wir ursprünglich wollten. Es ist offensichtlich eine sehr sinnvolle Einrichtung, wenn wir beim Wollen mit unserem Wachbewußtsein in unsere leibliche Organisation »hineinschlafen« und damit unser Tages-Wachbewußtswein modifizieren.

Somit erweist sich das Wollen als das Abbild des Einschlafens, wie das Vorstellen das Abbild des Aufwachsens ist. Und das Urbild des Einschlafens – wie des Wollens – ist das Gegenbild des Geborenwerdens: das Sterben. Das Wollen ist also ein gewissermaßen im Embryonalstadium gehaltenes Sterben, insofern es ein partieller Bewußtseinsverlust, ein Einschlafen ist. Der Schlaf ist der kleine Bruder des Todes. Das Wollen ist der kleinere Bruder des Schlafes.

Es hat sich jetzt ein neuer Dreischritt ergeben: Sterben – Einschlafen – Wollen.

Vorher hatten wir den Dreischritt: Geborenwerden – Aufwachen – Vorstellen.

In diesen beiden elementaren Seelentätigkeiten berühren wir tatsächlich die Grenzfragen des menschlichen Seelenlebens. Wir erkennen die menschliche Seele als unsterblich, insofern wir in diesen zwei mal drei Schritten durch das Gedankenbilden auf die vorgeburtliche Existenz der Seele und im Wollen auf das nachtodliche Weiterleben der Seele hingewiesen werden. Denn im Wollen und Handeln prägen wir ein Bild unserer Seele der Welt ein und tun damit für die Welt etwas Vergleichbares, was wir durch unsere Wahrnehmungen und Vorstellungen für unsere eigene Seele tun, indem wir das Wahrgenommene und Vorgestellte in unserem Gedächtnis bewahren können. So wird, bildlich gesprochen, die Welt zum Gedächtnis für unsere Taten. Und durch unsere Handlungen wirken wir in die Zukunft hinein, gestalten wir mit an dem Zukünftigen.

Zwischen diesen beiden polaren Grundseelentätigkeiten Denken und Wollen entfaltet sich in unserem normalen Tages-Wachbewußtsein als verbindende Seelenqualität das Empfindungsleben, das Fühlen. Im Fühlen fließen in jedem Moment Vergangenheit und Zukunft unseres Daseins ineinander, wodurch Gegenwart entsteht. Die Gegenwart wird nur im Fühlen erlebt; das Fühlen lebt nur in der Gegenwart, während das Denken sich auf die Vergangenheit richtet, weshalb wir auch »nachdenken« sagen. Es richtet sich fast immer nur auf etwas, was es schon gibt. Auch in der Vorstellung rücken wir eine Wahrnehmung oder einen Gedanken, den es schon gibt, nur vor unsere Seele, vor unser Wachbewußtsein hin. In einem weiteren Sinne richtet sich das Denken sogar nicht nur, wie wir gesehen haben, auf die gegebene Vergangenheit, sondern auf unsere eigene, individuelle vorgeburtliche Vergangenheit, auf das Leben unseres Geistes vor der Geburt. Denn aus diesem Dasein schöpfen wir die Fähigkeit, Begriffe und Ideen aus der geistigen Welt wahrnehmen zu können.

Diese drei elementaren Seelentätigkeiten, Denken, Fühlen und Wollen, werden während des Wachbewußtseins im gesunden Zustand unserer Organisation durch das Ich zusammengehalten, so daß sie sich auf der einen Seiten nicht in zu starker Trennung verlieren und auseinanderentwickeln – wozu unsere gegenwärtige Zeitsituation allerdings hintendiert –, andererseits sollen sie sich aber auch nicht in zu starker Verbindung und Vermischung ineinander auflösen bis zu einem unkenntlichen Konglomerat. Beide möglichen Entgleisungszustände entsprechen unterschiedlichen seelischen Krankheitsbildern: der Entwicklung zur schizophrenen Psychose in der Trennung – der Entwicklung zur hysterischen Neurose in der unterbewußten Vermischung. Die Ordnung der elementaren Seelenqualitäten und damit eines gesunden Seelenlebens ist eine Aufgabe unseres Ich im Tages-Wachbewußtsein.

Mit dieser – unvollständigen – Charakteristik eines Bildes von der menschlichen Seele, wie es sich aus der Anthroposophie ergeben kann, sollte wenigstens auf ein wesentliches Merkmal hingedeutet werden: auf die Erkenntnis von der Unsterblichkeit der menschlichen Seele, wie sie sich durch unseren Versuch einer wesensmäßig phänomenologischen Betrachtung von Denken, Fühlen und Wollen ergeben hat.

Gelingt es, aus einem solchen Bild von der menschlichen Seele eine anthroposophische Psychologie zu entwickeln und anzuwenden, so ist damit nicht nur eine neue Lehre, sondern eine »spirituelle Betätigung« erreicht, wie es Rudolf Steiner gefordert hat. Denn eine psychologisch-psychotherapeutische Handlungsweise, die von einem Bild der Seele ausgeht, das diese durch das Erleben der Seelentätigkeiten über das Alltagsbewußtsein hinaus in die Selbsterfahrung ihres eigenen, unsterblichen Wesens führt, ist dann schon auf dem Wege, eine echte spirituelle Betätigung zu werden.[51]

Für eine anthroposophische Psychotherapie ist das geschilderte Seelenbild insofern relevant, als es den Hintergrund abgibt, vor dem ein anthroposophisch orientierter und ausgebildeter Psychotherapeut seine Tätigkeit ausübt. Eine Psychotherapie, die als Grundlage ihres Krankheitsverständnisses und ihrer therapeutischen Maßnahmen ein Seelenverständnis hat, das von einer sich entwickelnden und modifizierenden Beziehung der Seele zum Leib ausgeht, eine unter dem Aspekt der Freiheit und Eigenverantwortlichkeit stehende, sich ebenfalls entwickelnde Beziehung zum Geistigen erkennt und dabei von der Unsterblichkeit der Seele und der Wiedergeburt (Reinkarnation) des Geistes ausgeht, erlaubt dem Psychotherapeuten natürlich eine andere innere Haltung und Begegnungsfähigkeit seelisch oder körperlich kranken Menschen gegenüber, als es eine Psychotherapie tut, für die die Seele ein »psychischer Apparat« oder eine »black box« oder ein »vorwissenschaftliches Konstrukt« ist.

Eine anthroposophische Psychologie muß aus der Bewußtseinsseele heraus begründet sein. Dann kann sie, entsprechend der zentralen Bedeutung, die die Bewußtseinsseele für den modernen Menschen hat, die Stellung und Qualität der Seele sowohl in leiblicher wie in geistiger Hinsicht als auch in den psychosozialen mitweltlichen Beziehungen erkennen, unterstützen und gestalten.

Eine solche »Psychologie aus der Bewußtseinsseele« ist mehr als nur eine neue psychologische Theorie; sie kann eine praktische spirituelle therapeutische Betätigung sein.

Zusammenfassung: Die Qualitäten von Denken, Fühlen und Wollen

Der Wille ist die Schwerkraft der Seele. Durch ihn besitzt sie Anziehungs- und Abstoßungskräfte. Durch ihn gibt es Druck und Gegendruck im Seelischen, Kraft, Macht, Gewalt und Tat. Durch die Schwerkraft des Willens wird die Seele zentriert, bedeutungsvoll, gewichtig, schwer. Durch das Zentrum bekommt die Seele Sicherheit in ihrer Orientierung. Die Schwerkraft bestimmt die Richtung der Entwicklung. In der Schwerkraft liegt die Zukunft verborgen. Die Schwerpunkt hat Anziehungskraft – ihr zu verfallen bedeutet Sturz, Untergang, Tod. Auch darin liegt wieder Zukunft.

Das Denken ist die Leichte und Auftriebskraft der Seele. Durch das Denken kann die Schwerkraft gelenkt, gerichtet und überwunden werden; Anziehung und Abstoßung können bestimmt, bemessen und beherrscht werden. Durch die Auftriebskraft des Denkens können Schwere und Trägheit überwunden werden, kann Leichtigkeit, Beweglichkeit und Bewegung entstehen. Der Seele können die Flügel der Leichtigkeit und Schwerelosigkeit erwachsen; das Denken sieht Möglichkeiten – der Wille Wirklichkeit.

Wille und Wirklichkeit können sich nach verschiedenen Möglichkeiten richten – aber es können auch zu viele Möglichkeiten den Wille lähmen und die Wirklichkeit hemmen und somit der Tat im Wege stehen. Jede Tat hat Schwere. Zuviel Auftrieb kann deshalb die Tat verhindern. Denken und Vorstellen können leichtfüßig, bodenlos und unverbindlich sein – sie müssen durch den Willen gewichtig und verbindlich werden und schließlich durch die Tat geerdet werden.

Das Fühlen ist die Ausdehnungskraft der Seele; ihre Atmosphäre, ihr Duft, ihre Farbigkeit, ihre Melodie, ihr Rhythmus. Dadurch teilt sich die Seele mit, breitet sie sich aus, kann erlebt, empfunden, wahrgenommen werden. Die Atmosphäre, Duft, Farbigkeit oder Melodie und Rhythmus können sich mit Leichtem und Schwerem verbinden. Aber diese Verbindung ist unbeständig, sie ist flüchtig und vergänglich. Ihre Zeit ist nur die Gegenwart – darüber hinaus ist es Sehnsucht oder Erinnerung. Aber gerade in der zeitlos-gegenwärtigen Flüchtigkeit eines Gefühl als Ausdruck der seelischen Atmosphäre zeigt sich eine Qualität individueller Echtheit im Hier und Jetzt bei gleichzeitiger Unbestimmbarkeit und Unschärfe eben des Gefühls.

Im Fühlen offenbart die Seele in sinnenfälliger Gegenwärtigkeit ihre Beziehung zur Zeit: ist sie im Hier und Jetzt subjektiv spontan farbig und lebendig, so kann sie in der Vergangenheit zu abgeklärter, objektiver Erkenntnis werden. Gleichzeitig kann die Seele aus dem lebendigen Fühlen eine Kraft entwickeln, die mit Sehnsucht die Zukunft herbeiführt und gestaltet, indem sie will.

So hat das Denken noch etwas von der geistigen Unbeschwertheit, Leichtigkeit und Möglichkeit der vorgeburtlichen Präexistenz der Seele. Dagegen kündigt sich im Wollen die Schwere des zukünftigen-nachtodlichen Lebens an. Aber dieser Schwere sind wir als Erdenmenschen verpflichtet. Durch die Verbindung mit der Auftriebskraft unseres Erkennens und der Leichtigkeit und Ausdehnungskraft unseres Fühlens wird die Schwerkraft der Seele zum Zentrum menschlicher Entwicklung.

Selbsterziehung und Psychotherapie

Natürlich ist Psychotherapie keine Selbsterziehung. Denn Psychotherapie ereignet sich im Gespräch zwischen Patient und Therapeut. Psychotherapie ist Hilfe, Unterstützung, Begleitung aus Kenntnis und Verständnis, aus Überblick und Achtung.

Selbsterziehung geschieht aus mir und mit mir.

Psychotherapie kann Aufforderung und Anleitung zu Selbsterziehung sein.

Selbsterziehung ist immer Erziehung und damit auch Therapie der Seele.

Selbsterziehung gründet in Selbsterkenntnis und in einem freien Gestaltungswillen.

Psychotherapie gründet in der offenen Begegnung innerhalb einer ungleichen Beziehung zwischen Patient und Therapeut.

Psychotherapie und Selbsterziehung können sich für den Patienten sinnvoll und fruchtbar ergänzen. Psychotherapie ist jedoch keine Voraussetzung zur Selbsterziehung. Wohl aber ist Selbsterziehung Voraussetzung für den Arzt oder Psychotherapeuten, überhaupt im seelisch-geistigen Sinne therapeutisch tätig sein zu können.

Selbsterziehung entspringt normalerweise meiner Selbst-Wahrnehmung und meinem Selbst-Bewußtsein, aus denen sich meine Selbst-Erkenntnis ergibt. Sie sollte sinnvollerweise nicht nur in den aktuellen Momenten eines Geschehens oder Handelns auftreten, sondern bewußt aus einem inneren Abstand in einer z. B. abendlich durchzuführenden Rückschau-Übung gewonnen werden. Eine so erlangte Selbsterkenntnis gibt mir die Gelegenheit, aus dem Abstand zu einer Selbst-Anschauung zu kommen und zu beurteilen, ob dieses oder jenes Geschehen, diese oder jene meiner Handlungen

(Verhaltensweisen, Gefühle, Stimmungen, Gedanken, Urteile) nicht vielleicht hätten anders sein können, ja anders sein müssen, wenn ich es mir jetzt, aus dem Abstand, recht klar mache.

Und selbst wenn das Geschehen und mein Verhalten nicht mehr rückgängig zu machen oder zu ändern sind, so ist es doch gerade für die Selbsterziehung der Seele und damit für das Erlernen und Erüben neuer, gesteigerter seelischer Fähigkeiten von unverzichtbarer Wichtigkeit, im geistig-seelischen Bildgeschehen Korrekturen vorzunehmen. Dieses geschieht seelisch in mehreren Schritten: Als erstes vergegenwärtige ich mir bildhaft lebendig die Situation und erlebe mich als Handelnden. Ich erkenne die Beweggründe und Motive meines Verhaltens und Handelns. Dann lasse ich den Wunsch in mir wach werden, besser handeln zu wollen – im realen Leben bei der nächsten sich bietenden Gelegenheit; in der Übung hier und jetzt im bildhaften Sich-Vornehmen. Den so erlebten Wunsch verdichte und verfestige ich zu dem Vorsatz, es wirklich zu tun. Damit es nicht nur beim frommen Wunsch bleibe! Und schließlich folgt der aktive tätige Entschluß, es zu tun. So ergibt sich in der Übung die Gelegenheit, im geistig-seelischen Bildgeschehen das Handeln und Verhalten zu korrigieren. Als wäre ich Regisseur und Schauspieler zugleich, lasse ich mich in meiner Lebens-Szene so lange üben, bis ich als Spieler dem Anspruch von mir selbst als Regisseur genüge.

Auf diese Weise stärke ich mein Ich-geführtes freies Handeln aus Selbsterkenntnis. Die geschilderte Übung, die aus dem Nacherleben in der Rückschau zum Vorsatz der zukünftigen Handlungsweisen führt, gibt die Chance, sich für die eigene Selbsterziehung und Entwicklung zu begeistern. Ich kann auch außerhalb der Rückschauübung zu dem Schritt meines Handelns aus Be-Geistung kommen: Im Geschehen meines Willens- und Handlungslebens muß ich mir die Gelegenheit zum Innehalten nehmen und mich nach den Ursprüngen meiner Beweggründe und Motive fragen. Kann ich sie mir selbst eingestehen und bewußt machen, ohne mir dabei etwas zu verschleiern? Wenn nicht, dann brauche ich vielleicht einen Psychotherapeuten oder einen Seelsorger oder einen sehr guten Freund, der mir im Gespräch Spiegel für meine wahren Beweggründe und Motive sein kann.

Habe ich meine Motive erkannt und im Bewußtsein vor mir, so halte ich mein Handeln noch einmal zurück und frage mich: Was für ein Gefühl habe ich in meiner Seele, wenn ich dieses will?

Sind meine Motive und meine Gefühle gut – was zu beurteilen nur mir selbst zustehen kann, aber wiederum natürlich von anderen gespiegelt oder korrigiert werden könnte –, so kann ich aus innerer Begeisterung und klarer Selbstverantwortung handeln und meine Lebensverhältnisse gestalten.

Sind meine Motive oder Gefühle nicht gut genug, um vor mir selber bestehen zu können, so habe ich Gelegenheiten, daran zu arbeiten. Das heißt nicht in Untätigkeit abzuwarten, sondern mir durch mein Handeln immer deutlichere Klarheit zu verschaffen, in welcher Weise ich meine Vorsätze und Entschlüsse noch ausreifen kann.

Es ist deutlich, daß diese Übungen in das Willensleben einmünden und der Zukunftsgestaltung dienen.

Bei einer anderen Art von Übung steht das Gedankenleben, die Urteilsbildung im Vordergrund.

Auch diese Schritte können im Nacherleben, als Rückschauübung oder im Tagesgeschehen vollzogen werden, aber hier natürlich nicht bei jeder Gelegenheit, sondern wenn ich in der Lage bin, in meine Urteils- und Entscheidungsprozesse Ruhe und Innehalten einkehren lassen zu können. Bei wichtigen Gedanken- und Entscheidungsprozessen sollte dies natürlich immer der Fall sein.

Dann kann ich im Gedankenprozeß innehalten und meine Gedanken mit Gefühl »sättigen«, die das Gedankenleben ergänzende Qualitäten der Hingabe und seelischen Wärme hinzufügen. Es ist die »Inspiration des Denkens«, die mir dann auch in meinem Denken Überzeugungskraft verleiht.

Bevor ich soweit komme, sollte ich allerdings mich in meinem Denkprozeß schon gefragt und geprüft haben: *Will ich denn diese Gedanken wirklich denken,* oder *denkt es in mir,* weil vielleicht die anderen Menschen es so von mir erwarten, oder auch nur, weil ich mir einbilde, die anderen könnten es erwarten, oder weil ich meine, es sei so üblich oder müsse so sein, oder weil ich mich gerade in einer bestimmten Stimmung mit Lust oder Unlust erlebe und es aus dieser Lust oder Unlust heraus denkt...?

Nur wenn ich sagen kann, daß ich das wirklich hier und jetzt denken will, unabhängig von Stimmungen und Erwartungen, nur dann hat es Sinn, diese Gedanken mit meinen Gefühlen anzureichern, nur dann kann ich natürlich wirklich zu einer inneren Überzeugung meiner Gedanken kommen.

Durch das inspirative Element des Fühlens in meiner Gedankenbildung erweitere und belebe ich meine bisherigen Begriffe. Ich bewege mich jetzt auf das Vermögen zu, nicht nur Gesetze erkennen, sondern die real wirksame Kraft der Ideen ahnen zu können. Es ist dann noch ein weiterer Schritt bis zur Wesenserkenntnis.

Eine dritte Art von Übung hat die Veränderung des Gefühlslebens zum Ziel.

Es ist eine ziemlich allgemein verbreitete Einstellung, daß wir unser Verhalten von unseren Gefühlen bestimmen lassen und unsere Gefühle durch unsere Stimmungen von Lust und Unlust bestimmt sind. Häufig finden wir es paradoxerweise sogar als besonderen Ausdruck unserer Freiheit und Selbstbestimmung, wenn wir etwas aus Lust tun – oder wenn wir etwas nicht tun, weil wir gerade keine Lust haben. Solange wir immer wieder Lüste haben und etwas tun und gleichzeitig auch noch von Pflichten und Aufgaben gehalten werden, solange geht es meistens noch gut. Schlimm wird es allerdings, wenn in Folge irgendeiner negativen Stimmung ich dann einmal keine Lust mehr habe, überhaupt irgend etwas zu tun. Dann wird schnell erkennbar, was ich bisher weit von mir gewiesen hätte: nämlich daß ich der Sklave meiner Lust bin und gewesen bin. Daß ich in Wirklichkeit nicht einen Funken von Freiheit und Selbstverantwortung gehabt habe – daß ich mir das nur eingeredet habe, weil es so verlockend leicht und schön war, nur nach Lust und Unlust zu handeln.

Wenn Lust und Stimmung mich bestimmen, dann ist es nur eine Frage der Zeit, wann die Katastrophe hereinbricht. Denn irgendwann einmal versagen diese Triebkräfte der Lust. Um so mehr leide ich dann unter meiner Unlust und verzweifle an meiner Tatenlosigkeit.

Ich muß also – nacherlebend in der Rückschau oder innehaltend in ausgewählten Momenten des Tages – mich nach der Herkunft und dem Ursprung meiner Gefühle fragen; mir die begleitenden Bedingungen meiner Gefühle bewußt machen; und mir die Folgen meiner Gefühle in meinen Urteilen und Handlungen vergegenwärtigen.

In der bedingungslosen Akzeptanz meiner Gefühle und ihrer oft unbewußten, leibhaften physiologischen Ursprünge erringe ich in mir selbst die Kraft zur Verwandlung und Überwindung der Stimmungen, Lüste und Gefühle, die ich aufgrund meiner Bewußtwerdung gar nicht mehr will.

Ich kann dann bewußt auf manche Lustbefriedigung und Wunscherfüllung verzichten, wenn ich sie als lust- oder stimmungsbedingt erkenne. Und ich kann zu mancher Wiedergutmachung z. B. emotionaler Verhaltensweisen innerlich oder äußerlich gelangen.

Die Frucht dieser Übungen ist die allerentscheidendste Fähigkeit, sich selbst die Richtung geben zu können, die für einen stimmt: meinem Gefühlsleben Richtung geben zu können aus der Bewußtwerdung meiner Bedingungen – und aus meinem sich nach mir richtenden Gefühlsleben meine Gedankenbildungen und Urteile, meine Willensentschlüsse und Handlungen stärken zu können. Auf diese Weise gebe ich mir selbst die Richtung meines Charakters, so daß er in karmischer Übereinstimmung mit den Bedingungen meiner Vergangenheit und den Möglichkeiten und Zielen meiner Zukunft steht.

So dient Selbsterkenntnis der Selbsterziehung und Selbsterziehung der Selbst-Entwicklung.

Von der therapeutischen Beziehung

Die therapeutische Beziehung ist eine Sonderform der menschlichen Beziehung. Sie ist besonders in mehrerer Hinsicht:

1. Ein Patient, ein Hilfesuchender, sucht sich einen Therapeuten. Er geht zu ihm und erwartet etwas von ihm. Das heißt die Beziehung wird einseitig, von seiten des Patienten aufgesucht. Nur in Ausnahmefällen kann es auch einmal anders sein.

Die therapeutische Beziehung beginnt dann mit einem wechselseitigen Wahrnehmen und gegenseitigen Kennenlernen. Das hat sie mit einer normalen, zwischenmenschlichen Beziehung gemeinsam. Daraus muß sich ergeben, ob die Grundlage geschaffen werden kann für ein Verhältnis, in dem Vertrauen und Offenheit entstehen, und die Möglichkeit, »miteinander zu können«. Soweit sollte wechselseitige Übereinstimmung bestehen. Dann beginnt es, einseitiger zu werden.

In der Bereitschaft des Therapeuten, seinen Patienten möglichst unvoreingenommen wahrzunehmen, muß er bei sich die Offenheit entwickeln, das vom Patienten ihm Entgegenkommende in sich aufzunehmen. In diesem Prozeß des Aufnehmens ist die Gefahr enthalten, daß wir uns selber verlieren, daß wir vor lauter Identifikation mit dem Patienten, seinen Problemen oder seinem Leiden, ganz darin aufgehen. Das schafft dann eine sehr warme, mitfühlende Atmosphäre, kann aber auf Dauer dem Patienten nicht die Hilfe geben, die er in einer Therapie sucht. Um dieser Gefahr zu begegnen, bietet sich eine Gegentendenz an, sich vom Patienten und seinen Nöten zu distanzieren, indem wir am besten unser eigenes Erleben, unsere eigene Meinung, unser eigenes, meist gut gelerntes Urteil dagegensetzen. Dann laufen wir nicht Gefahr, uns in den Nöten des Patienten zu verlieren. Dann wissen wir es doch immer besser, was der Patient noch nicht wußte oder noch nicht konnte.

Es ist deutlich, daß dies auch keine sinnvolle therapeutische Beziehung sein kann. Dann entartet Therapie zur Belehrung – und das widerspricht ihrem Wesen total.

Wir müssen in einer therapeutischen Beziehung diese psychische Pendelbewegung zwischen Aufnehmen und Abgrenzen, zwischen Identifikation mit dem Patienten und Selbstbehauptung kennen und aktiv zu einer fruchtbaren Begegnung gestalten. Das bedeutet, daß in der Begegnung der aufnehmende Prozeß, das Annehmen des Patienten in seinem ganzen Wesen im Vordergrund stehen muß. Der Abgrenzungs- und Selbstbehauptungsvorgang, den der Therapeut zu seiner eigenen Sicherheit und Arbeitsfähigkeit unbedingt braucht, darf nicht unmittelbar in die therapeutische Begegnung einfließen. Sonst würde die Therapie zur Diskussionsrunde werden, bei der Meinung gegen Meinung steht. Der Therapeut muß seine Abgrenzung in einem (Selbst-)Bewußtwerdungsprozeß im Anschluß an die Therapie so vollziehen, daß in ihm auch ein Bewußtsein für den Patienten entsteht, das aber nicht in Form eines Wissens oder eines Ratschlags ausgesprochen werden sollte, sondern für die nächste therapeutische Begegnung den Boden oder den Hintergrund abgibt, auf dem sich der weitere therapeutische Prozeß entwickeln kann.

Die Offenheit und Aufnahmebereitschaft des Therapeuten entspricht gewissermaßen einem ersten Erwärmungsvorgang in der therapeutischen Beziehung. Wir nähern uns gegenseitig an. Würde das nicht geschehen, gäbe es diesen Annäherungs- und Erwärmungsvorgang nicht, so könnte keine Beziehung entstehen. Es könnte sich nichts weiter entwickeln.

Bei diesem ersten Erwärmungsvorgang kann es aber in der Therapie nicht stehenbleiben. Wir müssen diesen Prozeß steigern und fortführen zu einem echten Interesse an dem anderen Menschen, an seinen Problemen und Nöten, an seinen Möglichkeiten und Chancen, an seiner Biographie. Auch diesem zweiten Schritt dient der vorher beschriebene Bewußtwerdungsvorgang des Therapeuten zwischen der einen und der nächsten therapeutischen Sitzung. Wird dieser dazwischenliegende Bewußtwerdungsprozeß vom Therapeuten nicht vollzogen, kann dies für beide, Patient und Therapeut, an einer stagnierenden, unfruchtbaren therapeutischen Beziehung erlebt werden.

Dieser Intensivierung der therapeutischen Beziehung von der Erwärmung zum Interesse schließt sich noch ein weiterer Schritt an: Wir müssen uns mit dem, wofür wir uns interessieren, auch gefühlsmäßig verbinden. Wir müssen uns in unserer Empathie ansprechen lassen und fühlend mitgehen mit den Stationen und Situationen, mit den Erlebnissen und Erfahrungen unserer Patienten. Erst dann kann aus meinem Interesse etwas werden; dann bleibt es nicht beim interessanten Wissen. Nur in Verbindung mit dem Fühlen kann sich der Schritt vom Interesse zum Engagement beim Therapeuten entwickeln. Jetzt erst vermag die therapeutische Beziehung über das Erfahren, Kennenlernen und Wissen hinaus eine fruchtbare Hilfe zur Entwicklung für den Patienten zu werden. Das setzt beim Therapeuten den Schritt vom Interesse zum inneren Engagement, zur Begeisterung voraus. In der Begeisterung habe ich mich mit meinem Patienten und seiner Leidensgeschichte verbunden – aber der Patient steht mir wieder gegenüber. Es ist der andere, es ist das andere Schicksal, wofür ich mich begeistern kann, um eine Verbindung herzustellen, die eine Entwicklung gerade im Sinne des anderen ermöglicht.

Damit die Beziehung und Entwicklung, die Begeisterung und das Engagement dem Patienten entsprechen und ihm dienen – und nicht den Vorstellungen des Therapeuten –, ist jetzt noch ein weiterer, ein vierter Schritt nötig. Wir müssen von der Begeisterung noch zum Mitgefühl kommen. Einem Mitgefühl in dem Sinne, daß wir jetzt nicht nur eine Kenntnis und ein emotionales Reagieren auf das haben, was der Patient uns berichtet hat, sondern daß wir durch dieses Mitgefühl selbst ein Wissen haben von seinem Inneren, von seinem Wesen. Und darum muß es in einer therapeutischen Beziehung gehen, wenn das Ziel die Erkenntnis und die Entwicklungsmöglichkeit des Wesens, der Persönlichkeit des Kranken ist und nicht Interpretationen oder Vorstellungen des Therapeuten, gut gemeinte Absichten oder Ratschläge die Therapie bestimmen sollen.

In einer ersten Zusammenfassung sind es also vier Stufen, die sich in einer therapeutischen Beziehung entwickeln sollen:

1. und 2. die Erwärmung und daran anschließend das Interesse von seiten des Therapeuten;

3. und 4. die Begeisterung für den Patienten als Vorbereitung für das im Therapeuten zu entwickelnde Mitgefühl als ein Wissen vom inneren Wesen des anderen Menschen.

In diesen vier Schritten kann auch eine freundschaftliche zwischenmenschliche Beziehung verlaufen, wenn sie wechselseitig von beiden Partnern vollzogen werden. Dann ist es mit Sicherheit eine sehr fruchtbare Freundschaft.

Eine therapeutische Beziehung muß sich aber von einer freundschaftlichen Beziehung unterscheiden. Sie ist etwas qualitativ anderes. Und zwar durch eine, im vorigen bereits angedeutete Einseitigkeit. Während bei einer freundschaftlichen Beziehung normalerweise immer eine, wenn auch verschieden geartete Ausgewogenheit in der Partnerschaft bestehen wird, so ist die therapeutische Beziehung dadurch gekennzeichnet, daß eine ganz ausgesprochene, extreme Asymmetrie herrscht. Darin liegt das besondere Charakteristikum der therapeutischen Beziehung. Wie sieht diese Asymmetrie aus?

Der Patient kommt mit seinen Erwartungen, mit seinen Wünschen und Hoffnungen in die Therapie, und der Therapeut bemüht sich, nach seinen Möglichkeiten darauf einzugehen. Das geschieht bei einer Gesprächstherapie so, daß der Patient dann sehr viel von sich berichtet und der Therapeut zuhören und nachfragen wird. Dadurch entsteht die erste Stufe der Asymmetrie. Darüber hinaus braucht der Therapeut schon ein vorher bestehendes Wissen über die Erscheinungsbilder und Gesetzmäßigkeiten von Krisen und

Krankheiten, über ihre Entstehung, ihre Ursachen, ihren Verlauf und ihre Prognose. Er muß physiologische, psychologische und biographische Gesetze kennen. Dazu erfährt er jetzt noch die konkreten Lebenssituationen des Patienten, oft die ganze Biographie. Die Asymmetrie besteht also in einem allgemeinen und konkreten Wissen auf seiten des Therapeuten über die Krankheitssituation des Patienten und einem Nichtwissen auf seiten des Patienten über den Therapeuten. Diese Asymmetrie kann nur erträglich und sinnvoll sein, wenn sie durch eine besondere Aktivität vom Patienten ausgeglichen werden kann und dieser dem Therapeuten das Vertrauen entgegenbringt, daß sich aus dessen Wissen etwas Heilsames für ihn wird entwickeln können. Vertrauen muß dem Wissen gleichgewichtig gegenüberstehen. Es kommt darauf an, daß sich in der therapeutischen Beziehung auf dieser ersten Stufe ein sich gegenseitig tragendes Verhältnis von Vertrauen, von Anvertrauen und Wissen bildet.

Es ist leicht zu sehen, daß die Beziehung auf dieser Stufe, vom Therapeuten her gesehen, stark vom Verstand betont ist. Hören, Aufnehmen und Wissen spielen eine große Rolle.

In einer weiteren Stufe in der therapeutischen Beziehung herrscht wieder eine Asymmetrie vor. Es ist die Empfindungs- oder die reine Seelenstufe, über die der Patient wieder etwas einbringt in die Beziehung, nämlich sein Problem, sein Leid, sein Unglück, seinen Schmerz. Und das alles hat der Therapeut nicht. Der Therapeut hat weder dieses Problem, noch dieses Unglück, noch dieses Leid, noch diesen Schmerz. Und natürlich braucht er dies alles auch nicht zu haben, um helfen zu können.

Aber wie ist auf dieser Ebene, bei dieser ausgeprägten Asymmetrie noch eine sinnvolle Beziehung möglich? Sie ist insofern möglich, als der Patient mit seinem Leiden und der Therapeut mit der Offenheit und Bereitschaft zum Mitleiden einander begegnen. In dieser Bewegung von Leiden und Mitleiden entsteht die therapeutische Begegnung, von einer seelischen begleitenden Beziehung zwischen Therapeut und Patient getragen. Die jetzt Mitleid genannte

Qualität in der therapeutischen Begegnung ist identisch mit der vorher als Mitgefühl charakterisierten Stufe. Wobei dieses Mitfühlen und Mitleiden des Therapeuten mit seinem Patienten in gar keinem Fall so gemeint ist, als ob der Therapeut die gleichen Probleme und Schmerzen wie seine Patienten durchmachen müßte, sondern vielmehr so, daß er auf dieser Stufe zu einem seelischen Mitwissen von dem kommt, was im Innern des Patienten an Schmerz und Leiden vorgeht. Dadurch kann sich die Beziehung zur Begegnung steigern. Auf diese Weise können sich zwei Menschenwesen mit ihrem Innern begegnen.

Schließlich gibt es noch eine dritte Stufe der Asymmetrie in der Patient-Therapeut-Beziehung. Sie ist so selbstverständlich wie heikel: Der Patient möchte gesund werden, er will Hilfe bekommen oder Erleichterung – auf der anderen Seite will der Therapeut seinem Patienten helfen, ihn gar heilen. Das Heikle an dieser Situation liegt darin, daß beide etwas wollen. Das wäre eigentlich wunderbar einfach, wenn sich beide darunter immer das gleiche vorstellten. Aber die Erwartungen des Patienten und die Fähigkeiten oder Leistungen des Therapeuten passen nur selten wie Schlüssel und Schloß zusammen. Oft ist es doch recht verschieden, was der Patient erwartet und welche mehr oder weniger konkreten Vorstellungen er hat, wie er geheilt oder sein Problem gelöst werden könnte – und welche Vorstellungen auf der anderen Seite der Therapeut von der Behandlung seines Patienten hat. Wenn der Therapeut jetzt, entsprechend seinen Vorstellungen, seinen Erfahrungen, seinem Wissen, seiner »Schule« therapeutisch vorgehen will und Entsprechendes fragt, sagt, deutet, vorschlägt, erwartet oder verlangt, so kann das beim Patienten, der womöglich etwas ganz anderes erwartet hat, zu Verwirrung, zu Enttäuschung, zu Abwehr, zu Widerstand führen.

Ein solcher Widerstand beim Patienten wird vom Therapeuten hervorgerufen, wenn er etwas will, was mit dem Willen des Patienten, der ja gesund werden will, nicht übereinstimmt. Der Therapeut darf mit seinem Helferwillen und seinem therapeutischen Engagement den Patienten nicht überwältigen. Sonst macht er seinen Patienten unfrei und von sich abhängig. Die Patienten können auf so ein unsensibles forsches Verhalten entweder mit Widerstand oder Rückzug reagieren oder mit übermäßiger Anpassung an die Erwartungen des Therapeuten. Beides sind bedenkliche Entwicklungen, die einem therapeutischen Ziel entgegengesetzt sind.

Der Therapeut muß also helfen und heilen wollen, aber er muß den Inhalt und die Art und Weise des Helfenwollens soweit zurücknehmen und dem Patienten ganz und gar angemessen machen, daß es mit dem Gesundungswillen des Patienten übereinstimmt und der Patient erleben und fühlen kann: Von diesem Helferwillen meines Therapeuten kann ich die Kraft annehmen, die er hat und die mir fehlt, um damit das Ziel meines Gesundungswillens erreichen zu können.

Ich will diese Stufe des therapeutischen Verhältnisses das »Bedürfen« nennen. Bedürfen deshalb, weil der Patient des Therapeuten bedarf für seine Heilung oder Besserung; und der Therapeut bedarf des Patienten für sein eigenes Tätigwerdenwollen. Therapeuten und Patienten bedürfen sich wechselseitig. Es ist ein Bedürfen auf der Ebene des wechselseitigen Wollens mit der Asymmetrie, daß der Therapeut Willen haben muß, ihn aber in seiner Eigenart zurückhält und gleichsam nur dem Patienten zur Verfügung stellt – während dieser seinen eigenen Gesundungswillen durch die Kraft des Therapeuten-Willens stärken darf.

Der Therapeut, der »seine« Therapie gern gestalten möchte, wie er es für richtig hält, muß diesen Gestaltungswillen in eine Gestaltungskraft modifizieren, die er seinem Patienten therapeutisch vermittelt, so daß dieser damit entsprechend seinem eigenen Gesundungswillen seine Heilung selbst gestalten kann.

Zusammenfassend lauten die geschilderten drei Stufen eines therapeutischen Verhältnisses folgendermaßen:

1. die Beziehung, geprägt von Wissen und Anvertrauen;
2. die Begegnung, charakterisiert durch Leiden und Mitleiden; und

3. das wechselseitige Bedürfen, gekennzeichnet durch Wollen und Annehmen – Geben und Wollen.

Diese Gliederung markiert die beiden polaren Seelenqualitäten Wissen und Wollen zu Eckpfeilern eines therapeutischen Verhältnisses. Aber Wissen und Wollen sind weder allein noch gemeinsam therapeutisch. Damit aus Wissen und Wollen eine Therapie werden kann, müssen diese beiden Qualitäten durch eine dritte Kraft vermittelt werden. Diese dritte Kraft ist das Mitgefühl, das Mitleiden. Erst durch diese Qualität können die notwendigen polaren Eigenschaften, Wissen und Wollen, zu einer therapeutischen Fähigkeit gesteigert und verwandelt werden.

Die verschiedenen Arten des Therapeutseins

Die im vorigen Kapitel charakterisierten Stufen der menschlichen Beziehungen und des therapeutischen Verhältnisses sind natürlich niemals in irgendeiner feststehenden, abstrakt, idealen Form so zu finden. Sie sind immer, bei jedem Therapeuten, bei jedem Patienten und in jeder therapeutischen Begegnung individuell und durch verschiedene Einflüsse abgewandelt und variiert. Aus der Situation der Patienten sind die beeinflussenden Faktoren natürlich die verschiedenen Krisen und Krankheitszustände, die Probleme, Fragen und Leidenszustände.

Schauen wir auf die Therapeutenseite, so sind die menschlichen Einflußfaktoren auf den psychotherapeutischen Prozeß hier leichter zu überschauen und einzugrenzen.

Ohne Berücksichtigung individuell psychologischer Eigenschaften der Therapeuten oder »schul-psychologischer« Richtungen lassen sich drei Therapeuten-Typen differenzieren.

A. Die eine Art von Therapeuten bringen viel Gefühl, viel Engagement, viel Wärme mit in das therapeutische Verhältnis. Diese Therapeuten sind gefühlsbetont und haben eine starke Empathie. Dadurch sind sie aktiv und engagiert. Das, was sie sagen und tun, ist persönlich gefärbt in der therapeutischen Beziehung. Sie gehen intensiv gefühlsmäßig mit ihren Patienten mit, können sich sehr gut mit ihrer Lage und ihrem Leiden identifizieren. Die Therapeuten werden zum Partner ihrer Patienten; dabei wird es Höhen und Tiefen geben. In den Höhen tritt Begeisterung auf und können freundschaftliche Verhältnisse entstehen; in den Tiefen stellt sich Resignation und Depression beim Therapeuten ein, und es kann unter Umständen zur Trennung und zum Abbruch der Therapie kommen.

Die therapeutische Beziehung wird stark durch das persönliche Erleben und Verhalten dieser Therapeuten gefärbt. Es kommt zu Übertragung und Gegenübertragung zwischen Patient und Therapeut. Dadurch entstehen positive wie schwierige Momente innerhalb des therapeutischen Prozesses, die unbedingt vom Therapeuten erkannt und durchschaut werden müssen. Die therapeutische Beziehung ist durch die Gefühlsbetontheit von seiten des Therapeuten von viel Nähe und wenig Distanz geprägt; dadurch kann es zu gut gemeinten und sogar überzeugenden Ratschlägen von seiten des Therapeuten kommen. Es können bei therapeutischen Verhältnissen dieser Art Mischformen zwischen freundschaftlichen und therapeutischen Beziehungen entstehen.

B. Die zweite Art des Therapeutseins ist an Zuhören, Wissen und Verstehen orientiert; die Beziehungen zu den Patienten sind kühler, rational, verstandesbetont. Diese Therapeuten können gut zuhören, haben mehr Distanz und weniger Nähe, lassen sich nicht emotional so sehr auf das ein, was ihre Patienten schildern. Sie identifizieren sich nicht mit deren Lage, sondern können sie verstehen und erklären. Sie können Deutungen liefern und Vorschläge machen, die aus der Überschau und einem distanzierten Wissen, weniger aus einem Miterleben kommen. Der therapeutische Prozeß wird dadurch weniger lebendig sein, weniger Höhen und Tiefen durchmachen, dafür gleichmäßiger, ruhiger und sicherer verlaufen. Es werden sich dabei keine persönlichen freundschaftlichen Beziehungen entwickeln, es wird keine Du-Beziehungen geben, wie dies in der ersten Gruppe immer wieder geschehen kann; die Seiten von Therapeut und Patient sind klar getrennt, Mischformen werden nicht auftreten, z. B. werden solche Therapeuten nicht gemeinsam mit ihren Patienten in Ferien fahren, wie dies bei der ersten Art des Therapeutseins durchaus immer wieder vorkommen kann. Die therapeutische Beziehung ist distanzierter, sachlich und krankheits- oder problemorientiert, weniger an dem konkreten Menschen und seiner persönlichen Leidensgeschichte.

Die Therapeuten sind verantwortlich und offen im Umgang mit

ihren Patienten, verhalten sich klar, sachlich und fachlich vorsichtig und meist richtig, da sie ihre eigenen Grenzen kennen.

C. Die dritte Weise des Therapeutseins ist durch einfühlsames Verständnis und geduldiges Mitgehen bei vorsichtigem, gefühlsmäßigem Mitschwingen charakterisiert; die Therapeuten verhalten sich eher passiv, abwartend und den Patienten freilassend. Sie sind sensibel im Wahrnehmen und verhalten sich dabei weniger engagiert im Vergleich zur Gruppe A. Die Patienten können sich verständnisvoll angenommen fühlen, spüren aber auch, daß der Therapeut ihnen nichts abnehmen wird von dem, was sie an therapeutischer Arbeit selber vollbringen können und müssen. Das heißt, diese Patienten spüren deutlich ihre Eigenverantwortung, von der ihnen diese Therapeuten nichts abnehmen. Im Gegenteil, sie werden die Eigenverantwortlichkeit bei ihren Patienten durch Fragen, durch das Einbringen neuer, alternativer Gesichtspunkte und durch Aufforderungen zur Eigenentscheidung und Selbstgestaltung zu einem klaren Eigenengagement motivieren. Das Verhältnis wird freundlich, vielleicht sogar herzlich, aber nicht freundschaftlich in dem Sinne wie bei der ersten Art der Therapeuten sein. Es wird weder Ratschläge noch Vorschläge geben, dafür mehr Fragen, Anregungen und Hilfen zur Selbsthilfe für den Patienten.

Diese verschiedenen Weisen des Therapeutseins können in ziemlich rein ausgeprägter Qualität erscheinen. Sie können aber auch bei ein und demselben Therapeuten von Patient zu Patient oder auch von einer therapeutischen Sitzung zur anderen wechseln. Das heißt, es gibt Therapeuten, die sind in ihrer Art festgelegt oder stabil; und es gibt andere, die sind »Springer« oder flexibel und wechseln die Art ihrer therapeutischen Beziehungen und Qualitäten.

In diesen drei verschiedenen Arten des Therapeutseins drücken sich die Persönlichkeit des Therapeuten, seine Lebenserfahrung und sein Alter aufgrund seiner biographischen Entwicklung aus.

Jeder Therapeut sollte von sich selbst erkennen, zu welcher Gruppe er gehört, bzw. wann und in welcher therapeutischen Beziehung er welche Art des Therapeutseins verwirklicht – und warum.

Er sollte wissen, für welche Patienten welche Art des Therapeutseins angemessen ist, und ob er die geforderte therapeutische Qualität in angemessener Weise erfüllen kann. Er sollte seine Möglichkeiten und Grenzen kennen und dementsprechend Patienten annehmen oder auch einmal zu einem Kollegen weiterleiten.

Patienten sollten ahnen, spüren und sich vielleicht auch fragen, welche Art von Therapeuten sie brauchen und suchen – welche therapeutische Qualität ihnen am hilfreichsten und angemessensten in ihrer aktuellen Situation ist.

Sind beide Seiten sich auf ihre Weise darüber ein wenig im klaren, so können manche Mißverständnisse und Schwierigkeiten frühzeitig erkannt und ohne größere Schwierigkeiten bewältigt werden.

Allgemeine psychotherapeutische Gesichtspunkte

Kranksein wird *erlebt*. Man *fühlt* sich krank, wenn man eine Krankheit *hat*.

Es gibt Grunderfahrungen des Krankseins, wie wir sie alle irgendwann einmal mehr oder weniger erleben: Ich kann nicht mehr.

Es geht nicht mehr.
Es wird immer schwerer.
Ich kann mich nicht mehr rühren.
Ich komme nicht mehr hoch.
Ich bin gelähmt.
Ich fühle mich elend.
Ich fühle mich schwach.
Ich fühle mich kraftlos.
Ich fühle mich niedergeschlagen.
Ich fühle mich krank.
Ich weiß nicht, wie es noch weitergehen soll.
Ich habe Angst.
Ich brauche Hilfe.
Ich brauche Pflege.
Ich brauche Ruhe.
Ich fühle das Ende.

Grunderfahrungen des Krankseins, die alle auf einen Tatbestand hinweisen: Unser Bewußtsein, das wir bisher wach und interessiert auf die Welt gerichtet hatten, ist mit einem Mal begrenzt, eingeengt und zurückgeworfen auf uns selbst, auf unseren Leib und das veränderte, gekränkte Leben.

Unser Weltbewußtsein wird in der Krankheit zum Leibbewußtsein. Das Wahrnehmen und Erleben dieser Veränderungen, vom kranken Leib oder gekränkter Seele, sind Empfindungen der Empfindungsseele und des Empfindungsleibes. Die aufgezählten Grunderfahrungen des Krankseins zeigen dies deutlich. Auch hier erkennen wir die Umkehr von der einst weltinteressierten Empfindungsseele auf die Veränderungen von Leib und Leben. Kranksein wird immer in der Empfindungsseele erlebt. – Und der Empfindungsleib vermittelt ihr die Einzelheiten.

Es gibt zwei Arten von Krankheiten: Die eine Art der Krankheiten zeigt sich in einem bewußten Erleben des Leibes, seiner Organe oder bestimmter Organfunktionen. Im gesunden Zustand spielt sich dieses organische Leben für uns unbewußt ab.

Jede leibliche Erkrankung ist dadurch charakterisiert, daß unser Wachbewußtsein, also eine seelisch-geistige Qualität, die sich vom Leib befreit und der Welt zugewandt hat, wieder auf den Leib zurückgeworfen, im Leib gebunden wird. Dadurch tritt eine Verschiebung ein: das Weltbewußtsein wird weniger – das Leibbewußtsein wird mehr, stärker, konzentriert sich auf ein Organ, einen Funktionsbereich. Bewußtsein tritt an falscher Stelle und in falscher Intensität auf. Krankheitsempfinden und Schmerz stellen sich ein. Die Welt wird zum Leib.

Bei der anderen Art von Krankheiten wird das Weltbewußtsein nicht quantitativ weniger durch seine übermäßige Gebundenheit an den Leib; das Weltbewußtsein wird bei dieser Art Krankheiten qualitativ verändert. Die Seele und ihr bewußtes Erleben werden gekränkt durch Vorgänge des Leibes und des Lebens, die sich zum Inhalt des Bewußtseins machen und damit das Weltbewußtsein modifizieren. Leib und Leben werden nicht mehr als solches subjektiv und privat erlebt, sondern so, als ob sie Welt wären. Leib und Leben projizieren sich in lebendigen, bewegten Vorgängen oder Bildern in das weltoffene Bewußtsein hinein und überlagern, »überbeleben« die Inhalte des Bewußtseins. Es treten jetzt also inhaltliche, qualitative Veränderungen des Weltbewußtseins auf mit dem Erleben von unbewußten Lebensvorgängen des Leibes, die jetzt nicht als solche, sondern als vermeintliche Weltvorgänge interpretiert werden. Der Leib wird zur Welt.

Soweit die Signatur seelischer Erkrankungen.

Bei allen Arten des Krankseins ist das Bewußtsein verändert; Ursache dafür ist immer eine zu starke Verbindung zwischen Leib und Seele, vermittelt durch das Leben, jeweils bei psychischen und körperlichen Krankheiten in umgekehrter Richtung.

Betroffen ist immer das Leben, das an sich so gesund sein könnte, wenn es die Kränkung durch die Seele nicht gäbe. Das Erleben von Kranksein geschieht in der Empfindungsseele – das Verstehen des Krankseins leistet unsere Verstandesseele. Dadurch ist sie, bei jeder Krankheitseinsicht, bei jedem Krankheitsbewußtsein – wenn es nicht nur ein bewußtes Erleben ist –, bei jeder Krankheitserkenntnis und Interpretation beteiligt. Insofern finden wir die Verstandesseele bei vielen neurotischen Erkrankungen mitbetroffen.

Jede Therapie sollte dort ansetzen, wo Gesundung und Heilung möglich sind. Das ist im Bereich des Lebens und des Geistes der Fall. Das Leben ist der Bereich der labilen Gesundheit; dort begegnen sich Erkrankung und Genesung in einem fortwährenden, fließenden Wechselspiel. Dagegen erkennen wir im Geist die unzerstörbare Heilung für den Menschen. Aber sie kann verhüllt werden und behindert in ihrer Erscheinungsmöglichkeit. Also müssen wir versuchen, mit unserer Therapie an Leben und Bewußtsein anzuknüpfen. Unsere therapeutischen Bemühungen und Schritte sollen vom Leben, das erkranken und genesen kann, zum Bewußtsein führen.

Für den modernen Menschen ist eine Heilung ohne Bewußtsein nicht denkbar.

Die Psychotherapie ist der therapeutische Weg, der das Bewußtsein anspricht, mit dem Bewußtsein arbeitet und den Patienten als selbstbewußten Menschen in die Therapie mit einbezieht.

Eine Psychotherapie aus Anthroposophie ist eine Psychotherapie aus der Bewußtseinsseele. Sie hat die Qualitäten der Empfindungsseele und der Verstandesseele in sich aufgenommen. Das heißt, mit einer Psychotherapie aus der Bewußtseinsseele können die Bereiche, in denen Kranksein erlebt und verstanden wird, also Inhalte der Empfindungs- und der Verstandesseele, bewußt integriert werden. Damit ergibt sich auch die Möglichkeit, das in der Krankheit leiborientierte oder leibgebundene Bewußtsein wieder der Welt gegenüber zu öffnen.

Zunächst beginnt der psychotherapeutische Weg dort, wo der Patient in seiner konkreten Krankheits- und Lebenssituation ist.

Die einzelnen therapeutischen Schritte führen durch alle Seinsbereiche – »Leibesorganisationen« – des Menschen, wie wir sie in diesem Buch beschrieben haben.

1. Der erste Schritt ist ein Wahrnehmen des Leibes, seiner Gestalt, seiner Konstitution, seinem Aussehen und seiner Bewegung; und im speziellen der möglicherweise vorhandenen krankhaften Befunde.
2. Der nächste Schritt geht über das Wahrnehmen hinaus und erfordert ein Eingehen, ein Nachempfinden der Lebensvorgänge, der Lebensstörungen, des Befindens unseres Patienten.
3. In dem Bereich der seelischen Begegnung ist Empathie gefordert, Einfühlen und Mitfühlen mit den Stimmungen, Gefühlen und Zuständen des Patienten. Darüber hinaus soll ein Verstehen und ein Erklären möglich sein.
4. Auf der geistigen Ebene eröffnen sich vor allem Fragen an den Patienten nach seinem eigenen Verständnis, nach seinen Gesichtspunkten und seiner Orientierung.
5. Gegenüber den Ausdrucks- und Kommunikationsmöglichkeiten des Patienten sind jetzt wieder Wahrnehmung und differenzierte Beobachtung gefordert; vor allem auf Hören und Sehen, Verstehen und Erkennen des individuellen Ausdrucks und seiner Bedeutungen kommt es hier an.
6. Im Beziehungsbereich geht es noch einmal um Hören und Sehen, um Erleben und Verstehen – dann um Spiegeln, Beschreiben, Nachfragen, Deutlichmachen, Konfrontieren –, um die Mög-

lichkeiten des Erwachens und des Verändern-Wollens herauszulocken.

7. Der Biographie des Patienten gegenüber ist Achtung und Verantwortung notwendig; Einfühlungsvermögen und Verständnis; Kenntnis der biographischen Gesetzmäßigkeiten und Wissen um die Entwicklungsmöglichkeiten; es muß das gelebte und das erlebte Leben ebenso berücksichtigt werden wie das ungelebte Leben; beständige oder wandelnde Motive der Biographie, alte oder neue Orientierungen, Ziele und Vorsätze können erfragt und bewußt gemacht werden.
8. Schließlich kann für den Bereich des Schicksalsleibes, für den Gesichtspunkt von Reinkarnation und Karma eines Patienten nur die größtmögliche Freiheit angemessen sein. Das Freilassen des Patienten aus innerer Achtung und Verehrung können vielleicht bescheidene Hilfen sein, daß der kranke Mensch dazu kommen kann, sein Schicksal anzunehmen, ohne es nur geschehen zu lassen, aber auch ohne sinnlos zu hadern. Vielleicht gibt es Entschlüsse, die aus der Erkenntnis der eigenen Biographie, aus der Vergegenwärtigung der Vergangenheit und durch die bewußte Verarbeitung dessen, was erlebt worden ist, jetzt möglich werden.

Mit solchen vorsichtigen Schritten versucht eine Psychotherapie aus der Bewußtseinsseele sich den Seins-Bereichen des Menschen zu nähern, um ihm durch die einzelnen Schritte zu einer Vergegenwärtigung seines Wesens zu verhelfen und damit einer Wesenserkenntnis zu dienen. Wert und Ziel dieser Erkenntnis liegen aber nicht in dem Zuwachs an Wissen oder Selbsterkenntnis, weder für den Patienten noch für den Therapeuten. Einer Psychotherapie aus der Bewußtseinsseele, wie sie aus der Anthroposophie möglich ist, ist das wichtigste therapeutische Ziel, dem Patienten auf dem therapeutischen Weg vom Leben zum Bewußtsein die Möglichkeit zu geben, aus der inneren bewußten Verarbeitung der eigenen Erlebnisse der Vergangenheit in seinem Geiste zu wachsen; in seiner Seele die Möglichkeit zur Nachreifung zu bekommen – und in seinem Leben die Chance, neue Fähigkeiten zu entdecken.

Psychotherapie aus der Bewußtseinsseele will durch die Arbeit an der Biographie des Patienten die Möglichkeit neuer Gesichtspunkte und insbesondere neuer Fähigkeiten aus der bewußten Verarbeitung früherer Erlebnisse anregen und unterstützen. Damit kann der Patient, in der Therapie von seinem Leben zu einem Bewußtsein über sein Leben fortschreitend, neue Erkenntnisse und Entschlüsse für seine Lebensgestaltung oder für die Bewältigung seiner Krise bekommen. Es wird dabei darauf ankommen, daß diese Schritte nicht nur im Kopf, nicht nur im Bewußtsein vollzogen werden, sondern wieder den Weg ins Leben zurückfinden. Für diese Umsetzung von Bewußtsein in Lebensgestaltung, von Erkenntnis in Fähigkeiten, gibt es verschiedene Möglichkeiten, die diesen wichtigsten therapeutischen Prozeß anregen und unterstützen. Eine Möglichkeit liegt in den anthroposophischen Kunsttherapien, insofern sie den Menschen zu einem freiwilligen Tun führen, das aus Einsicht gewollt, mit Empfindung begleitet und mit Freude getan werden kann. Eine zweite Möglichkeit liegt in der Anleitung zu konkreten Übungen zur Selbsterziehung, wobei es auf das freie und selbstverantwortliche Tun des Patienten ankommt. Eine Steigerung dieser Übungen zur Selbsterziehung, die vom Therapeuten individuell für den Patienten auszuwählen sind – wenn er dies wünscht –, liegt schließlich in meditativen Übungen, die aus der Anthroposophie heraus gegeben werden können (in keinem Fall akut psychiatrisch kranken Menschen).

Eine dritte Möglichkeit, den Patienten auf dem Weg vom Bewußtsein ins Leben zu begleiten, liegt darin, wenn er eine Beziehung zur Religion, insbesondere zum sakramentalen Kultus hat. Hier eröffnet sich auch eine weitere wesentliche Erweiterung der anthroposophischen Medizin zu einer anthroposophischen Pastoralmedizin, die sich in der Zusammenarbeit zwischen anthroposophischem Arzt und Priester der Christengemeinschaft entwickelt.

Zusammenfassung:

Psychotherapie aus Anthroposophie ist eine Entwicklungshilfe der Psyche, die sich in Krise oder Krankheit an Leib oder Seele in ihrer Beziehung zur Welt verfangen und die ihr eigene Orientierung vorübergehend verloren hat. Psychotherapie aus Anthroposophie will der individuellen Orientierung des Patienten dienen in seiner konkreten Lebens- und Krankheitssituation. Sie versucht dies, indem in der therapeutischen Begegnung das Leben des Patienten im leiblichen, seelischen und geistig-biographischen Sinn ins Bewußtsein erhoben wird, um aus der Bewußtseinsseele die innere Haltung und Orientierung in Krisen oder Krankheitssituation zu gewinnen.

Psychotherapie aus Anthroposophie ist Psychotherapie aus der Bewußtseinsseele. Das klare, Empfindungen, Gedanken und Willensentschlüsse umfassende Bewußtsein, in dem sich das Leben erkennend widerspiegelt, kann zur Quelle neuer Fähigkeiten werden, die zum Ertragen, zur Bewältigung oder zur Überwindung von Krankheit und Krise nötig sind.

Bewußtseinstherapie in diesem Sinne ist mehr als Bewußtmachen und Deuten, mehr als Wissen und Verstehen, mehr als Erinnern und Vergegenwärtigen. Das ist sie alles auch, aber darüber hinaus führt sie aus Erleben und Erkennen beim Patienten und aus Mitfühlen und Mitwissen beim Therapeuten aus einer verbindenden Willenskraft von der Vergangenheit zur klaren »Erinnerung an dasjenige, was noch zu tun ist«!

Psychotherapie als Bewußtseinstherapie ist ein Weg, der entsteht, indem man ihn geht. Er führt zur Entwicklung der Seele, die ihr individuelles Ziel ahnt und ihre eigene Richtung selbst bestimmen will.

Auf diesem Weg, der sich bildet, indem man ihn geht, ist der Patient Wanderer und Wegweiser zugleich.

Die Entdeckung des Unbewußten und seine Bedeutung für die Anthroposophie

Das Unbewußte als Gegenstand der Psychologie gibt es seit dem Beginn unseres Jahrhunderts. Im allgemeinen gilt Sigmund Freud als der Entdecker des Unbewußten. Aber wie er selber bei den Feierlichkeiten zu seinem 70. Geburtstag, 1926, erklärte, haben »Dichter und Philosophen vor ihm das Unbewußte entdeckt – er habe nur die wissenschaftliche Methode aufgedeckt, nach der das Unbewußte untersucht werden kann«.

Dies ist historisch richtig – und es bestätigt sich hier wieder die Erfahrung, die der große deutsche Psychologe, Wilhelm Wundt, ausgesprochen hat, daß die Dichter dem Psychologen immer um 100 Jahre voraus seien.

Im Falle des Unbewußten waren es ziemlich genau 100 Jahre: 1797 taucht das Adjektiv *unbewußt* erstmals auf, und zwar in einem Gedicht von Goethe: »An den Mond«. Dort heißt es in der letzten Strophe »Was, vom Menschen unbewußt ...«. In einer späteren Fassung ersetzte Goethe es durch »nicht gewußt«. Die Romantiker hatten sich das neue Wort schnell zu eigen gemacht und idealisiert. 1804 lesen wir in der »Vorschule der Ästhetik« von Jean Paul: »Das Mächtigste im Dichter ... ist gerade das Unbewußte.«

Erst 1846 wurde das Unbewußte durch Carl Gustav Carus in seinem Werk »Psyche« als Adjektiv und Substantiv in die Psychologie eingeführt. Er schreibt darin, das Unbewußte habe keine Gegenwart; es »fließe ungestaut von der Vergangenheit in die Zukunft«.

Eduard von Hartmann hat 1860 beide Begriffe durch sein Werk »Die Philosophie des Unbewußten« – damals ein Bestseller – populär gemacht. Rudolf Steiner nannte Eduard von Hartmann den »gescheitesten Menschen des letzten Drittels des 19. Jahrhunderts«

und widmete ihm seine erkenntnistheoretische Schrift »Wahrheit und Wissenschaft«.

Eduard von Hartmann (1842–1906), Sigmund Freud (1856–1938) und Rudolf Steiner (1861–1920) waren Zeitgenossen, wobei Hartmann der Älteste war.

Unbewußtes, als eine menschliche Qualität des Geistes, seiner Psyche oder seiner physischen Konstitution war – auch wenn es ganz verschiedene Bedeutungen dieses Begriffes, dieses Zustandes gab – in gebildeten Kreisen gegen Ende des 19. Jahrhunderts bekannt. Und es wurde viel literarisch und philosophisch darüber spekuliert.

Einer wissenschaftlichen Methode zugänglich wurde dieser Bewußtseinszustand des Unbewußten erst durch die Psychoanalyse Sigmund Freuds. Damit hat sich mit dem Beginn unseres Jahrhunderts eine Situation erfüllt, die für die Anthroposophie entscheidend war: In dem Dokument von Barr aus dem Jahre 1907, das er für Edouard Schuré aufgezeichnet hat, nennt Rudolf Steiner drei Bedingungen für ein öffentliches Auftreten der Esoterik, die Christian Rosenkreutz in der ersten Hälfte des 15. Jahrhunderts bereits als die Probleme genannt hatte, die die Naturwissenschaft wenigstens vorläufig gelöst haben müßte, bevor geisteswissenschaftliche Erkenntnisse nicht mehr der Geheimhaltung unterliegen, sondern öffentlich mitgeteilt werden sollten. Folgende drei Punkte nannte Christian Rosenkreutz:

»1. Die Entdeckung der Spektralanalyse, wodurch die materielle Konstitution des Kosmos an den Tag kam.
2. Die Einführung der materiellen Evolution in die Wissenschaft vom Organischen.
3. Die Erkenntnis der Tatsache eines anderen als des gewöhnlichen Bewußtseinszustandes durch die Anerkennung des Hypnotismus und der Suggestion.«

Bewußtseinsgeschichtlich mußte also die Wissenschaft vom Unbewußten dem öffentlich wissenschaftlichen Auftreten der anthroposophischen Geisteswissenschaft vorausgehen. Darin deutet sich vielleicht schon eine Polarität der beiden Strömungen von Tiefenpsychologie und anthroposophischer Psychologie an. Denn »die Anthroposophie ist ein Erkenntnisweg, der das Geistige im Menschenwesen zum Geistigen im Weltenall führen möchte« (R. Steiner). Es geht der Anthroposophie also in erster Linie um eine geistige Erkenntnis des Menschenwesens.

Schon bei den Philosophen früherer Zeit – und in unserem Jahrhundert dann besonders bei Max Scheeler, war bekannt, daß auch Geistiges im Menschen ihm selber unbewußt sein kann, ja, oft sogar seinem Wesen nach unbewußt sein müsse. So beschreibt Scheeler den Akt der »personalen Wesenserkenntnis«, wodurch wir einen anderen Menschen als menschliches Wesen erkennen, als einen »überbewußten geistigen Akt«, der für den Menschen allerdings unbewußt verläuft.

Der Vorgang entspricht also ungefähr der Tätigkeit des Ich-Sinnes in der Sinneslehre Rudolf Steiners. Unbewußt meint hier natürlich nicht bewußtlos oder ohne Bewußtsein, sondern vielmehr, daß wir den Vorgang weder bewußt hervorrufen, noch bewußt verhindern können. Dies trifft ja auch auf die Tätigkeit des Ich-Sinnes zu, der gewissermaßen automatisch funktioniert, wenn wir einen Menschen wahrnehmen. Bemerkenswert und zutreffend ist die Einführung des neuen Begriffs »überbewußt« durch Max Scheeler in die Philosophie. Freilich hat Rudolf Steiner inhaltlich das Überbewußtsein in seiner Geisteswissenschaft schon vorher ausführlich und methodisch klar beschrieben.

Dieses Überbewußtsein im Sinne der Anthroposophie ist aber ein gesteigertes Wachbewußtsein, das sich durch den meditativen Schulungsweg entwickeln läßt und dann gerade zu einer bewußten Erkenntnis jener übersinnlichen Wesensglieder des Menschen und ihrer Tätigkeiten im Menschen führt, die wir ohne meditativ erarbeitetes Überbewußtsein mit dem gewöhnlichen Bewußtsein nur an ihren Auswirkungen beobachten können.

Wenn wir noch einen kurzen geschichtlichen Rückblick auf die

Psychologie des Unbewußten wagen, so fällt auf, daß vor allem drei verschiedene Charakteristika des Unbewußten beschrieben werden:

1. Ein physisch Unbewußtes.
2. Ein psychisch Unbewußtes.
3. Ein metaphysisch (geistiges) Unbewußtes.

Unter dem physischen Unbewußten versteht man alle Lebensprozesse, also Wachstum, Stoffwechsel, Ernährung, Fortpflanzung. Das psychisch Unbewußte meint vor allem im Sinne der Tiefenpsychologie vergessene oder verdrängte, also früher bewußte Seeleninhalte, die unter bestimmten Bedingungen oder Situationen unser Handeln und Verhalten bestimmen können, ohne daß wir uns unserer jeweiligen Beweggründe dabei bewußt wären. Allerdings können solche, im eigentlichen Wortsinn *unterbewußte* Inhalte potentiell bewußt werden. So zum Beispiel in Träumen oder in den von Sigmund Freud beschriebenen Fehlleistungen im Sinne des Versprechens oder des Verschreibens.

Das metaphysische Unbewußte ist dagegen ein unserem Normalbewußtsein nicht zugänglicher geistiger Bereich.

In unserer anthroposophischen Untersuchung über das Unbewußte und seine Bedeutung innerhalb der anthroposophischen Psychologie finden wir diesen drei historischen Bereichen entsprechende, für unser Normalbewußtsein unbewußte Prozesse, und zwar:

Im Bereich des Leiblich-Lebendigen die Gesamtheit aller Lebensprozesse, dazu die teils unter-, teils unbewußten und teils auch bewußten Vorstellungen, Erinnerungen, Einstellungen, Erwartungen, Gewohnheiten und Temperamentseigenschaften.

Im Bereich des seelisch-leiblichen Empfindens die Qualitäten der ungezielten Aufmerksamkeit und Wahrnehmungsfähigkeit, der unwillkürlichen und reflexartigen sowie der instinktiven Bewegungsleistungen als auch aller leiblich angeregten und instinktiv oder triebhaft motivierten Empfindungen. Und schließlich im Bereich der leiborientierten Ich-Leistungen (der Ich-Organisation) die Gestaltbildungsprozesse der individuellen menschlichen Körpergestalt, ihrer charakterspezifischen Haltung, Gestik und Mimik und insbesondere noch der typischen Wärmeorganisation innerhalb des physischen Organismus.

Diese Vorgänge sind alle Ausdruck unserer Wesensgliederwirkung: der Lebensorganisation, der empfindenden Seelenorganisation und der geistigen Ich-Organisation innerhalb des physischen Leibes – wobei sie uns gänzlich unbewußt geschehen. Dieser Bereich entspricht dem physischen Unbewußten.

Im Bereich des eigentlichen Seelenlebens kennen wir bereits, daß die drei Seelentätigkeiten, Denken, Fühlen und Wollen, selbst eine unterschiedliche Beziehung zu den Bewußtseinsqualitäten haben: Denken – wachbewußt, Fühlen – traumhaft, halb-/unterbewußt, Wollen – schlafendes Unbewußtes. Diese einzelnen Seelentätigkeiten haben eine differenzierte Stufenfolge von unbewußten, leiborientierten Untergründen über eine bewußte Seelenqualität bis zu wieder (im Sinne eines metaphysischen Überbewußtseins) unbewußten Anklängen unserer höheren geistigen Wesensschichten, den durch bewußte Ich-Arbeit an unseren Wesensgliedern umgewandelten geistigen Wesensgliedern. So können wir Wollen, Fühlen und Denken in ihrer Beziehung zum physischen Leib, zum Lebensleib, zum Seelenleib, zum Ich, in Gestalt der Empfindungsseele, der Verstandesseele und der Bewußtseinsseele und in Beziehung zu den drei höheren geistigen Gliedern, dem Geist-Selbst, dem Lebens-Geist und dem Geistes-Mensch in differenzierter Charakteristik beschreiben:

Wesensglieder	Willensleben	Gefühlsleben	Gedankenleben
phys. Leib	Instinkt	Affekt	Einzelwahrnehmung
Lebensleib	Trieb	Emotion	Gestaltwahrnehmung
Seelenleib	Begierde	Leidenschaft	Vorstellung
Ich	Motiv	Gefühl	Urteil / Begriff
Geist-Selbst	Wunsch	Mitgefühl	Typus
Lebens-Geist	Vorsatz	Verstehen	Idee
Geistes-Mensch	Entschluß	Verzeihen	Wesen

(vgl. hierzu die Charakteristik des Willenslebens, R. Steiner, Allgemeine Menschenkunde)

Die vor allem der Tiefenpsychologie wichtigen unterbewußten Seeleninhalte sind innerhalb einer anthroposophischen Anschauung besonders den Bereichen von physischem Leib, Lebensleib und Empfindungsleib (Seelenleib) entsprechend und dabei vorzugsweise dem Lebensleib / Lebensstrom als dem Träger unserer Erinnerungen, Vorstellungen, Erwartungen, Gewohnheiten und unseres Temperaments eigen.

Eine weitere Steigerung der seelischen Qualitäten, die in einem (metaphysischen) unbewußten Sinn eine wesentliche Bedeutung haben, ist die Umwandlung der Wesensglieder, physischer Leib, Lebensleib und Seelenleib, durch die unbewußte Arbeit unseres Ich, die sich im Laufe der mittleren Lebensepoche (wie in dem Biographie-Kapitel beschrieben) vollzieht zu Empfindungsseele, Verstandesseele und Bewußtseinsseele. Bemerkenswerterweise entstehen als Ergebnis dieser unbewußten Umwandlungsarbeit neue, jetzt bewußte Seelenqualitäten.

Die letzte Steigerung der unbewußten, leiblichen Prozesse von physischem Leib, Lebensleib und Empfindungsleib durch allerdings nun um so bewußtere Umwandlungsarbeit dieser Wesensglieder durch unser Ich führt zu den geistigen Gliedern unseres Wesens: Geist-Selbst, Lebens-Geist und Geistes-Mensch. So wird auf diesem Wege, durch eine zweimalige Umarbeitung, einmal eine unbewußte und einmal eine bewußte, ausgehend von einer unbewußten naturgegebenen leiblichen Grundlage schließlich der Bereich geistiger Wesensschichten erreicht. Dabei ist erkenntlich, daß das Unbewußte innerhalb der Anthroposophie eine große Bedeutung hat; allerdings nicht in dem Sinn wie in der Tiefenpsychologie, daß dadurch unser Verhalten unbewußt bestimmt wird und wir diesem Verhalten (als mehr oder weniger neurotische Menschen) mehr oder weniger ausgeliefert sind. Sondern vielmehr in dem Sinn, daß diese unbewußten Qualitäten Gegenstand einer unbewußten und einer bewußten Umwandlungsarbeit durch unser Ich sein sollen und dadurch zu den höchsten Stufen unseres Menschenwesens führen. Das Unbewußte in der Anthroposophie ist die von dem menschlichen Geistes-Licht unseres Ich noch unbeleuchtete Seite unseres Wesens. Es liegen darin noch zu entwickelnde Wesensschichten verborgen, und es ist eine spezifische Aufgabe einer anthroposophischen Psychologie, die aus der Bewußtseinsseele heraus begründet sein soll, diese unbewußten Schichten des menschlichen Wesens mit dem Bewußtsein zu beleuchten, sie zu erkennen und ihrer Umwandlung zuzuführen.

Anhang

Anmerkungen

1 Pico della Mirandola, »Über die Würde des Menschen«
2 Zitiert nach Bernd Guggenberger, »Zwischen Postmoderne und Präapokalyptikon«, in: »Vor der Jahrtausendwende: Berichte zur Lage der Zukunft«, hrsg. von Peter Sloterdijk, Edition Suhrkamp, 2. Bd., S. 546–550, Frankfurt 1990.
3 Guggenberger, a. a. O., S. 599.
4 B. de Jouvenel, zit. nach B. Guggenberger, a. a. O., S. 576.
5 Guggenberger, a. a. O.
6 B. de Jouvenel, zit. nach Guggenberger, a. a. O., S. 574.
7 Vg. Rudolf Steiner, GA 10, GA 188, 190, 192, 193 und 233 sowie Karl-Martin Dietz, »Die Suche nach der Wirklichkeit«, Stuttgart 1988, und »Die Drei. Zeitschrift für Anthroposophie«, Heft 7/8, Juli/August 1992, dort auch weitere Literatur.
8 Rudolf Steiner, 3. 3. 1910, »Krankheit und Heilung«, in GA 59.
9 Christian Morgenstern, Werke und Briefe, Bd. »Aphorismen«, Stuttgart 1987.
10 A. R. K. Fortlage, 1806–1881, aus »Acht psychologische Vorträge«, Jena 1869, zit. nach R. Steiner, »Anthroposophie und akademische Wissenschaften«, 2. Vortrag v. 7. 11. 1917.
11 A. Neumayr, »Epidemilogie und grundsätzliche pathogenetische Mechanismen der umweltbedingten und iatrogenen Erkrankungen«, in: »Aktuelle Gerontologie«, Heft 13, 1983, S. 167–172).
12 Vg. W. Klietmann, »Aids«, 1987, S. 62.
13 Christian Morgenstern, »Weltbild: Am Tor«, in »Werke und Briefe«.
14 Vgl. dazu H. Trenkle, »Klima und Krankheit«, Darmstadt 1992.
15 R. Steiner, »Der Lebenslauf des Menschen vom geisteswissenschaftlichen Standpunkt«, Vortrag v. 28. 2. 1907, in: Themen aus dem Gesamtwerk, Bd. 4, Vom Lebenslauf des Menschen, Stuttgart 1980
16 J. W. Goethe, 1812.
17 R. Steiner, »Welt, Erde und Mensch«, 6. 8. 1908, GA 105.
18 R. M. Rilke, Erste Duineser Elegie.
19 Bert Brecht, »Geschichten vom Herrn Keuner«.
20 R. Steiner, »Der Lebenslauf des Menschen vom geisteswissenschaftlichen Standpunkt«, Vortrag v. 28. 2. 1907, in: Themen aus dem Gesamtwerk, Bd. 4, Stuttgart 1980

21 R. Steiner, »Die Offenbarungen des Karma«, GA 120. 3. Vortrag.
22 Vgl. Rudolf Steiner, 6. Juli 1924, abgedruckt in Kurt Vierl, »Selbsterziehung in der Heilpädagogik«, 1979; vgl. dazu auch Kurt Vierl: »Psychologie – eine spirituelle Betätigung?«, in: »Mitteilungen aus der Anthroposophischen Arbeit in Deutschland«, Heft 4, Weihnachten 1983, und »Spirituelle Psychologie«, Rudolf Steiner, Themen aus dem Gesamtwerk, Bd. 11, hrsg. von M. Treichler, Stuttgart 1984
23 Vgl. hierzu: Rudolf Steiner, »Theosophie«, GA 9, »Das Wesen des Menschen«.
24 Lit. Angabe zu den statistischen Zahlen: Gerhard Schmid, »Sterben und Trauern in der modernen Gesellschaft«, München 1988; außerdem H. Schaefer und H. Schipperges an verschiedenen Stellen.
25 Vgl. hierzu vor allem H. Schaefer in »Sozialmedizin« und in »Der gesunde kranke Mensch« und »Plädoyer für eine neue Medizin«.
26 Vgl. im einzelnen hierzu die zahlreichen Darstellungen des anthroposophischen Schulungsweges, vor allem R. Steiner: »Wie erlangt man Erkenntnisse der höheren Welten?« Außerdem die entsprechenden Kapitel in »Theosophie« und in »Die Geheimwissenschaft im Umriß« sowie in dem Band »Freiheit erüben – Meditation in der Erkenntnispraxis der Anthroposophie«, Stuttgart 1988.
27 J. W. Goethe, »Geschichte der Farbenlehre«.
28 »Irrfahrt und Ende Pierre Bonchamps« v. Stefan Zweig.
29 Vgl. W. Maxwell Cowan, »Die Entwicklung des Gehirns« in »Scientific American«, deutsch in »Spektrum der Wissenschaft« 1979.
30 Vgl. hierzu: »Zur Therapie neurologischer Erkrankungen« v. Rudolf Treichler in »Weleda Korrespondenzblätter für Ärzte«, Heft 74/1969.
31 Dichgans und Diener: »Migräne – Krankheitsbild und Therapie«, in »Universitas«, Heft 10, 1987. S. 1048 ff.
32 W. Bräutigam, F. Christian, »Psychosomatische Medizin«, 1986.
33 Vgl. Stahlin, zit. nach R. Treichler, 1978, S. 889.
34 K. Miehlker, »Die Rheumafibel«, Heidelberg 1961, und »Zur Ätiologie und Pathogenese rheumatischer Erkrankungen in »Therapiewoche«, 26, 1976.
35 Vg. hierzu M. Härter, »Psychosomatische Aspekte bei rheumatischen Erkrankungen« in »P. P. m. P. 43, 1993, und J. M. Herrmann et al: Rheumatologische Erkrankungen in »Psychosomatik«, Bd. 1, hrsg. v. P. Hahn, Weinheim 1983.
36 Vgl. hierzu vor allem die Arbeiten von M. Kütemeyer.
37 Zit. nach M. Haerter, a. a. O.
38 M. Haerter, a. a. O.
39 Plotin und nach ihm Goethe.
40 W. Wunnenberg, »Sexualität und Kunst. Anmerkungen eines Psychiaters«, in: »Sexualität heute«, hrsg. v. K. Saller, 1967.
41 W. Wunneberg, a. a. O.
42 Vgl. hierzu vor allem die »Tempellegende«, GA 93.

43 W. Blankenburg, »Anthropologische Probleme des Wahns«, in: »W. Schulte, R. Tölle, Wahn«, Stuttgart 1972.
44 Vgl. Ch. Rohde-Dachser, »Borderline-Störungen«, in: »Psychiatrie der Gegenwart«, Bd. 1.
45 S. Kierkegaard, 1844, »Der Begriff der Angst«.
46 Dies geht auf Kierkegaards Schrift »Der Begriff der Angst« von 1844 zurück.
47 M. Burisch, »Das Burnout-Syndrom«, 1989.
48 Vg. Thomas Fuchs, »Erinnerungstherapie im Alter«, in: »Psychotherapie, Psychosomatik, medizinische Psychologie«, Heft 9/10, 1992, S. 308 ff.
49 H. Lauter und A. Kurz, »Demenzerkrankungen im mittleren und höheren Lebensalter«, in: »Psychiatrie der Gegenwart« Bd. 8, »Alterspsychiatrie«.
50 Vgl. dazu vor allem R. Treichler, »Grundzüge einer geisteswissenschaftlich orientierten Psychiatrie«, in: Husemann/Wolff, »Das Bild des Menschen als Grundlage der Heilkunst«, Bd. 3, 4. Auflage 1993.
51 Vgl. hierzu und zum vorigen: R. Steiner, »Der geisteswissenschaftliche Aufbau der Seelenforschung« in GA 73; »Theosophische Seelenlehre III«, in GA 52 und R. Steiner, »Mündliche Mitteilungen an Franz Löffler«, 1924, und Kurt Vierl: »Psychologie – eine spirituelle Betätigung?«, in: »Mitteilungen aus der anthroposophischen Arbeit in Deutschland«, Heft 4, 1983, und »Spirituelle Psychologie«, Rudolf-Steiner-Thementaschenbuch, hrsg. v. M. Treichler, Stuttgart, 2. Aufl. 1992, sowie M. Treichler: »Anthroposophie und Psychoanalyse«, in: »Sonderheft der Beiträge zu einer Erweiterung der Heilkunst«, 1989.

Literaturverzeichnis

Literaturhinweise zu Teil I Menschenkundliche Grundlagen

Arendt, Hannah: Vita activa, München, 1992
Ariès, Philippe: Geschichte der Kindheit, München, 1977
Arzt und Heileurythmie, Dornach/Schweiz, 1972
Beck, Dieter: Krankheit als Selbstheilung, Frankfurt, 1985
Becker, Peter: Psychologie der seelischen Gesundheit, 2 Bände, Göttingen. 1982
Benesch, Friedrich: Zur Bewußtseinskrise der Gegenwart, Stuttgart, 1975
Biographie-Arbeit, Flensburger Hefte, Heft 31, Flensburg 1990
Blankenburg, Wolfgang (Hrsg.): Biographie und Krankheit, Stuttgart, 1989
Bleyl, U., Döhnert, G., Höpker, W.W. u. Hofmann, W.: Allgemeine Pathologie, Heidelberg, 1976
Böll, Heinrich: Der Engel schwieg, Köln, 1992
Bopp, Jörg: Jugend, Frankfurt, 1985
Bott, Viktor: Anthroposophische Medizin, 2 Bände, Heidelberg, 1987
Bowlby, John: Bindung, München, 1969
Bowlby, John: Trennung, München, 1976
Bräutigam, Walter (Hrsg.): Medizinisch psychologische Anthropologie, Darmstadt, 1980
Brecht, Berthold: Kalendergeschichten, Reinbek, 1969
Bühler, Walther: Der Leib als Instrument der Seele, Stuttgart 1979
Bühler, Walther: Der Mensch zwischen Übernatur und Unternatur, Nürnberg, 1966
Bühler, Walther: Anthroposophie als Forderung unserer Zeit, Schaffhausen, 1990
Burkhardt, Gudrun: Das Leben in die Hand nehmen, Stuttgart, 1992
Club of Rome: Das menschliche Dilemma, Wien 1981
Czermak, Ida: Ich klage nicht, Wien, 1972
Dietz, Karl-Martin: Die Suche nach Wirklichkeit, Stuttgart, 1988
Dietz, Karl-Martin: Metamorphosen des Geistes, 3 Bände, Stuttgart, 1989 bis 1990
Dietz, Karl-Martin: Spaltung der Seelen – Gegenwart des Geistes in: Die Drei, Zeitschrift für Anthroposophie, Heft 7/8, 1992, S. 532ff.
Dill, Alexander: Philosophische Praxis, Frankfurt, 1990
Doerr, Quadbeck: Allgemeine Pathologie, Heidelberg, 1973

Dürckheim, Graf Karlfried: Erlebnis und Wandlung, München, 1986
Eccles, John C. u. Robinson, Daniel N.: Das Wunder des Menschseins – Gehirn und Geist, München, 1991
Engelhardt, Dietrich von und Schipperges, Heinrich: Die inneren Verbindungen zwischen Philosophie und Medizin im 20. Jahrhundert, Darmstadt, 1980
Erikson, Erik H.: Identität und Lebenszyklus, Frankfurt, 1973
Feuchtersleben, Ernst Freiherr von: Zur Diätetik der Seele, Stuttgart 1980
Fintelmann, Volker: Intuitive Medizin – Einführung in eine anthroposophisch ergänzte Medizin, Stuttgart, 1987
Frisch, Max: Biografie: Ein Spiel, Frankfurt, 1985
Frisch, Max: Gesammelte Werke in 7 Bänden, Frankfurt, 1986
Gadamer, Hans-Georg und Vogler, Paul: Neue Anthropologie in mehreren Bänden, Stuttgart, 1972
Glöckler, Michaela: Die männliche und weibliche Konstitution, Stuttgart, 1989
Glöckler, Michaela: Vom Umgang mit der Angst, Stuttgart, 1990
Glöckler, Michaela: Elternfragen heute, Stuttgart, 1992
Goethe, Johann Wolfang, von: Werke, Kommentare und Register, Hamburger Ausgabe in 14 Bänden, München, 1981
Grundzüge der Neurosenlehre in 2 Bänden, München, 1972
Guardini, Romano: Die Lebensalter, Mainz, 1986
Härtling, Peter: Die Gedichte, Frankfurt, 1989
Handt, Rainer: Anthroposophisches Krisenverständnis als Grundlage für eine therapeutische Interventionsmöglichkeit, wissenschaftliche Diplom-Arbeit für Psychologie an der Eberhard-Karls-Universität, Tübingen, 1989
Havel, Vaclav: Versuch in der Wahrheit zu leben, Reinbek, 1989
Havel, Vaclav: Das Gartenfest, Reinbek, 1989
Havel, Vaclav: Briefe an Olga, Reinbek, 1989
Havel, Vaclav: Am Anfang war das Wort, Reinbek, 1990
Havel, Vaclav: Angst vor der Freiheit, Reinbek, 1991
Heim, Edgar: Krankheit als Krise und Chance, Stuttgart, 1980
Heuwold, Horst (Hrsg.): Den Faden wieder aufnehmen – Arbeit an der eigenen Biographie, Stuttgart, 1989
Hiebel, Friederich: Biographik und Essayistik, Bern und München, 1970
Hölderlin, Friedrich: Gedichte, Frankfurt, 1984
Hoff, Ferdinand: Moderne Medizin und gesunde Lebensführung, München, 1967
Holtzapfel, Walter: Krankheitsepochen der Kindheit, Stuttgart, 1970
Holtzapfel, Walter: Medizin und Mysterien, Dornach/Schweiz, 1984
Holtzapfel, Walter: Im Kraftfeld der Organe, Dornach/Schweiz, 1989
Husemann, Armin J.: Der musikalische Bau des Menschen, Entwurf einer plastisch-musikalischen Menschenkunde, Stuttgart, 1989
Husemann/Wolff: Das Bild des Menschen als Grundlage der Heilkunst, 3 Bände, Stuttgart, 1989

Jakob, Wolfgang und Schipperges, Heinrich: Kann man Gesundsein lernen?, Stuttgart, 1981
Imhof, Arthur E.: Die Lebenszeit, München, 1988
Jaspers, Karl: Der Arzt im technischen Zeitalter, München, 1986
Jaspers, Karl: Vernunft und Wiedervernunft in unserer Zeit, München, 1990
Jonas, Hans: Dem bösen Ende näher, Frankfurt a.M., 1993
Jüttemann, Gerd (Hrsg.): Die Geschichtlichkeit des Seelischen, Weinheim, 1986
Jüttemann, G. und Thomae, H.: Biographie und Psychologie, Berlin, Heidelberg, 1987
Jungk, Robert: Der Jahrtausendmensch, München, 1973
Kast, Verena: Der schöpferische Sprung, Olten, 1987
Kierkegaard, Sören: Die Krise, Frankfurt, 1984
Klietmann, W.: Aids, Stuttgart, 1987
Köhler, Henning: Jugend im Zwiespalt, Stuttgart, 1990
Köhler, Henning: Rätsel der Angst, Stuttgart, 1992
Kühlewind, Georg: Bewußtseinsstufen, Stuttgart, 1976
Lauenstein, Diether: Die vier Denkmodelle des Abendlandes, Stuttgart, 1976
Lauenstein, Diether: Der Lebenslauf und seine Gesetze, Stuttgart, 1985
Lebensgeschichte und Identität – Beiträge zu einer biographischen Anthropologie, Frankfurt, 1981
Lempp, Reinhard: Psychosen im Kindes- und Jugendalter – eine Realitätsbezugsstörung, Bern, 1973
Lempp, Reinhard: Eine Pathologie der psychischen Entwicklung, Bern und Stuttgart, 1975
Lesky, Erna (Hrsg.): Sozialmedizin, Darmstadt, 1977
Lievegoed, Bernard: Entwicklungsphasen des Kindes, Stuttgart, 1976
Lievegoed, Bernard: Lebenskrisen – Lebenschancen, München, 1979
Lievegoed, Bernard: Der Mensch an der Schwelle, Stuttgart, 1985
Luban-Plozza, Boris und Knaak, Lothar: Der Arzt als Arznei, Köln, 1979
Lutz, Jakob: Kinderpsychiatrie, Zürich und Stuttgart, 1972
Mirandola, Giovanni Pico della: Die Würde des Menschen, Frankfurt a.M., o.J.
Morgenstern, Christian: Wir fanden einen Pfad, Basel, 1977
Morgenstern, Christian: Stufen, München, 1984
Morgenstern, Christian: Werke und Briefe, Band Aphorismen, Stuttgart
Müller-Wiedemann, Hans: Mitte der Kindheit, Stuttgart, 1973
Nietzsche, Friedrich: Also sprach Zarathustra, Frankfurt a.M., 1982
Nordmaier, Barbara: Lebenskrisen und ihre Bewältigung, Stuttgart, 1975
Ortega y Gasset, José: Das Wesen geschichtlicher Krisen, Stuttgart, 1951
Pauleikhoff, Bernhard: Person und Zeit, Heidelberg, 1979
Petersen, Peter: Der Therapeut als Künstler, Paderborn, 1987
Petersen, Peter: Strukturen therapeutischen Handelns, Stuttgart, 1987

Petzold, Helarion (Hrsg.): Die Rolle des Therapeuten und die therapeutische Beziehung, Paderborn, 1980
Picht, Georg: Mut zur Utopie, München, 1969
Platon: Sämtliche Werke in 3 Bänden, Heidelberg, 1969
Plessner, Helmuth: Die Frage nach der Conditio Humana, Frankfurt, 1976
Plessner, Helmuth: Diesseits der Utopie, Frankfurt, 1974
Plessner, Helmuth: Die Stufen des Organischen und der Mensch, Berlin, 1975
Pluralität in der Medizin, Schriftenreihe der medizinisch-pharmazeutischen Studiengesellschaft e.V., Frankfurt, 1980
Präventive Medizin, Schriftenreihe der medizinisch-pharmazeutischen Studiengesellschaft e.V., Frankfurt, 1970
Prokofieff, Sergej O.: Die okkulte Bedeutung des Verzeihens, Stuttgart, 1991
Pubertät – 22 Autoren zu einem Thema, München, 1971
Raschen, Klaus: Der Schlaf – eine pastoralmedizinische Studie, Stuttgart, 1987
Raschen, Klaus: Krankheit und Ekstase – eine pastoral-medizinische Studie, Stuttgart, 1992
Rilke, Rainer Maria: Duineser Elegien, Werke in 6 Bänden, Bd. 1, Frankfurt, 1987
Rocek, Roman und Schatz, Oskar: Philosophische Anthropologie heute, München, 1972
Rosenmayr, Leopold: Die menschlichen Lebensalter – Kontinuität und Krisen, München, 1978
Rothschuh, Karl E. (Hrsg.): Was ist Krankheit, Darmstadt, 1975
Rothschuh, Karl E.: Konzepte der Medizin in Vergangenheit und Gegenwart, Stuttgart, 1978
Saint-Exupéry, Antoine de: Dem Leben einen Sinn geben, Munchen, 1962
Sloterdijk, Peter: Vor der Jahrtausendwende: Berichte zur Lage der Zukunft, Frankfurt a.M., 1990
Smit, Jürgen; Kühlewind, Georg; Treichler, Rudolf; Lindenau, Christof: Freiheit erüben – Meditation in der Erkenntnispraxis der Anthroposophie, Stuttgart, 1988
Spitz, René A.: Vom Säugling zum Kleinkind, Stuttgart, 1980
Schaefer, Hans: Die Medizin in unserer Zeit, München, 1963
Schaefer, Hans: Der gesunde kranke Mensch, Düsseldorf, 1980
Schaefer, Hans: Plädoyer für eine neue Medizin, München, 1981
Schaefer, Hans (Hrsg.): Umwelt und Gesundheit – Aspekte einer sozialen Medizin, 2 Bände, Frankfurt, 1982
Schaefer, Hans und Blohmke, Maria: Sozialmedizin, Stuttgart, 1978
Scheeler, Max: Die Stellung des Menschen im Kosmos, Bern/Schweiz, 1966
Schenk, Herrath (Hrsg.): Lebensläufe – ein Lesebuch, München, 1992
Schipperges, Heinrich: Wege zu neuer Heilkunst, Heidelberg, 1978
Schipperges, Heinrich: Der Arzt von morgen, Berlin, 1982

Schipperges, Heinrich: Homo Patiens, München, 1985
Schipperges, H., Seidler, E., Unschuld, P.U.: Krankheit – Heilkunst – Heilung, Freiburg, 1978
Schmidbauer, Wolfgang: Du verstehst mich nicht, Die Semantik der Geschlechter, Reinbek, 1991
Schöffler, Heinz Herbert: Zur medizinischen Menschenkunde Rudolf Steiners, Stuttgart, 1984
Stephens, Anthony: Nacht, Mensch und Engel, Frankfurt, 1978
Schürholz, J., Glöckler, M., Walker, M. (Hrsg.): Anthroposophische Medizin, Stuttgart, 1993
Schulz, Walter: Vernunft und Freiheit, Stuttgart, 1981
Steiner, Rudolf: Über den Sinn des Lebens – theosophische Moral, Dornach/Schweiz, 1960
Steiner, Rudolf: Westliche und östliche Weltgegensätzlichkeit, GA 83, Stuttgart 1961
Steiner, Rudolf: Reinkarnation und Karma, Gesammelte Aufsätze 1903 bis 1923, Stuttgart, 1961
Steiner, Rudolf, Geisteswissenschaft und Medizin, GA 312, Dornach/Schweiz, 1961
Steiner, Rudolf: Mein Lebensgang, GA 28, Dornach/Schweiz, 1961
Steiner, Rudolf: Geisteswissenschaftliche Gesichtspunkte zur Therapie, GA 313, Dornach/Schweiz, 1962
Steiner, Rudolf: Theosophie, GA 9, Dornach/Schweiz, 1962
Steiner, Rudolf: Die Theosophie des Rosenkreuzers, Dornach/Schweiz, 1962
Steiner, Rudolf: Anthroposophie – ihre Erkenntniswurzeln und Lebensfrüchte, GA 78, Stuttgart 1962
Steiner, Rudolf: Vor dem Tore der Theosophie, GA 95, Dornach/Schweiz, 1964
Steiner, Rudolf: Heileurythmie, GA 315, Dornach/Schweiz, 1966
Steiner, Rudolf: Die Philosophie der Freiheit, GA 4, Stuttgart 1967
Steiner, Rudolf: Meditative Betrachtungen und Anleitungen zur Vertiefung der Heilkunst, GA 316, Dornach/Schweiz, 1967
Steiner, Rudolf: Eine okkulte Physiologie, GA 128, Dornach/Schweiz, 1971
Steiner, Rudolf: Anthroposophische Menschenerkenntnis und Medizin, GA 319, Dornach/Schweiz, 1971
Steiner, Rudolf: Geisteswissenschaftliche Menschenkunde, GA 107, Dornach/Schweiz, 1973
Steiner, Rudolf: Physiologisch-Therapeutisches auf Grundlage der Geisteswissenschaft; zur Therapie und Hygiene, GA 314, Dornach/Schweiz, 1975
Steiner, Rudolf: Heilpädagogischer Kurs, GA 317, Dornach/Schweiz, 1975
Steiner, Rudolf: Die Offenbarungen des Karma, GA 120, Dornach/Schweiz, 1976

Steiner, Rudolf: Die gesunde Entwicklung des Leiblich-Physischen als Grundlage der freien Entfaltung des Seelisch-Geistigen, GA 303, Dornach/Schweiz, 1978
Steiner, Rudolf: Erziehung und Unterricht aus Menschenerkenntnis, GA 302, Dornach/Schweiz,
1978
Steiner, Rudolf: Vom Lebenslauf des Menschen, Themen aus dem Gesamtwerk Band 4, hrsg. von E. Fucke, Stuttgart, 1980
Steiner, Rudolf: Gesundheit und Krankheit, Themen aus dem Gesamtwerk, Band 10, hrsg. von Otto Wolff, Stuttgart, 1983
Steiner, Rudolf: Freiheit, Unsterblichkeit, soziales Leben, GA 72, Dornach/Schweiz, 1990
Steiner, Rudolf: Die befruchtende Wirkung der Anthroposophie auf die Naturwissenschaften, GA 76, Dornach/Schweiz, 1977
Steiner, Rudolf/Wegman, Ita: Grundlegendes für eine Erweiterung der Heilkunst nach geisteswissenschaftlichen Erkenntnissen, GA 27, Dornach/Schweiz, 1977
Stierlin, Helm: Eltern und Kinder, Frankfurt, 1976
Tautz, Johannes: Menschheit an der Schwelle, Stuttgart, 1980
Thomas, Klaus: Abriß der Entwicklungspsychologie, Freiburg, 1979
Toynbee, Arnold J.: Kultur am Scheidewege, Frankfurt, 1958
Tolstoj, Leo N.: Der Tod des Iwan Iljitsch, Frankfurt, 1985
Tränkle, H.: Klima und Krankheit, Darmstadt, 1992
Treichler, M.: Was gewinnt die Medizin durch Anthroposophie?, Sonderheft der Beiträge zu einer Erweiterung der Heilkunst, Stuttgart, 1977
Treichler, Rudolf: Die Entwicklung der Seele im Lebenslauf, Frankfurt, 1985 und Stuttgart 1981
Treichler, Rudolf: Schlafen und Wachen, Stuttgart, 1985
Treichler, Rudolf: Friedrich Hölderlin – Leben und Dichtung – Krankheit und Schicksal, Stuttgart 1987
Verbrugh, Hugo S.: Medizin auf totem Gleis, Stuttgart, 1975
Vonessen, Franz: Was krank macht, ist auch heilsam, Heidelberg, 1980
Wais, Matthias: Biographiearbeit, Lebensberatung, Stuttgart, 1992
Weihs, Thomas J.: Das entwicklungsgestörte Kind, Stuttgart, 1980
Wittschier, Sturmius M.: Mein Engel halte mich wach, Würzburg, 1988
Wolff, Otto: Anthroposophisch orientierte Medizin, Stuttgart, 1990
Wyss, Dieter: Erkranktes Leben – kranker Leib, Göttingen 1986
Zacher, Albert: Kategorien der Lebensgeschichte, Berlin, Heidelberg, 1988
Zentrum zur Dokumentation für Naturheilverfahren: Dokumentation der besonderen Therapierichtungen und natürlichen Heilweisen in Europa, Band 1, darin: Anthroposophische Medizin, von Glöckler, M., Schürholz, J., Treichler, M., Seite 215 bis 335, hrsg. vom FFB im Auftrag des Niedersächsischen Ministeriums für Wirtschaft, Technologie und Verkehr, Essen, 1991

Zur Linden, Wilhelm: Geburt und Kindheit, Frankfurt, 1992
Zweig, Stefan: Zeit und Welt, Frankfurt, 1981
Zweig, Stefan: Die Heilung durch den Geist, Frankfurt, 1983
Zweig, Stefan: Menschen und Schicksale, Frankfurt, 1986
Zweig, Stefan: Drei Dichter ihres Lebens, Frankfurt, 1987

Literaturhinweise zu Teil II Krankheitsbilder aus der Psychosomatik

Balint, Michael: Der Arzt – sein Patient und die Krankheit, Stuttgart, 1980
Bavastro, Paolo: Risiko-Organ-Herz (Soziale Hygiene), Bad Liebenzell, 1989
Bernhard, Thomas: Der Atem – eine Entscheidung, München, 1981
Blankenburg, W.: Das Erfordernis einer evolutionistischen Organologie, in: Was gewinnt die Medizin durch Anthroposophie, Sonderheft der Beiträge zu einer Erweiterung der Heilkunst, Stuttgart, 1977
Bockemühl, Johannes: Krankhafte Störungen der Eßgewohnheiten – Magersucht und Freßsucht, Merkblätter für eine bewußte Lebensführung in Gesundheit und Krankheit (Soziale Hygiene), Bad Liebenzell, 1987
Bräutigam, Walter: Sexualmedizin im Grundriß, Stuttgart, 1977
Bräutigam, Walter und Christian Paul: Psychosomatische Medizin, Stuttgart, 1985
Bürger-Prinz, Hans (Hrsg.): Kranksein in seiner organischen und psychischen Dimension (Symposion), Grenzach, 1968
Burisch, Matthias: Das Burn-out-Syndrom, Berlin, Heidelberg, 1989
Condrau, Gion / Gassmann, Marlies: Das verletzte Herz, Zürich, 1982
Deggeller, Lore: Rheuma – eine Volkskrankheit unserer Zeit (Soziale Hygiene), Bad Liebenzell, 1987
Erpen, Heinrich: Die Sucht mager zu sein, Zürich, 1990
Goyert, Andreas / Ollilainen, Pirkko / Simon, Ludger / Treichler, Markus: Der krebskranke Mensch, Stuttgart, 1989
Habermaas, Tilmann: Heißhunger, Frankfurt, 1990
Hahn, Peter: Psychosomatik, 2 Bände, aus Kindler's Psychologie des 20. Jahrhunderts, Weinheim und Basel, 1983
Hahn, Peter (Hrsg.): Psychosomatische Medizin, Darmstadt, 1985
Hardenberg, Henriette: Dichtungen, Zürich, 1988
Holtzapfel, Walter: Die Sprache der Krankheit, Dornach/Schweiz, 1986
Klessmann, Edda und Horst, Alfred: Heiliges Fasten, heilloses Fressen, Bern/Stuttgart, 1990
Klussmann, R.: Psychosomatische Medizin, Berlin, Heidelberg, 1986
Köhler, Henning: Die stille Sehnsucht nach Heimkehr – zum menschenkundlichen Verständnis der Pubertätsmagersucht, Stuttgart, 1987

Leibold, Gerhard: Asthma und Bronchitis, Niedernhausen, 1990
Psychiatrie der Gegenwart, hrsg. von Kisker, Lauter, Meyer, Müller, Strömgren, 9 Bände, Berlin, Heidelberg, 1986ff.
Meermann, Rolf (Hrsg.): Anorexia nervosa, Stuttgart, 1981
Meermann, van der Linden, u.a.: Therapie der Bulimia nervosa, Stuttgart, 1992
Menschenzüchtung, München, 1969
Michel, Francois Bernard: Der geraubte Atem, Zürich, 1991
Miehlker, K.: Die Rheumafibel, Heidelberg, 1961
Mitscherlich, Alexander: Krankheit als Konflikt, Studien zur psychosomatischen Medizin, 2 Bände, Frankfurt, 1969
Mumenthaler, Marco: Neurologie, Stuttgart, 1986
Peseschkian, Nossrath: Psychosomatik und positive Psychotherapie, Berlin und Heidelberg, 1991
Poeck, Klaus: Neurologie, Berlin, Heidelberg, 1974
Reproduktion des Menschen, Beiträge zu einer interdisziplinären Anthropologie, Frankfurt, 1981
Rohen, Andreas: Rhythmen im Lebenslauf (Soziale Hygiene), Bad Liebenzell, 1988
Saller, Karl (Hrsg.): Sexualität heute, München, 1967
Simonis, Werner Christian: Die geistigen Hintergründe zum Entstehen und zum Wandel der Geschlechter, Stuttgart, 1977
Singer, Kurt: Kränkung und Kranksein, München, 1988
Sontag, Susan: Krankheit als Metapher, Frankfurt, 1981
Steiner, R.: Vor dem Tore der Theosophie, GA 95, Dornach/Schweiz, 1978
Steiner, R.: Die gesunde Entwicklung des Leiblich-Physischen als Grundlage der freien Entfaltung des Seelisch-Geistigen, GA 303, Dornach/Schweiz, 1978
Steiner, R.: Die Tempellegende und die goldene Legende, GA 93, Dornach/Schweiz, 1991, darin die beiden Vorträge vom 23.10. 1905
Studt, H.H. (Hrsg.): Psychosomatik in der inneren Medizin, 2 Bände, Berlin und Heidelberg, 1986
Tamm, Johanna M.: Kultur und Psychosomatik, Berlin, Heidelberg, 1984
Thomae, Helmut: Anorexia nervosa, Bern und Stuttgart, 1961
Uexküll, Thure von: Grundfragen der psychosomatischen Medizin, Reinbek, 1970
Uexküll, Thure von (Hrsg.): Lehrbuch der psychosomatischen Medizin, München, 1979
Wesiak, W.: Grundzüge der psychosomatischen Medizin, Berlin, Heidelberg, 1984

Literaturhinweise zu Teil III Psychiatrische Krankheitsbilder

Alterspsychiatrie: hrsg. von K. P. Kisker, H. Lauter, J. E. Meyer, C. Müller, E. Strömgren in: Psychiatrie der Gegenwart, Band 8, Berlin/Heidelberg, 1989

Battegay, Raymond: Depression, Bern und Stuttgart, 1985
Beckett, Samuel: Murphy, Hamburg, 1959
Benedetti, Gaetano: Der psychisch Leidende und seine Welt, München, 1974
Benedetti, Gaetano: Ausgewählte Aufsätze zur Schizophrenie-Lehre, Göttingen, 1975
Benedetti, Gaetano: Der Geisteskranke als Mitmensch, Göttingen, 1976
Blankenburg, Wolfgang: Anthropologische Probleme des Wahns in: Schulte W./ Tölle R. – Wahn – Stuttgart, 1972
Blankenburg, Wolfgang: Hysterie in anthropologischer Sicht in: Bräutigam, W. (Hg): medizinisch-psychologische Anthropologie, Darmstadt, 1980
Blankenburg, W.: Grundlagen für die Bewegungstherapie in der Psychiatrie in: Krankengymnasik, Taschenlehrbuch in 11 Bänden, hrsg. von H. Cotta, W. Heiperz, A. Hüter, Becker und G. Rompe, Band 10, Stuttgart, 1983
Blankenburg, Wolfgang: Der Verlust der natürlichen Selbstverständlichkeit – ein Beitrag zur Psychopathologie symptomarmer Schizophrenien, Stuttgart, o. J.
Blankenburg, Wolfgang (Hrsg.): Wahn und Perspektivität, Stuttgart, 1991
Blankenburg, Wolfgang: Zeitigung des Daseins in psychiatrischer Sicht in: Dialektischer Negativismus, hrsg. von Emil Angehrn et al, Frankfurt, 1992
Bleuler, M. und Angst, J.: Die Entstehung der Schizophrenie, Bern/Stuttgart, 1971
Bleuler, Eugen: Das autistisch undisziplinierte Denken in der Medizin und seine Überwindung, Berlin/Heidelberg, 1976
Bochnik, H. J. u. a.: Psychiatrie lernen, Erlangen, 1986
Bodamer, Joachim: Arzt und Patient, Freiburg, 1962
Bodamer, Joachim: Der gefährdete Mensch, Freiburg, 1968
Bräutigam: Reaktionen, Neurosen, abnorme Persönlichkeiten, (seelische Krankheiten im Grundriß), Stuttgart, 1985
Brater, Michael und Kaul, Günther: Altenpflege, Stuttgart, 1987
Bühler, Karl Ernst (Hg.): Zeitlichkeit als psychologisches Prinzip – Grundfragen der Biographieforschung, Köln, 1986
Burton, Robert: Anatomie der Melancholie, Zürich und München, 1988
Conrad, Klaus: Die beginnende Schizophrenie, Stuttgart, 1971
Dette, Ursula: Ein langer Abschied, der Verlauf einer Alzheimer Krankheit, Frankfurt, 1992
Ditfurth, Hoimar von: Aspekte der Angst, München, o. J.
Dörner, Klaus und Plog, Ursula: Irren ist menschlich, Bonn, 1986
Dostojewski, Fjodor M.: Tagebuch eines Schriftstellers, München, 1992
Faust, Volker (Hrsg.): Angst, Furcht, Panik, Stuttgart, 1986
Feldmann, Lilli: Leben mit der Alzheimer Krankheit, München, 1992
Fintelmann: Alter und Alterskrankheiten, Stuttgart, 1988
Fintelmann, Volker: Alterssprechstunde, Stuttgart, 1990
Földényi, Laszlo F.: Melancholie, München, 1988

Frame, Jeanette: Wenn Eulen schrein, Frankfurt, 1991
Frank, Manfred: Die Unhintergehbarkeit von Individualität, Frankfurt, 1986
Frankl, Viktor E./Gebsattel, E. Freiherr von und Schulz, J.H.: Handbuch der Neurosen-Lehre und Psychotherapie, Bd. 1 bis 5, München und Berlin, 1959 bis 1961
Frankl, Viktor E.: Theorie und Therapie der Neurosen, München, 1970
Frankl, Viktor E.: Anthropologische Grundlagen der Psychotherapie, Bern und Stuttgart, 1975
Frankl, Viktor E.: Das Leiden am sinnlosen Leben, Freiburg, 1981
Furtmayr-Schuh, Annelies: Das große Vergessen – die Alzheimer Krankheit, Zürich, 1990
Gaumnitz, Gisela (Hrsg.): Vom Altwerden. Eine Materialsammlung aus der Rudolf Steiner Gesamtausgabe, Basel, 1987
Glatzel, J.: Gestaltwandel psychiatrischer Krankheitsbilder, Stuttgart, 1973
Glatzel, Johann: Melancholie und Wahnsinn, Darmstadt, 1990
Götze, P. (Hrsg.): Leitsymptom Angst, Berlin/Heidelberg, 1984
Guardini, Romano: Vom Sinn der Schwermut, Zürich, 1949
Helmchen, Hanfried und Linden, Michael (Hrsg.): Die Differenzierung von Angst und Depression, Berlin, Heidelberg, 1986
Holtzapfel, Walter u.a.: Der frühkindliche Autismus als Entwicklungsstörung, Stuttgart, 1981
Huber, Gerd: Schizophrenie und Zyklothymie, Stuttgart, 1969
Huber, Gerd/Zerbin-Rüdin, Edith: Schizophrenie, Darmstadt, 1979
Janzarik, Werner (Hrsg.): Psychopathologische Konzepte der Gegenwart, Stuttgart, 1982
Jaspers, Karl: Allgemeine Psychopathologie, Berlin/Heidelberg, 1973
Klages, Wolfgang: Der sensible Mensch, Stuttgart, 1978
Krauss, Alfred (Hrsg.): Leib – Geist – Geschichte/Brennpunkte anthropologischer Psychiatrie, Heidelberg, 1978
Kretschmer, Ernst: Über Hysterie, Leipzig, 1923
Kubin, Alfred: Die andere Seite, München, 1989
Kuiper, C.: Seelenfinsternis, Frankfurt, 1991
Langer, G. und Heimann, H. (Hrsg.): Psychopharmaka – Grundlagen und Therapie, Wien, 1983
Lauer, Hertha: Angstanfälle, Stuttgart, 1991
Lindinger, Helge Karl: Familienumwelt und Prognose der Schizophrenie, Bern und Stuttgart, 1968
Mentzos, Stavros: Hysterie, Frankfurt, 1989
Nissen, Gerhard: Psychopathologie des Kindesalters, Darmstadt, 1977
Payk, Theo Rudolf: Mensch und Zeit, Chronopathologie im Grundriß, Stuttgart, 1979

Peters, Uwe Henrik: Psychiatrie in 2 Bänden aus Kindler's Psychologie des 20. Jahrhunderts, Weinheim und Basel, 1983
Pöldinger, Walter: Kompendium der Psychopharmako-Therapie, Grenzach, 1967
Psychiatrie der Gegenwart in 9 Bänden, Berlin/Heidelberg, 1986ff.
Rohde-Dachser, Ch.: Borderline-Störungen in: Psychiatrie der Gegenwart, Bd. 1, Berlin/Heidelberg, 1986
Rowe, Dorothy: Ich entscheide mich für das Leben – ein Weg aus der Depression, München, 1986
Siirala, Martti: Die Schizophrenie des Einzelnen und der Allgemeinheit, Göttingen, 1961
Sinnvoll heilen – Viktor E. Frankl's Logotherapie, Freiburg, 1984
Scharfetter, Christian: Schizophrene Menschen, München, 1983
Scharfetter, Christian: Allgemeine Psychopathologie, Stuttgart, 1991
Schettler, Gotthard (Hrsg.): Alterskrankheiten, Stuttgart, 1972
Schultz, J.H.: Grundfragen der Neurosenlehre, München, o.J.
Schulz, Hans-Jürgen (Hrsg.): Angst, Stuttgart, 1987
Steiner, Rudolf, Menschenwerden – Weltenseele und Weltengeist, GA 205, Dornach/Schweiz, 1967
Steiner, Rudolf: Meditative Betrachtungen und Anleitungen zur Vertiefung der Heilkunst, GA 316, Dornach/Schweiz, 1967
Steiner, Rudolf: Anthroposophie als Kosmosophie, GA 207, Dornach/Schweiz, 1972
Steiner, Rudolf: Physiologisch-Therapeutisches auf Grundlage der Geisteswissenschaft, darin: Zur Psychiatrie und die beiden Vorträge vom 7. und 8. 10. 1920, GA 314, Dornach/Schweiz, 1975
Steiner, Rudolf: Heilpädagogischer Kurs, GA 317, Dornach/Schweiz, 1975
Styron, William: Sturz in die Nacht – die Geschichte einer Depression, Köln, 1991
Tellenbach, Hubertus: Melancholie, Berlin/Heidelberg, 1974
Tellenbach, Hubertus (Hrsg.): Psychiatrische Therapie heute, Stuttgart, 1982
Tellenbach, Hubertus: Psychiatrie als geistige Medizin, München, 1987
Treichler, Rudolf: Vom Wesen der Hysterie, Stuttgart, 1964
Treichler, Rudolf: Der schizophrene Prozeß, Beiträge zu einer erweiterten Pathologie und Therapie, Stuttgart, 1967
Treichler, Rudolf: Depression als Zeitkrankheit (Soziale Hygiene), Bad Liebenzell, 1981
Treichler, Rudolf: Erweiterung der Psychiatrie durch Anthroposophie, Dornach/Schweiz, 1984
Treichler, Rudolf: Grundzüge einer geisteswissenschaftlich orientierten Psychiatrie in: Husemann/Wolff – Das Bild des Menschen als Grundlage der Heilkunst, Band 2, 2. Halbband, Stuttgart, 1993
Weinreb, Friedrich: Selbstvertrauen und Depression, Weiler im Allg., 1980

Widlöcher, Daniel: Die Depression, München, 1986
Zgola, Jitka M.: Etwas tun! Die Arbeit mit Alzheimer Kranken und anderen chronisch Verwirrten, Bern/Göttingen, 1993
Zutt, Jürg (Hrsg.): Ergriffenheit und Besessenheit, Bern und München, 1972
Zweig, Stefan: Untergang eines Herzens in: Phantastische Nacht, vier Erzählungen, Frankfurt, 1978

Literaturhinweise zu Teil IV Psychotherapie aus Anthroposophie

Battegay, R. und Rauchfleisch, U. (Hg.): Menschliche Autonomie, Göttingen, 1990
Bühler, Walther: Meditation als Heilkraft der Seele (Soziale Hygiene), Bad Liebenzell, 1983
Bühler, Walther: Hat das Leben einen Sinn? Schicksal und Wiederverkörperung (Soziale Hygiene), Bad Liebenzell, 1984
Dahmer, H. u. J.: Gesprächsführung, Stuttgart, 1989
Das therapeutische Gespräch – Beiträge zur Ausgestaltung einer anthroposophisch orientierten Psychotherapie, Band 2, Stuttgart, 1980
Ellenberger, Henry, F.: Die Entdeckung des Unbewußten, 2 Bände, Bern und Stuttgart, 1973
Guardini, Romano: Briefe über Selbstbildung, Mainz, 1930
Heide, Paul Von der: Das helfende Gespräch, Stuttgart, 1991
Holtzapfel, Walter: Auf dem Wege zum hygienischen Okkultismus, Dornach/Schweiz, 1983
Jung, C.G.: Bewußtes und Unbewußtes, Frankfurt, 1957
König, Karl: Über die menschliche Seele, Stuttgart, 1989
Kropf, Detlef: Grundprobleme der Gesprächspsychotherapie, Göttingen, 1978
MacIntyre, A.C.: Das Unbewußte – eine Begriffsanalyse, Frankfurt, 1968
Muschg, Adolf: Literatur als Therapie? – ein Exkurs über das Heilsame und das Unheilbare, Frankfurt, 1981
Petrilowitsch, Nikolaus (Hrsg.): Die Sinnfrage in der Psychotherapie, Darmstadt, 1972
Sborowitz, Arie (Hrsg.): Der leidende Mensch – personale Psychotherapie in anthropologischer Sicht, Darmstadt, 1979
Stalmann, Franziska (Hrsg.): Lust an der Erkenntnis: Die Psychologie des 20. Jahrhunderts, ein Lesebuch zur Psychotherapie, München, 1989
Schmidbauer, Wolfgang: Helfen als Beruf, Reinbek, 1992
Therapie seelischer Erkrankungen aus anthroposophischer Sicht – Grundlage, Wege, Aufgaben –, Beiträge zur Ausgestaltung einer anthroposophisch orientierten Psychotherapie, Band I, Stuttgart, 1979

Steiner, Rudolf: Allgemeine Menschenkunde als Grundlage der Pädagogik, GA 293, Dornach/Schweiz, 1960

Steiner, Rudolf: Der geisteswissenschaftliche Aufbau der Seelenforschung in GA 73, Dornach/Schweiz, 1961

Steiner, Rudolf: Wie erlangt man Erkenntnisse der höheren Welten?, GA 10, Dornach/Schweiz, 1961

Steiner, Rudolf: Anthroposophie, Psychosophie, Pneumatosophie, GA 115, Dornach/Schweiz, 1965

Steiner, Rudolf: Erfahrungen des Übersinnlichen – die Wege der Seele zu Christus, GA 143, Dornach/Schweiz, 1970

Steiner, Rudolf: Metamorphosen des Seelenlebens, GA 59, Dornach/Schweiz, 1972

Steiner, Rudolf: Ein Weg zur Selbsterkenntnis des Menschen, GA 16, Dornach/Schweiz, 1972

Steiner, Rudolf: Pastoral-medizinischer Kurs, GA 318, Dornach/Schweiz, 1973

Steiner, Rudolf: Nervosität und Ichheit, Dornach/Schweiz, 1974

Steiner, Rudolf: Menschliches Seelenleben und Geistesstreben, GA 212, Dornach/Schweiz, 1978

Steiner, Rudolf: Die Brücke zwischen der Weltgeistigkeit und dem Physischen des Menschen, GA 202, Dornach/Schweiz, 1980

Steiner, Rudolf: Themen aus dem Gesamtwerk, Band 1, Wege der Übung, hrsg. von Stefan Leber, Stuttgart, 1980 (darin auch weitere Literatur)

Steiner, Rudolf: Themen aus dem Gesamtwerk, Band 11, Spirituelle Psychologie, ausgewählt und herausgegeben von Markus Treichler, Stuttgart, 1984 (darin auch weitere Literatur)

Steiner, Rudolf: Pfade der Seelenerlebnisse, GA 58 und 59, Dornach/Schweiz, 1984

Steiner, Rudolf: Die Erkenntnis der Seele und des Geistes, GA 56, Dornach/Schweiz, 1986

Steiner, Rudolf: Die Erkenntnis des Übersinnlichen in unserer Zeit, GA 55, Dornach/Schweiz, 1986

Steiner, Rudolf: Theosophische Seelenlehre, GA 52, Dornach/Schweiz, 1990

Toman, Walter und Egg, Rudolf (Hrsg.): Psychotherapeutische Verfahren, Darmstadt, 1988

Treichler, Markus: Anthroposophie und Psychoanalyse, Sonderheft der Beiträge zu einer Erweiterung der Heilkunst, Stuttgart, 1989

Wagner, Simon Th. und Benedetti G. (Hg.): Sich selbst erkennen, Göttingen, 1982

Weiß, Heinz und Pagel, Gerda (Hrsg.): Das Bewußtsein und das Unbewußte, Würzburg, 1989

Weizsäcker, Käthe: Psychotherapie und Anthroposophie, Stuttgart, 1987

Zweig, Stefan: Die Heilung durch den Geist, Frankfurt, 1983

Sachregister